河南省“十二五”普通高等教育规划教材

# Excel 2016 在会计工作中的应用

主　编　赵艳莉　耿聪慧

副主编　郭建军　邓亚妹

中国水利水电出版社
www.waterpub.com.cn
·北京·

## 内 容 提 要

本书利用Excel电子表格处理软件的特点将会计工作人员从传统的工作模式中解放出来，利用Excel进行数据录入、统计计算、绘制图表、数据分析；利用网络进行会计数据报表的共享、共审、传送和发布，实现无纸化远程办公及零距离报表报送，帮助会计人员减少烦琐的重复工作，减轻会计核算的工作量，降低财务成本，提高工作效率，轻松实现会计电算化。

本书采用Excel 2016操作环境，第一部分从初识Excel、Excel初级应用、Excel高级应用和Excel网络应用等方面对与会计有关的内容进行了详细的介绍，其中的案例紧密结合工作实际，方便快捷地帮助用户解决会计日常工作中所遇到问题；第二部分根据会计工作的实际需求，重点介绍了单据制作、账务处理、会计科目余额表、科目汇总表、银行存款余额调节表、原材料收发存明细账、工资结算单和工资核算表、固定资产折旧计算表和核算表、产品成本计算、会计报表、投资决策等典型的会计业务。

本书2015年入选河南省"十二五"普通高等教育规划教材。

本书内容先进实用、通俗易懂、操作方便，既可作为全国各类职业院校会计信息化专业、商务类专业及会计学类专业用书，也可作为没有购买专业财务软件的中小企业和私营企业的在职会计从业人员的培训、自学和参考用书。

**本书配有电子教案和书中使用的各类财务表格素材，读者可以到中国水利水电出版社网站和万水书苑上免费下载，网址：http://www.waterpub.com.cn/softdown 和 http://www.wsbookshow.com。**


图书在版编目（CIP）数据

Excel 2016在会计工作中的应用 / 赵艳莉，耿聪慧主编. -- 北京 : 中国水利水电出版社，2017.7
河南省"十二五"普通高等教育规划教材
ISBN 978-7-5170-5546-4

Ⅰ. ①E… Ⅱ. ①赵… ②耿… Ⅲ. ①表处理软件－应用－会计－高等学校－教材 Ⅳ. ①F232

中国版本图书馆CIP数据核字(2017)第150012号

策划编辑：石永峰　责任编辑：李　炎　加工编辑：李　刚　封面设计：李　佳

| | |
|---|---|
| 书　名 | 河南省"十二五"普通高等教育规划教材<br>Excel 2016 在会计工作中的应用<br>Excel 2016 ZAI KUAIJI GONGZUO ZHONG DE YINGYONG |
| 作　者 | 主　编　赵艳莉　耿聪慧　副主编　郭建军　邓亚妹 |
| 出版发行 | 中国水利水电出版社<br>（北京市海淀区玉渊潭南路1号D座　100038）<br>网址：www.waterpub.com.cn<br>E-mail：mchannel@263.net（万水）<br>sales@waterpub.com.cn<br>电话：（010）68367658（营销中心）、82562819（万水） |
| 经　售 | 全国各地新华书店和相关出版物销售网点 |
| 排　版 | 北京万水电子信息有限公司 |
| 印　刷 | 北京瑞斯通印务发展有限公司 |
| 规　格 | 184mm×260mm　16开本　19.25印张　474千字 |
| 版　次 | 2017年7月第1版　2017年7月第1次印刷 |
| 印　数 | 0001—3000册 |
| 定　价 | 40.00元 |

# 前　　言

虽然现在各种会计电算化软件及财务软件已经非常多了，但国内还有许多中小型企业和私营企业为了减少投入，不会花钱购买大型的会计电算化软件及 ERP 软件，而是利用 Excel 电子表格处理软件来进行日常的会计管理及统计工作，但很多会计人员又不会正确使用 Excel 来进行相关数据表格的处理。而且，在网络技术迅速发展的今天，如何利用网络进行会计数据报表的共享、共同审阅、传送和发布，实现无纸化远程办公及零距离报表报送，也是我们亟待解决的问题，为此，我们组织编写了这本书。

本书是在 2009 年第一版和 2014 年第二版的基础上根据目前的会计新准则要求对部分会计内容进行了更新和补充。它既可以作为工具用书为广大会计人员服务，又可以作为不会使用计算机进行日常工作的初级会计人员的学习用书。本书介绍如何使用 Excel 电子表格处理软件进行日常的会计管理和统计工作，将广大初级会计人员从传统的工作模式中解脱出来，使其能够通过 Excel 进行常用单据制作、统计计算、绘制图表、数据分析、账务处理及投资决策，帮助会计人员减少烦琐的重复计算，减轻会计核算的工作量，降低财务成本，轻松实现会计电算化。

本书的特点是实用、方便，由长期从事一线教学和会计工作的计算机专业、会计专业老师和会计从业人员编写，采用目前流行的 Excel 2016 操作环境，第一部分是 Excel 预备知识介绍，从初识 Excel、Excel 的初级应用、Excel 的高级应用和 Excel 的网络应用四个方面对与会计有关的知识进行了详细的介绍，其中的案例紧密结合工作实际，方便快捷地帮助用户解决会计日常工作中所遇到问题；第二部分是会计操作实例，根据会计工作的实际需求，重点介绍了单据制作、账务处理、会计科目余额表、科目汇总表、银行存款余额调节表、原材料收发存明细账、工资结算单和工资核算表、固定资产折旧计算表和核算表、产品成本计算、会计报表、投资决策等常用的典型会计业务，并且在每个实例之后都添加了实战训练内容以加深会计实务操作的练习。本书内容先进实用、通俗易懂、操作方便，便于会计人员学会直接使用 Excel 进行记账和财务分析工作。

本书 2015 年入选河南省“十二五”普通高等教育规划教材。

本书由赵艳莉、耿聪慧任主编，郭建军、邓亚妹任副主编，贺坤丽、舒中华、孙洁华、司丽娟、魏林、朱剑涛、吴思雨参与了会计实例的收集和整理工作，在此表示感谢。

本书适合作为全国各类职业院校的会计信息专业、商务类专业及会计学类专业学生用书，以及没有购买专业财务软件的中小企业和私营企业在职会计人员培训、自学和参考用书。

由于作者水平有限，书中难免存在疏漏和不足之处，欢迎广大读者批评指正。

编　者

2017 年 4 月

# 目　　录

前言

## 第一部分　Excel 2016 预备知识

第 1 章　初识电子表格 Excel 2016 ········· 1
1.1　Excel 2016 概述 ········· 1
1.2　Excel 2016 启动退出 ········· 1
一、启动 Excel 2016 ········· 1
二、退出 Excel 2016 ········· 2
1.3　Excel 2016 工作窗口 ········· 3
1.4　工作簿的使用 ········· 5
一、新建工作簿 ········· 5
二、保存工作簿 ········· 6
三、打开与关闭工作簿 ········· 8
四、保护具有重要数据的工作簿 ········· 9
1.5　工作表的使用 ········· 10
一、工作表的重命名 ········· 10
二、工作表的切换 ········· 11
三、工作表的移动 ········· 12
四、工作表的复制 ········· 13
五、插入工作表 ········· 14
六、删除工作表 ········· 16
七、保护工作表数据安全 ········· 16
八、工作表的引用 ········· 17
九、窗口的拆分 ········· 17
十、窗口的冻结 ········· 19
十一、数据隐藏 ········· 20
十二、工作表的打印 ········· 24
第 2 章　Excel 2016 电子表格的初级应用 ········· 29
2.1　单元格数据的输入 ········· 29
一、文本的输入 ········· 29
二、数字的输入 ········· 31
三、日期和时间的输入 ········· 33
四、公式和批注的输入 ········· 35
五、特殊符号的输入 ········· 36
六、自动填充功能 ········· 36
七、快速填充功能 ········· 38
八、单元格数据管理 ········· 38
2.2　单元格的基本操作 ········· 42
一、选择单元格 ········· 42
二、移动单元格 ········· 42
三、复制单元格 ········· 42
四、插入与删除单元格 ········· 44
2.3　单元格中数据的编辑 ········· 45
一、单元格中数据的删除 ········· 45
二、单元格中数据的修改 ········· 45
2.4　格式化单元格 ········· 46
一、数字的格式化 ········· 46
二、文字的格式化 ········· 48
三、设置文本的对齐方式 ········· 49
四、设置单元格的边框 ········· 51
五、设置单元格的底纹 ········· 54
六、设置单元格的行高和列宽 ········· 57
2.5　设置单元格条件格式 ········· 58
一、条件格式的设置 ········· 58
二、条件格式的应用实例 ········· 59
第 3 章　Excel 2016 电子表格的高级应用 ········· 68
3.1　Excel 中的公式 ········· 68
一、公式中的运算符 ········· 68
二、各类运算符的优先级 ········· 70
三、单元格的引用 ········· 70
3.2　Excel 中的函数 ········· 73
一、函数的格式 ········· 73
二、函数的分类 ········· 73
三、函数的引用 ········· 74
四、通配符的使用 ········· 77

3.3 常用函数……78
一、数学函数……78
二、统计函数……89
三、查找与引用函数……94
四、文本函数……101
五、日期函数……103
六、逻辑函数……105
七、财务函数……110
3.4 数据排序……120
一、数据排序应遵循的原则……120
二、单个关键字排序……120
三、多个关键字排序……121
3.5 数据筛选……124
一、自动筛选……124
二、自定义筛选……126
三、高级筛选……127
四、快速筛选……129
3.6 分类汇总……130
一、常用的统计函数……130
二、分类汇总命令……130
3.7 合并计算……132
3.8 数据透视表与数据透视图……135
一、数据透视表……136
二、数据透视图……140
3.9 图表的制作……144
一、图表……144
二、图表的种类……144
三、图表的类型……144
四、使用一步创建法来创建图表……145
五、创建图表……145
六、为图表添加标签……147
七、为图表添加趋势线……149
八、为图表添加误差线……150
**第 4 章 Excel 2016 电子表格的网络应用**……152
4.1 局域网中共享 Excel 数据……152
一、在局域网中共享工作簿……152
二、突出显示修订……154
三、接受或拒绝修订……155
四、取消工作簿的共享……155
4.2 Excel 中共享 Office 组件数据……156
一、在 Excel 中插入 Word 文档……156
二、在 Excel 中插入 PowerPoint 演示文稿·158
三、获取 Access 数据库数据……160
4.3 共享 Excel 数据资源……161
一、在 Word 中导入 Excel 工作表……161
二、在 PowerPoint 中插入 Excel 工作表……163
三、在 Access 中导入 Excel 数据……164
4.4 Excel 在互联网上的应用……167
一、为 Excel 创建超链接……167
二、编辑与删除超链接……168

## 第二部分 财务会计操作实例

**实例 1 制作常用单据**……170
任务 1 设计制作借款单……170
任务 2 设计制作差旅报销单……175
**实例 2 账务处理**……181
任务 1 建立会计科目……181
任务 2 制作和填制记账凭证……186
任务 3 建立现金日记账……195
**实例 3 会计科目余额表**……203
**实例 4 科目汇总表**……208
**实例 5 银行存款余额调节表**……213
**实例 6 原材料收发存明细账**……218
**实例 7 工资结算单和工资核算表**……222
任务 1 工资结算单……222
任务 2 工资核算单……229
**实例 8 固定资产折旧计算表和核算表**……236
任务 1 平均年限法……236
任务 2 工作量法……239
任务 3 双倍余额递减法……241
任务 4 年数总和法……245
任务 5 固定资产折旧计算汇总表……247
**实例 9 产品成本计算**……250
任务 1 品种法的成本计算……250
任务 2 分批法的成本计算……254
任务 3 分步法的成本计算……257

任务 4　综合结转分步法的成本还原……261
任务 5　平行结转分步法……264
**实例 10　会计报表**……273
任务 1　资产负债表……273
任务 2　利润表……276
任务 3　现金流量表……281
**实例 11　投资决策可行性评估**……287
任务 1　投资项目可行性的静态指标决策……287
任务 2　净现值法评估投资方案……290
任务 3　现值指数法评估投资方案……294
任务 4　利润率指标法评估投资方案……297
**参考文献**……301

# 第一部分　Excel 2016 预备知识

# 第1章　初识电子表格 Excel 2016

知识点

- 掌握 Excel 2016 的启动和退出
- 熟悉 Excel 2016 工作窗口
- 掌握工作簿的基本操作
- 掌握工作表的基本操作
- 掌握工作表的输出

## 1.1　Excel 2016 概述

Microsoft Excel 是美国微软公司开发的 Windows 环境下的电子表格系统，是目前应用最为广泛的办公表格处理软件之一。Excel 自诞生以来历经了各种不同的版本，本书以中文版 Excel 2016 为例，对 Excel 的工作环境、文件操作、工作簿和工作表、数据输入和单元格、表格操作、图表与图形、数据计算与分析、高级运算与财务函数、打印数据、与其他办公软件的协同使用等相关内容进行详细的讲解。Excel 的基本功能是对数据进行记录、计算、分析与决策。在现实生活中，Excel 广泛应用于财务、生产、销售、统计以及贸易等领域，它可以帮助用户制作各种复杂的电子表格，计算个人收支情况、贷款或储蓄、财务预测及投资、筹资决策等，还可以进行专业的科学统计运算，通过对大量数据的计算分析及预测，为公司财务管理提供有效的参考。

## 1.2　Excel 2016 启动退出

### 一、启动 Excel 2016

（1）从“开始”菜单进入。单击“开始”菜单按钮，在弹出的“开始”菜单中选择“Excel 2016”选项，如图 1-1-1 所示，即可启动 Excel 2016。

（2）从快捷方式进入。双击 Windows 桌面 Excel 2016 快捷方式图标，即可启动 Excel 2016，如图 1-1-2 所示。

图 1-1-1　从“开始”菜单启动

图 1-1-2　快捷方式图标

（3）通过双击 Excel 2016 文件启动。在计算机上双击任意一个 Excel 2016 文件图标，在打开该文件的同时即可启动 Excel 2016，如图 1-1-3 所示。

（4）通过程序磁贴面板启动。程序磁贴面板位于“开始”菜单的右侧，可以将用户经常使用的软件固定在该区域。如果想启动 Excel 2016 软件，只需单击该软件图标即可，如图 1-1-4 所示。

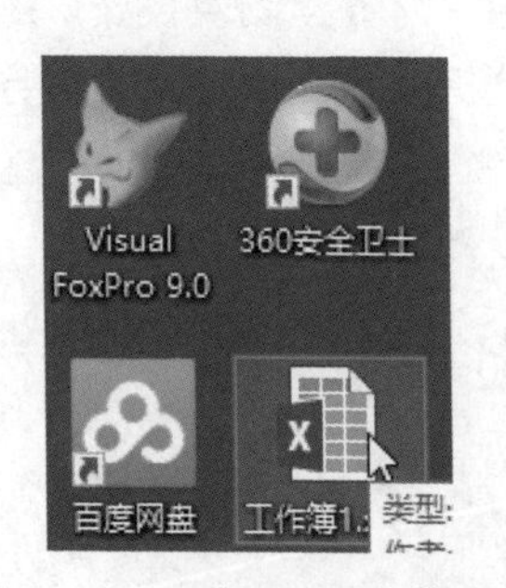


图 1-1-3　双击 Excel 文件启动

图 1-1-4　通过程序磁贴面板启动

## 二、退出 Excel 2016

（1）双击工作簿窗口左上角的“控制菜单”图标，选择“关闭”选项，如图 1-1-5 所示，或按“Alt+F4”组合键，即可关闭 Excel 窗口退出 Excel 2016。

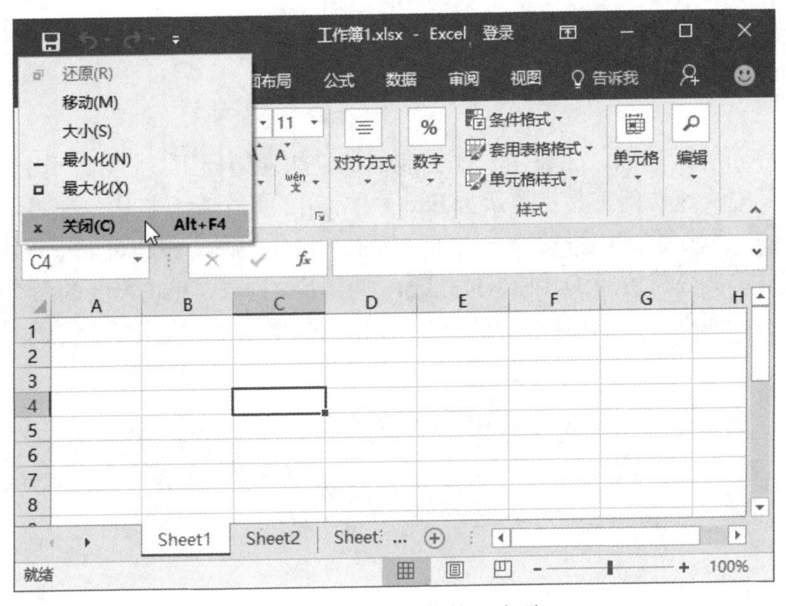


图 1-1-5　“控制菜单”选项

（2）直接单击 Excel 2016 标题栏右侧的“关闭”按钮×即可退出 Excel 2016。

（3）右击任务栏上的 Excel 2016 程序图标，在弹出的快捷菜单中选择“关闭窗口”命令即可退出 Excel 2016。

## 1.3　Excel 2016 工作窗口

启动后的 Excel 2016 工作窗口如图 1-1-6 所示。

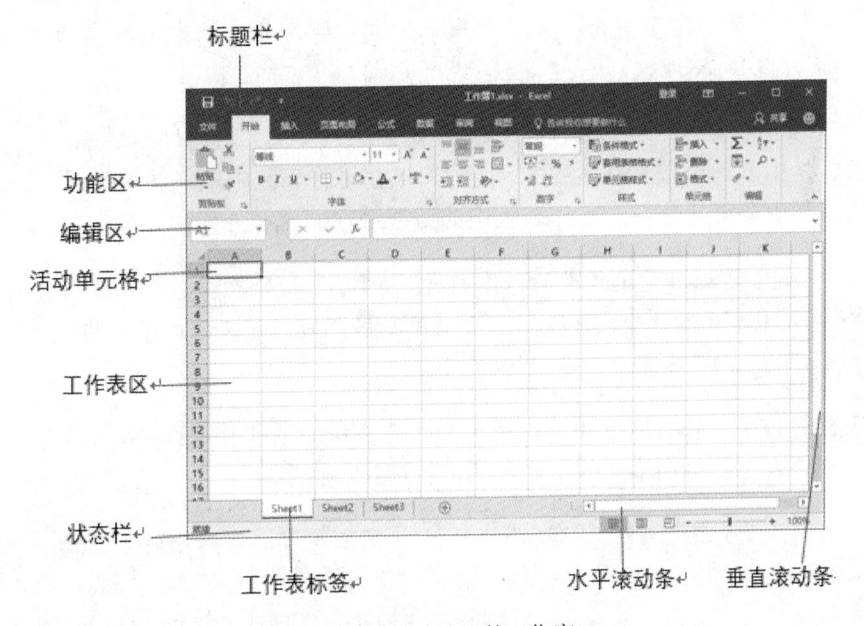


图 1-1-6　Excel 2016 的工作窗口

Excel 2016 的工作窗口主要由标题栏、功能区、编辑区、工作表区、工作表标签、滚动条和状态栏等组成。

1. 标题栏

位于操作界面的最顶部，主要由程序控制图标、快速访问工具栏、工作簿名称及窗口控制按钮组成。其中快速访问工具栏显示了 Excel 中常用的几个命令按钮，如“保存”按钮、“撤销”按钮、“恢复”按钮等。快速访问工具栏中的命令按钮可以根据需要自行设置，单击其后的“自定义快速访问工具栏”按钮，弹出下拉列表，单击需要的命令即可添加，再次单击即可去除。而程序控制图标和窗口控制按钮则是用来控制工作窗口的大小和退出 Excel 2016 程序。

一个 Excel 文件就是一个扩展名为“.xlsx”的工作簿文件，而一个工作簿文件又是由若干个工作表或图表构成。当新建工作簿时，其默认的名称为工作簿 1，可在保存时对其进行重新命名。

2. 功能区

将常用功能和命令以选项卡、按钮、图标或下拉列表的形式分门别类地显示。另外，将文件的新建、保存、打开、关闭及打印等功能整合在“文件”选项卡下，便于使用。在功能区的右上角还有“功能区设置”按钮、控制窗口大小和关闭的按钮。

3. 编辑区

编辑区由名称框和编辑框组成。名称框显示当前单元格或当前区域的名称，也可用于快速定位单元格或区域。编辑框用于输入或编辑当前单元格的内容。

单击编辑框，名称框和编辑框之间将出现“取消”按钮、“输入”按钮和“插入函数”按钮。如果 Excel 窗口中没有编辑栏，可通过在“视图”选项卡下单击“显示”按钮，在弹出的面板中勾选“编辑栏”即可打开编辑栏。

4. 工作表区

工作表区是由若干个单元格组成的。用户可以在工作表区中输入各种信息，Excel 2016 强大功能的实现，主要就是依靠对工作表区中的数据进行编辑和处理来完成的。

贴心提示

单元格是工作表的基本单元，它由行和列表示。一张工作表可以有 1 ~ 1048576 行，A ~ XFD 列。活动单元格即为当前工作的单元格。

5. 工作表标签

工作表标签位于工作表区左下方，用于显示正在编辑的工作表名称，在同一个工作簿内单击相应的工作表标签可在不同的工作表间进行选择与转换。

新建的工作簿默认情况下有 3 张工作表，名称分别为 Sheet1、Sheet2 和 Sheet3。可以对它们重新命名。如果想改变默认的工作表数，可以执行“文件”/“选项”命令，在打开的“Excel选项”对话框中，单击“常规”选项，在“包含的工作表数”框内进行设置即可，如图 1-1-7 所示。

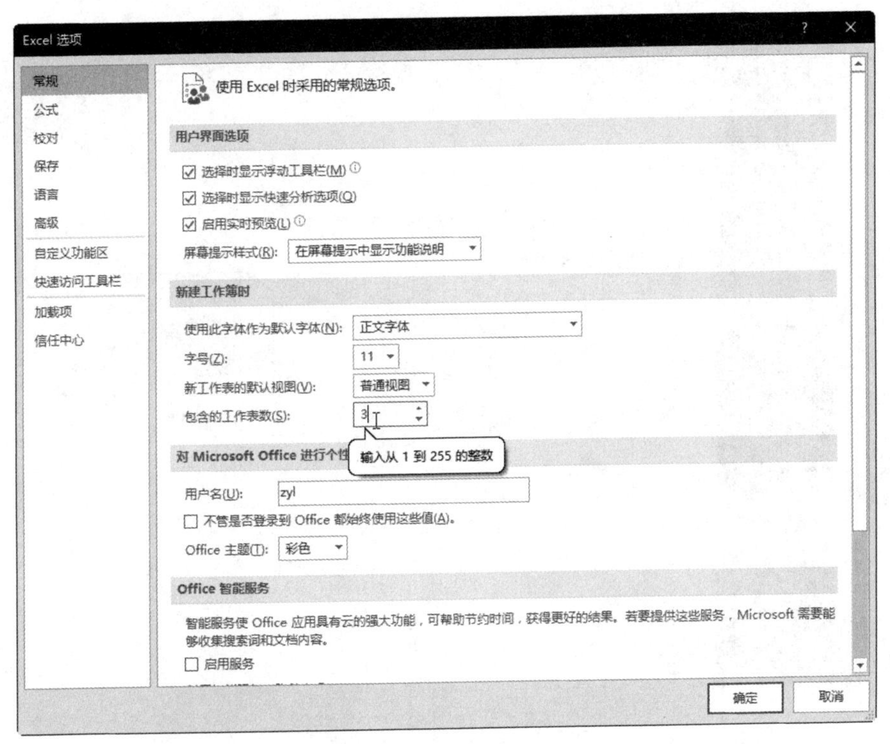


图 1-1-7 “Excel 选项”对话框

6. 滚动条

滚动条主要用来移动工作表的位置，有水平滚动条和垂直滚动条 2 种，都包含滚动箭头和滚动框。

7. 状态栏

位于操作界面底部，其中最左侧显示的是与当前操作相关的状态，分为就绪、输入和编辑。状态栏右侧显示了工作簿的“普通”、“页面布局”和“分页预览”3 种视图模式和显示比例，系统默认的是“普通”视图模式。

## 1.4 工作簿的使用

工作簿是工作表的集合。Excel 中的每一个文件都是以工作簿的形式保存的，一个工作簿最多可包含 255 张相互独立的工作表。

### 一、新建工作簿

Excel 2016 启动后会自动建立一个名为“工作簿 1”的空白工作簿，用户也可以另外建立一个新的工作簿。

1. 新建空白工作簿

执行“文件”/“新建”命令，在右侧“新建”列表框中单击“空白工作簿”选项，如图 1-1-8 所示，即可创建一个空白工作簿，或在快速访问工具栏中单击“新建”按钮，或按快捷键“Ctrl+N”，也可以直接新建一个空白工作簿。

图 1-1-8　新建空白工作簿窗格

2. 根据模板新建

执行“文件”/“新建”命令，在右侧列表中单击所需模板，弹出该模板创建对话框，可以单击“向后”按钮或“向前”按钮更换模板，单击“创建”按钮，如图 1-1-9 所示，即可根据模板新建一个工作簿。

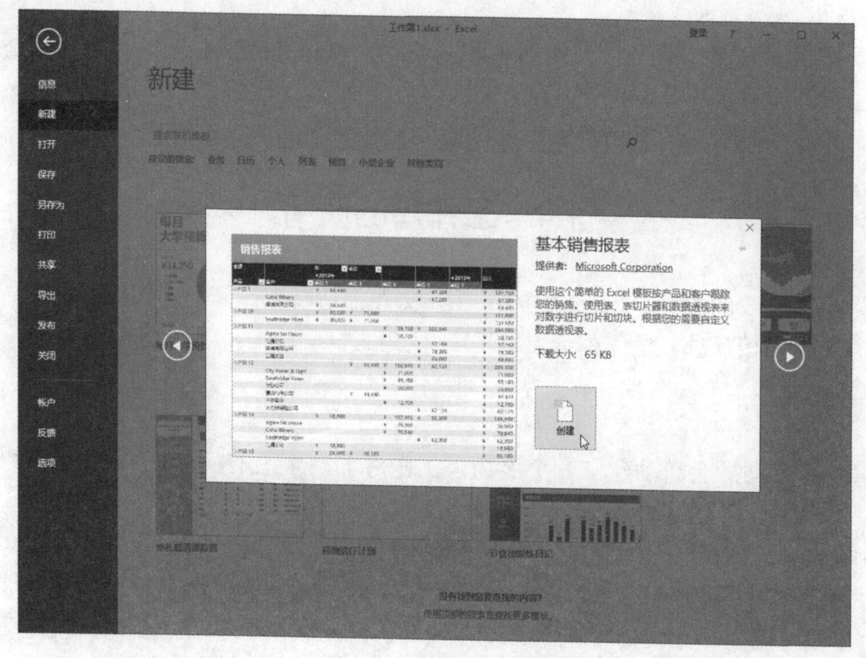


图 1-1-9　模板对话框

## 二、保存工作簿

要保存新建的工作簿，可执行“文件”/“保存”命令，在右侧“另存为”列表中双击“这台电脑”选项，如图 1-1-10 所示，在弹出的“另存为”对话框中单击左侧列表，选择文件保存的位置并输入文件名，然后单击“保存”按钮即可保存文件，如图 1-1-11 所示。

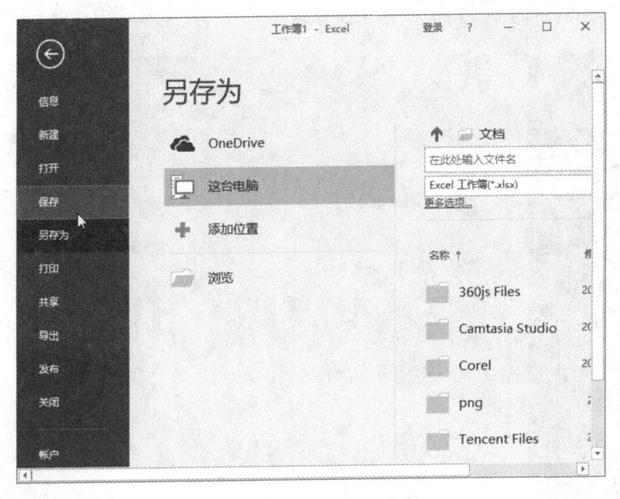


图 1-1-10　保存工作簿

对已保存过的工作簿，如果在修改后还要按原文件名进行保存，可直接单击快速工具栏上的“保存”按钮，或执行“文件”/“保存”命令或按“Ctrl+S”组合键。如果要对修改后的工作簿进行重命名，可执行“文件”/“另存为”命令，将弹出“另存为”对话框，然后按照保存新建工作簿的方法进行相同操作即可。

图 1-1-11　“另存为”对话框

## 三、打开与关闭工作簿

1. 打开工作簿

执行“文件”/“打开”命令，双击右侧“这台电脑”选项，如图 1-1-12 所示，弹出“打开”对话框，如图 1-1-13 所示。在左侧列表中选择工作簿所在的位置，在中间列表中选择用户要打开的工作簿，然后单击“打开”按钮或双击用户所选择的工作簿即可打开该文件。

图 1-1-12　打开工作簿

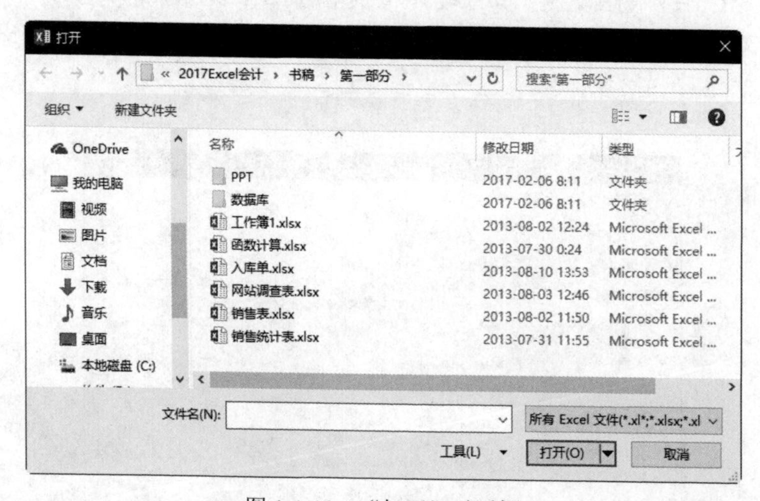


图 1-1-13　“打开”对话框

对用户最近编辑过的工作簿，可以通过“最近所用文件”命令快速地找到并打开。执行“文件”/“打开”命令，单击右侧“最近”选项，在右侧单击所需工作簿即可打开，如图 1-1-14 所示。

图 1-1-14　打开最近工作簿

2. 关闭工作簿

（1）执行“文件”/“关闭”命令，关闭打开的工作簿。

（2）单击工作簿窗口的“关闭窗口”按钮⊠，也可关闭工作簿。

## 四、保护具有重要数据的工作簿

为了防止他人随意对一些存放重要数据的工作簿进行篡改、移动或删除，可通过 Excel 提供的保护功能对重要工作簿设置保护密码。

具体操作步骤如下：

（1）打开需要保护的工作簿，单击“审阅”/“更改”组中的“保护工作簿”按钮，打开“保护结构和窗口”对话框，如图 1-1-15 所示。

（2）在“密码（可选）”框中输入密码，单击“确定”按钮，打开“确认密码”对话框，如图 1-1-16 所示。

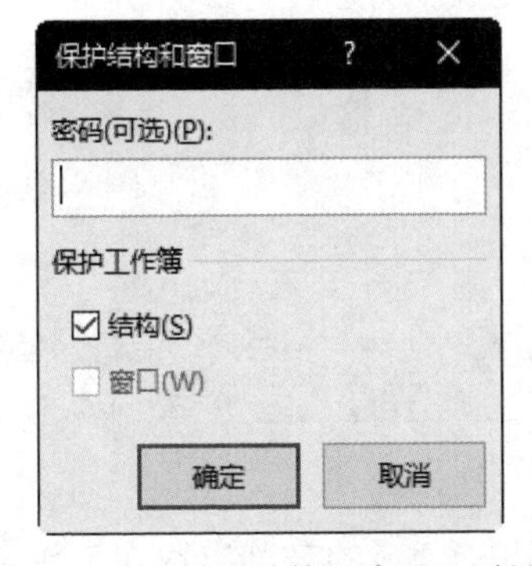


图 1-1-15　“保护结构和窗口”对话框

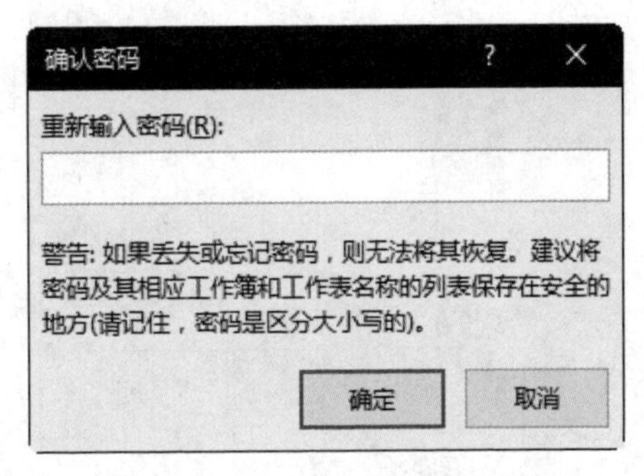


图 1-1-16　“确认密码”对话框

（3）在“重新输入密码”框中输入与上次相同的密码，单击“确定”按钮即可对工作簿设置保护密码。

在“保护结构和窗口”对话框中，除了可以设置保护密码外，还可以设置工作簿的保护范围。若要防止对工作簿结构进行更改，则需要勾选“结构”复选框；若要使工作簿窗口在每次打开时大小和位置都相同，则需要勾选“窗口”复选框。当然也可以同时勾选这两个复选框，这样就可以同时保护工作簿的结构和窗口。

# 1.5 工作表的使用

## 一、工作表的重命名

当 Excel 在建立一张新的工作簿时，所有的工作表都是自动以系统默认的表名“Sheet1”、“Sheet2”和“Sheet3”来命名的。但在实际工作中，这种命名方式不方便记忆和管理。因此需要更改这些工作表的名称以便在工作时能进行更为有效的管理。

具体操作步骤如下：

（1）双击要重命名的工作表标签或在要重命名的工作表标签上单击鼠标右键。

（2）在弹出的快捷菜单中选择“重命名”选项，如图 1-1-17 所示。此时，选中的工作表标签将反灰显示，如图 1-1-18 所示。

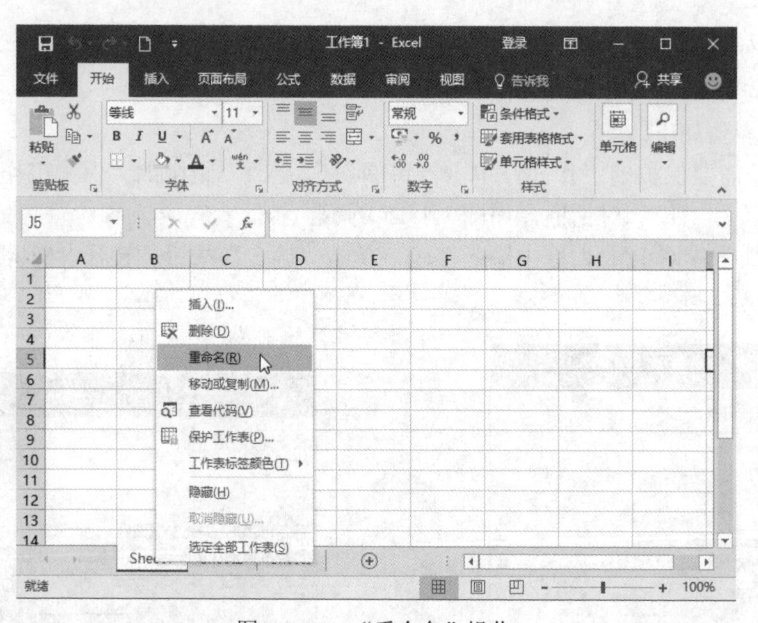


图 1-1-17 “重命名”操作

（3）键入所需的工作表名称，按下“Enter”键即可看到新的名称出现在工作表标签处，如图 1-1-19 所示。

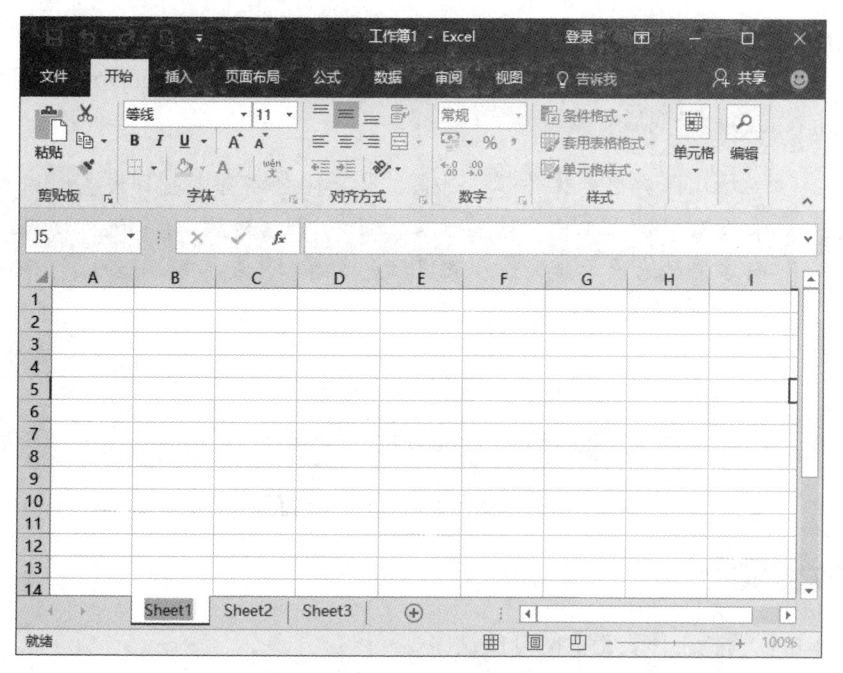


图 1-1-18　被选中的工作表标签

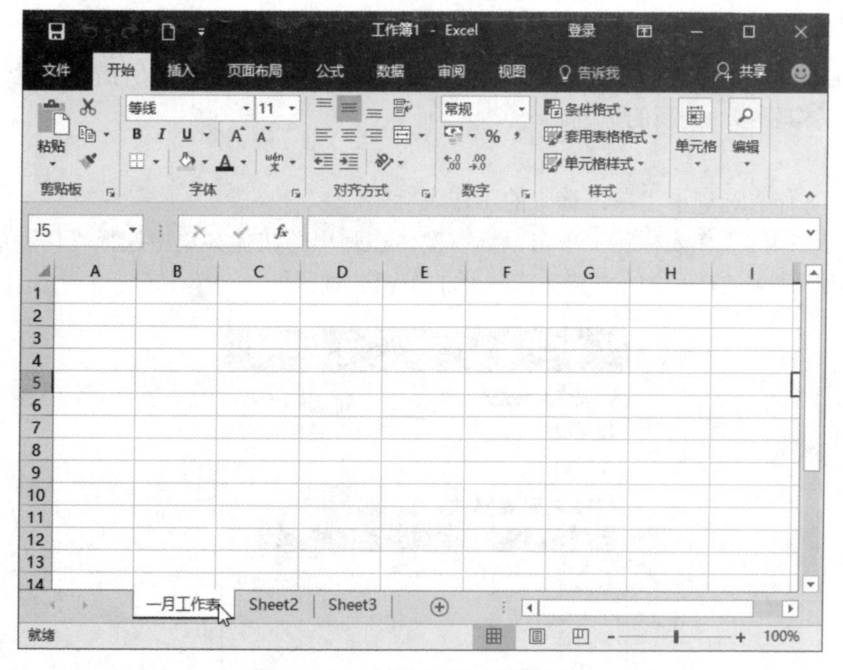


图 1-1-19　被改名的工作表标签

## 二、工作表的切换

由于一个工作簿文件中可包含多张工作表，所以用户需要不断地在这些工作表中进行切换，来完成在不同工作表中的各种操作。

在切换过程中，首先要保证工作表名称出现在底部的工作表标签中，然后直接单击该工作表名即可切换到该工作表中；或通过按“Ctrl+PageUp”和“Ctrl+PageDown”组合键，来切换到当前工作表的前一张或后一张。

对已保存过的工作簿，如果工作簿中的工作表数目太多，用户需要的工作表没有显示在工作表选项卡中，可以通过滚动按钮来进行切换。也可以通过向右拖动选项卡分割条，来显示更多的工作表标签，如图 1-1-20 所示。

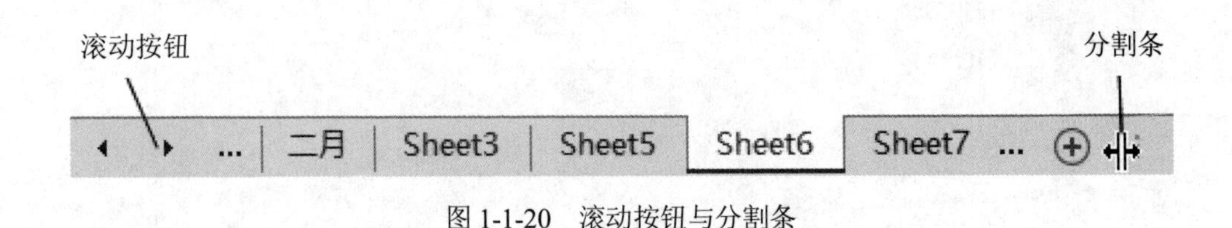


图 1-1-20 滚动按钮与分割条

## 三、工作表的移动

移动操作可以调整工作表当前的排放次序。

1. 在同一个工作簿中移动工作表

方法 1：

（1）在工作表选项卡上单击选中的工作表标签。

（2）在选中的工作表标签上按住鼠标左键，拖动选中的工作表至所需的位置，松开鼠标左键即可将工作表移动到新的位置。

方法 2：

（1）在工作表选项卡上单击选中的工作表标签。

（2）在选中的工作表标签上单击鼠标右键，在弹出的快捷菜单中选择“移动或复制…”命令，打开如图 1-1-21 所示的“移动或复制工作表”对话框。

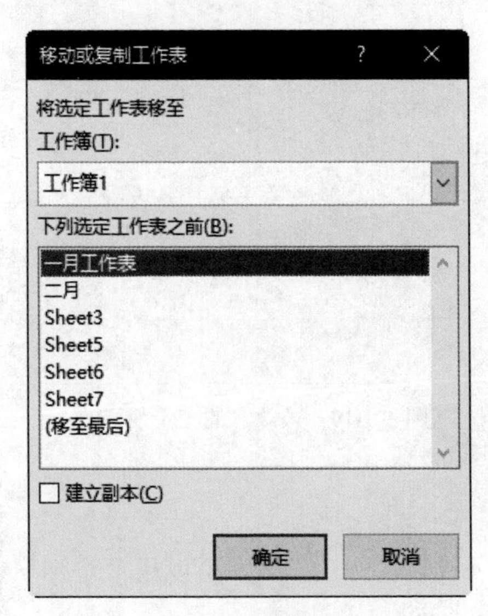


图 1-1-21 同一工作簿移动工作表

（3）在“工作簿”列表框中选择当前工作簿，在“下列选定工作表之前”列表框中选择工作表移动后的位置，单击“确定”按钮即可。

移动后的工作表将插在所选择的工作表之前。在移动过程中，屏幕上会出现一个黑色的小三角形，来指示工作表要被插入的位置。

2. 在不同工作簿中移动工作表

（1）在工作表选项卡上选中要移动的工作表标签。

（2）单击“开始”/“单元格”组中的“格式”按钮，在弹出的下拉菜单中选择“移动或复制工作表”命令，打开如图 1-1-22 所示的“移动或复制工作表”对话框。

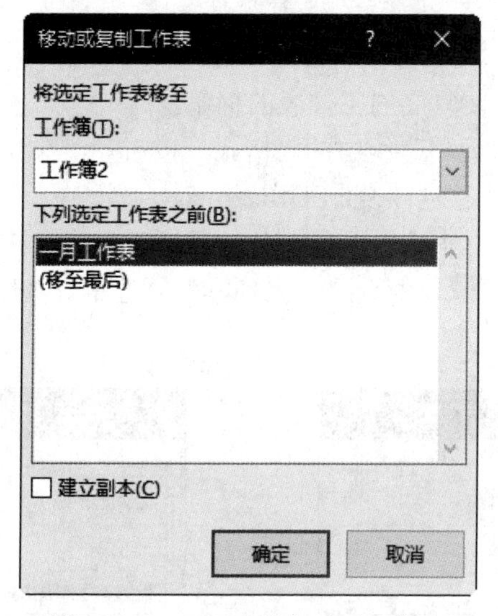


图 1-1-22　不同工作簿移动工作表

（3）在“工作簿”列表框中选择要移至的目标工作簿，在“下列选定工作表之前”列表框中选择工作表移动后的位置，然后单击“确定”按钮即可。

如果在目标工作簿中含有与被移动对象同名的工作表，则移动过去的工作表的名字会自动改变。

## 四、工作表的复制

复制操作可以将一张工作表中的内容复制到另一张工作表中，避免了对相同内容的重复输入，从而提高了工作效率。例如对于单位的工资表而言，每月的工资表几乎没有什么大的变化，因此无需每月都重新建立一张新的工资表，只需将上月的工资表复制一份，然后对其中发生变化的个别项目进行修改即可，对其他固定不变的项目则不必改动。

1. 在同一工作簿中复制工作表

方法 1：

（1）单击鼠标左键选中要复制的工作表的标签。

（2）按住 Ctrl 键的同时利用鼠标将选中的工作表沿着选项卡行拖动至所需的位置，然后松开鼠标左键即可完成对该工作表的复制操作。

方法 2：

（1）单击鼠标左键选中要复制的工作表的标签。

（2）在选中的工作表标签上单击鼠标右键，在弹出的快捷菜单中选择“移动或复制…”命令，打开如图 1-1-23 所示的“移动或复制工作表”对话框。

（3）在“工作簿”列表框中选择当前工作簿，在“下列选定工作表之前”列表框中选择工作表复制到的位置，勾选“建立副本”复选框，然后单击“确定”按钮即可。

使用该方法相当于插入一张含有数据的新表，该张工作表的名字以“源工作表的名字+（2）”命名。

2. 将工作表复制到其他工作簿中

（1）单击鼠标左键选中要复制的工作表的标签。

（2）单击“开始”/“单元格”组中的“格式”按钮，在弹出的下拉菜单中选择“移动或复制工作表”命令，打开“移动或复制工作表”对话框。

（3）在“工作簿”列表框中选择要复制到的目标工作簿，在“下列选定工作表之前”列表框中选择工作表复制到的位置，勾选“建立副本”复选框，如图 1-1-24 所示，单击“确定”按钮即可。

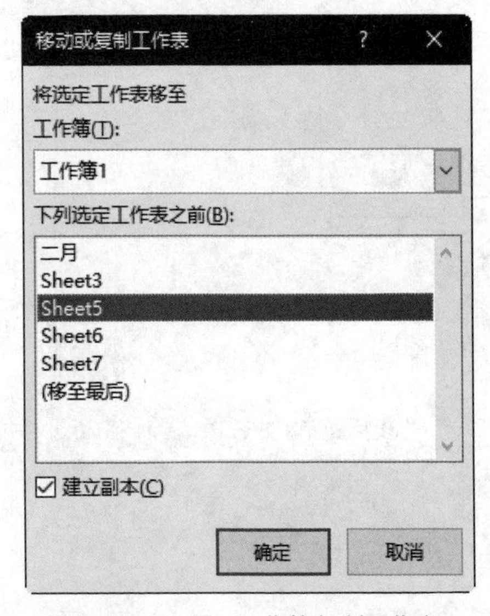


图 1-1-23 同一工作簿复制工作表

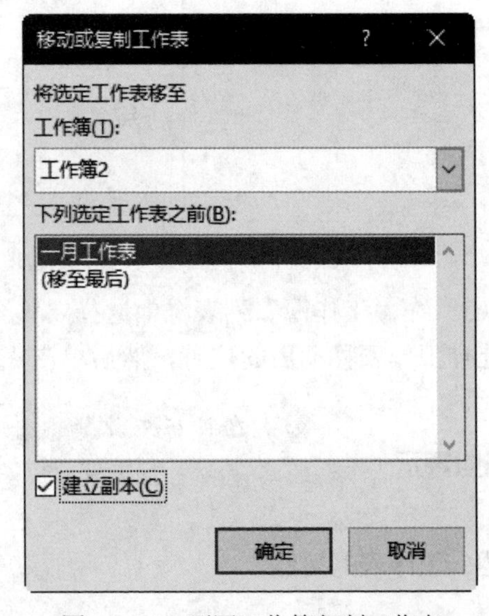


图 1-1-24 不同工作簿复制工作表

## 五、插入工作表

Excel 的所有操作都是在工作表中进行的，在实际工作中往往需要建立多张工作表。

方法 1：首先选择一张工作表，然后单击“开始”/“单元格”组中的“插入”按钮，在弹出的下拉菜单中选择“插入工作表”命令即可在当前工作表之前插入一张新的工作表，新工作表默认名称为“Sheet4”。

方法 2：在工作表标签上单击鼠标右键，在弹出的快捷菜单中选择“插入”选项，如图

1-1-25 所示，在弹出的“插入”对话框中选择“工作表”，如图 1-1-26 所示，单击“确定”按钮即可在当前工作表之前插入一张新的工作表。

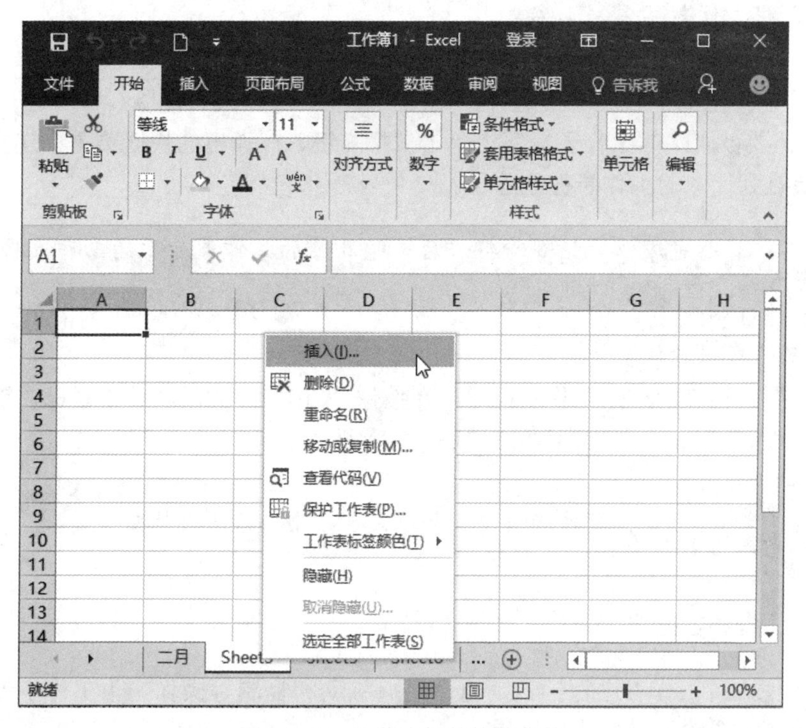


图 1-1-25　工作表标签快捷菜单

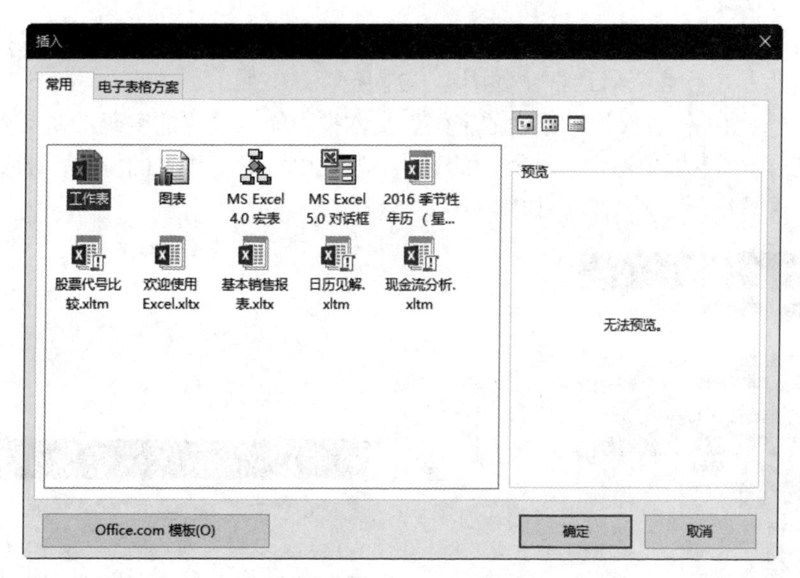


图 1-1-26　“插入”对话框

以上两种方法一次操作只能插入一张工作表，因此，只适用工作表数量较少的情况，如果在一个工作簿中需要建立 10 张以上的工作表，那么使用上述两种方法就比较麻烦，此时可以采用更改默认工作表数来进行。

## 六、删除工作表

1. 删除单张工作表

方法 1：单击鼠标选中要删除的工作表标签，然后单击“开始”/“单元格”组中的“删除”按钮，在弹出的下拉菜单中选择“删除工作表”命令进行删除。

方法 2：在要被删除的工作表标签上单击鼠标右键，在弹出的快捷菜单中选择“删除”选项，之后就会看到选中的工作表被删除了。

贴心提示

在完成以上的删除操作后，被删除的工作表后面的工作表将成为当前工作表。

2. 同时删除多张工作表

选中其中要被删除的一张工作表标签，在按住“Ctrl”键的同时单击鼠标左键选择其他需要删除的工作表标签，然后按照上述方法进行删除即可。

一旦工作表被删除便属于永久性删除，无法再找回。

## 七、保护工作表数据安全

为了防止他人对工作表进行插入、重命名、移动和复制等操作，为工作表设置密码是保护工作表中数据安全的最好办法。

具体操作方法如下：

（1）打开需要进行保护设置的工作表，单击“审阅”/“更改”组中的“保护工作表”按钮，打开“保护工作表”对话框，如图 1-1-27 所示。

（2）在“取消工作表保护时使用的密码”文本框中输入设置的密码；在“允许此工作表的所有用户进行”列表框中通过勾选不同的选项，设置用户对工作表的操作，最后单击“确定”按钮，打开“确认密码”对话框，如图 1-1-28 所示。

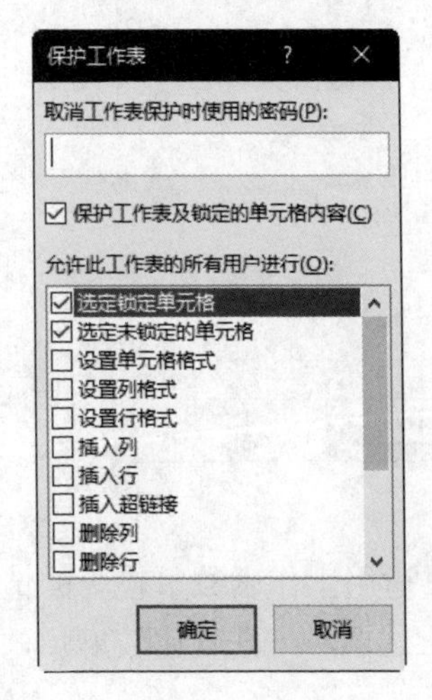


图 1-1-27 “保护工作表”对话框

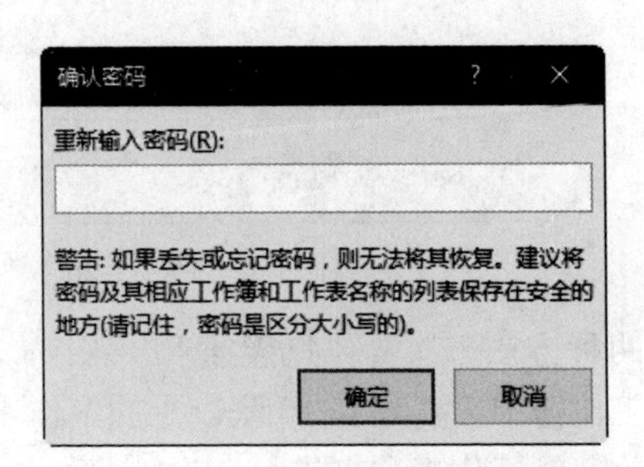


图 1-1-28 “确认密码”对话框

（3）在“重新输入密码”文本框中输入刚才设置的相同密码，单击“确定”按钮即可完成工作表的保护。

## 八、工作表的引用

在对工作表的单元格的数据进行计算时，由于可以引用不同的工作簿的不同的工作表，这里就涉及到如何引用工作簿和工作表。

如果是当前工作簿或工作表，引用时可以省略工作簿或工作表的名称。如果是其他的工作簿或工作表，引用时需要在工作簿或工作表的名称后面加上“！”。

譬如，当前工作表是 Sheet1，想引用 Sheet2 工作表的 A3 单元格，则可以写成 Sheet2!A3。

## 九、窗口的拆分

当需要查看的工作表规模较大时，用户很难对其中的各部分数据进行比较，此时就可以使用工作表窗口的拆分功能。

拆分工作表窗口是把当前的一张工作表窗口拆分为 2 个或 4 个独立的窗格，在各个窗格中都可以通过拖动滚动条来显示其中的内容，从而可以显示同一张大工作表的不同区域。

方法 1：手动拆分窗口。将鼠标移至水平拆分框（垂直滚动条顶端）或垂直拆分框（水平滚动条右端）上。当鼠标变为 ÷ 形状后，按住鼠标左键向下拖动水平拆分框（或鼠标变为 ⫲ 形状后向左拖动垂直拆分框）至所需的位置后松开鼠标左键，即可完成窗口的拆分工作，如图 1-1-29 所示为拆分为 4 个独立窗格后的窗口效果。

| | A | B | C | D | E | F | G | H | J | K | L | M | N | O | P | |
|---|---|---|---|---|---|---|---|---|---|---|---|---|---|---|---|---|
| 1 | | | | | | | | | 固定资产折旧明细表 | | | | | | | |
| 2 | | | | | | | | | | | | | | | 2017.9.30 | |
| 3 | 序号 | 名称 | 型号 | 单位 | 数量 | 类别 | 入账日期 | 单价 | 使用年限 | 残值率 | 净残值 | 月折旧率 | 月折旧额 | 已提期间 | 已提折旧 | 本年 |
| 4 | 1 | 空压机 | | 台 | 1 | 生产 | 2016-8-31 | 5800.00 | 10 | 10% | 580.00 | 0.75% | 43.50 | 9 | 391.50 | |
| 5 | 2 | 干燥机 | | 台 | 1 | 生产 | 2016-8-31 | 2800.00 | 10 | 10% | 280.00 | 0.75% | 21.00 | 9 | 189.00 | |
| 6 | 3 | 家具 | | 批 | 1 | 办公 | 2016-8-31 | 17316.00 | 5 | 10% | 1,731.60 | 1.50% | 259.74 | 9 | 2337.66 | |
| 7 | 4 | 电脑 | | 套 | 1 | 办公 | 2016-8-31 | 21897.00 | 5 | 10% | | 1.50% | | | | |
| 8 | 5 | 冷热饮水机 | VW-03I | 台 | 2 | 办公 | 2016-8-31 | 1900.00 | 5 | 10% | | 1.50% | | | | |
| 9 | 6 | 热水炉 | | 台 | 2 | 办公 | 2016-8-31 | 9400.00 | 5 | 10% | | 1.50% | | | | |
| 10 | 7 | 美的KF-LW | | 套 | 1 | 办公 | 2016-8-31 | 4250.00 | 5 | 10% | | 1.50% | | | | |
| 11 | 8 | 电话 | | 台 | 1 | 办公 | 2016-8-31 | 13420.00 | 5 | 10% | | 1.50% | | | | |
| 12 | 9 | 剥线机 | 50L | 台 | 2 | 生产 | 2016-8-31 | 36040.00 | 10 | 10% | | 0.75% | | | | |
| 13 | 10 | 芯线剥皮机 | 3F | 台 | 2 | 生产 | 2016-8-31 | 2332.00 | 10 | 10% | | 0.75% | | | | |
| 14 | 11 | 剥皮机 | 310 | 台 | 2 | 生产 | 2016-8-31 | 2544.00 | 10 | 10% | | 0.75% | | | | |
| 24 | 21 | 电脑 | | 台 | 2 | 办公 | 2017-3-29 | 4190.00 | 5 | 10% | | 1.50% | | | | |
| 25 | 22 | 空调 | KF-50LW | 台 | 1 | 办公 | 2017-4-5 | 3780.00 | 5 | 10% | | 1.50% | | | | |
| 26 | 23 | 照相机 | VPC-J4 | 台 | 1 | 办公 | 2017-6-30 | 2290.00 | 5 | 10% | | 1.50% | | | | |
| 27 | 24 | 电脑 | | 台 | 1 | 办公 | 2017-6-30 | 6200.00 | 5 | 10% | | 1.50% | | | | |
| 28 | | | | | | | | | | | | | | | | |
| 29 | | 合计 | | | | | | | | | | | | | | |
| 30 | | 其中：生产设备 | | | | | | | | | | | | | | |
| 31 | | 办公设备 | | | | | | | | | | | | | | |

图 1-1-29　手动拆分后的窗口

方法 2：单击任意单元格（譬如 D2），再单击“视图”/“窗口”组的“拆分”按钮，即可出现如图 1-1-30 所示效果。将鼠标放置在“十字”上，当光标变为时向右下移动鼠标进行窗口拆分，当鼠标移到要拆分的位置处松开鼠标，效果如图 1-1-31 所示。

|  | A | B | C | D | E | F | G | H | I | J | K | L | M | N | O |  |
|---|---|---|---|---|---|---|---|---|---|---|---|---|---|---|---|---|
| 1 |  |  |  |  |  |  |  |  |  |  | 固定资产折旧明细表 |  |  |  |  |  |
| 2 |  |  |  |  |  |  |  |  |  |  |  |  |  |  |  | 2017. |
| 3 | 序号 | 名称 | 型号 | 单位 | 数量 | 类别 | 入账日期 | 单价 | 原值 | 使用年限 | 残值率 | 净残值 | 月折旧率 | 月折旧额 | 已提期间 | 已提 |
| 4 | 1 | 空压机 |  | 台 | 1 | 生产 | 2016-8-31 | 5800.00 | 5,800.00 | 10 | 10% | 580.00 | 0.75% | 43.50 | 9 |  |
| 5 | 2 | 干燥机 |  | 台 | 1 | 生产 | 2016-8-31 | 2800.00 | 2,800.00 | 10 | 10% | 280.00 | 0.75% | 21.00 | 9 |  |
| 6 | 3 | 家具 |  | 批 | 1 | 办公 | 2016-8-31 | 17316.00 | 17,316.00 | 5 | 10% | 1,731.60 | 1.50% | 259.74 | 9 |  |
| 7 | 4 | 电脑 |  | 套 | 1 | 办公 | 2016-8-31 | 21897.00 |  | 5 | 10% |  | 1.50% |  |  |  |
| 8 | 5 | 冷热饮水机 | VW-03I | 台 | 2 | 办公 | 2016-8-31 | 1900.00 |  | 5 | 10% |  | 1.50% |  |  |  |
| 9 | 6 | 热水炉 |  | 台 | 2 | 办公 | 2016-8-31 | 9400.00 |  | 5 | 10% |  | 1.50% |  |  |  |
| 10 | 7 | 美的KF-LW |  | 套 | 1 | 办公 | 2016-8-31 | 4250.00 |  | 5 | 10% |  | 1.50% |  |  |  |
| 11 | 8 | 电话 |  | 台 | 1 | 办公 | 2016-8-31 | 13420.00 |  | 5 | 10% |  | 1.50% |  |  |  |
| 12 | 9 | 剥线机 | 50L | 台 | 2 | 生产 | 2016-8-31 | 36040.00 |  | 10 | 10% |  | 0.75% |  |  |  |
| 13 | 10 | 芯线剥皮机 | 3F | 台 | 2 | 生产 | 2016-8-31 | 2332.00 |  | 10 | 10% |  | 0.75% |  |  |  |
| 14 | 11 | 剥皮机 | 310 | 台 | 2 | 生产 | 2016-8-31 | 2544.00 |  | 10 | 10% |  | 0.75% |  |  |  |
| 15 | 12 | 端子机 | XO-820 | 台 | 12 | 生产 | 2016-8-31 | 4982.00 |  | 10 | 10% |  | 0.75% |  |  |  |
| 16 | 13 | 端子机 | 1500 | 台 | 4 | 生产 | 2016-8-31 | 7314.00 |  | 10 | 10% |  | 0.75% |  |  |  |
| 17 | 14 | 电动机 |  | 台 | 1 | 生产 | 2016-8-31 | 4028.00 |  | 10 | 10% |  | 0.75% |  |  |  |
| 18 | 15 | 家具 |  | 台 | 1 | 办公 | 2016-8-31 | 5750.00 |  | 5 | 10% |  | 1.50% |  |  |  |
| 19 | 16 | 电脑 |  | 台 | 1 | 办公 | 2016-9-30 | 4699.00 |  | 5 | 10% |  | 1.50% |  |  |  |
| 20 | 17 | 端子机 | XO820 | 台 | 4 | 生产 | 2016-10-31 | 4982.00 |  | 10 | 10% |  | 0.75% |  |  |  |
| 21 | 18 | 测试机 | L200HV | 台 | 3 | 生产 | 2016-10-31 | 7000.00 |  | 10 | 10% |  | 0.75% |  |  |  |
| 22 | 19 | 电脑 | E1060 | 台 | 1 | 办公 | 2016-12-31 | 4218.00 |  | 5 | 10% |  | 1.50% |  |  |  |
| 23 | 20 | 芯线剥皮机 |  | 台 | 1 | 生产 | 2017-1-31 | 4664.00 |  | 10 | 10% |  | 0.75% |  |  |  |

图 1-1-30 单击“拆分”按钮后的窗口

|  | A | B | C | D | E | F | G | H | I | J | I | J | K | L | M |
|---|---|---|---|---|---|---|---|---|---|---|---|---|---|---|---|
| 1 |  |  |  |  |  |  |  |  |  | 固 |  | 固定资产折旧明细表 |  |  |  |
| 2 |  |  |  |  |  |  |  |  |  |  |  |  |  |  |  |
| 3 | 序号 | 名称 | 型号 | 单位 | 数量 | 类别 | 入账日期 | 单价 | 原值 | 使用年限 | 原值 | 使用年限 | 残值率 | 净残值 | 月折旧率 |
| 4 | 1 | 空压机 |  | 台 | 1 | 生产 | 2016-8-31 | 5800.00 | 5,800.00 | 10 | 5,800.00 | 10 | 10% | 580.00 | 0.75% |
| 5 | 2 | 干燥机 |  | 台 | 1 | 生产 | 2016-8-31 | 2800.00 | 2,800.00 | 10 | 2,800.00 | 10 | 10% | 280.00 | 0.75% |
| 6 | 3 | 家具 |  | 批 | 1 | 办公 | 2016-8-31 | 17316.00 | 17,316.00 | 5 | 17,316.00 | 5 | 10% | 1,731.60 | 1.50% |
| 7 | 4 | 电脑 |  | 套 | 1 | 办公 | 2016-8-31 | 21897.00 |  | 5 |  | 5 | 10% |  | 1.50% |
| 8 | 5 | 冷热饮水机 | VW-03I | 台 | 2 | 办公 | 2016-8-31 | 1900.00 |  | 5 |  | 5 | 10% |  | 1.50% |
| 9 | 6 | 热水炉 |  | 台 | 2 | 办公 | 2016-8-31 | 9400.00 |  | 5 |  | 5 | 10% |  | 1.50% |
| 10 | 7 | 美的KF-LW |  | 套 | 1 | 办公 | 2016-8-31 | 4250.00 |  | 5 |  | 5 | 10% |  | 1.50% |
| 11 | 8 | 电话 |  | 台 | 1 | 办公 | 2016-8-31 | 13420.00 |  | 5 |  | 5 | 10% |  | 1.50% |
| 12 | 9 | 剥线机 | 50L | 台 | 2 | 生产 | 2016-8-31 | 36040.00 |  | 10 |  | 10 | 10% |  | 0.75% |
| 13 | 10 | 芯线剥皮机 | 3F | 台 | 2 | 生产 | 2016-8-31 | 2332.00 |  | 10 |  | 10 | 10% |  | 0.75% |
| 14 | 11 | 剥皮机 | 310 | 台 | 2 | 生产 | 2016-8-31 | 2544.00 |  | 10 |  | 10 | 10% |  | 0.75% |
| 15 | 12 | 端子机 | XO-820 | 台 | 12 | 生产 | 2016-8-31 | 4982.00 |  | 10 |  | 10 | 10% |  | 0.75% |
| 16 | 13 | 端子机 | 1500 | 台 | 4 | 生产 | 2016-8-31 | 7314.00 |  | 10 |  | 10 | 10% |  | 0.75% |
| 12 | 9 | 剥线机 | 50L | 台 | 2 | 生产 | 2016-8-31 | 36040.00 |  | 10 |  | 10 | 10% |  | 0.75% |
| 13 | 10 | 芯线剥皮机 | 3F | 台 | 2 | 生产 | 2016-8-31 | 2332.00 |  | 10 |  | 10 | 10% |  | 0.75% |
| 14 | 11 | 剥皮机 | 310 | 台 | 2 | 生产 | 2016-8-31 | 2544.00 |  | 10 |  | 10 | 10% |  | 0.75% |
| 15 | 12 | 端子机 | XO-820 | 台 | 12 | 生产 | 2016-8-31 | 4982.00 |  | 10 |  | 10 | 10% |  | 0.75% |
| 16 | 13 | 端子机 | 1500 | 台 | 4 | 生产 | 2016-8-31 | 7314.00 |  | 10 |  | 10 | 10% |  | 0.75% |
| 17 | 14 | 电动机 |  | 台 | 1 | 生产 | 2016-8-31 | 4028.00 |  | 10 |  | 10 | 10% |  | 0.75% |
| 18 | 15 | 家具 |  | 台 | 1 | 办公 | 2016-8-31 | 5750.00 |  | 5 |  | 5 | 10% |  | 1.50% |

图 1-1-31 移动拆分条后的窗口

如要取消窗口的拆分，只需将鼠标移至水平或垂直拆分线上双击鼠标左键或再次单击“视图”/“窗口”组的“拆分”按钮，即可取消拆分。

## 十、窗口的冻结

在实际操作中，有时需要保持工作表中的部分行或列不随滚动条的移动而移动，这时就需要用到窗口的冻结功能。

例如：要查看员工档案资料，如图 1-1-32 所示，窗口中只能显示前 20 行数据，如果用户要查看 20 行以后的数据就必须向下拖动滚动条，这样一来数据项名称所在的第二行就无法在屏幕上显现出来，此时要将数据与项目名进行对照就比较麻烦，需要不断地来回拖动滚动条进行查看，解决此问题的最好办法就是将前两行进行冻结，这样再拖动滚动条时，前两行依然可以显现在屏幕上。

员工档案资料

| 工号 | 姓名 | 性别 | 年龄 | 学历 | 部门 | 入职时间 | 岗位职务 |
|---|---|---|---|---|---|---|---|
| CS001 | 李杨 | 男 | 38 | 硕士 | 研发部 | 2002-3-3 | 部门经理 |
| CS002 | 章林 | 女 | 25 | 硕士 | 销售部 | 2007-6-2 | 助理 |
| CS003 | 刘静 | 女 | 26 | 本科 | 销售部 | 2007-3-1 | 销售 |
| CS004 | 苏茂 | 男 | 33 | 本科 | 销售部 | 2004-1-8 | 销售 |
| CS005 | 刘璐 | 女 | 28 | 本科 | 采购部 | 2006-3-3 | 采购 |
| CS006 | 袁园 | 女 | 27 | 本科 | 文秘部 | 2014-6-7 | 文秘 |
| CS007 | 刘霞 | 女 | 32 | 硕士 | 研发部 | 2003-9-1 | 工程师 |
| CS008 | 钟嘉伦 | 男 | 29 | 本科 | 销售部 | 2004-7-2 | 助理 |
| CS009 | 丁汀 | 女 | 30 | 硕士 | 研发部 | 2014-7-3 | 工程师 |
| CS010 | 王静 | 女 | 31 | 本科 | 广告部 | 2006-3-1 | 助理 |
| CS011 | 张一丹 | 女 | 29 | 本科 | 销售部 | 2007-2-2 | 销售 |
| CS012 | 李宏 | 男 | 35 | 本科 | 销售部 | 2003-6-1 | 部门经理 |
| CS013 | 廖璐 | 男 | 29 | 硕士 | 销售部 | 2008-9-18 | 销售 |
| CS014 | 陈勇 | 男 | 28 | 硕士 | 采购部 | 2007-3-12 | 部门经理 |
| CS015 | 张佳 | 男 | 28 | 本科 | 销售部 | 2006-3-3 | 助理 |
| CS016 | 周建文 | 男 | 30 | 博士 | 销售部 | 2013-9-12 | 销售 |
| CS017 | 吴珐 | 女 | 29 | 博士 | 研发部 | 2007-6-18 | 工程师 |
| CS018 | 陈曦 | 女 | 27 | 硕士 | 销售部 | 2007-4-20 | 助理 |

图 1-1-32　员工档案资料

具体操作方法如下：

（1）选中需要冻结的行或列以下的单元格，这里选择 A3。

（2）单击“视图”/“窗口”组的“冻结窗格”按钮，在弹出的下拉列表中选择“冻结拆分窗格”命令，如图 1-1-33 所示。

（3）则前两行被冻结，当再移动滚动条时被冻结部分将固定不动，而滚动的是第三行以后的内容，这样第二十行以后的内容也可以调出查看，效果如图 1-1-34 所示。

如要撤消冻结，只需单击“视图”/“窗口”组的“冻结窗格”按钮，在弹出的下拉列表中选择“取消冻结窗格”命令即可将工作表恢复原状。

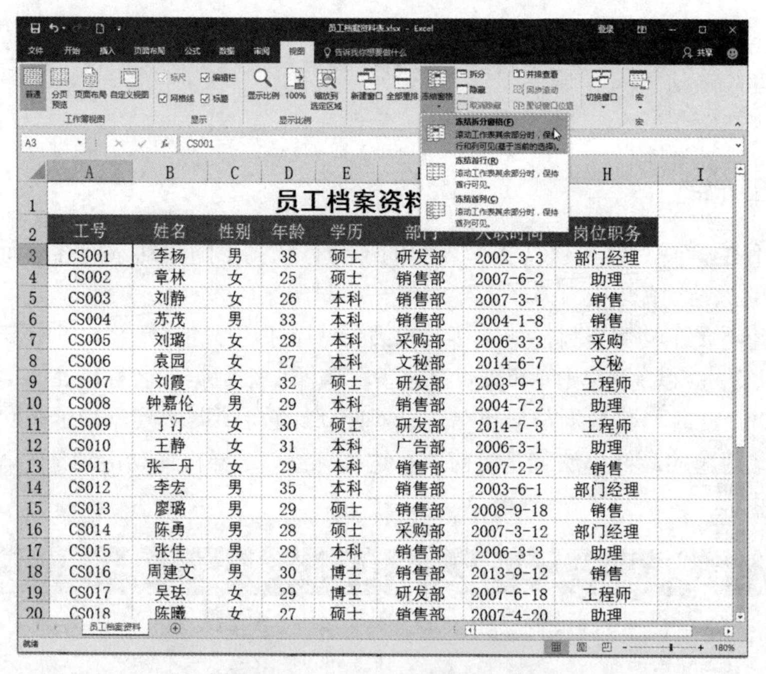


图 1-1-33 执行“冻结窗格”命令

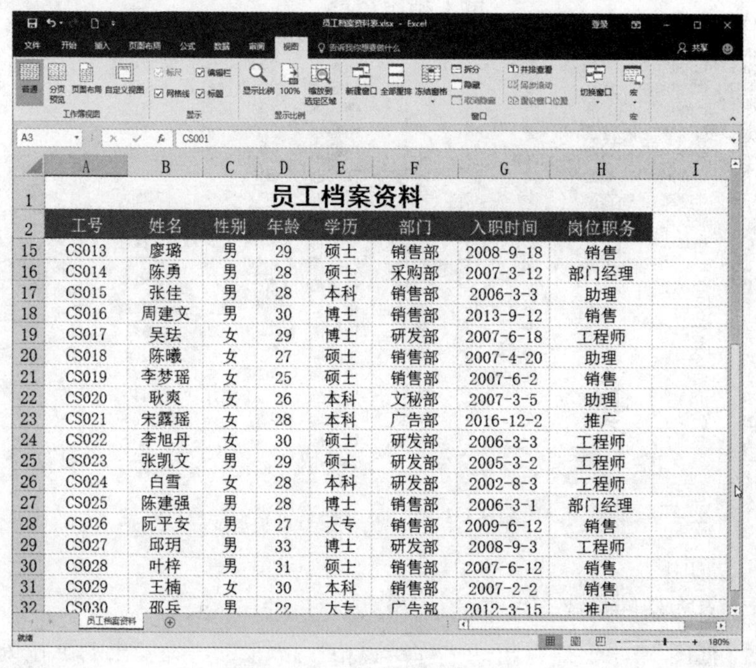


图 1-1-34 “冻结窗格”效果

## 十一、数据隐藏

在实际工作中对于有些数据，用户是不希望被别人看到或修改的，这时就要用到 Excel 中的数据隐藏功能来对这些数据进行保护。

1. 隐藏单元格中的数据

（1）选中要隐藏的单元格，譬如 D3。

（2）单击“开始”/“单元格”组的“格式”按钮，在弹出的下拉列表中选择“设置单元格格式”命令，如图 1-1-35 所示。

| | A | B | C | D | E | F | G | H |
|---|---|---|---|---|---|---|---|---|
| 1 | 员工档案资料 | | | | | | | |
| 2 | 工号 | 姓名 | 性别 | 年龄 | 学历 | 部门 | 入职时间 | |
| 3 | CS001 | 李杨 | 男 | 38 | 硕士 | 研发部 | 2002-3-3 | |
| 4 | CS002 | 章林 | 女 | 25 | 硕士 | 销售部 | 2007-6-2 | |
| 5 | CS003 | 刘静 | 女 | 26 | 本科 | 销售部 | 2007-3-1 | |
| 6 | CS004 | 苏茂 | 男 | 33 | 本科 | 销售部 | 2004-1-8 | |
| 7 | CS005 | 刘璐 | 女 | 28 | 本科 | 采购部 | 2006-3-3 | |
| 8 | CS006 | 袁园 | 女 | 27 | 本科 | 文秘部 | 2014-6-7 | |
| 9 | CS007 | 刘霞 | 女 | 32 | 硕士 | 研发部 | 2003-9-1 | |
| 10 | CS008 | 钟嘉伦 | 男 | 29 | 本科 | 销售部 | 2004-7-2 | 助理 |
| 11 | CS009 | 丁汀 | 女 | 30 | 硕士 | 研发部 | 2014-7-3 | 工程师 |

图 1-1-35 “格式”下拉列表

（3）在打开的“设置单元格格式”对话框中选择“数字”选项卡，在“分类”列表框中单击“自定义”选项，再在“类型”文本框中输入“;;;”，如图 1-1-36 所示。

图 1-1-36 “设置单元格格式”对话框

（4）最后单击“确定”按钮，此时所选单元格中的内容被隐藏了，如图 1-1-37 所示。

员工档案资料

| 工号 | 姓名 | 性别 | 年龄 | 学历 | 部门 | 入职时间 | 岗位职务 |
|---|---|---|---|---|---|---|---|
| CS001 | 李杨 | 男 |  | 硕士 | 研发部 | 2002-3-3 | 部门经理 |
| CS002 | 章林 | 女 | 25 | 硕士 | 销售部 | 2007-6-2 | 助理 |
| CS003 | 刘静 | 女 | 26 | 本科 | 销售部 | 2007-3-1 | 销售 |
| CS004 | 苏茂 | 男 | 33 | 本科 | 销售部 | 2004-1-8 | 销售 |
| CS005 | 刘璐 | 女 | 28 | 本科 | 采购部 | 2006-3-3 | 采购 |
| CS006 | 袁园 | 女 | 27 | 本科 | 文秘部 | 2014-6-7 | 文秘 |
| CS007 | 刘霞 | 女 | 32 | 硕士 | 研发部 | 2003-9-1 | 工程师 |
| CS008 | 钟嘉伦 | 男 | 29 | 本科 | 销售部 | 2004-7-2 | 助理 |
| CS009 | 丁汀 | 女 | 30 | 硕士 | 研发部 | 2014-7-3 | 工程师 |

图 1-1-37　D3 单元格数据被隐藏

**贴心提示** 如要撤消单元格隐藏，只需在图 1-1-36 所示的“数字”选项卡中选择“常规”选项，再单击“确定”按钮即可恢复原来单元格内容。

2. 隐藏行或列

（1）单击需要隐藏的行或列中的任一单元格。譬如 D3。

（2）单击“开始”/“单元格”组的“格式”按钮，在弹出的下拉列表中选择“隐藏和取消隐藏”命令，如图 1-1-38 所示，在级联菜单中选择“隐藏行”或“隐藏列”命令即可隐藏所选的行或列。譬如选择“隐藏列”，则 D 列内容被隐藏，如图 1-1-39 所示。

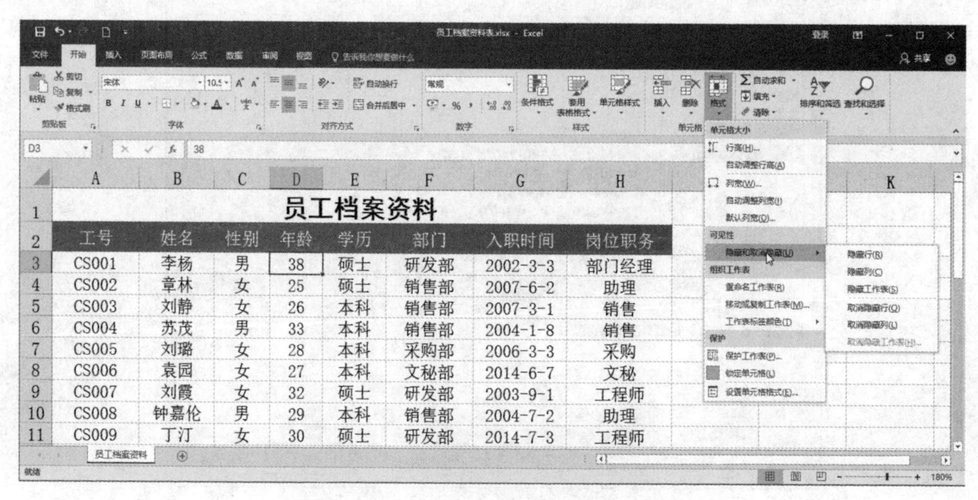

员工档案资料

| 工号 | 姓名 | 性别 | 年龄 | 学历 | 部门 | 入职时间 | 岗位职务 |
|---|---|---|---|---|---|---|---|
| CS001 | 李杨 | 男 | 38 | 硕士 | 研发部 | 2002-3-3 | 部门经理 |
| CS002 | 章林 | 女 | 25 | 硕士 | 销售部 | 2007-6-2 | 助理 |
| CS003 | 刘静 | 女 | 26 | 本科 | 销售部 | 2007-3-1 | 销售 |
| CS004 | 苏茂 | 男 | 33 | 本科 | 销售部 | 2004-1-8 | 销售 |
| CS005 | 刘璐 | 女 | 28 | 本科 | 采购部 | 2006-3-3 | 采购 |
| CS006 | 袁园 | 女 | 27 | 本科 | 文秘部 | 2014-6-7 | 文秘 |
| CS007 | 刘霞 | 女 | 32 | 硕士 | 研发部 | 2003-9-1 | 工程师 |
| CS008 | 钟嘉伦 | 男 | 29 | 本科 | 销售部 | 2004-7-2 | 助理 |
| CS009 | 丁汀 | 女 | 30 | 硕士 | 研发部 | 2014-7-3 | 工程师 |

图 1-1-38　“隐藏和取消隐藏”命令

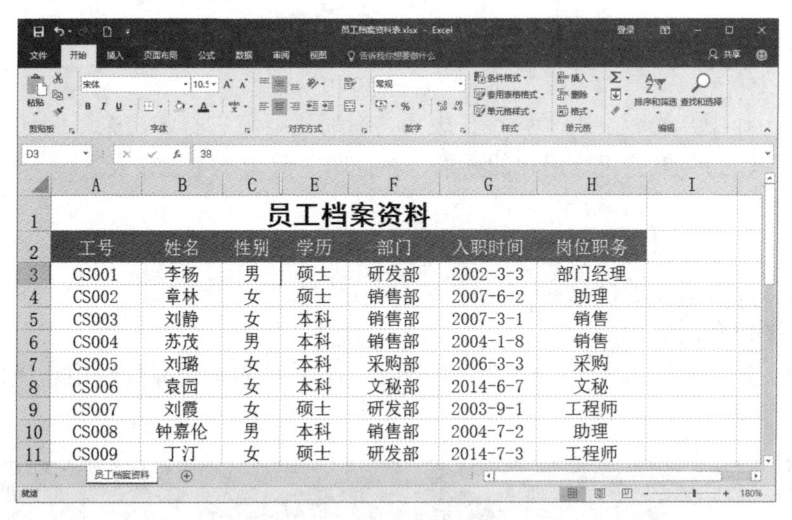

| | A | B | C | E | F | G | H |
|---|---|---|---|---|---|---|---|
| 1 | 员工档案资料 | | | | | | |
| 2 | 工号 | 姓名 | 性别 | 学历 | 部门 | 入职时间 | 岗位职务 |
| 3 | CS001 | 李杨 | 男 | 硕士 | 研发部 | 2002-3-3 | 部门经理 |
| 4 | CS002 | 章林 | 女 | 硕士 | 销售部 | 2007-6-2 | 助理 |
| 5 | CS003 | 刘静 | 女 | 本科 | 销售部 | 2007-3-1 | 销售 |
| 6 | CS004 | 苏茂 | 男 | 本科 | 销售部 | 2004-1-8 | 销售 |
| 7 | CS005 | 刘璐 | 女 | 本科 | 采购部 | 2006-3-3 | 采购 |
| 8 | CS006 | 袁园 | 女 | 本科 | 文秘部 | 2014-6-7 | 文秘 |
| 9 | CS007 | 刘霞 | 女 | 硕士 | 研发部 | 2003-9-1 | 工程师 |
| 10 | CS008 | 钟嘉伦 | 男 | 本科 | 销售部 | 2004-7-2 | 助理 |
| 11 | CS009 | 丁汀 | 女 | 硕士 | 研发部 | 2014-7-3 | 工程师 |

图 1-1-39　D 列内容被隐藏

如要撤消隐藏行或列，只需单击“开始”/“单元格”组的“格式”按钮，在弹出的下拉列表中选择“隐藏和取消隐藏”命令，在级联菜单中选择“取消隐藏行”或“取消隐藏列”命令，即可恢复原来行或列中的内容。

3. 隐藏工作表

（1）单击要隐藏的工作表标签。

（2）单击“开始”/“单元格”组的“格式”按钮，在弹出的下拉列表中选择“隐藏和取消隐藏”命令，在级联菜单中选择“隐藏工作表”命令，此时选中的工作表被隐藏。

如要撤消隐藏工作表，只需单击“开始”/“单元格”组的“格式”按钮，在弹出的下拉列表中选择“隐藏和取消隐藏”命令，在其级联菜单中选择“取消隐藏工作表”命令即可。

4. 隐藏工作簿

只需单击“视图”/“窗口”组的“隐藏”按钮即可。

如要撤消隐藏，可单击“视图”/“窗口”组的“取消隐藏”按钮，打开“取消隐藏”对话框，如图 1-1-40 所示，选择需要取消隐藏的工作簿，单击“确定”按钮即可。

图 1-1-40　“取消隐藏”对话框

## 十二、工作表的打印

在日常的工作中，当建立好一张工作表后，有时需要将它打印出来，例如单位每月的工资条。为了使打印的结果能符合用户的要求，在打印之前需要对工作表进行一些设置。

1. 页面设置

（1）设置页面。包括设置页面的纸张方向、纸张大小、页边距、打印区域、工作表背景，用户可以根据自己的需要进行设置。

①选中需要设置的工作表。

②单击“页面布局”选项卡，如图 1-1-41 所示，在“页面设置”组中选择相应的命令就可以对页面进行设置。

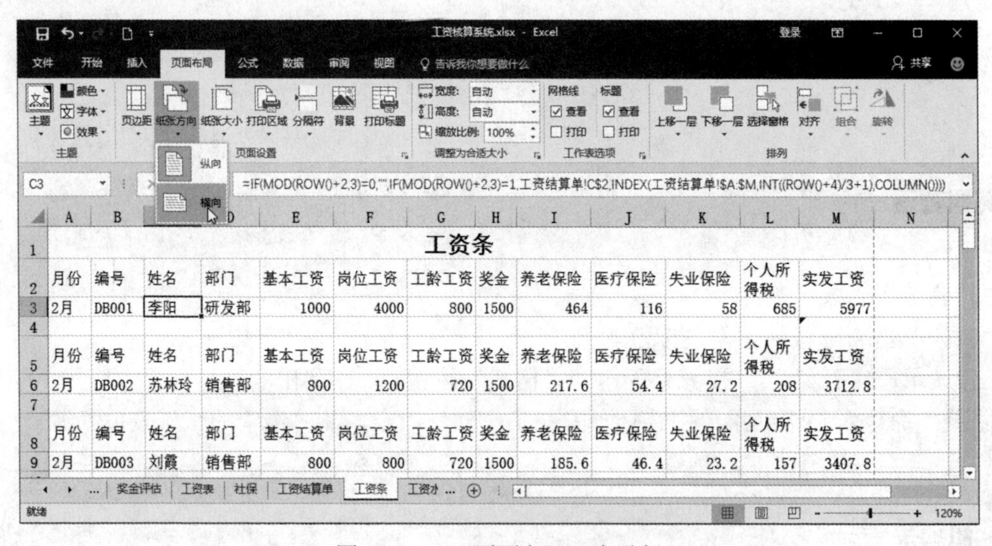

图 1-1-41 “页面布局”选项卡

③单击“纸张方向”下三角，在弹出的下拉列表框中选择“纵向”或“横向”选项来选择打印方向。

④单击“纸张大小”下三角，在弹出的下拉列表框中选择打印所需的纸型。

⑤单击“页边距”下三角，在弹出的下拉列表框中选择所需的边距类型。

⑥单击“打印区域”下三角，在弹出的下拉列表框中选择要打印的范围。

⑦单击“分隔符”下三角，在弹出的下拉列表框中选择在工作表中插入分页符。

⑧单击“背景”按钮为工作表插入背景图片。

⑨单击“打印标题”按钮，打开“页面设置”对话框，如图 1-1-42 所示。

（2）设置页边距。页边距是指正文与页面边缘的距离。

①单击“页面”选项卡，在“缩放”选项组中，可以通过调整“缩放比例”单选按钮后面的数值框来设置打印时所需的缩放比例。通过改变“调整为”单选按钮后“页宽”和“页高”数值框中的数值，可以调整打印页面。

100%是按原比例缩放，小于 100%为缩小，大于 100%为放大。

图 1-1-42　“页面设置”对话框

在“打印质量”下拉列表框中选择打印的质量。

在“起始页码”文本框中选择打印起始页的页码，默认为“自动”。

②在“页面设置”对话框中选择“页边距”选项卡，如图 1-1-43 所示。

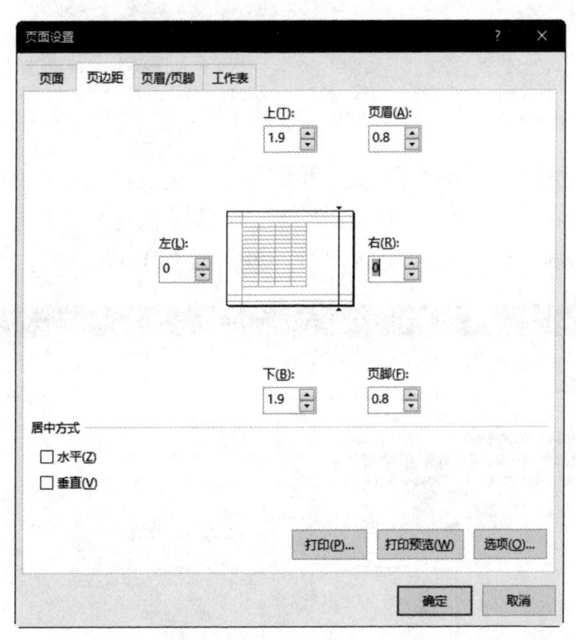


图 1-1-43　“页面设置”对话框之“页边距”选项卡

分别在“上”、“下”、“左”、“右”四个数值框中键入所需的页边距值。

通过在“页眉”和“页脚”数值框中键入数值来设置页眉、页脚与纸张边缘的距离。

从“居中方式”中选择工作表在页面上的居中方式，如果选择“水平”复选框，则该工作表在页面上水平居中；如果选择“垂直”复选框，则该工作表在页面上垂直居中。

设置完毕后单击“确定”按钮。

（3）设置页眉和页脚。页眉用于标明文档名称、报表标题或书名、章节名、公司名称等需要在每页的顶部重复显示的信息，页脚用于标明页码、日期和时间等需要在每页的底部重复显示的信息。

①在“页面设置”对话框中选择“页眉/页脚”选项卡，如图 1-1-44 所示。

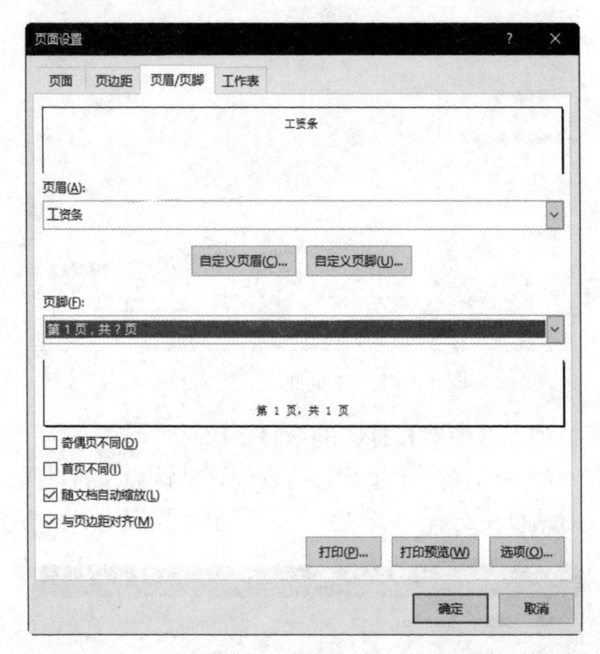


图 1-1-44 “页面设置”对话框之“页眉/页脚”选项卡

②在“页眉”和“页脚”文本框中输入所需内容或从下拉列表框中选择内置的格式。

③如果要自行定义页眉或页脚，可单击“自定义页眉”或“自定义页脚”按钮，打开“页眉”对话框，如图 1-1-45 所示；或“页脚”对话框，如图 1-1-46 所示；根据需要进行设置。

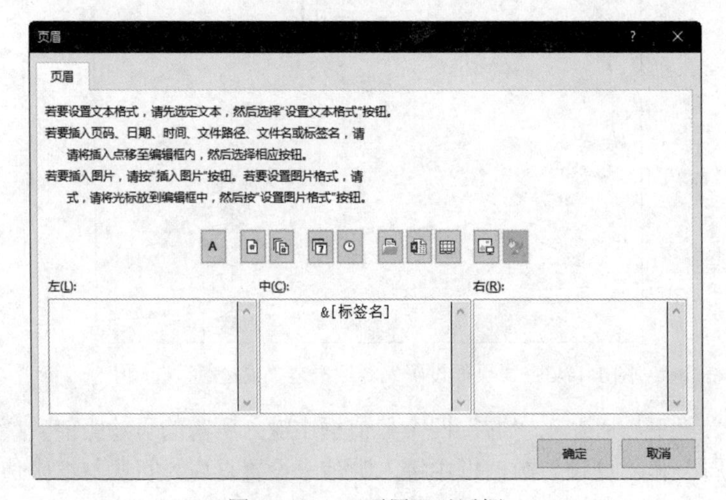


图 1-1-45 “页眉”对话框

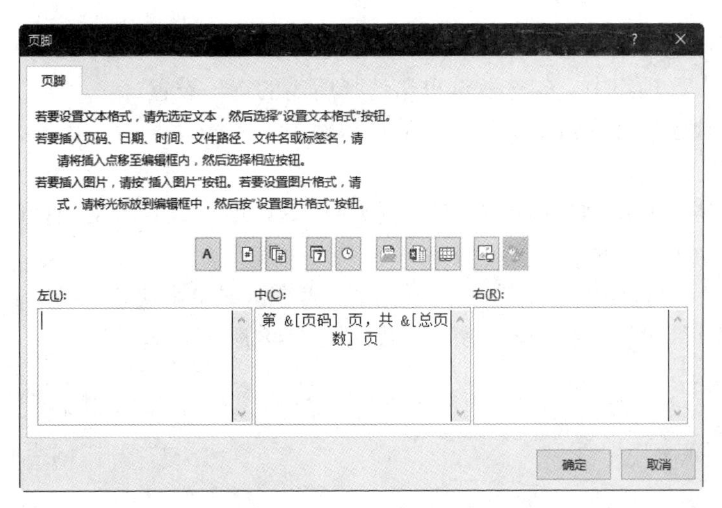


图 1-1-46　“页脚”对话框

④设置完后单击“确定”按钮。

如要删除页眉和页脚，只需选中该工作表，再将“页面设置”对话框中的“页眉”和“页脚”下拉列表框中的选择设为“无”即可。

（4）设置工作表。

①在“页面设置”对话框中选择“工作表”选项卡，如图 1-1-47 所示。

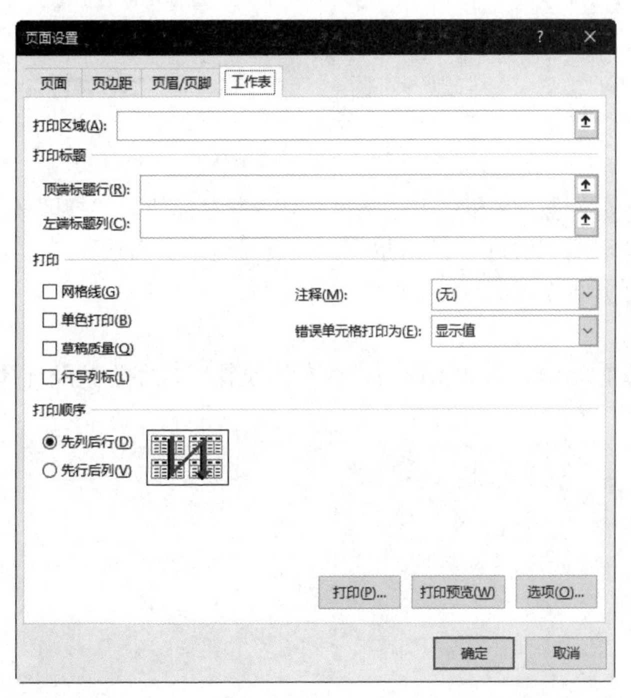


图 1-1-47　“页面设置”对话框之“工作表”选项卡

②在“打印区域”中输入需要打印的表格区域的地址或直接在表格中按住鼠标划定一个打印区域。

③在“打印标题”选项组中设置标题行和标题列区域。

④在“打印”选项组中，勾选复选框来选择所需的选项设置。

⑤在“打印顺序”选项组中选择表格的打印顺序。

2. 打印预览

在打印之前应先对所需打印的内容进行预览，这样既可以查看文档打印后的外观，又有助于及时发现排版中存在的格式问题。

单击“文件”/“打印”命令或按“Ctrl+F2”组合键或单击快速访问工具栏的“打印预览和打印”按钮，即可进入打印预览界面，如图 1-1-48 所示右侧部分。

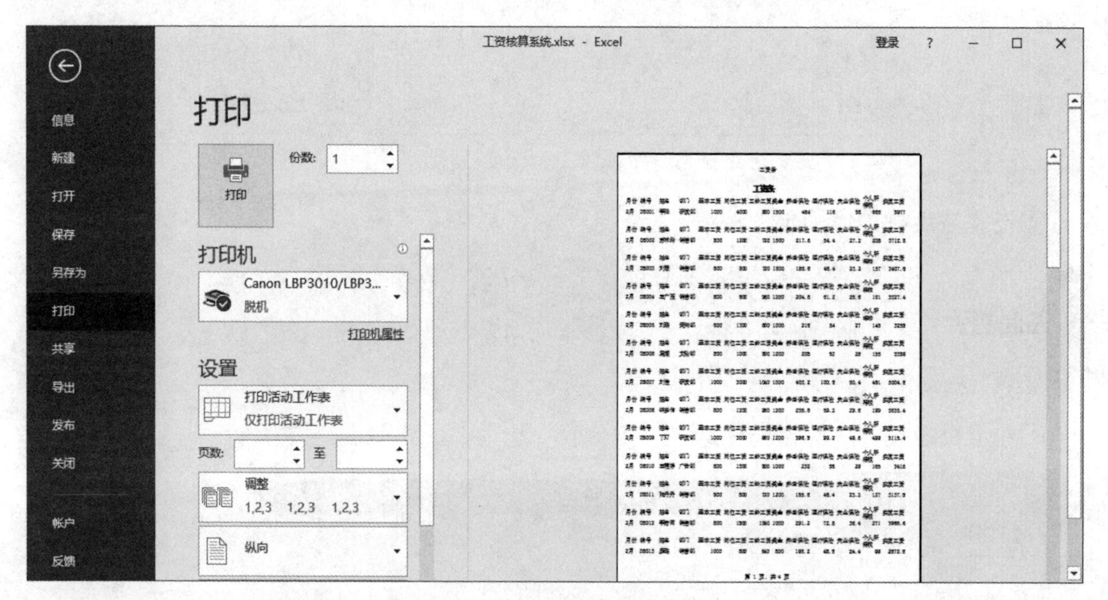


图 1-1-48 打印预览效果

可以通过“上一页”按钮和“下一页”按钮查看其他页的打印效果；通过“缩放到页面”按钮进行放大查看；通过“显示边距”按钮显示页面边距线。如果预览效果不满意，可以在左侧重新进行页面设置。

3. 打印

在打印预览中查看完毕并确认无误后，在左侧设置完打印份数及选择所要连接的打印机，直接单击“打印”按钮便可进行打印了。

# 第2章　Excel 2016 电子表格的初级应用

**知识点**

- 了解单元格中数据的输入
- 掌握单元格的基本操作
- 掌握单元格中数据的编辑
- 掌握单元格格式的设置

## 2.1　单元格数据的输入

Excel 2016 中数据的输入是一项非常重要的工作。用户可以在单元格中输入文本、数值、日期、时间、批注、公式和迷你图等多种类型的数据，同时利用 Excel 提供的各种特殊输入方法（如自动填充序列、快速填充相同数据），可以极大地提高输入效率。

下面就以如图 1-2-1 所示的“职工信息表”为例，介绍数据的输入。

| | A | B | C | D | E | F | G | H | I | J |
|---|---|---|---|---|---|---|---|---|---|---|
| 1 | 五阳公司职工信息表 | | | | | | | | | |
| 2 | 编号 | 姓名 | 性别 | 身份证号 | 参加工作时间 | 行政职务 | 学历 | 工作部门 | 职称 | 年薪 |
| 3 | A1001 | 王正明 | 男 | 310100196301102211 | 1985-7-15 | 总经理 | 本科 | 总公司 | 高级经济师 | 100万元 |
| 4 | A1002 | 赵红法 | 男 | 110102196610050003 | 1986-8-10 | 部门经理 | 本科 | 总公司 | 高级经济师 | 50万元 |
| 5 | A1003 | 李明真 | 女 | 410116197304210022 | 1998-8-15 | 部门经理 | 专科 | 北京店 | 高级会计师 | 50万元 |
| 6 | A1004 | 陈林 | 女 | 310122196712106000 | 1989-3-20 | 部门总监 | 本科 | 总公司 | 高级会计师 | 30万元 |
| 7 | A1005 | 周海龙 | 男 | 610102198605102211 | 2008-7-25 | 部门经理 | 本科 | 上海店 | 经济师 | 50万元 |
| 8 | A1006 | 孙明辉 | 男 | 420105199107230007 | 2013-7-15 | 部门总监 | 本科 | 北京店 | 高级经济师 | 30万元 |
| 9 | A1007 | 李二芳 | 女 | 220101199010032268 | 2011-7-12 | 部门经理 | 本科 | 重庆店 | 高级经济师 | 46万元 |
| 10 | A1008 | 武胜辉 | 男 | 410112198303203311 | 2006-7-7 | 普通职员 | 本科 | 北京店 | 经济师 | 28万元 |
| 11 | A1009 | 金一明 | 女 | 320113198808204000 | 2010-7-30 | 普通职员 | 本科 | 上海店 | 助理经济师 | 25万元 |
| 12 | A1010 | 张成然 | 男 | 230266197901283231 | 2001-7-20 | 普通职员 | 本科 | 上海店 | 助理经济师 | 32万元 |
| 13 | A1011 | 张一剑 | 女 | 410106197710112388 | 1999-7-3 | 部门经理 | 本科 | 重庆店 | 经济师 | 50万元 |

图 1-2-1　职工信息表

### 一、文本的输入

文本包括文字、数字、数值以及各种特殊符号等。

1. 文字的输入

单击或双击需要输入文字的单元格，直接输入文字并以回车键结束即可。

在 Excel 2016 中，单元格内最多可容纳 32767 个字符，但不能全部显示，而编辑栏中则可以全部显示。

默认情况下，所有文本在单元格内都为左对齐，但可以根据需要更改其对齐方式。如果单元格中文字过长超出单元格宽度，而相邻右边的单元格中又无数据，则可以允许超出的文字覆盖在右边单元格上，如图 1-2-2 所示。

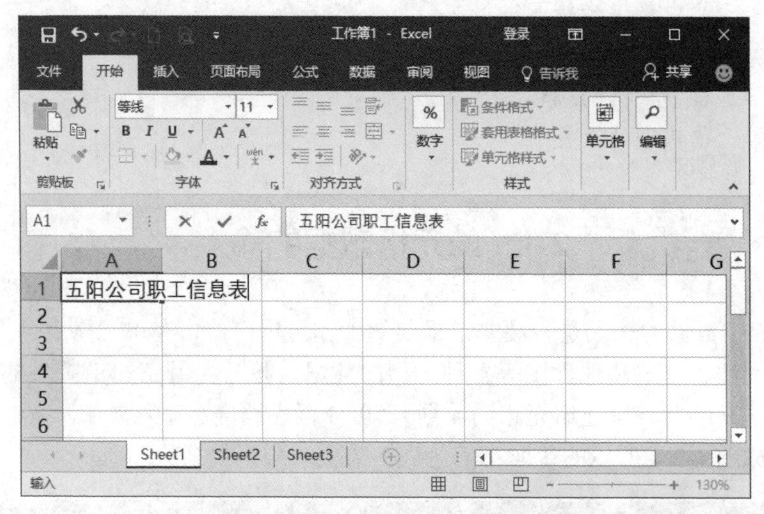


图 1-2-2 输入文本过长覆盖右侧单元格

若右边的单元格有数据，则文本在单元格中就不会全部显示，但在编辑栏中会显示全部内容，如图 1-2-3 所示。

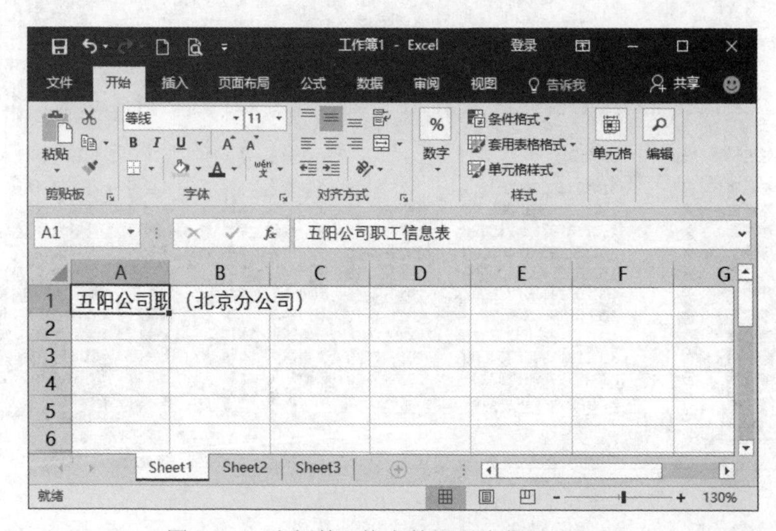


图 1-2-3 右侧单元格有数据则隐藏超出内容

若单元格中输入多行文字，则输入一行文字后，可按“Alt+Enter”键换行，然后再输入下一行文字，如图 1-2-4 所示。

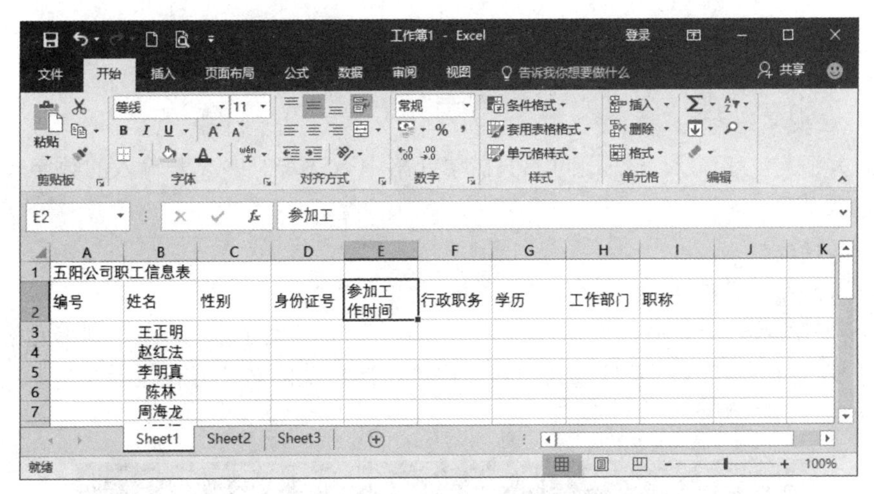


图 1-2-4　输入多行文字

在 Excel 中，若要更改单元格中的数据，可直接双击单元格进行更改，或者选中需要更改的单元格，通过编辑栏更改。

2. 数字文本的输入

在 Excel 中，对于全部由数字组成的字符串，如编号、身份证号码、邮政编码、手机号码等，为了避免被认为是数字型数据，Excel 要求在这些输入项前添加“'”以示区别。文本在单元格中默认位置是左对齐。如图 1-2-5 所示“身份证号”列，此时，单元格左上角显示为绿色三角。

D12　'230266197901283231

| | A | B | C | D | E | F | G | H | I |
|---|---|---|---|---|---|---|---|---|---|
| 1 | 五阳公司职工信息表 | | | | | | | | |
| 2 | 编号 | 姓名 | 性别 | 身份证号 | 参加工作时间 | 行政职务 | 学历 | 工作部门 | 职称 |
| 3 | | 王正明 | | 310100196301102211 | | | | | |
| 4 | | 赵红法 | | 110102196610050003 | | | | | |
| 5 | | 李明真 | | 410116197304210022 | | | | | |
| 6 | | 陈林 | | 310122196712106000 | | | | | |
| 7 | | 周海龙 | | 610102198605102211 | | | | | |
| 8 | | 孙明辉 | | 420105199107230007 | | | | | |
| 9 | | 李二芳 | | 220101199010032268 | | | | | |
| 10 | | 武胜辉 | | 410112198303203311 | | | | | |
| 11 | | 金一明 | | 320113198808204000 | | | | | |
| 12 | | 张成然 | | 230266197901283231 | | | | | |

图 1-2-5　输入数字文本

## 二、数字的输入

在 Excel 中，数字也是一种文本，因此也可以像输入文本一样来输入数字，但是数字在

Excel 中扮演的角色十分重要，许多计算需要数字，其表现方式有很多种。例如：阿拉伯数字、分数、负数、小数等。

1. 阿拉伯数字的输入

阿拉伯数字与文字输入方法相同，但在单元格中默认右对齐。若输入的数字较大，则以指数形式显示。

2. 分数的输入

若要输入分数，譬如“1/2”，有两种方法。

方法 1：先输入一个空格，再输入“1/2”，输入完成后以回车键结束，则单元格中显示分数“1/2”。但这种输入方式会使分数在单元格中不按照默认的对齐方式显示（既不左对齐也不右对齐），如图 1-2-6 所示。

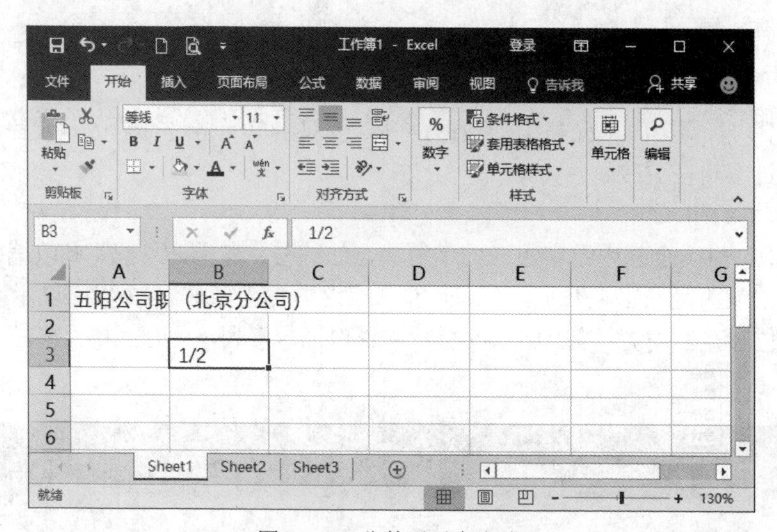


图 1-2-6 分数无对齐方式

方法 2：在单元格中先输入一个“0”和一个空格，再输入分数，输入完成后以回车键结束。此输入方式使分数在单元格中右对齐，如图 1-2-7 所示。

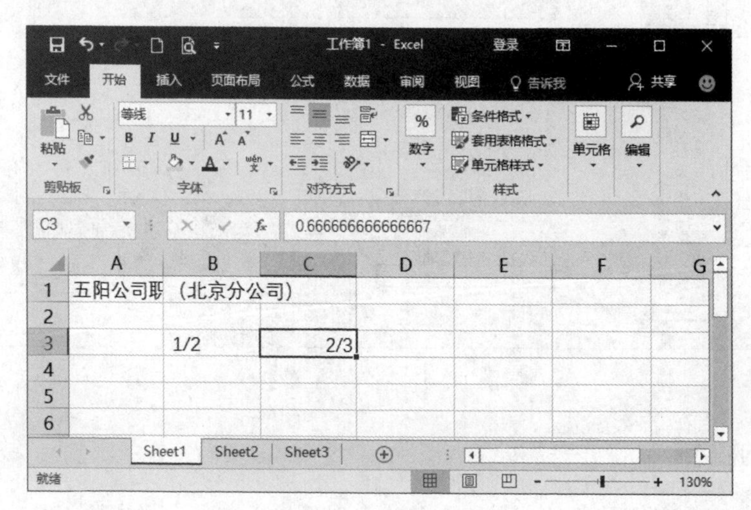


图 1-2-7 分数右对齐

若直接输入“1/2”，则 Excel 会把该数据默认为日期，并显示为“1 月 2 日”。

若输入假分数，则需要在整数和分数之间以空格隔开。

3. 负数的输入

在单元格中输入负数有两种方法。若要输入“–1”，既可以直接输入，也可以输入“(1)”来表示该负数。

## 三、日期和时间的输入

用户有时需要在工作表中输入时间或者日期，此时就要用 Excel 中定义的格式来输入。

1. 日期的输入

（1）单击“开始”/“单元格”组的“格式”按钮，在弹出的下拉列表中选择“设置单元格格式”命令，打开“设置单元格格式”对话框。

（2）选择“数字”选项卡，并在“分类”列表框中选择“日期”选项。

（3）在“类型”列表框中选择合适的日期格式，如图 1-2-8 所示，单击“确定”按钮即可。

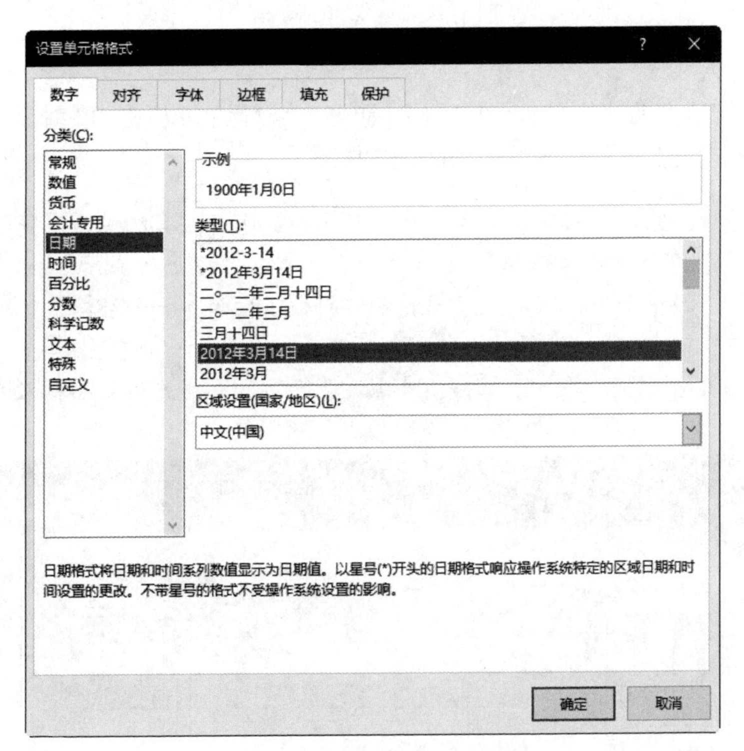


图 1-2-8　设置日期格式

在单元格中输入日期，日期间可以用“/”或者“–”来分隔。

如图 1-2-9 所示“参加工作时间”列的输入。

图 1-2-9　输入日期数据

2. 时间的输入

时间的输入与日期的输入方法类似，不同的是在“设置单元格格式”对话框中切换到“时间”分类，并在“类型”选项中选择合适的时间格式。

用户输入时间时需要注意：时间的显示格式有两种，一种是按照 12 小时显示，一种是按照 24 小时显示。若选择的是 12 小时显示方式，一定要注明是上午还是下午，即输入时间后在时间数字后面加一个空格，然后输入 A 或 P，并以回车键结束，如图 1-2-10 所示。如果不加以注明，Excel 中会默认其为 AM（上午）。若选择的是 24 小时显示方式，用户可直接输入。

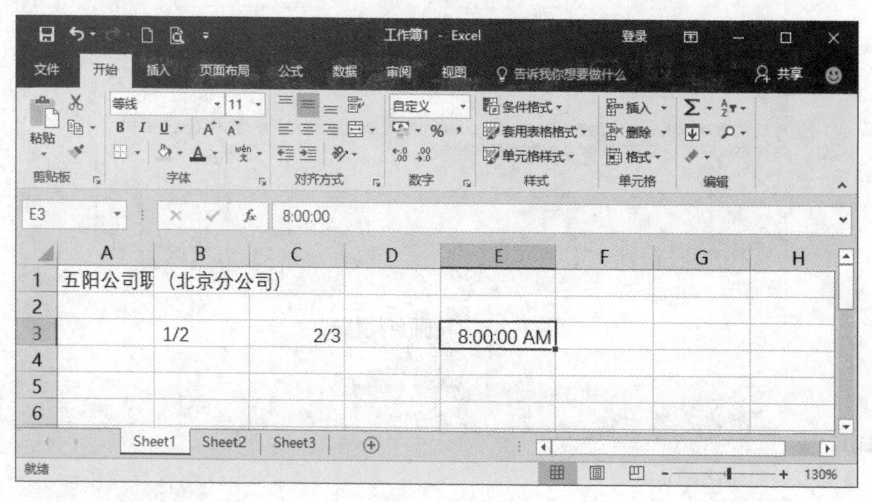

图 1-2-10　输入时间

## 四、公式和批注的输入

在 Excel 中，用户不仅可以输入文本、数字，还可以输入公式对工作表中的数据进行计算，输入批注对单元格进行注释。当在某个单元格中添加批注后，该单元格的右上角将会显示一个小红三角，只要将鼠标指针指向该单元格，就会显示批注的内容，移开鼠标指针显示内容将消失。

1. 输入公式

公式是在工作表中对数据进行分析的等式，它可以对工作表进行加、减、乘、除等四则运算。公式可以应用在同一工作表的不同单元格中、同一工作簿的不同工作表的单元格中或其他工作簿的工作表的单元格中。

公式是以“=”开始的数学式子，其输入方法很简单。

（1）单击需要输入公式的单元格，直接输入公式。譬如“=1+2”。

（2）按回车键或单击编辑栏中的“输入”按钮✔，此时选中的单元格中就会显示计算结果。

2. 输入批注

在 Excel 中，用户还可以为工作表中某些单元格添加批注，用以说明该单元格中数据的含义或强调某些信息。

（1）选中需要输入批注的单元格。

（2）单击“审阅”/“批注”组的“新建批注”按钮或在此单元格右击，在弹出的快捷菜单中选择“插入批注”命令。

（3）在该单元格旁弹出的批注框内输入批注内容，如图 1-2-11 所示，输入完成后单击批注框外的任意工作表区域即可关闭批注框。此时，单元格右上角会显示红色三角，表示本单元格插入有批注。将鼠标指向该单元格，会显示批注内容。

图 1-2-11　插入批注

如果要编辑批注，可通过单击“审阅”/“批注”组的“编辑批注”按钮完成；如果要删除批注，则先选择要删除批注的单元格，单击“审阅”/“批注”组的“删除”按钮即可删除批注。

## 五、特殊符号的输入

在制作表格时，有时需要输入一些键盘上没有的符号，譬如商标符号、版权符号、段落标记等，此时就需要借助“符号”对话框来完成输入。其步骤如下：

（1）首先在工作表中单击需要输入符号的单元格。

（2）单击“插入”/“符号”组的“符号”按钮Ω，在弹出的面板中单击“符号”按钮Ω，打开“符号”对话框，如图 1-2-12 所示。

图 1-2-12 “符号”对话框

（3）单击“符号”选项卡，在“字体”下拉列表框中选择字体样式，在中间列表中选择需要插入的符号，单击“插入”按钮即可。

## 六、自动填充功能

### 1. 自动填充序列

为了简化繁杂的数据输入工作，可以利用 Excel 中的自动填充功能来完成。自动填充是 Excel 中很有特色的一大功能。

在会计工作的信息统计中，有时会有大量有规律的数据需要输入，此时可以利用 Excel 中的自动填充功能来提高输入效率。例如，“职工信息表”的“编号”和“学历”列的输入。

输入“编号”列时，由于编号是从 A1001～A1026，具有一定的规律，在输入的时候可以用 Excel 的自动填充功能以提高输入效率。其步骤如下：

（1）在“编号”列的第一行先输入 A1001。

（2）将鼠标移至单元格右下角，当鼠标指针变化为“+”时，拖动鼠标到所需位置，序列自动填充完成。

输入“学历”列时，由于列中内容大部分为“本科”，只有一个“专科”，基本都是重复的，为提高效率，可以用类似的方法来输入。其步骤如下：

（1）在“学历”列的第一行输入“本科”。

（2）将鼠标指针移至单元格右下角，当鼠标指针变化为“+”时，拖动鼠标至所需位置，自动完成输入。

（3）单击 G5 单元格，输入“专科”，如图 1-2-13 所示。

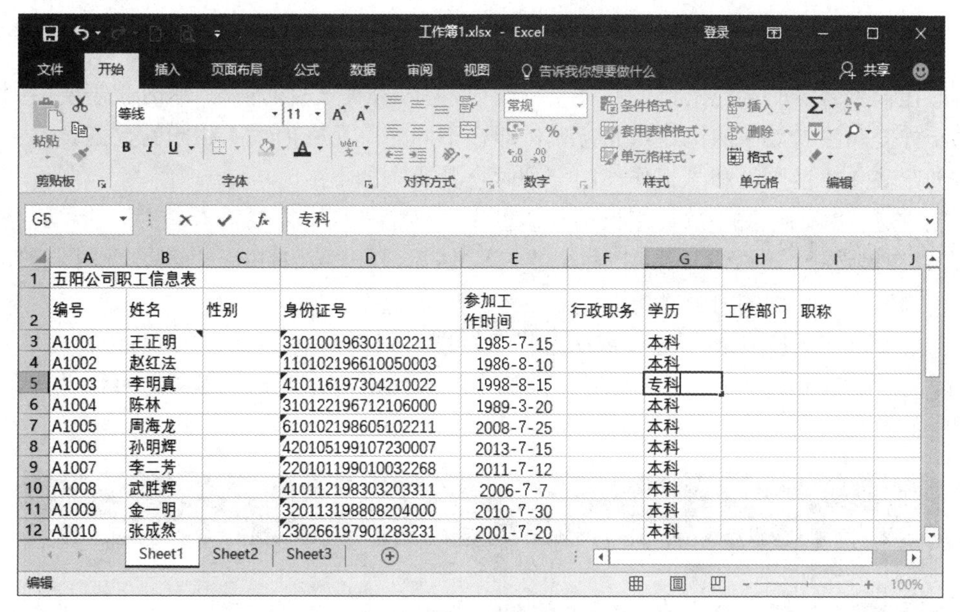


图 1-2-13　自动填充序列

**贴心提示**　在 Excel 填充序列中除了数字的有规律填充外，对于月份、星期、季度等一些传统序列也有预先的设置，方便用户使用。

2. 利用“序列”对话框填充数据

利用“序列”对话框，只需在工作表中输入一个起始数据便可以快速填充有规律的数据。其设置步骤如下：

（1）在起始单元格输入起始数据。

（2）单击“开始”/“编辑”组的“填充”按钮，在弹出的下拉列表中选择“序列”命令，打开“序列”对话框，如图 1-2-14 所示。

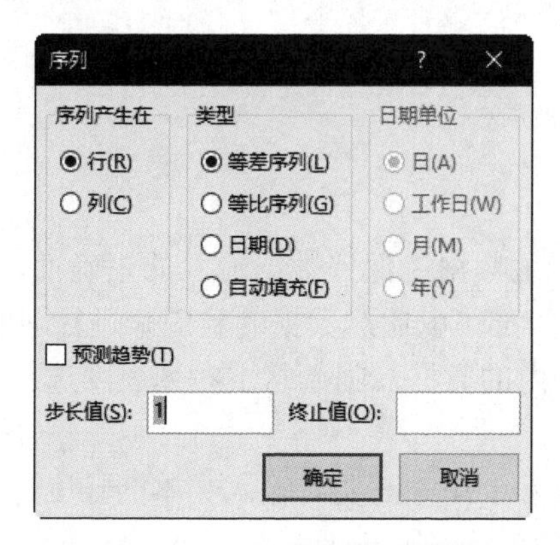


图 1-2-14　“序列”对话框

（3）在“序列产生在”栏中选择序列产生的方向，在“类型”栏中选择系列的类型，如果是日期型，还要在右侧设置日期的单位，输入步长值和系列的终止值，单击“确定”按钮即可按定义的系列填充数据。

## 七、快速填充功能

有时在输入数据时会遇到排序并不十分规律，但内容有重复的情况。这时就需要用到Excel中的另一种提高输入效率的快速填充方式，即在不同的单元格内输入相同的数据。

譬如，输入“性别”和“工作部门”列时，其步骤如下：

（1）按住“Ctrl”键不放，用鼠标在“性别”列依次选中需要输入“男”的单元格。

（2）在被选中的最后单元格中输入“男”，然后，按“Ctrl+Enter”键，此时，被选中的单元格内都填充了相同的内容“男”。

（3）同理，按住“Ctrl”键，依次选择“性别”列剩余单元格，在最后选择的单元格中输入“女”，按“Ctrl+Enter”键，此时，被选中的单元格内都填充了相同的内容“女”，如图1-2-15所示。

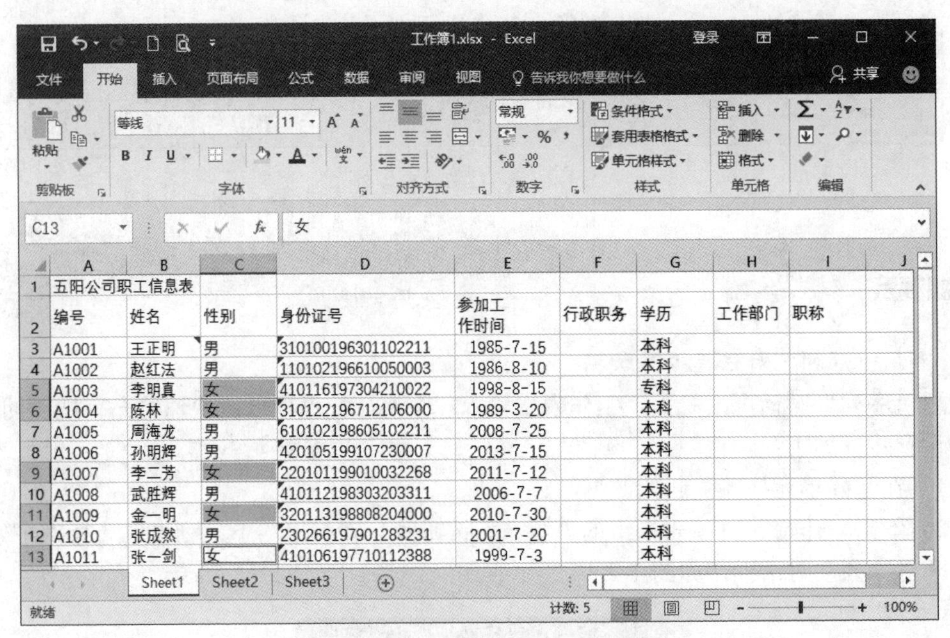


| 编号 | 姓名 | 性别 | 身份证号 | 参加工作时间 | 行政职务 | 学历 | 工作部门 | 职称 |
|---|---|---|---|---|---|---|---|---|
| A1001 | 王正明 | 男 | 310100196301102211 | 1985-7-15 | | 本科 | | |
| A1002 | 赵红法 | 男 | 110102196610050003 | 1986-8-10 | | 本科 | | |
| A1003 | 李明真 | 女 | 410116197304210022 | 1998-8-15 | | 专科 | | |
| A1004 | 陈林 | 女 | 310122196712106000 | 1989-3-20 | | 本科 | | |
| A1005 | 周海龙 | 男 | 610102198605102211 | 2008-7-25 | | 本科 | | |
| A1006 | 孙明辉 | 男 | 420105199107230007 | 2013-7-15 | | 本科 | | |
| A1007 | 李二芳 | 女 | 220101199010032268 | 2011-7-12 | | 本科 | | |
| A1008 | 武胜辉 | 男 | 410112198303203311 | 2006-7-7 | | 本科 | | |
| A1009 | 金一明 | 女 | 320113198808204000 | 2010-7-30 | | 本科 | | |
| A1010 | 张成然 | 男 | 230266197901283231 | 2001-7-20 | | 本科 | | |
| A1011 | 张一剑 | 女 | 410106197710112388 | 1999-7-3 | | 本科 | | |

图 1-2-15　快速填充相同内容

## 八、单元格数据管理

为防止在单元格中输入无效数据，保证数据输入的正确性，单元格中输入的数值，如数据类型、数据内容、数据长度等都可以通过数据的验证来进行限制，进行数据的有效管理。如可以拒绝无效日期或不在范围内的数据，强制从下拉列表中选择数据等。

1. 限定输入的数据长度

为了避免输入错误，在实际工作中需要对输入文本的长度进行限定，譬如“职工信息表”中，“身份证号”列要限定长度为18位。

操作步骤如下：

（1）首先选中“身份证号”列需要输入数据的区域，单击“数据”/“数据工具”组中的“数据验证”按钮，打开“数据验证”对话框。

（2）单击“设置”选项卡，在“允许”列表中选择“文本长度”，在“数据”列表中选择“等于”，在“长度”框中输入 18，如图 1-2-16 所示，单击“确定”按钮即可。

2. 限定输入的数据内容

当一个单元格中只允许输入指定内容时，可以通过数据验证的序列功能来实现。譬如“职工信息表”中的“行政职务”列只允许输入总经理、部门总监、部门经理和普通职员 4 个职位，操作步骤如下：

（1）选取“行政职务”列的需要输入数据的区域，单击“数据”/“数据工具”组中的“数据验证”按钮，打开“数据验证”对话框。

（2）单击“设置”选项卡，在“允许”列表中选择“序列”，在“来源”框中依次输入“总经理，部门总监，部门经理，普通职员”，如图 1-2-17 所示。

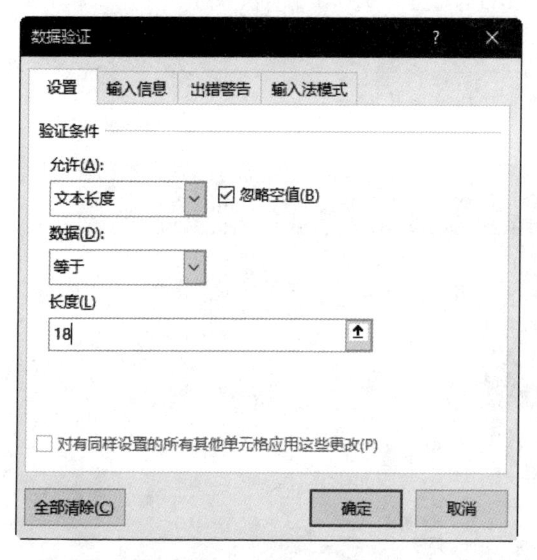


图 1-2-16　限定数据长度

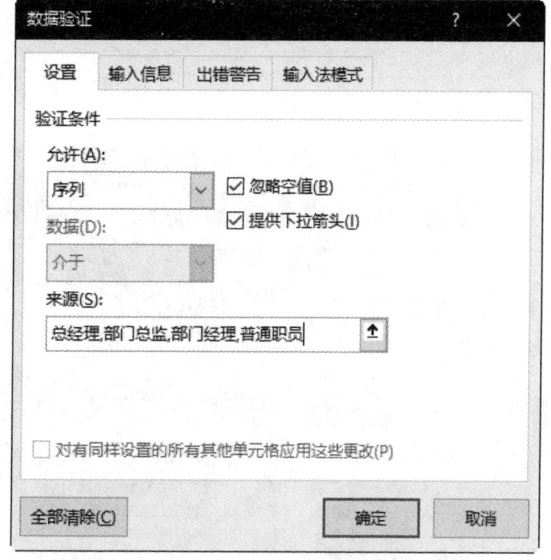


图 1-2-17　限定数据内容

（3）单击“确定”按钮设定完毕，此时单击该列单元格，其后会出现下三角按钮，单击该按钮将弹出下拉列表供选择输入，如图 1-2-18 所示。

（4）依次选择列表内容，完成“行政职务”列内容的输入。

由于“工作部门”列只允许输入总公司、北京店、上海店、重庆店，因此，也可以采用限定输入的数据内容的方法，防止数据输入的错误。

同理，“职称”列只允许输入高级经济师、高级会计师、经济师、会计师、助理经济师，也可以采用限定输入的数据内容的方法完成数据的录入。结果如图 1-2-19 所示。

3. 限定输入的数据类型

在输入数据时，有的项目需要限定数据类型，譬如“职工信息表”中的“参加工作时间”列要限定为日期类型。

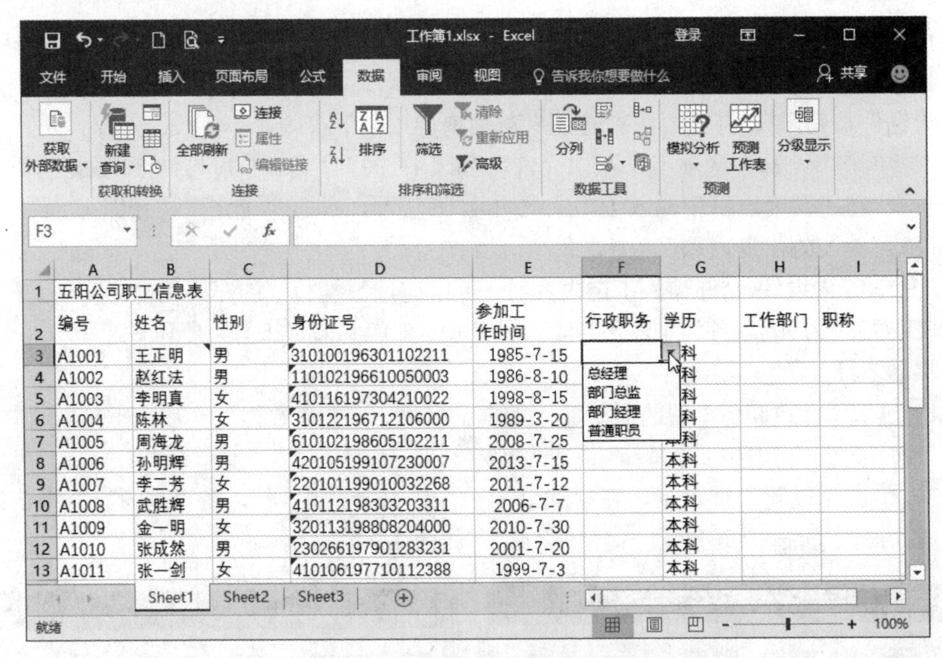


图 1-2-18 通过列表选择输入数据

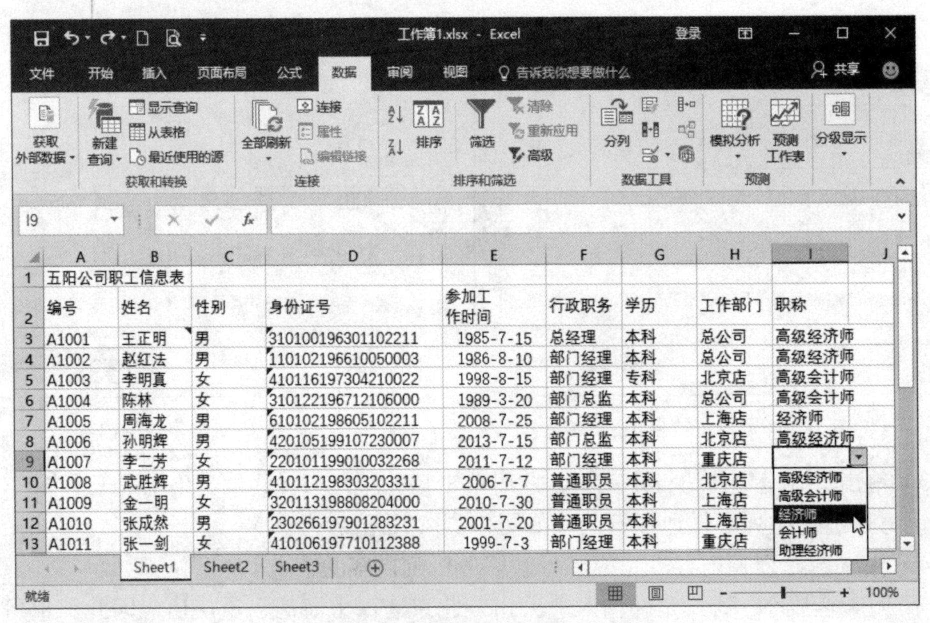


图 1-2-19 限定输入的数据内容结果

操作步骤如下：

（1）首先选中“参加工作时间”列需要输入数据的区域，单击“数据”/“数据工具”组中的“数据验证”按钮，打开“数据验证”对话框。

（2）单击“设置”选项卡，在“允许”列表中选择“日期”，在“数据”列表中选择“介于”，在“开始日期”框中输入 1958/1/1，在“结束日期”框中输入 2017/12/31，如图 1-2-20 所示，单击“确定”按钮即可。

### 4. 限制包含某些字符

在输入数据时，有的项目要求必须包含某些文字或符号，譬如，在“职工信息表”中添加“年薪”列，要求必须包含“万元”两个字。

操作步骤如下：

（1）首先，在工作表 J2 单元格输入“年薪”，选中“年薪”列中需要输入数据的区域 J3:J16，单击“数据”/“数据工具”组中的“数据验证”按钮，打开“数据验证”对话框。

（2）单击“设置”选项卡，在“允许”列表中选择“自定义”，在“公式”框中输入 =COUNTIF(J3,"*万元")>=1，如图 1-2-21 所示，单击“确定”按钮即可。

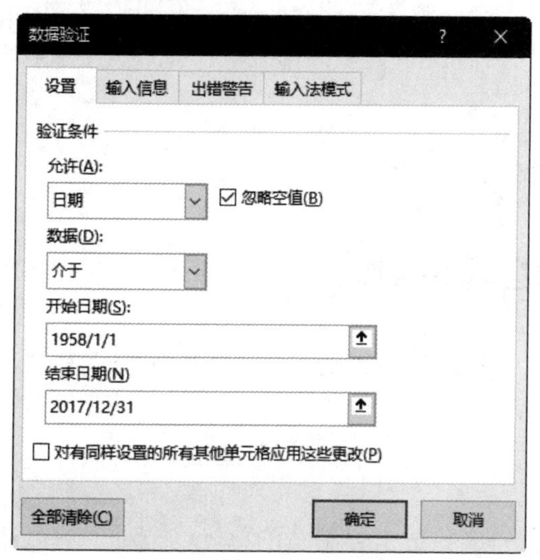


图 1-2-20　限定数据类型

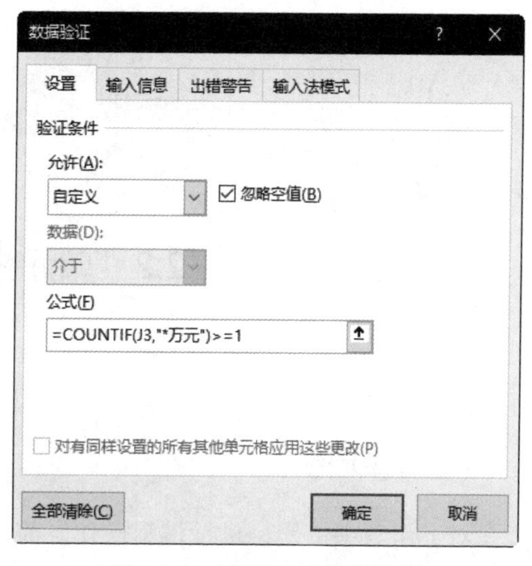


图 1-2-21　限定包含某些字符

（3）输入具体数据时必须包含“万元”，否则提示输入错误，如图 1-2-22 所示。

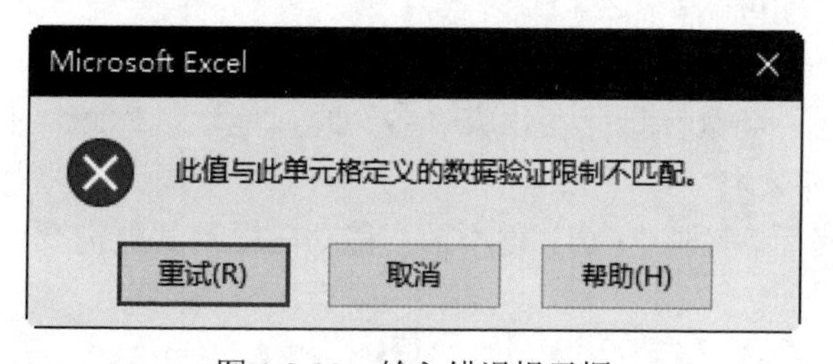


图 1-2-22　输入错误提示框

### 5. 限制重复输入

在输入数据时，为防止重复录入表中已经存在的内容，需要进行限制重复输入。譬如，“职工信息表”中，职工信息不能重复录入，就要限制身份证号出现重复。

操作步骤如下：

（1）首先，选中“身份证号”列中需要输入数据的区域 D3:D16，单击“数据”/“数据工具”组中的“数据验证”按钮，打开“数据验证”对话框。

（2）单击“设置”选项卡，在“允许”列表中选择“自定义”，在“公式”框中输入 =COUNTIF(D:D,D2)=1，如图 1-2-23 所示，单击“确定”按钮即可。

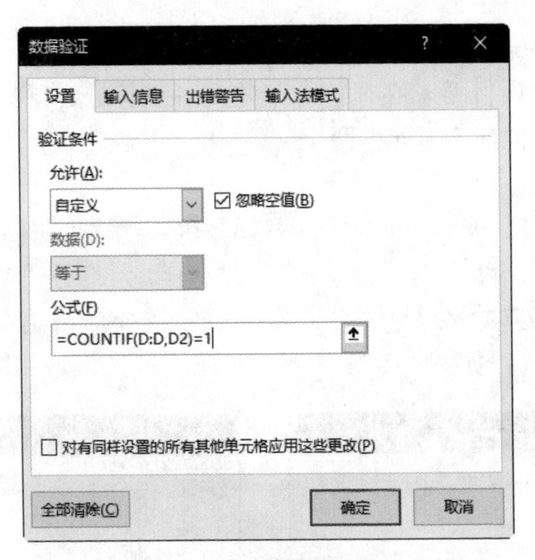


图 1-2-23 限制重复输入

## 2.2 单元格的基本操作

当工作表建立后，就要对工作表中的单元格进行编辑，即对单元格进行选择、复制、删除、插入、设置单元格行高和列宽等一系列操作。

### 一、选择单元格

在对工作表中单元格进行编辑操作之前，首先应该选定要编辑的单元格范围。可以通过单击某个需要编辑的单元格，使之成为活动单元格。其方法如下：

1. 选择单个单元格

直接单击鼠标选中即可。

2. 选择连续单元格

选中第一个单元格，当鼠标指针变化成“✚”时，拖动鼠标到结束的单元格为止。

3. 选择不连续的单元格

选中第一个单元格后，按住“Ctrl”键不放，移动鼠标到其他需要选择的单元格单击即可。

### 二、移动单元格

1. 移动单个单元格

单击需要移动的单元格，将鼠标移至单元格边缘，当鼠标指针变化成“✥”时，拖动鼠标到需要放置的位置，然后松开鼠标即可。

2. 移动单元格区域

选中连续单元格区域，接下来的步骤与移动单个单元格方式相同。

### 三、复制单元格

1. 单个单元格与单元格区域的复制

（1）选中需要复制的单元格或单元格区域，单击“开始”/“剪贴板”组的“复制”按钮，在弹出的下拉列表中选择“复制”命令，或单击鼠标右键，在弹出的快捷菜单中选择“复制”命令，或者按下“Ctrl+C”组合键。然后选定需要粘贴的目标单元格，单击“开始”/“剪贴板”组的“粘贴”按钮，或单击鼠标右键，在弹出的快捷菜单中选择“粘贴”命令，或者按下“Ctrl+V”组合键即可。

（2）选中需要复制的单元格或单元格区域，将鼠标放在单元格的边框上，当鼠标指针变为“”时，按住“Ctrl”键不放，拖动鼠标到选定的区域中。

2. 单元格中特定内容的复制

有时复制单元格数据时，需要对单元格数据有选择的复制，譬如只对公式、数字、格式等进行复制。这时就需要用到 Excel 的选择性粘贴功能。

其操作步骤如下：

（1）选择需要复制的单元格，单击“开始”/“剪贴板”组的“复制”按钮，或者单击鼠标右键，在弹出的快捷菜单中选择“复制”命令，或者按下“Ctrl+C”组合键。

（2）选择被粘贴的单元格，单击“开始”/“剪贴板”组的“粘贴”下三角，在弹出的面板中选择“选择性粘贴”，如图 1-2-24 所示。

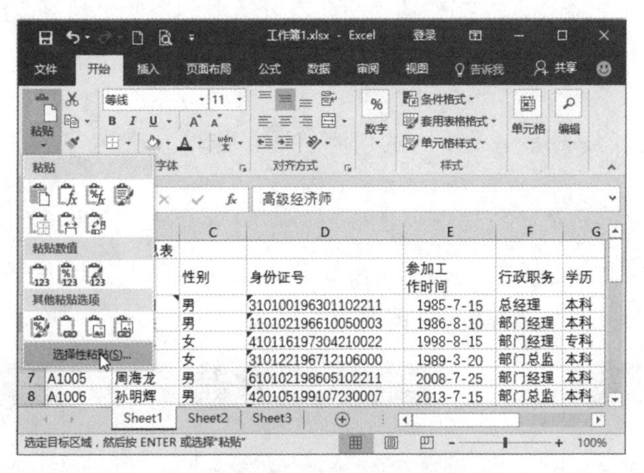


图 1-2-24　“粘贴”面板

（3）在打开的“选择性粘贴”对话框中选择所需选项，如图 1-2-25 所示。

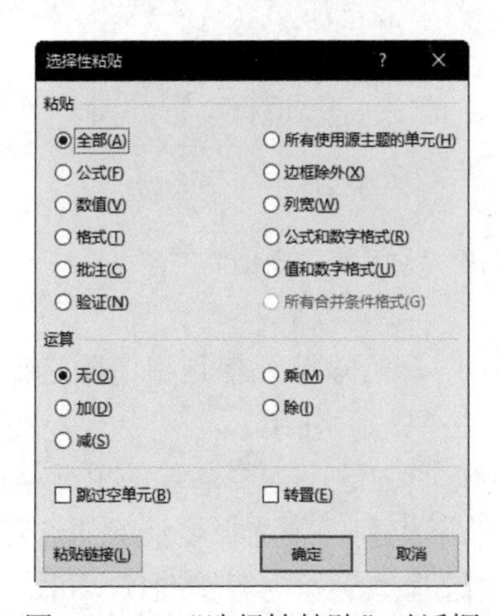


图 1-2-25　“选择性粘贴”对话框

（4）单击“确定”按钮即可完成特定内容的复制。

## 四、插入与删除单元格

1. 插入单元格

当完成工作表的输入后，有时会发现少输入了一行、一列或一个单元格。此时就需要插入单元格。

（1）插入单个单元格。

选中需要插入单元格的位置，单击“开始”/“单元格”组的“插入”按钮，在弹出的下拉列表中选择“插入单元格”命令，或直接单击鼠标右键，在弹出的快捷菜单中选择“插入”命令，在打开的“插入”对话框中选择“活动单元格右移”或“活动单元格下移”单选按钮即可，如图 1-2-26 所示。

（2）插入整行或整列单元格。

选中需要插入单元格的位置，单击“开始”/“单元格”组的“插入”按钮，在弹出的下拉列表中选择“插入工作表行”或“插入工作表列”命令；或直接单击鼠标右键，在弹出的快捷菜单中选择“插入”命令，在打开的“插入”对话框中选择“整行”或“整列”单选按钮，单击“确定”按钮即可，如图 1-2-27 所示。

2. 删除单元格

删除单元格不仅仅是删除单元格中的内容，而是将单元格也一并删除。此时，周围的单元格会填补其位置。

（1）选中需要删除的单元格或单元格区域，单击“开始”/“单元格”组的“删除”按钮，在弹出的下拉列表中选择“删除单元格”命令，或者单击鼠标右键，在弹出的快捷菜单中选择“删除”命令，打开“删除”对话框，如图 1-2-28 所示。

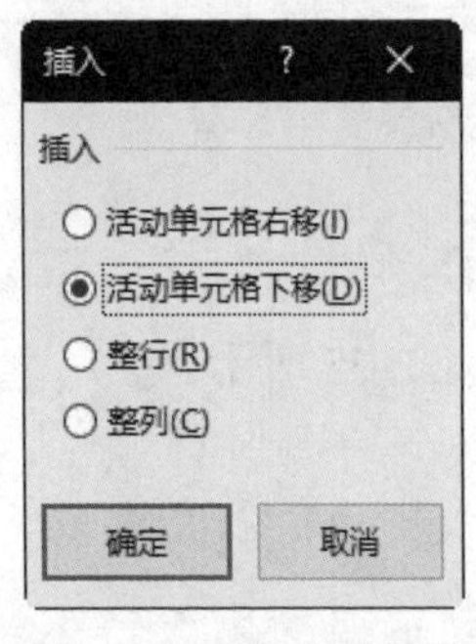


图 1-2-26 插入单元格

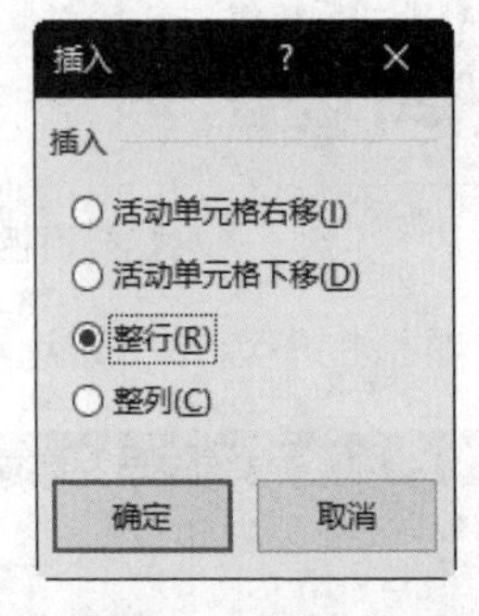


图 1-2-27 插入整行

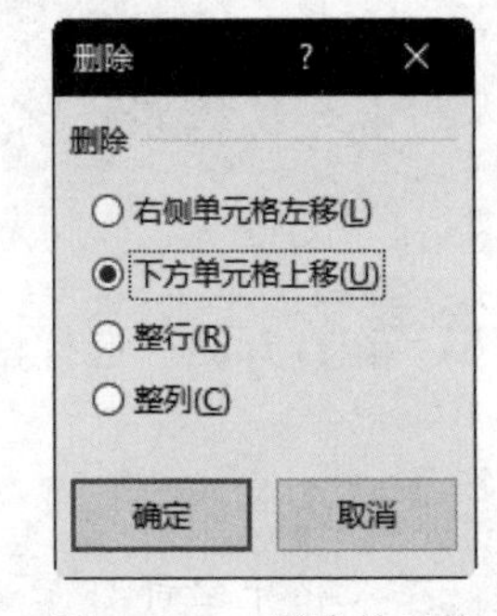


图 1-2-28 删除单元格

（2）选择所需的选项，单击“确定”按钮即可。

3. 清除单元格

清除单元格与删除单元格不同，清除单元格是指清除选定单元格中的内容、公式、单元格格式或全部等，留下空白单元格供以后使用。

清除单元格的操作非常简单，首先选中需要清除的单元格或区域，单击“开始”/“编辑”组的“清除”按钮，在弹出的下拉列表中选择要清除的选项，如图 1-2-29 所示；或者单击鼠标右键，在弹出的快捷菜单中选择“清除内容”选项即可。

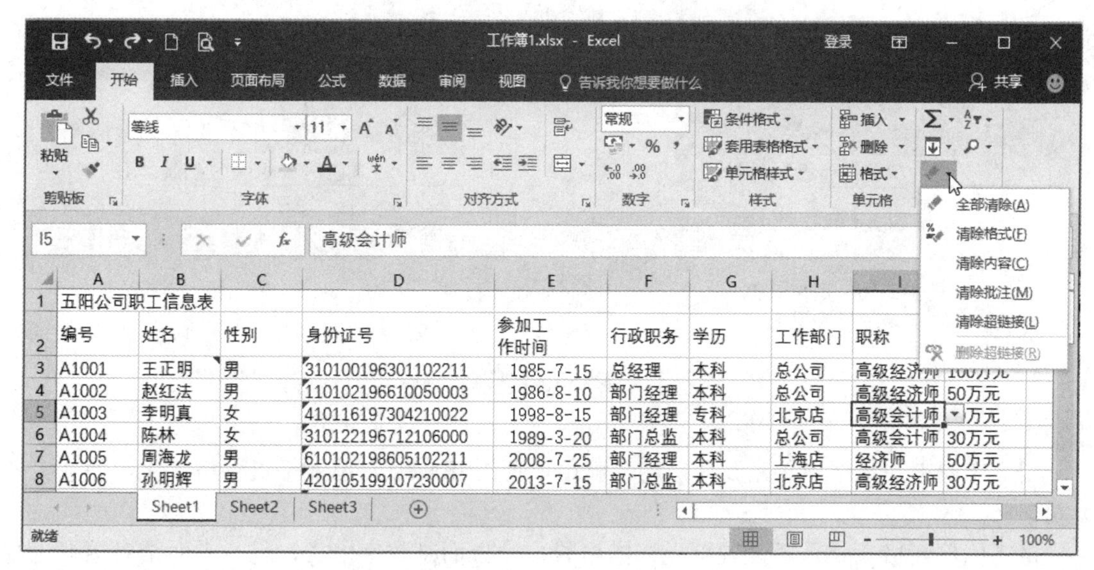


图 1-2-29　清除单元格列表

## 2.3　单元格中数据的编辑

当用户在 Excel 单元格中输入数据时，会或多或少地出现错误，此时就需要对单元格中的数据进行编辑。编辑操作包括数据的修改与删除。

### 一、单元格中数据的删除

当单元格中的数据不需要时，就需要全部删除。

（1）选中需要删除数据的单元格，按“Delete”键删除即可。

（2）选中需要删除数据的单元格，单击鼠标右键，在弹出的快捷菜单中选择“清除内容”选项即可。

### 二、单元格中数据的修改

对单元格数据的修改，有时是对单元格中全部数据进行修改，有时只是对单元格中部分数据进行修改。

1. 单元格中全部数据的修改

（1）清除方式修改。直接清除单元格中的原始数据，再输入新数据即可。

（2）用覆盖的方式修改。首先选中单元格中需要修改的数据，然后输入新的数据，新数据将会覆盖单元格原来的数据。

2. 单元格中个别数据的修改

如果单元格中的数据只出现个别错误，只需稍加修改即可。

首先双击需要修改数据的单元格，将鼠标光标定位到需要修改的数据处，如图 1-2-30 所示。然后用“Backspace”键或“Delete”键删除错误的数据，最后输入新的数据，按“Enter”键结束修改，如图 1-2-31 所示。

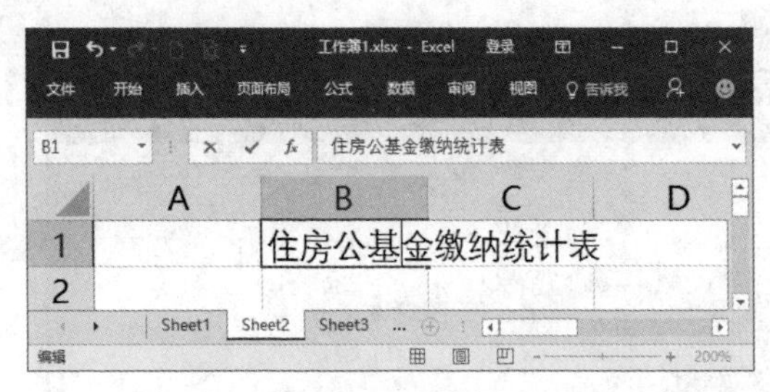


图 1-2-30　定位数据

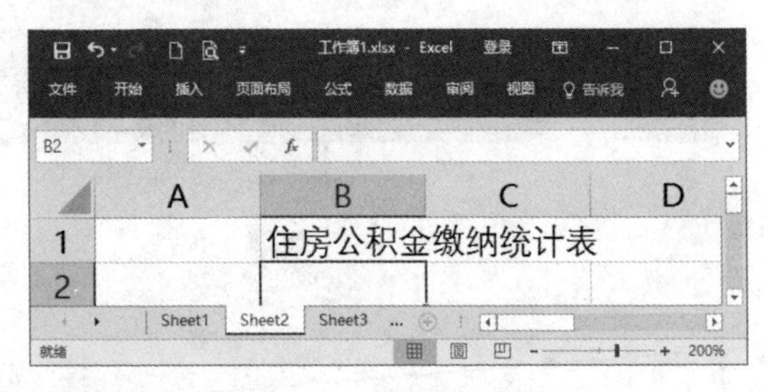


图 1-2-31　删除错误数据

## 2.4　格式化单元格

当工作表中的数据输入完成后，用户就可以使用 Excel 对单元格进行格式化，使其更加美观。

格式化单元格就是重新设置单元格的格式，一方面是数字格式，另一方面是对数据进行字体、背景颜色、边框等多种格式的设置。

### 一、数字的格式化

在 Excel 中可以对数字的显示格式进行设置，包括时间、日期。一般情况下，数字的默认格式为“常用”格式。用户可以通过使用“设置单元格格式”对话框中的“数字”选项卡对数字重新进行显示格式的设置。

1. 设置小数点后保留位数

在会计账本中，经常会对数值的小数点后位数进行设置，即小数点后保留几位小数。其设置步骤如下：

（1）选中需要设置小数位数的单元格或单元格区域。

（2）单击“开始”/“单元格”组的“格式”按钮，在弹出的下拉列表中选择“设置单元格格式”命令，打开“设置单元格格式”对话框，单击“数字”选项卡。

（3）在“分类”列表框选择“数值”选项，在右边的“小数位数”数值框中选择相应的位数，如图 1-2-32 所示，单击“确定”按钮即可。

对于“货币”和“会计专用”等一些数字显示格式，其小数点后的保留位数也可使用类似的方式来设置。

2. 货币符号的设置

常用的做账货币是人民币，但有时也会用其他货币来做账，这时就需要改变货币符号。设置步骤如下：

（1）选择需要更改货币符号的单元格或单元格区域。

（2）单击“开始”/“单元格”组的“格式”按钮，在弹出的下拉列表中选择“设置单元格格式”命令，打开“设置单元格格式”对话框，单击“数字”选项卡，在“分类”列表框选择“货币”选项，在右边的“示例”列表下的“货币符号”选项中选择相应的货币符号，如图 1-2-33 所示。

图 1-2-32　小数位数设置

图 1-2-33　货币符号设置

（3）单击“确定”按钮完成设置。

对“分数”、“百分数”、“科学计数”等数学表示方法的设置也可按上述步骤进行。

3. 设置千位分隔符

如果单元格中的数据过大，可以使用千位分隔符来分隔数据，其方法与设置小数点保留位数相似，在对话框中勾选“使用千位分隔符”复选框即可，如图1-2-34所示。

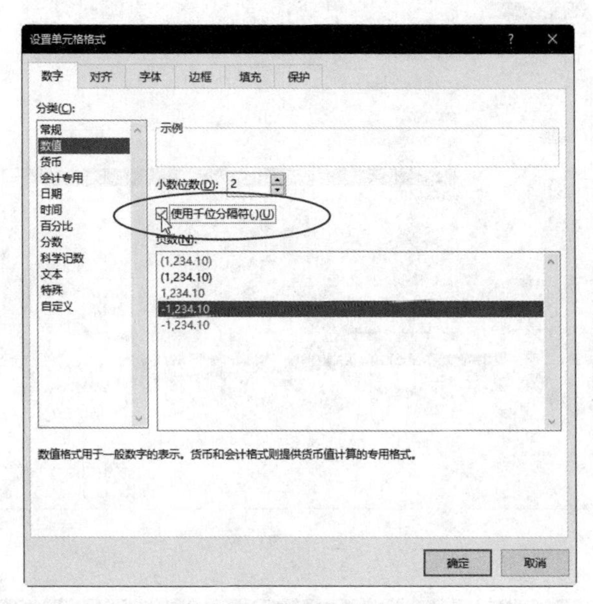


图1-2-34　设置千位分隔符

## 二、文字的格式化

在Excel中为了美化工作表，可以对文字的字体、字号、颜色等进行设置。用户既可以通过“功能区”按钮来设置，也可以通过“设置单元格格式”对话框来设置。

1. 通过功能区按钮设置

通过单击“开始”/“字体”组的功能区按钮可以直接设置文字的字体、字号及加粗、斜体和下划线等，如图1-2-35所示。

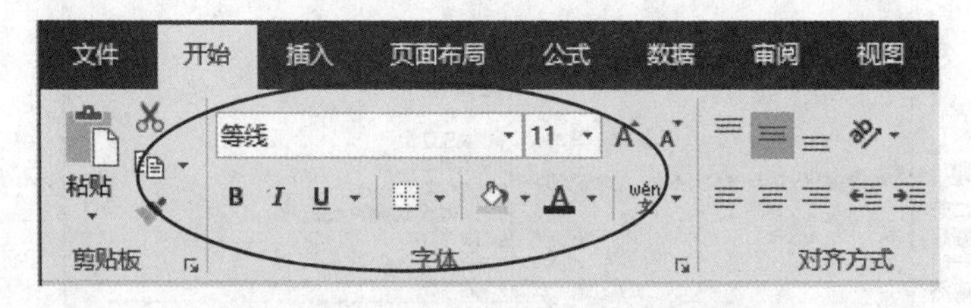


图1-2-35　功能区中字体格式化按钮

2. 通过“设置单元格格式”对话框设置

通过“设置单元格格式”对话框可以完成文字格式的多项设置。

操作步骤如下：

（1）选中需要设置格式的单元格或者单元格区域。

（2）单击“开始”/“单元格”组的“格式”按钮，在弹出的下拉列表中选择“设置单元格格式”命令，打开“设置单元格格式”对话框，切换到“字体”选项卡下。

（3）分别在“字体”、“字形”、“字号”选项中完成对文字的设置，如图 1-2-36 所示。

图 1-2-36　“设置单元格格式”对话框之“字体”选项卡

依据以上方法对“职工信息表”的文字进行格式化，效果如图 1-2-37 所示。

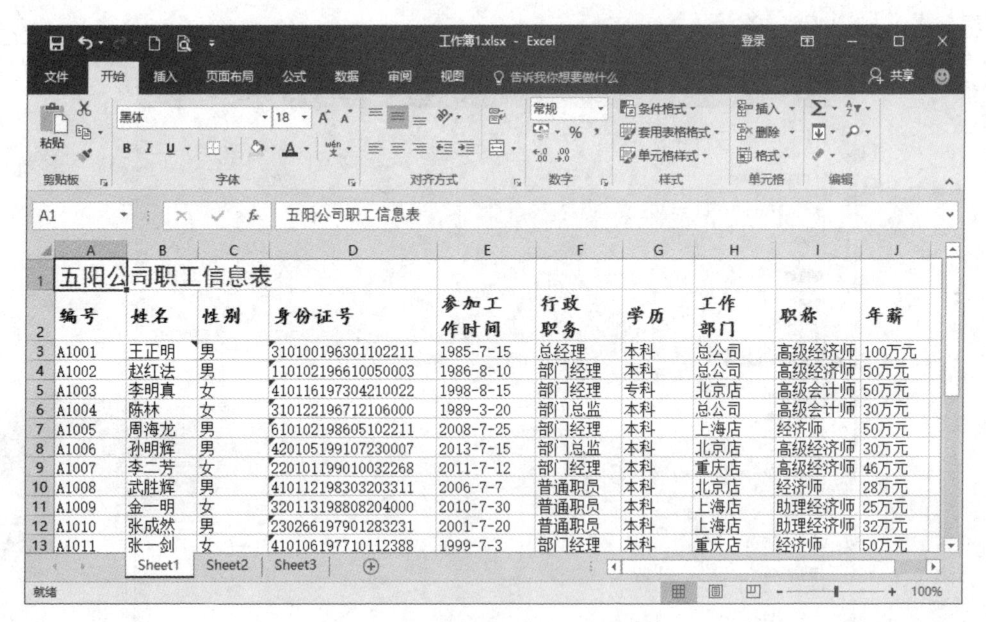

图 1-2-37　格式化“职工信息表”

## 三、设置文本的对齐方式

在 Excel 中，文本有其默认的对齐方式。但有时为了工作表的美观，用户可以对文本的对齐方式及文本方向进行更改。

1. 通过功能区按钮来设置文本的对齐方式

首先选中需要设置对齐方式的单元格或单元格区域，然后单击“开始”/“对齐方式”组的功能区上相应的对齐方式按钮即可，如图 1-2-38 所示。

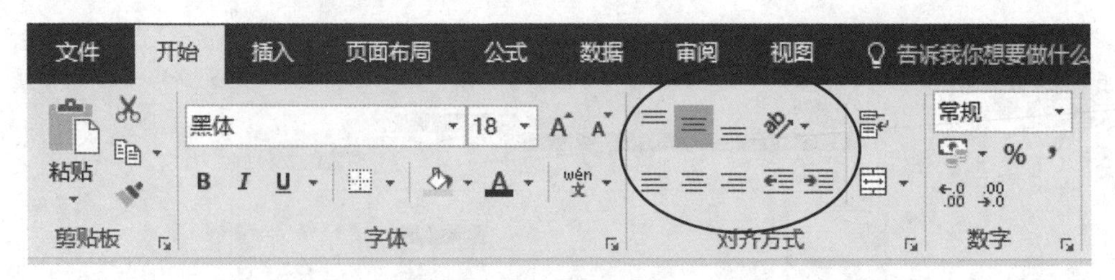


图 1-2-38 功能区中对齐方式按钮

当设置单元格合并居中对齐时，需要先选中要合并的单元格区域，再单击“常用”工具栏上的“合并后居中”按钮。

2. 通过“单元格格式”对话框设置文本对齐方式

（1）选中需要设置对齐方式的单元格或单元格区域。

（2）单击“开始”/“单元格”组的“格式”按钮，在弹出的下拉列表中选择“设置单元格格式”命令，打开“设置单元格格式”对话框，切换到“对齐”选项卡下。

（3）在“文本对齐方式”选项组的“水平对齐”与“垂直对齐”下拉列表框中选择需要的对齐方式，如图 1-2-39 所示。

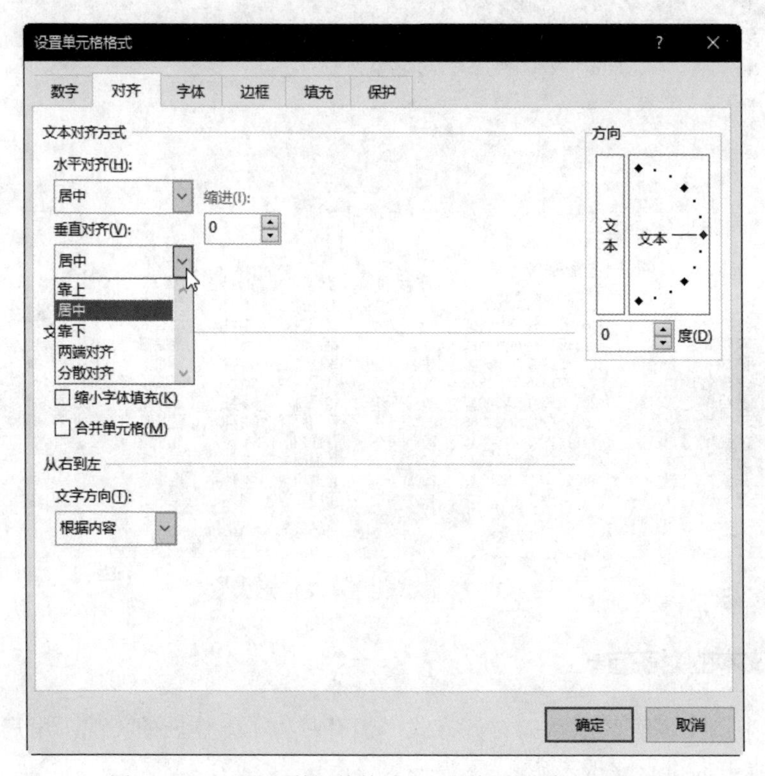


图 1-2-39 “设置单元格格式”对话框之对齐方式设置

（4）单击“确定”按钮完成设置。

依据以上方法对“职工信息表”的文字进行对齐方式设置，效果如图 1-2-40 所示。

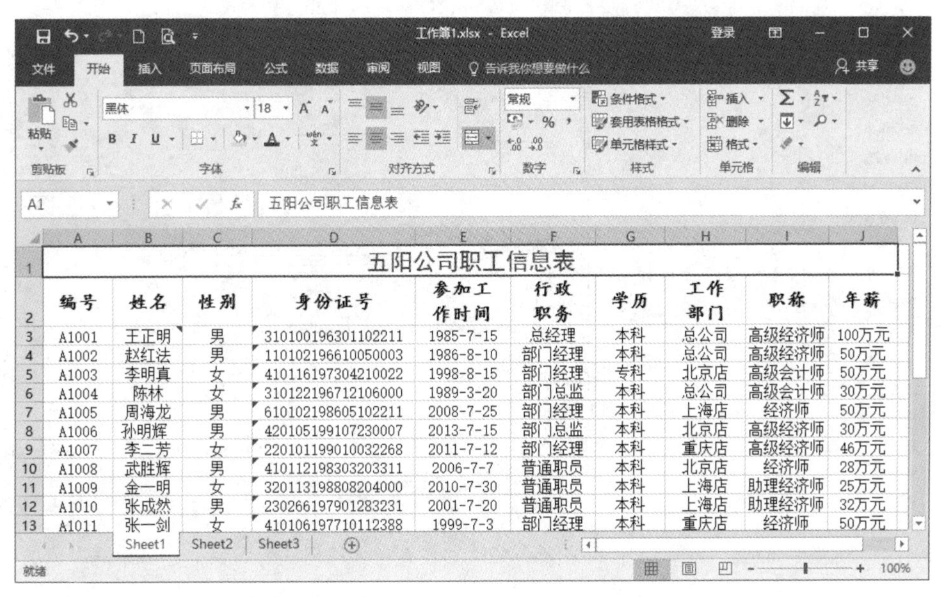

| 五阳公司职工信息表 | | | | | | | | | |
|---|---|---|---|---|---|---|---|---|---|
| 编号 | 姓名 | 性别 | 身份证号 | 参加工作时间 | 行政职务 | 学历 | 工作部门 | 职称 | 年薪 |
| A1001 | 王正明 | 男 | 310100196301102211 | 1985-7-15 | 总经理 | 本科 | 总公司 | 高级经济师 | 100万元 |
| A1002 | 赵红法 | 男 | 110102196610050003 | 1986-8-10 | 部门经理 | 本科 | 总公司 | 高级经济师 | 50万元 |
| A1003 | 李明真 | 女 | 410116197304210022 | 1998-8-15 | 部门经理 | 专科 | 北京店 | 高级会计师 | 50万元 |
| A1004 | 陈林 | 女 | 310122196712106000 | 1989-3-20 | 部门总监 | 本科 | 总公司 | 高级会计师 | 30万元 |
| A1005 | 周海龙 | 男 | 610102198605102211 | 2008-7-25 | 部门经理 | 本科 | 上海店 | 经济师 | 50万元 |
| A1006 | 孙明辉 | 男 | 420105199107230007 | 2013-7-15 | 部门总监 | 本科 | 北京店 | 高级经济师 | 30万元 |
| A1007 | 李二芳 | 女 | 220101199010032268 | 2011-7-12 | 部门经理 | 本科 | 重庆店 | 高级经济师 | 46万元 |
| A1008 | 武胜辉 | 男 | 410112198303203311 | 2006-7-7 | 普通职员 | 本科 | 北京店 | 经济师 | 28万元 |
| A1009 | 金一明 | 女 | 320113198808204000 | 2010-7-30 | 普通职员 | 本科 | 上海店 | 助理经济师 | 25万元 |
| A1010 | 张成然 | 男 | 230266197901283231 | 2001-7-20 | 普通职员 | 本科 | 上海店 | 助理经济师 | 32万元 |
| A1011 | 张一剑 | 女 | 410106197710112388 | 1999-7-3 | 部门经理 | 本科 | 重庆店 | 经济师 | 50万元 |

图 1-2-40　“职工信息表”对齐设置

## 四、设置单元格的边框

### 1. 设置单元格边框

用户可以对工作表中的单元格或单元格区域添加边框。操作步骤如下：

方法 1：

（1）选中需要设置边框的单元格或单元格区域。

（2）单击“开始”/“字体”组的“下框线”按钮，弹出“边框”面板，如图 1-2-41 所示。

（3）在其中选择相应的命令即可添加单元格的边框。

方法 2：

（1）选中需要设置边框的单元格或单元格区域。

（2）单击“开始”/“单元格”组的“格式”按钮，在弹出的下拉列表中选择“设置单元格格式”命令，打开“设置单元格格式”对话框，切换到“边框”选项卡下，如图 1-2-42 所示。

（3）在“预置”选项中选择预设样式，在线条“样式”和“颜色”选项中设置线条样式与颜色。

（4）单击“边框”区域中左侧和下侧的边框选项，并在边框预览区内预览设置的边框样式。

边框线和颜色要在选择边框类型之前设置，即先选择线型和颜色，后在“边框”选项卡中添加边框样式。

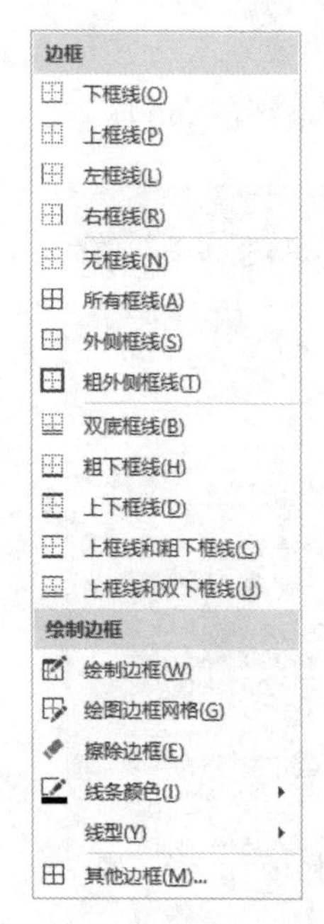


图 1-2-41 “边框”面板

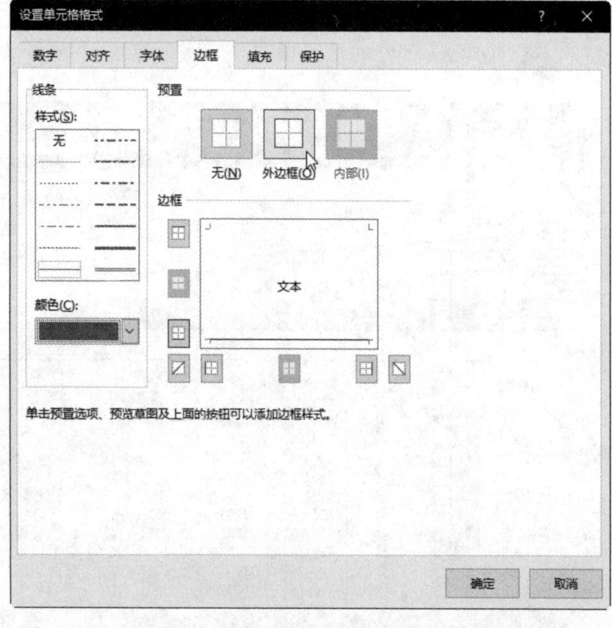


图 1-2-42 “设置单元格格式”对话框之“边框”选项卡

依据以上方法对“职工信息表”设置边框，效果如图 1-2-43 所示。

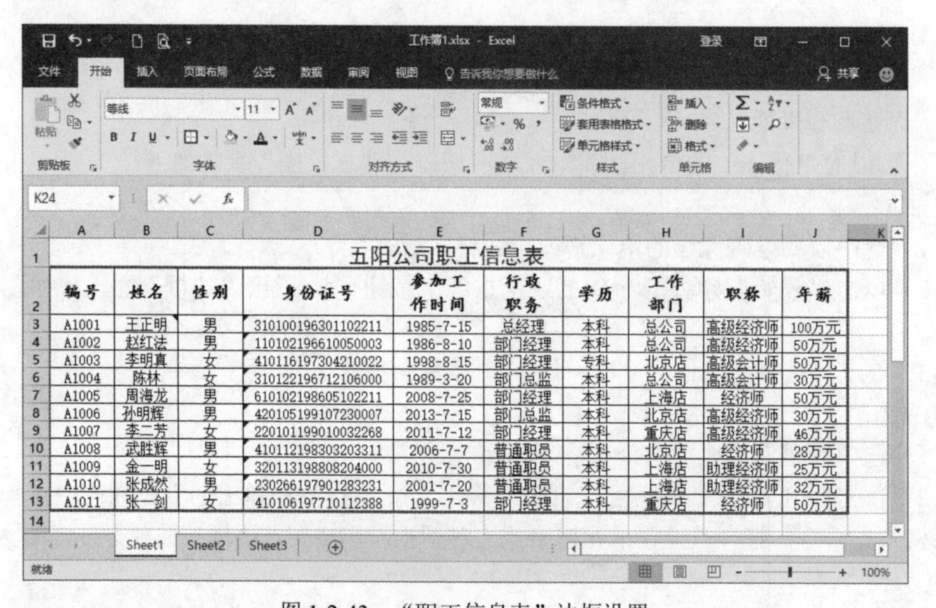

五阳公司职工信息表

| 编号 | 姓名 | 性别 | 身份证号 | 参加工作时间 | 行政职务 | 学历 | 工作部门 | 职称 | 年薪 |
|---|---|---|---|---|---|---|---|---|---|
| A1001 | 王正明 | 男 | 310100196301102211 | 1985-7-15 | 总经理 | 本科 | 总公司 | 高级经济师 | 100万元 |
| A1002 | 赵红法 | 男 | 110102196610050003 | 1986-8-10 | 部门经理 | 本科 | 总公司 | 高级经济师 | 50万元 |
| A1003 | 李明真 | 女 | 410116197304210022 | 1998-8-15 | 部门经理 | 专科 | 北京店 | 高级会计师 | 50万元 |
| A1004 | 陈林 | 女 | 310122196712106000 | 1989-3-20 | 部门总监 | 本科 | 总公司 | 高级会计师 | 30万元 |
| A1005 | 周海龙 | 男 | 610102198605102211 | 2008-7-25 | 部门经理 | 本科 | 上海店 | 经济师 | 50万元 |
| A1006 | 孙明辉 | 男 | 420105199107230007 | 2013-7-15 | 部门总监 | 本科 | 北京店 | 高级经济师 | 30万元 |
| A1007 | 李二芳 | 女 | 220101199010032268 | 2011-7-12 | 部门经理 | 本科 | 重庆店 | 高级经济师 | 46万元 |
| A1008 | 武胜辉 | 男 | 410112198303203311 | 2006-7-7 | 普通职员 | 本科 | 北京店 | 经济师 | 28万元 |
| A1009 | 金一明 | 女 | 320113198808204000 | 2010-7-30 | 普通职员 | 本科 | 上海店 | 助理经济师 | 25万元 |
| A1010 | 张成然 | 男 | 230266197901283231 | 2001-7-20 | 普通职员 | 本科 | 上海店 | 助理经济师 | 32万元 |
| A1011 | 张一剑 | 女 | 410106197710112388 | 1999-7-3 | 部门经理 | 本科 | 重庆店 | 经济师 | 50万元 |

图 1-2-43 “职工信息表”边框设置

2. 删除单元格边框

方法 1：

（1）选择需要删除边框的单元格或单元格区域。

（2）单击“开始”/“字体”组的“下框线”按钮，在弹出的“边框”面板中选择“擦除边框”命令，此时光标变为“橡皮擦”形状，单击需要删除的边框线即可，如图 1-2-44 所示。

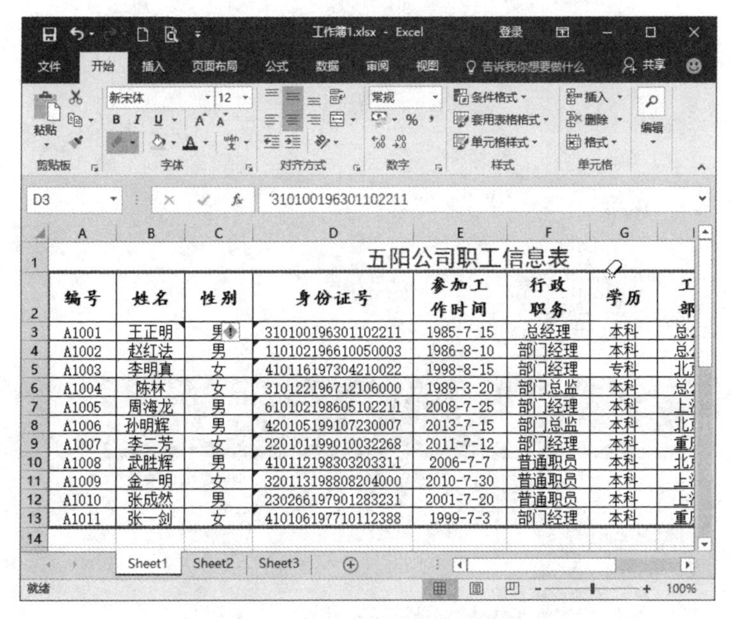


图 1-2-44　使用橡皮擦删除边框

方法 2：

（1）选择需要删除边框的单元格或单元格区域。

（2）单击“开始”/“单元格”组的“格式”按钮，在弹出的下拉列表中选择“设置单元格格式”命令，在打开的“设置单元格格式”对话框的“边框”选项卡中，单击“边框”区域内需要删除的边框线，如图 1-2-45 所示。

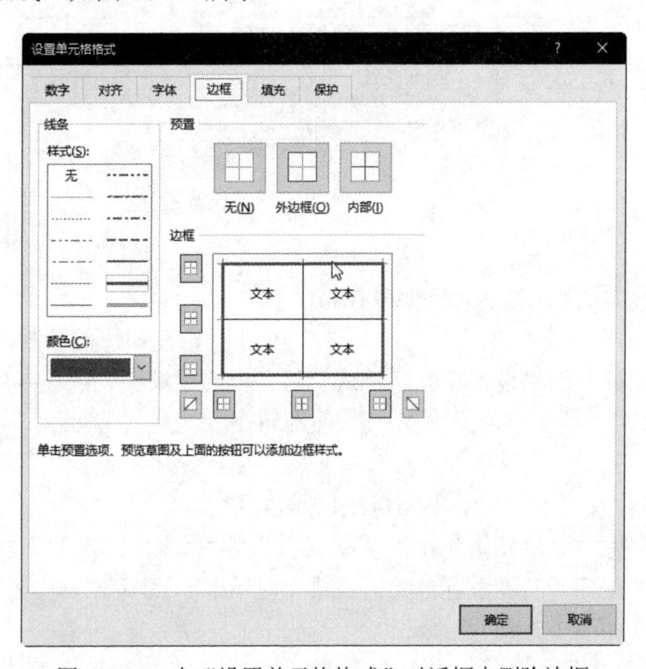


图 1-2-45　在“设置单元格格式”对话框中删除边框

（3）单击“确定”按钮。

## 五、设置单元格的底纹

在 Excel 中可以对单元格或单元格区域的背景进行设置，既可以是纯色，也可以是图案填充。

1. 设置纯色背景填充

方法 1：

在“开始”/“字体”组的功能区中单击“填充颜色”按钮，并在其下拉列表中选择所需背景填充色，如图 1-2-46 所示。

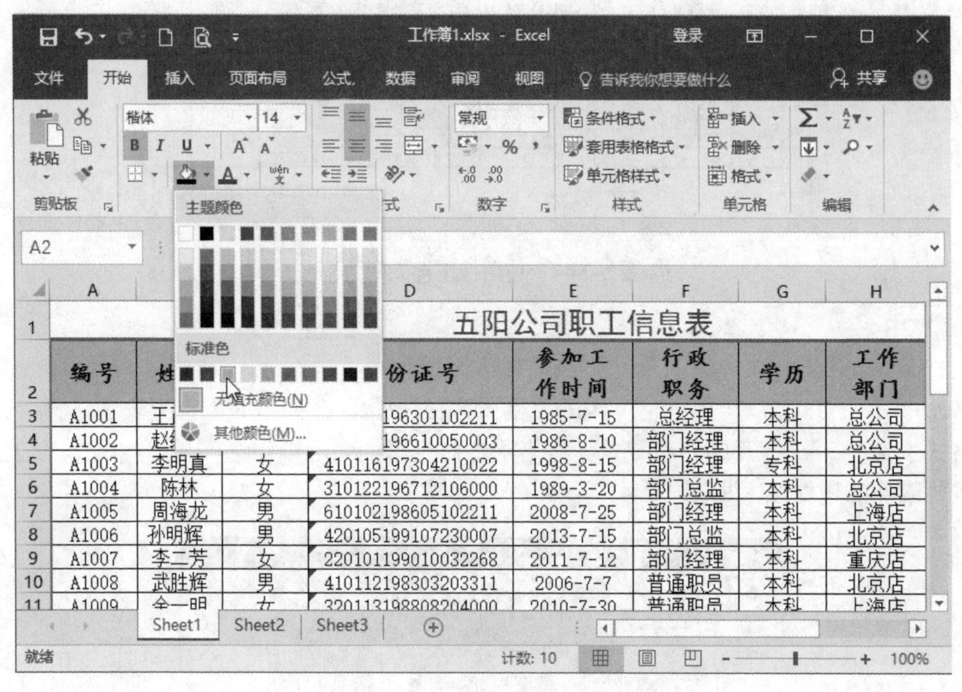


图 1-2-46 设置单元格纯色背景

方法 2：

（1）选择需要添加背景的单元格或单元格区域。

（2）单击“开始”/“单元格”组的“格式”按钮，在弹出的下拉列表中选择“设置单元格格式”命令，在打开的“设置单元格格式”对话框的“填充”选项卡中，选择需要添加的背景颜色，如图 1-2-47 所示，单击“确定”按钮即可。

2. 设置底纹填充

（1）选择需要设置底纹填充的单元格或单元格区域。

（2）单击“开始”/“单元格”组的“格式”按钮，在弹出的下拉列表中选择“设置单元格格式”命令，在打开的“设置单元格格式”对话框的“填充”选项卡中，选择相应的图案样式及图案颜色，如图 1-2-48 所示。

（3）如果填充的是两个以上颜色，则单击“填充效果”按钮，打开“填充效果”对话框，选择底纹的颜色和样式，如图 1-2-49 所示。

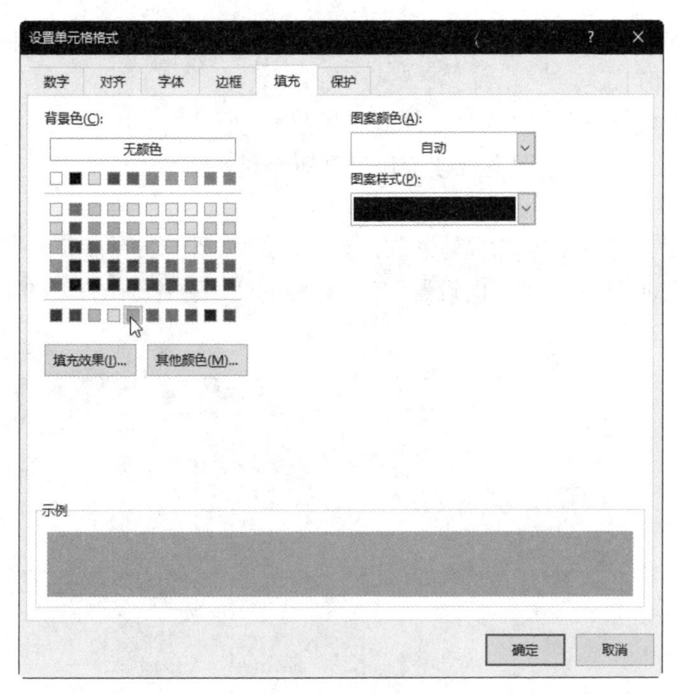


图 1-2-47　“设置单元格格式”对话框之填充背景

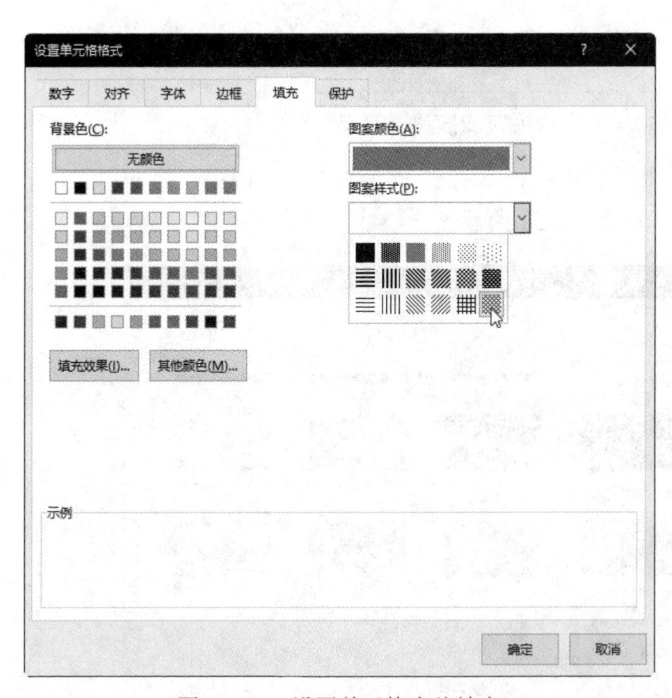


图 1-2-48　设置单元格底纹填充

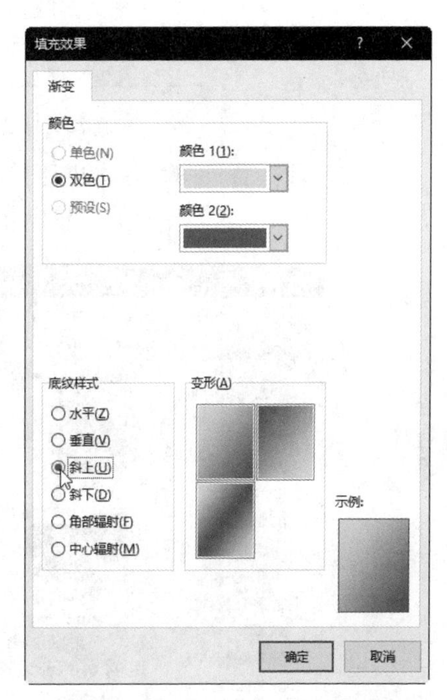


图 1-2-49　“填充效果”对话框

（4）单击“确定”按钮完成设置。

3. 删除设置的背景填充

删除单元格或者工作表中的背景填充的方法与添加背景填充基本相同。

首先选中需要删除背景的区域，然后打开“设置单元格格式”对话框，切换到“填充”

选项卡下，在“背景色”区域中单击“无颜色”按钮，或在“图案样式”框中选择“实心”，单击“确定”按钮即可。

4. 设置背景图案

把整张工作表都添加背景图案会使工作表更加美观。

其操作步骤如下：

（1）选择需要设置背景图案的工作表。

（2）单击“页面布局”/“页面设置”组的“背景”按钮，打开“插入图片”对话框，如图 1-2-50 所示。

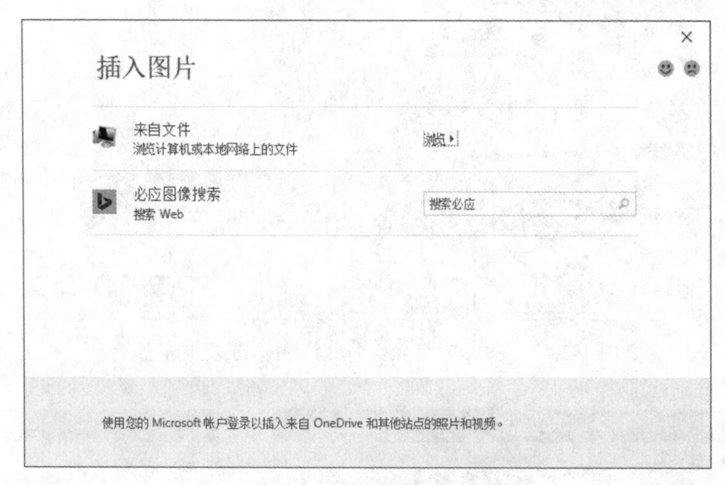


图 1-2-50 “插入图片”对话框

（3）选择背景图片是本机还是网上，这里选择本机，单击“浏览”按钮，打开“工作表背景”对话框，选择相应的背景图案，如图 1-2-51 所示。

图 1-2-51 “工作表背景”对话框

（4）单击“插入”按钮，效果如图 1-2-52 所示。

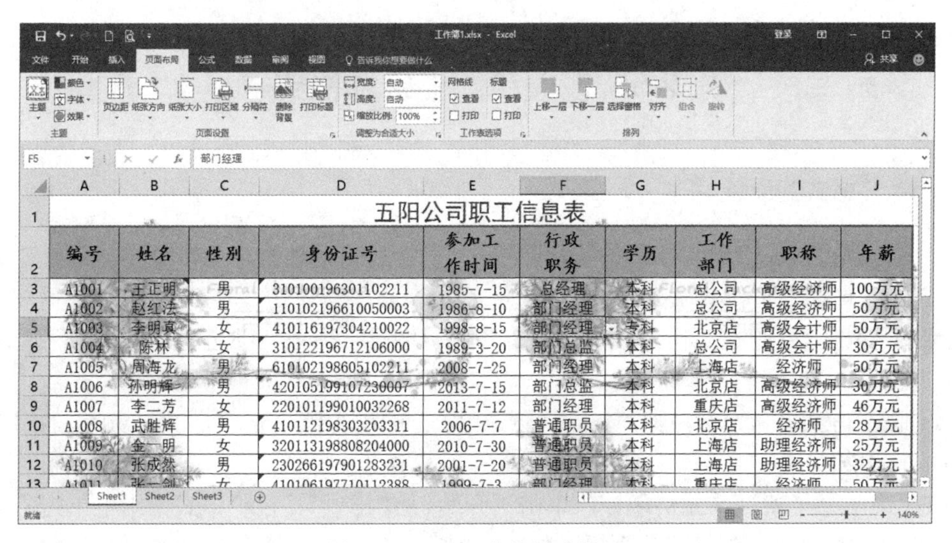

五阳公司职工信息表

| 编号 | 姓名 | 性别 | 身份证号 | 参加工作时间 | 行政职务 | 学历 | 工作部门 | 职称 | 年薪 |
|---|---|---|---|---|---|---|---|---|---|
| A1001 | 王正明 | 男 | 310100196301102211 | 1985-7-15 | 总经理 | 本科 | 总公司 | 高级经济师 | 100万元 |
| A1002 | 赵红法 | 男 | 110102196610050003 | 1986-8-10 | 部门经理 | 本科 | 总公司 | 高级经济师 | 50万元 |
| A1003 | 李明真 | 女 | 410116197304210022 | 1998-8-15 | 部门经理 | 专科 | 北京店 | 高级会计师 | 50万元 |
| A1004 | 陈林 | 女 | 310122196712106000 | 1989-3-20 | 部门总监 | 本科 | 总公司 | 高级会计师 | 30万元 |
| A1005 | 周海龙 | 男 | 610102198605102211 | 2008-7-25 | 部门经理 | 本科 | 上海店 | 经济师 | 50万元 |
| A1006 | 孙明辉 | 男 | 420105199107230007 | 2013-7-15 | 部门总监 | 本科 | 北京店 | 高级经济师 | 30万元 |
| A1007 | 李二芳 | 女 | 220101199010032268 | 2011-7-12 | 部门经理 | 本科 | 重庆店 | 高级经济师 | 46万元 |
| A1008 | 武胜辉 | 男 | 410112198303203311 | 2006-7-7 | 普通职员 | 本科 | 北京店 | 经济师 | 28万元 |
| A1009 | 金一明 | 女 | 320113198808204000 | 2010-7-30 | 普通职员 | 本科 | 上海店 | 助理经济师 | 25万元 |
| A1010 | 张成然 | 男 | 230266197901283231 | 2001-7-20 | 普通职员 | 本科 | 上海店 | 助理经济师 | 32万元 |

图 1-2-52　插入背景图片效果

5. 删除工作表背景

首先，选择需要删除背景的工作表，然后单击“页面布局”/“页面设置”组的“删除背景”按钮即可删除工作表背景。

## 六、设置单元格的行高和列宽

在 Excel 中，单元格的行高和列宽都有相同的默认值，行高为 14.25mm，列宽为 8.38mm。但有时输入的单元格数据过长，会超出单元格区域，此时用户需要对单元格的行高和列宽重新进行设置。

1. 手动设置行高和列宽

首先，将鼠标指针放置在行与行或列与列之间的分隔线上，当鼠标指针变为“✛”或“✛”形状时，按住鼠标左键不放，然后拖动鼠标调整到需要的行高或列宽处松开鼠标即可。

2. 用命令设置行高和列宽

手动设置行高或列宽时，只能粗略设置，要想精确设置行高或者列宽，就需要用命令了。其操作步骤如下：

（1）选定需要设置行高或列宽的单元格或者单元格区域。

（2）单击“开始”/“单元格”组的“格式”按钮，在弹出的下拉列表中选择“行高”或“列宽”命令，打开“行高”或“列宽”对话框。

（3）在打开的“行高”或“列宽”对话框中输入相应的数值，如图 1-2-53 所示。

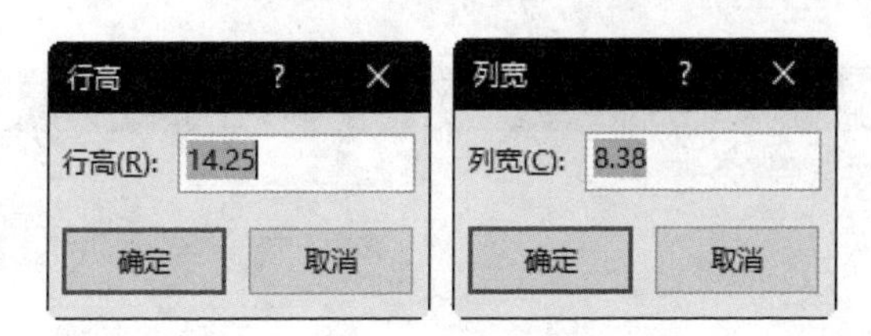


图 1-2-53　设置单元格行高和列宽

（4）单击“确定”按钮。

# 2.5 设置单元格条件格式

## 一、条件格式的设置

条件格式是 Excel 中非常重要的功能之一，由于它可以根据单元格内容自动设置格式，是财务会计人员提高工作效率的一大法宝。

所谓条件格式就是在工作表中设置带有条件的格式。当条件满足时，单元格将应用所设置的格式。

以“职工信息表”为例，把“年薪”低于 30 万的用绿色填充，而超过 90 万的用红色填充。其操作步骤如下：

（1）选中“年薪”单元格区域，单击“开始”/“样式”，在“样式”组中单击“条件格式”按钮，弹出“条件格式”面板，如图 1-2-54 所示。

（2）在列表中选择“突出显示单元格规则”项，在弹出的级联面板中选择“小于”选项，打开“小于”对话框，输入“30 万元”，在“设置为”列表中选择“绿填充色深绿色文本”，如图 1-2-55 所示。

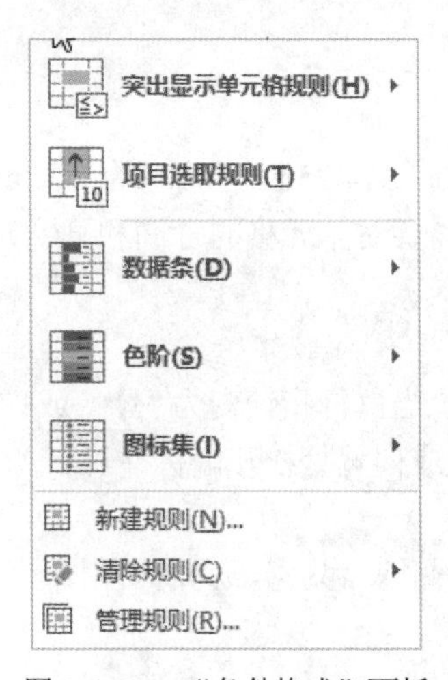


图 1-2-54 “条件格式”面板

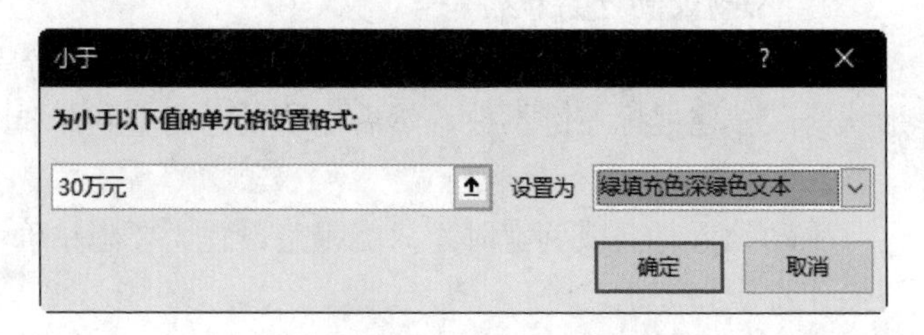


图 1-2-55 “小于”对话框

（3）单击“确定”按钮，再次单击“突出显示单元格规则”项，在弹出的级联列表中选择“大于”选项，打开“大于”对话框，输入“90 万元”，在“设置为”列表中选择“浅红填充色深红色文本”，如图 1-2-56 所示。

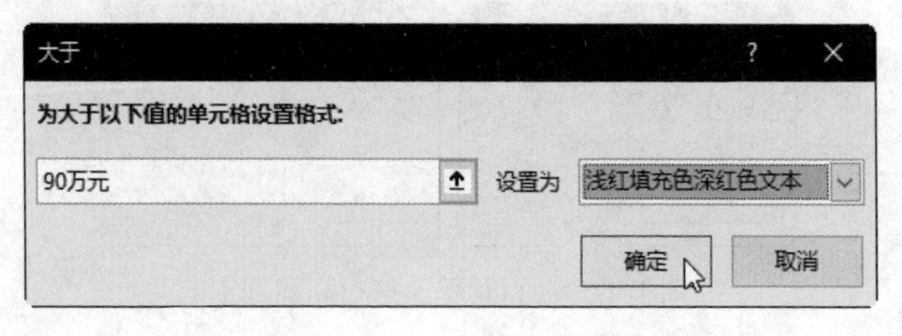


图 1-2-56 “大于”对话框

（4）设置完成后，单击“确定”按钮，效果如图 1-2-57 所示。

五阳公司职工信息表

| 身份证号 | 参加工作时间 | 行政职务 | 学历 | 工作部门 | 职称 | 年薪 |
|---|---|---|---|---|---|---|
| 310100196301102211 | 1985-7-15 | 总经理 | 本科 | 总公司 | 高级经济师 | 100万元 |
| 110102196610050003 | 1986-8-10 | 部门经理 | 本科 | 总公司 | 高级经济师 | 50万元 |
| 410116197304210022 | 1998-8-15 | 部门经理 | 专科 | 北京店 | 高级会计师 | 50万元 |
| 310122196712106000 | 1989-3-20 | 部门总监 | 本科 | 总公司 | 高级会计师 | 30万元 |
| 610102198605102211 | 2008-7-25 | 部门经理 | 本科 | 上海店 | 经济师 | 50万元 |
| 420105199107230007 | 2013-7-15 | 部门总监 | 本科 | 北京店 | 高级经济师 | 30万元 |
| 220101199010032268 | 2011-7-12 | 部门经理 | 本科 | 重庆店 | 高级经济师 | 46万元 |
| 410112198303203311 | 2006-7-7 | 普通职员 | 本科 | 北京店 | 经济师 | 28万元 |
| 320113198808204000 | 2010-7-30 | 普通职员 | 本科 | 上海店 | 助理经济师 | 25万元 |
| 230266197901283231 | 2001-7-20 | 普通职员 | 本科 | 上海店 | 助理经济师 | 32万元 |
| 410106197710112388 | 1999-7-3 | 部门经理 | 本科 | 重庆店 | 经济师 | 50万元 |

图 1-2-57　突出显示效果

单元格条件格式的删除是在“条件格式”列表中选择“清除规则”选项，在弹出的级联列表中选择“清除所选单元格的规则”命令。

## 二、条件格式的应用实例

对于从事财务会计工作的人员而言，条件格式在日常工作中有着广泛的应用。下面介绍几个常用的实例供大家参考。

**实例 1　应收账款催款提醒**

在应收账款的管理中，需要工作人员在 Excel 工作表中设置自动催款提醒功能，根据实际情况来设置要催缴欠款的客户。

假设某公司要在如图 1-2-58 所示的“应收账款明细表”中设置应收账款催款提醒功能，要求超过还款日期一个月还不还款，就将该单位所在行以红色背景显示，以示提醒。

操作步骤如下：

（1）拖动鼠标，框选 A3:D16 单元格区域，单击“开始”/“样式”组的“条件格式”按钮，在弹出的菜单中选择“突出显示单元格规则”/“其他规则”命令，如图 1-2-59 所示。

（2）打开“新建格式规则”对话框，在“选择规则类型”列表中选择“使用公式确定要设置格式的单元格”，在“为符合此公式的值设置格式”文本框中输入“=AND((TODAY()-$C3)>30，$D3="否")”，如图 1-2-60 所示。

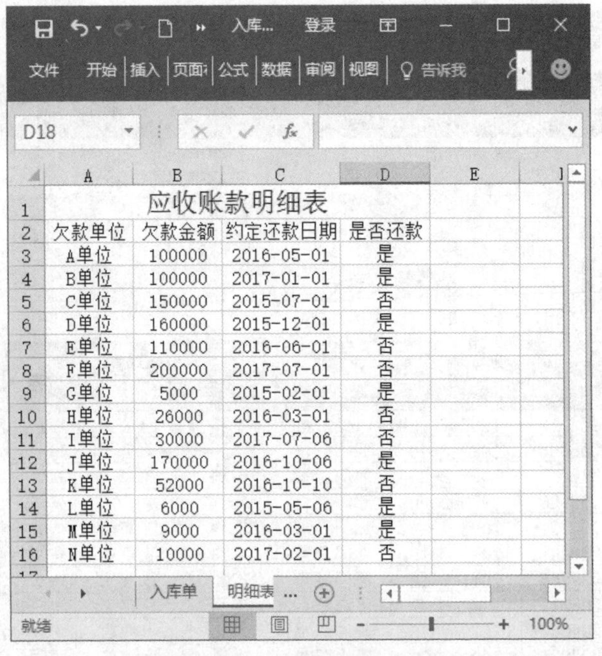

| 应收账款明细表 | | | |
|---|---|---|---|
| 欠款单位 | 欠款金额 | 约定还款日期 | 是否还款 |
| A单位 | 100000 | 2016-05-01 | 是 |
| B单位 | 100000 | 2017-01-01 | 是 |
| C单位 | 150000 | 2015-07-01 | 否 |
| D单位 | 160000 | 2015-12-01 | 是 |
| E单位 | 110000 | 2016-06-01 | 否 |
| F单位 | 200000 | 2017-07-01 | 否 |
| G单位 | 5000 | 2015-02-01 | 是 |
| H单位 | 26000 | 2016-03-01 | 否 |
| I单位 | 30000 | 2017-07-06 | 否 |
| J单位 | 170000 | 2016-10-06 | 是 |
| K单位 | 52000 | 2016-10-10 | 否 |
| L单位 | 6000 | 2015-05-06 | 是 |
| M单位 | 9000 | 2016-03-01 | 是 |
| N单位 | 10000 | 2017-02-01 | 否 |

图 1-2-58 应收账款明细表

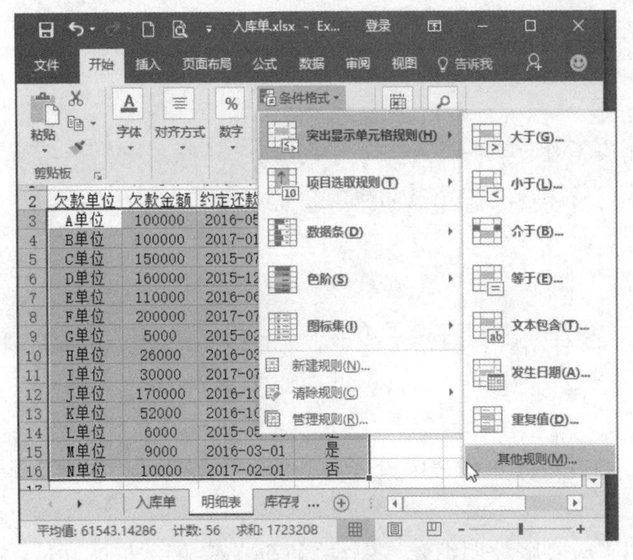


图 1-2-59 选择条件格式命令

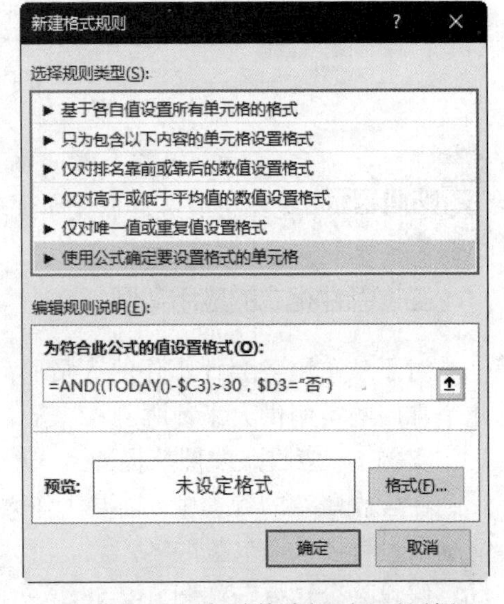


图 1-2-60 “新建格式规则”对话框

这里的 AND 是逻辑运算符，表示括号里的两个条件都要满足；TODAY()为系统日期函数，将返回查询当天的日期，这里的一个月以 30 天为准。所用的运算符和函数将在第 3 章详细介绍。

（3）单击“格式”按钮，打开“设置单元格格式”对话框，在“填充”选项卡下单击色板中的“红色”，如图 1-2-61 所示。

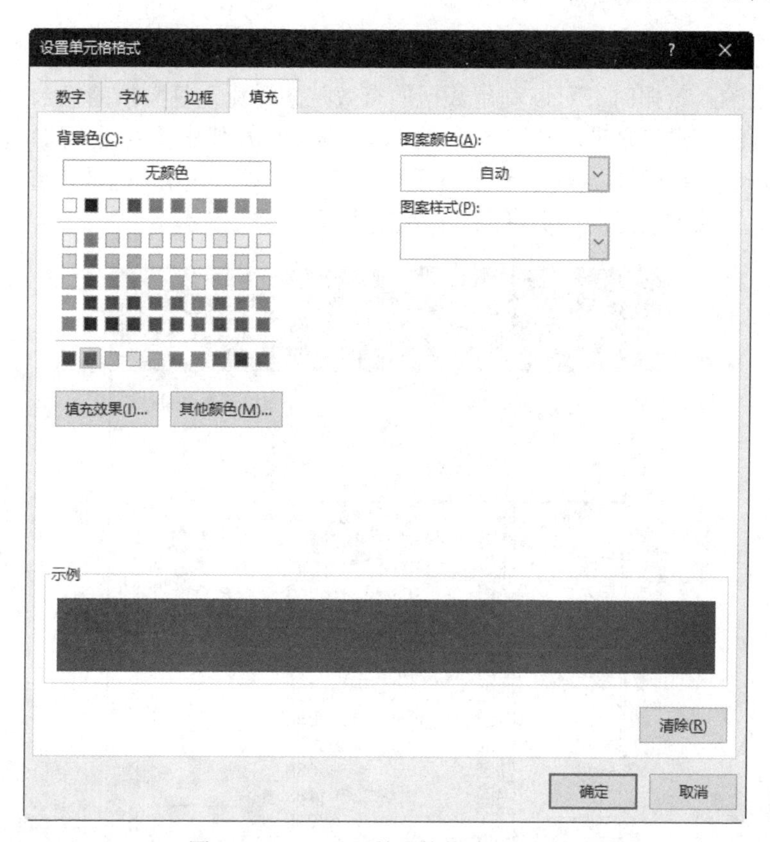


图 1-2-61　“设置单元格格式”对话框

（4）单击“确定”按钮，返回“新建格式规则”对话框，如图 1-2-62 所示。

（5）单击“确定”按钮，效果如图 1-2-63 所示。

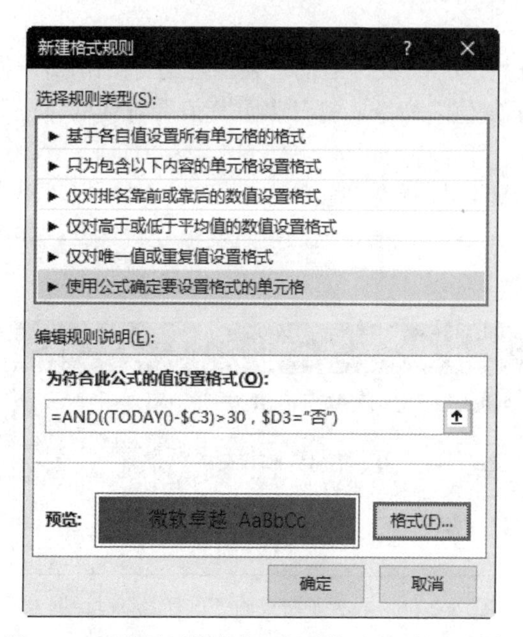


图 1-2-62　设置了格式的“新建格式规则”对话框

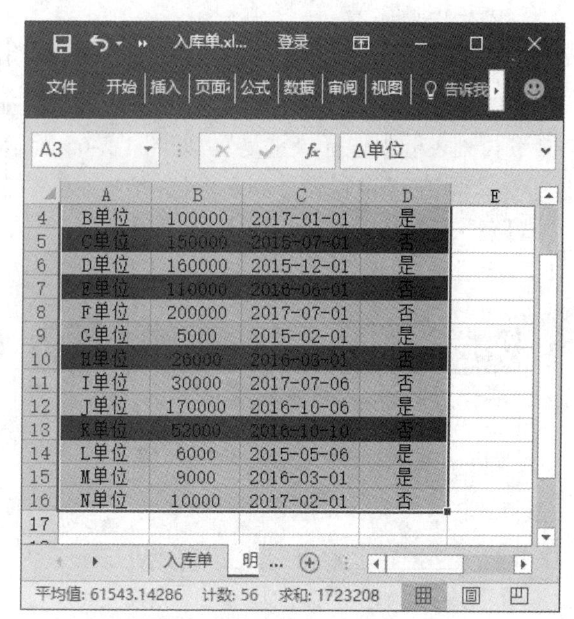


| | A | B | C | D | E |
|---|---|---|---|---|---|
| 4 | B单位 | 100000 | 2017-01-01 | 是 | |
| 5 | C单位 | 150000 | 2016-07-01 | 否 | |
| 6 | D单位 | 160000 | 2015-12-01 | 是 | |
| 7 | E单位 | 110000 | 2016-06-01 | 否 | |
| 8 | F单位 | 200000 | 2017-07-01 | 否 | |
| 9 | G单位 | 5000 | 2015-02-01 | 是 | |
| 10 | H单位 | 20000 | 2016-03-01 | 否 | |
| 11 | I单位 | 30000 | 2017-07-06 | 否 | |
| 12 | J单位 | 170000 | 2016-10-06 | 是 | |
| 13 | K单位 | 52000 | 2016-10-10 | 否 | |
| 14 | L单位 | 6000 | 2015-05-06 | 是 | |
| 15 | M单位 | 9000 | 2016-03-01 | 是 | |
| 16 | N单位 | 10000 | 2017-02-01 | 否 | |
| 17 | | | | | |

图 1-2-63　应收账款催款提醒效果

**实例 2 监视重复数据**

在往工作表输入数据时，可以利用数据的有效性来避免重复数据的输入。事实上，对于已经输入完数据的工作表来说，利用条件格式可以帮助用户找出重复输入的数据。

假设某商场要在如图 1-2-64 所示的“手机供货商名单”中查找是否有重复的供货商，若有，则视为重复输入了数据，该供货商将以橙色背景显示，以示警告。

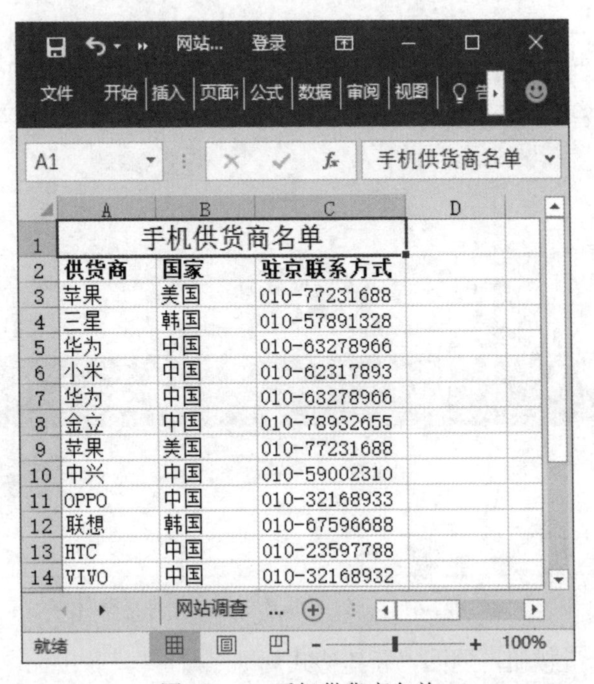


图 1-2-64 手机供货商名单

操作步骤如下：

（1）拖动鼠标框选 A3:A14 区域，单击“开始”/“样式”组的“条件格式”按钮，在弹出的菜单中选择“突出显示单元格规则”/“重复值”命令，打开“重复值”对话框，在左侧下拉列表框中选择“重复”，如图 1-2-65 所示。

（2）在“设置为”列表中选择“自定义格式”，打开“设置单元格格式”对话框，单击“填充”选项卡，在色板中选择“橙色”，单击“确定”按钮，返回“重复值”对话框，如图 1-2-66 所示。

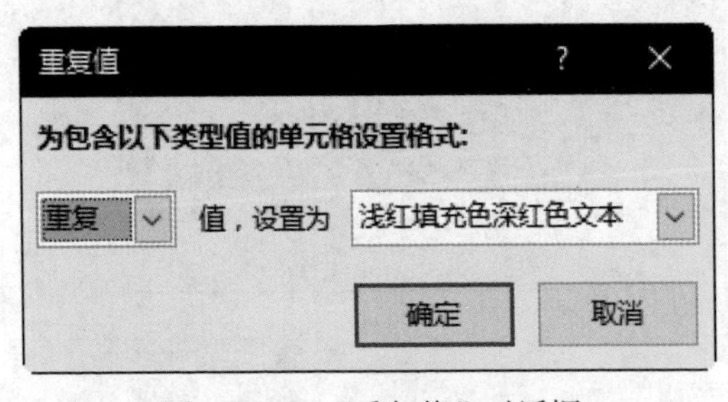


图 1-2-65 “重复值”对话框

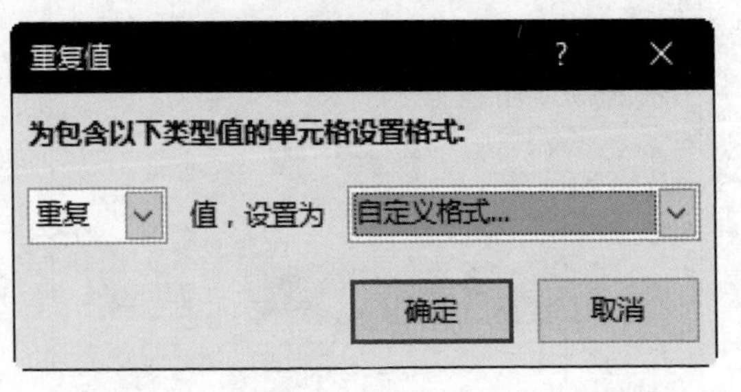


图 1-2-66 设置了格式的“重复值”对话框

（3）单击“确定”按钮，效果如图 1-2-67 所示。

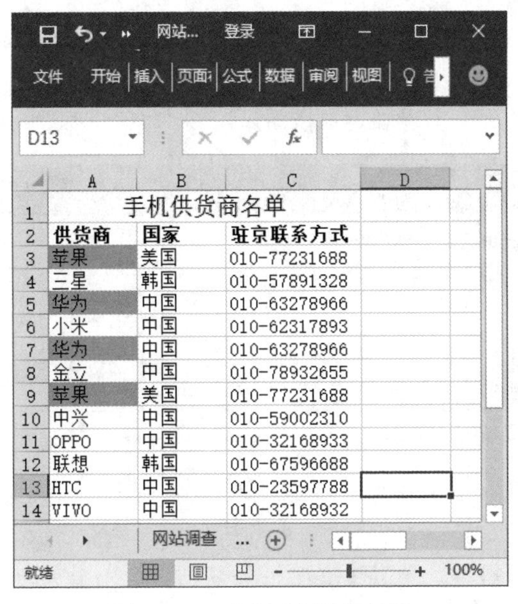

| | A | B | C | D |
|---|---|---|---|---|
| 1 | 手机供货商名单 | | | |
| 2 | 供货商 | 国家 | 驻京联系方式 | |
| 3 | 苹果 | 美国 | 010-77231688 | |
| 4 | 三星 | 韩国 | 010-57891328 | |
| 5 | 华为 | 中国 | 010-63278966 | |
| 6 | 小米 | 中国 | 010-62317893 | |
| 7 | 华为 | 中国 | 010-63278966 | |
| 8 | 金立 | 中国 | 010-78932655 | |
| 9 | 苹果 | 美国 | 010-77231688 | |
| 10 | 中兴 | 中国 | 010-59002310 | |
| 11 | OPPO | 中国 | 010-32168933 | |
| 12 | 联想 | 韩国 | 010-67596688 | |
| 13 | HTC | 中国 | 010-23597788 | |
| 14 | VIVO | 中国 | 010-32168932 | |

图 1-2-67　监视重复数据效果

**实例 3　库龄的跟踪提示**

对于仓库的货物管理人员，需要财务上能够进行针对存货的库龄跟踪提示的服务，以便能准确、有效地进行数据分析，提高工作效率。

假设某企业要针对如图 1-2-68 所示的“入库单”中商品进行库龄的分析，根据分析结果通过不同颜色进行跟踪提示。

| | A | B | C | D | E | F |
|---|---|---|---|---|---|---|
| 1 | 入库单 | | | | | |
| 2 | 代码 | 类别 | 品名 | 入库日期 | 库岭 | |
| 3 | 00001 | 电脑 | 联想 | 2016-07-01 | 365 | |
| 4 | 00002 | 电视机 | 长虹 | 2014-01-01 | 912 | |
| 5 | 00003 | 冰箱 | 海尔 | 2017-06-01 | 30 | |
| 6 | 00004 | 空调 | 海尔 | 2017-06-01 | 30 | |
| 7 | 00005 | 小家电 | 康宝 | 2016-08-01 | 335 | |
| 8 | 00006 | 冰箱 | 容声 | 2016-10-01 | 274 | |
| 9 | 00007 | 空调 | 格力 | 2016-10-01 | 274 | |
| 10 | 00008 | 电视机 | 海尔 | 2014-07-01 | 730 | |
| 11 | 00009 | 空调 | 格力 | 2016-01-01 | 183 | |
| 12 | | | | | | |

图 1-2-68　入库单

要求：①库龄在 60 天以内的以绿色背景显示；②库龄在 60 天（含 60 天）以上，300 天以内的以黄色背景显示；③库龄在 300 天以上（含 300 天）一律以红色背景显示。

操作步骤如下：

（1）拖动鼠标框选 E3:E11 区域，单击“开始”/“样式”组的“条件格式”按钮，在弹出的菜单中选择“突出显示单元格规则”/“小于”命令，打开“小于”对话框，输入“60”，在“设置为”列表中选择“自定义格式”，打开“设置单元格格式”对话框，单击“填充”选项卡，在色板中选择“绿色”，单击“确定”按钮，返回“小于”对话框，如图 1-2-69 所示。

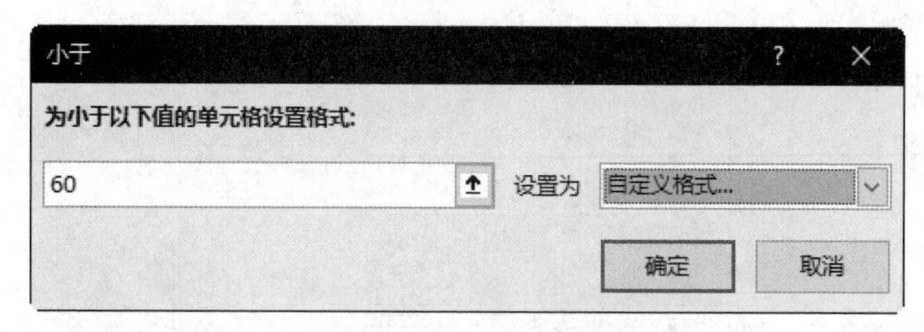


图 1-2-69 “小于”对话框

（2）单击“确定”按钮，完成第一个要求的颜色提示。

（3）单击“开始”/“样式”组的“条件格式”按钮，在弹出的菜单中选择“突出显示单元格规则”/“介于”命令，打开“介于”对话框，分别输入“60”和“300”，在“设置为”列表中选择“自定义格式”，打开“设置单元格格式”对话框，在色板中选择“黄色”，单击“确定”按钮，返回“介于”对话框，如图 1-2-70 所示。

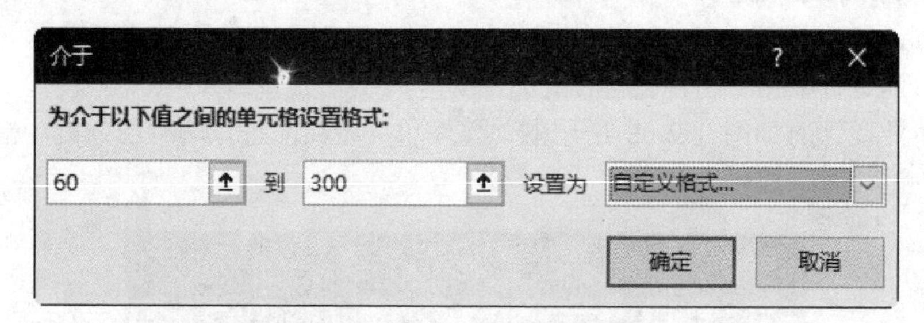


图 1-2-70 “介于”对话框

（4）单击“确定”按钮，完成第二个要求的颜色提示。

（5）再次单击“开始”/“样式”组的“条件格式”按钮，在弹出的菜单中选择“突出显示单元格规则”/“大于”命令，打开“大于”对话框，输入“300”，在“设置为”列表中选择“自定义格式”，打开“设置单元格格式”对话框，在色板中选择“红色”，单击“确定”按钮，返回“大于”对话框，如图 1-2-71 所示。

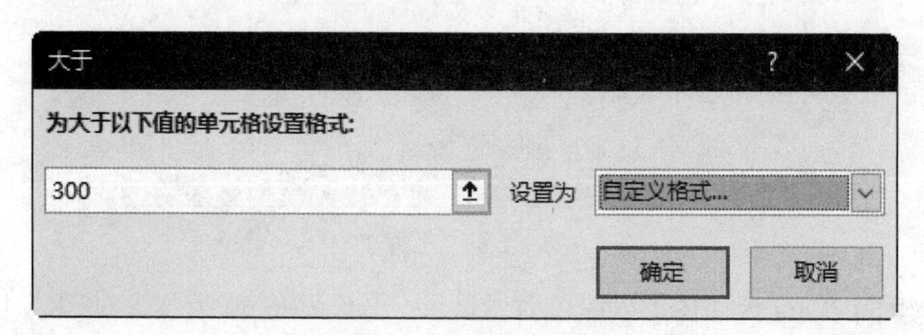


图 1-2-71 “大于”对话框

（6）单击“确定”按钮，完成第三个要求的颜色提示。最后效果如图 1-2-72 所示。

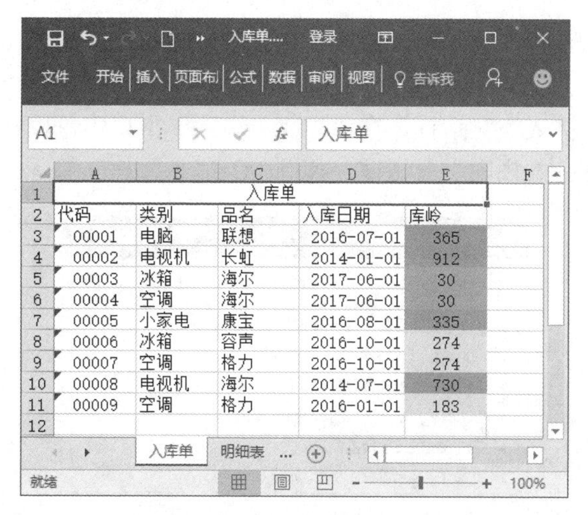

| 入库单 | | | | |
|---|---|---|---|---|
| 代码 | 类别 | 品名 | 入库日期 | 库龄 |
| 00001 | 电脑 | 联想 | 2016-07-01 | 365 |
| 00002 | 电视机 | 长虹 | 2014-01-01 | 912 |
| 00003 | 冰箱 | 海尔 | 2017-06-01 | 30 |
| 00004 | 空调 | 海尔 | 2017-06-01 | 30 |
| 00005 | 小家电 | 康宝 | 2016-08-01 | 335 |
| 00006 | 冰箱 | 容声 | 2016-10-01 | 274 |
| 00007 | 空调 | 格力 | 2016-10-01 | 274 |
| 00008 | 电视机 | 海尔 | 2014-07-01 | 730 |
| 00009 | 空调 | 格力 | 2016-01-01 | 183 |

图 1-2-72　库龄的跟踪提示效果

**实例 4　代码录入的错误显示**

在进行材料或货品入库登记时，常常需要录入它们的代码。录入时，如果不采取监控措施监视录入的代码，很容易出现代码录入的错误，多一位或少一位，非常烦心。通过条件格式的设置可以很轻松地实现监控录入代码，在录入代码时能够及时提醒并发现是否有录入错误，方便快捷地完成工作。

假设某企业要在如图 1-2-73 所示的“入库清单”中设置条件，以防代码录入时发生错误。要求代码位数均为 8 位且不能为空，否则视为无效代码，以红色显示。

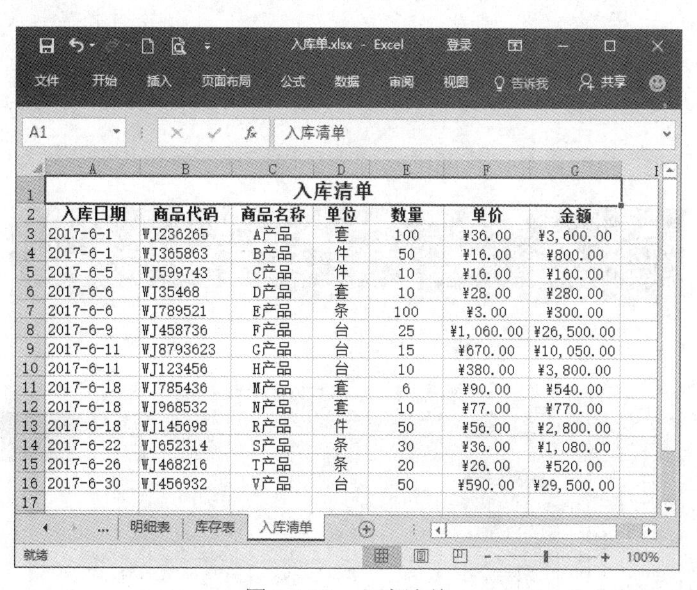

| 入库清单 | | | | | | |
|---|---|---|---|---|---|---|
| 入库日期 | 商品代码 | 商品名称 | 单位 | 数量 | 单价 | 金额 |
| 2017-6-1 | WJ236265 | A产品 | 套 | 100 | ¥36.00 | ¥3,600.00 |
| 2017-6-1 | WJ365863 | B产品 | 件 | 50 | ¥16.00 | ¥800.00 |
| 2017-6-5 | WJ599743 | C产品 | 件 | 10 | ¥16.00 | ¥160.00 |
| 2017-6-6 | WJ35468 | D产品 | 套 | 10 | ¥28.00 | ¥280.00 |
| 2017-6-6 | WJ789521 | E产品 | 条 | 100 | ¥3.00 | ¥300.00 |
| 2017-6-9 | WJ458736 | F产品 | 台 | 25 | ¥1,060.00 | ¥26,500.00 |
| 2017-6-11 | WJ8793623 | G产品 | 台 | 15 | ¥670.00 | ¥10,050.00 |
| 2017-6-11 | WJ123456 | H产品 | 台 | 10 | ¥380.00 | ¥3,800.00 |
| 2017-6-18 | WJ785436 | M产品 | 套 | 6 | ¥90.00 | ¥540.00 |
| 2017-6-18 | WJ968532 | N产品 | 套 | 10 | ¥77.00 | ¥770.00 |
| 2017-6-18 | WJ145698 | R产品 | 件 | 50 | ¥56.00 | ¥2,800.00 |
| 2017-6-22 | WJ652314 | S产品 | 条 | 30 | ¥36.00 | ¥1,080.00 |
| 2017-6-26 | WJ468216 | T产品 | 条 | 20 | ¥26.00 | ¥520.00 |
| 2017-6-30 | WJ456932 | V产品 | 台 | 50 | ¥590.00 | ¥29,500.00 |

图 1-2-73　入库清单

操作步骤如下：

（1）拖动鼠标框选 B3:B16 区域，单击“开始”/“样式”组的“条件格式”按钮，在弹出的菜单中选择“突出显示单元格规则”/“其他规则”命令，打开“新建格式规则”对话框。

（2）在“选择规则类型”列表中选择“使用公式确定要设置格式的单元格”，在“为符合此公式的值设置格式”文本框中输入“=AND(LEN($B3)<>8，$B3<>0)”，单击“格式”按钮，打开“设置单元格格式”对话框，在“填充”选项卡下单击色板中的“红色”，单击“确定”按钮，返回“新建格式规则”对话框，如图 1-2-74 所示。

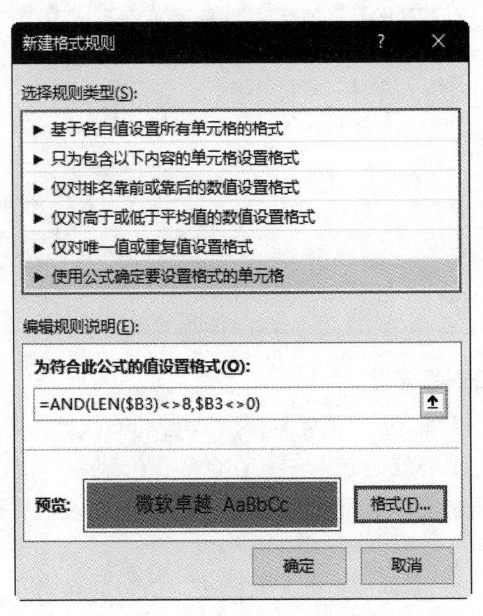


图 1-2-74　“新建格式规则”对话框

LEN()是求给定字符串长度的函数，即字符串中所含字符的个数。

（3）单击“确定”按钮，对代码多位或者少位均进行了颜色提示，结果如图 1-2-75 所示。

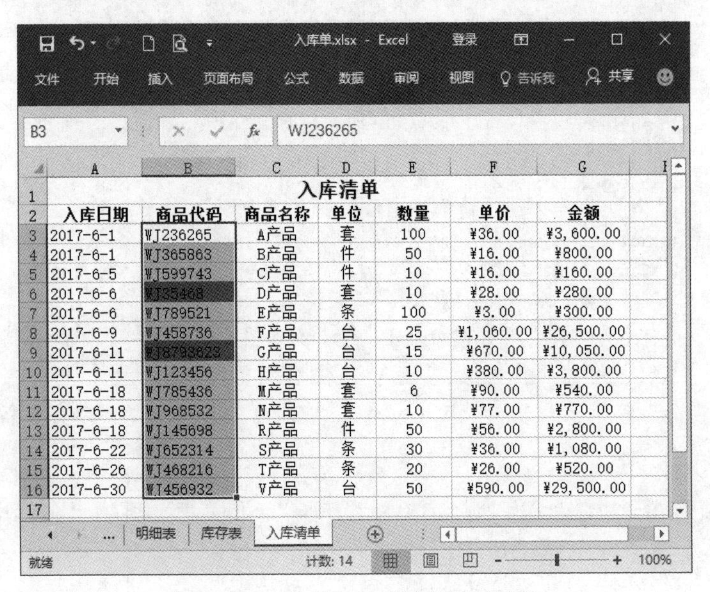

入库清单

| 入库日期 | 商品代码 | 商品名称 | 单位 | 数量 | 单价 | 金额 |
|---|---|---|---|---|---|---|
| 2017-6-1 | WJ236265 | A产品 | 套 | 100 | ¥36.00 | ¥3,600.00 |
| 2017-6-1 | WJ365863 | B产品 | 件 | 50 | ¥16.00 | ¥800.00 |
| 2017-6-5 | WJ599743 | C产品 | 件 | 10 | ¥16.00 | ¥160.00 |
| 2017-6-6 | WJ35468 | D产品 | 套 | 10 | ¥28.00 | ¥280.00 |
| 2017-6-6 | WJ789521 | E产品 | 条 | 100 | ¥3.00 | ¥300.00 |
| 2017-6-9 | WJ458736 | F产品 | 台 | 25 | ¥1,060.00 | ¥26,500.00 |
| 2017-6-11 | WJ8793623 | G产品 | 台 | 15 | ¥670.00 | ¥10,050.00 |
| 2017-6-11 | WJ123456 | H产品 | 台 | 10 | ¥380.00 | ¥3,800.00 |
| 2017-6-18 | WJ785436 | M产品 | 套 | 6 | ¥90.00 | ¥540.00 |
| 2017-6-18 | WJ968532 | N产品 | 套 | 10 | ¥77.00 | ¥770.00 |
| 2017-6-18 | WJ145698 | R产品 | 件 | 50 | ¥56.00 | ¥2,800.00 |
| 2017-6-22 | WJ652314 | S产品 | 条 | 30 | ¥36.00 | ¥1,080.00 |
| 2017-6-26 | WJ468216 | T产品 | 条 | 20 | ¥26.00 | ¥520.00 |
| 2017-6-30 | WJ456932 | V产品 | 台 | 50 | ¥590.00 | ¥29,500.00 |

图 1-2-75　代码录入的错误显示效果

**实例 5　动态显示价值排行**

条件格式功能还可以轻松实现对工作表数据进行自动显示前 N 条或后 M 条记录。

假设某企业要在如图 1-2-73 所示的“入库清单”中设置条件，以浅绿色显示金额在前 5 位的商品。

操作步骤如下：

（1）拖动鼠标框选 G3:G16 区域，单击“开始”/“样式”组的“条件格式”按钮，在弹出的菜单中选择“项目选取规则”/“其他规则”命令，打开“新建格式规则”对话框。

（2）在“选择规则类型”列表中选择“仅对排名靠前或靠后的数值设置格式”，在“为以下排名内的值设置格式”栏的列表框中选择“最高”，文本框中输入“5”。

（3）单击“格式”按钮，打开“设置单元格格式”对话框，在“填充”选项卡单击色板中的“浅绿色”，单击“确定”按钮，返回“新建格式规则”对话框，如图 1-2-76 所示。

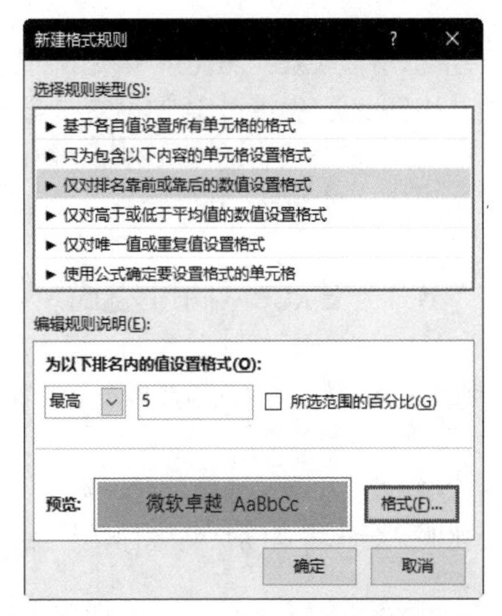


图 1-2-76　设置了格式的“新建格式规则”对话框

（4）单击“确定”按钮，结果如图 1-2-77 所示。

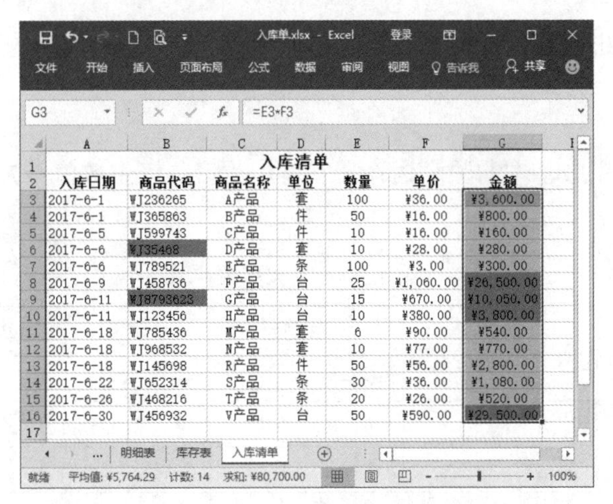

| | A | B | C | D | E | F | G |
|---|---|---|---|---|---|---|---|
| 1 | 入库清单 | | | | | | |
| 2 | 入库日期 | 商品代码 | 商品名称 | 单位 | 数量 | 单价 | 金额 |
| 3 | 2017-6-1 | YJ236265 | A产品 | 套 | 100 | ¥36.00 | ¥3,600.00 |
| 4 | 2017-6-1 | YJ365863 | B产品 | 件 | 50 | ¥16.00 | ¥800.00 |
| 5 | 2017-6-5 | YJ599743 | C产品 | 件 | 10 | ¥16.00 | ¥160.00 |
| 6 | 2017-6-6 | YJ35468 | D产品 | 套 | 10 | ¥28.00 | ¥280.00 |
| 7 | 2017-6-6 | YJ789521 | E产品 | 条 | 100 | ¥3.00 | ¥300.00 |
| 8 | 2017-6-9 | YJ458736 | F产品 | 台 | 25 | ¥1,060.00 | ¥26,500.00 |
| 9 | 2017-6-11 | YJ8793623 | G产品 | 台 | 15 | ¥670.00 | ¥10,050.00 |
| 10 | 2017-6-11 | YJ123456 | H产品 | 台 | 10 | ¥380.00 | ¥3,800.00 |
| 11 | 2017-6-18 | YJ785436 | M产品 | 套 | 6 | ¥90.00 | ¥540.00 |
| 12 | 2017-6-18 | YJ968532 | N产品 | 套 | 10 | ¥77.00 | ¥770.00 |
| 13 | 2017-6-18 | YJ145698 | R产品 | 件 | 50 | ¥56.00 | ¥2,800.00 |
| 14 | 2017-6-22 | YJ652314 | S产品 | 条 | 30 | ¥36.00 | ¥1,080.00 |
| 15 | 2017-6-26 | YJ468216 | T产品 | 条 | 20 | ¥26.00 | ¥520.00 |
| 16 | 2017-6-30 | YJ456932 | V产品 | 台 | 50 | ¥590.00 | ¥29,500.00 |

图 1-2-77　动态显示价值排行效果

# 第3章　Excel 2016 电子表格的高级应用

知识点

- 掌握公式的构成及使用
- 掌握函数的分类及引用
- 掌握常用函数的格式、功能及应用
- 掌握数据的排序、筛选及分类汇总
- 掌握使用图表、透视表、趋势线及误差线进行数据分析

作为当前最流行的办公自动化软件，Excel 2016 具有灵活的数据计算、精确的信息分析和管理电子表格或网页中的列表及协同办公等功能，这使得它在会计工作中大有作为。用户可以根据需要编制一些运算公式，Excel 将按公式自动完成这些运算。使用 Excel 2016 强大的数值计算和数据分析及管理功能，既快速，又方便，易于会计人员掌握。

## 3.1　Excel 中的公式

Excel 的公式是由数值、字符、单元格引用、函数以及运算符等组成的能够进行计算的表达式。

这里，单元格引用是指在公式中输入单元格地址时，该单元格中的内容也参加运算。当引用的单元格中的数据发生变化时，公式将自动重新进行计算并自动更新计算结果，用户可以随时观察到数据之间的相互关系。

Excel 规定，公式必须以等号“=”开头，系统会将“=”后面的字符串识别为公式。

### 一、公式中的运算符

公式中的运算符主要有算术运算符、字符运算符、比较运算符和引用运算符四种，它决定了公式的运算性质。

1. 算术运算符

算术运算符用来完成基本的数学运算。它连接数值，产生数值结果。主要的算术运算符如表 1-3-1 所示。

表 1-3-1　算术运算符

| 运算符 | 功能 | 举例 | 运算结果 |
| --- | --- | --- | --- |
| +（加号） | 加法 | =20+30 | 50 |
| －（减号） | 减法 | =B3-E7 | 单元格 B3 的值减去单元格 E7 的值 |
| *（乘号） | 乘法 | =5*A4 | 5 乘以单元格 A4 的值 |
| /（除号） | 除法 | =25/5 | 5 |

续表

| 运算符 | 功能 | 举例 | 运算结果 |
|---|---|---|---|
| %（百分比运算） | 求百分数 | =20% | 0.2 |
| ^（指数运算） | 乘方 | =4^2 | 16 |

运算的优先次序为：括号→指数→乘除→加减。

对于同级的运算符按照从左到右的顺序进行。

2. 字符运算符

字符运算符是用于将两个字符串或多个字符串连接、合并为一个组合字符串，其运行结果为字符串。字符运算符如表 1-3-2 所示。

表 1-3-2　字符运算符

| 运算符 | 功能 | 举例 | 运算结果 |
|---|---|---|---|
| &（连接） | 字符串的连接、合并 | ="北京"&"中国" | 北京中国 |

要连接或合并字符串，就需要进行字符运算。在字符运算的式子中除运算符和字符串外，还可以包含单元格引用。例如，假设 A2 单元格中有字符串“张山”，B2 单元格中有字符串“工资清单”，现要在两字符串中间加上字符串“这个月的”，合并为一个字符串放在 C2 单元格中。我们可以在 C2 单元格中输入公式“=A2&"这个月的"&B2”，然后按回车键即可。

3. 比较运算符

比较运算符用于比较两个数值的大小，其运算结果是逻辑值，即 True 或 False 两者之一，其中，True 为逻辑真，False 为逻辑假。比较运算符如表 1-3-3 所示。

表 1-3-3　比较运算符

| 运算符 | 功能 | 举例 | 运算结果 |
|---|---|---|---|
| =（等于） | 等于 | =50+6=56 | True（真） |
| >（大于） | 大于 | =50+46>100 | False（假） |
| <（小于） | 小于 | =50+77<200 | True（真） |
| >=（大于等于） | 大于等于 | =25+5>=115 | False（假） |
| <=（小于等于） | 小于等于 | =20+77<=97 | True（真） |
| <>（不等于） | 不等于 | =4<>2^2 | False（假） |

4. 引用运算符

引用运算符用于对单元格区域进行合并计算，其运算结果与被引用单元格性质相同。引用运算符如表 1-3-4 所示。

表 1-3-4　引用运算符

| 运算符 | 运算功能 | 举例 | 运算说明 |
|---|---|---|---|
| : | 区域运算 | =A1:C4 | A1 到 C4 单元区域 |
| , | 并集运算 | =B3,E7 | 单元格 B3 并 E7 |
| 空格 | 交集运算 | =A4_B5 | 单元格 A4 和 B5 的交集 |

## 二、各类运算符的优先级

运算符优先级是一套规则，该规则在进行表达式运算时用来控制运算符执行的顺序，具有较高优先级的运算符先于较低优先级的运算符执行。对于同级运算符，按从左到右的顺序执行。

Excel 中，运算符的优先级由高到低为：

引用运算符→“-”→算术运算符→字符运算符→比较运算符

括号可以改变优先级。

## 三、单元格的引用

在对单元格进行操作或运算时，有时需要指出使用的是哪一个单元格，这就是引用。引用一般用单元格的地址来表示。

Excel 提供了三种不同的单元格引用：绝对引用、相对引用和混合引用。

1. 绝对引用

绝对引用是指对单元格内容的完全套用，不加任何更改。无论公式被移动或复制到何处，所引用的单元格地址始终不变。绝对引用的表示形式为在引用单元格列号和行号之前增加符号“$”。

例如：计算如图 1-3-1 所示“一月份管理费用开支”各项目所占比例时，在单元格 C3 中输入公式“=B3/$B$7”，将公式复制到 C4 单元格以后，被引用的公式变为“=B4/$B$7”，分母保持不变，因此，通过 C3 单元格自动填充复制，可计算出 C4~C6 的值，如图 1-3-2 所示。

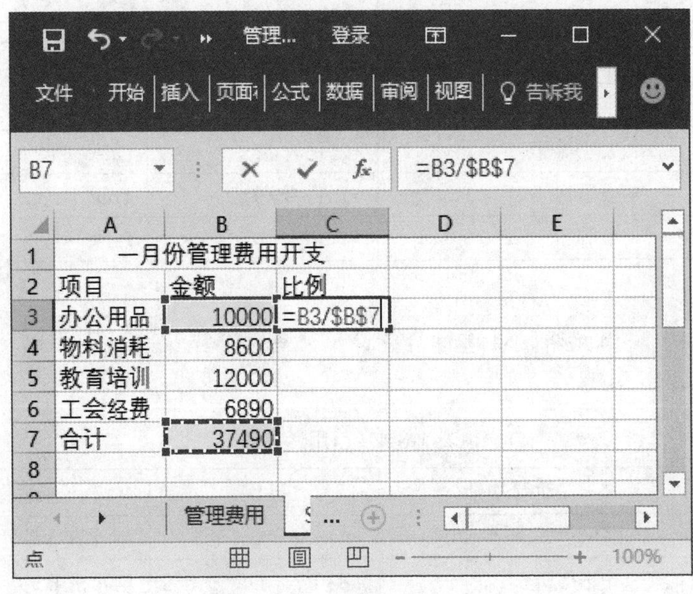


图 1-3-1 一月份管理费用开支

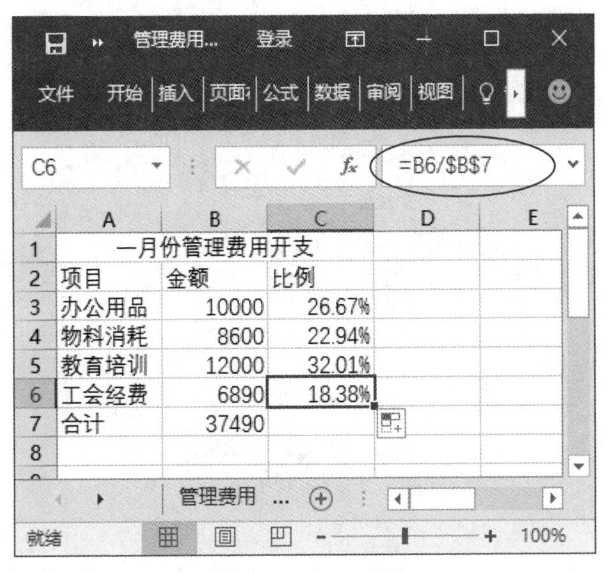


图 1-3-2　绝对引用效果

2. 相对引用

相对引用是指引用的内容是相对而言的，其引用的是数据的相对位置。建立公式的单元格和被公式引用的单元格之间的相对位置关系始终保持不变。即在复制或移动公式时，随着公式所在单元格的位置改变，被公式引用的单元格的位置也做相应调整以满足相对位置关系不变的要求。相对引用的表示形式为列号与行号。

例如：计算如图 1-3-3 所示的第一季度各月管理费用开支情况，则可以在 B7 单元格中输入公式“=B3+B4+B5+B6”，复制到 C7 单元格以后变为“=C3+C4+C5+C6”，复制到 D7 单元格后变为“=D3+D4+D5+D6”，因此，通过 B7 的值，就可以利用自动填充功能复制并计算出 C7 和 D7 的值，如图 1-3-4 所示。

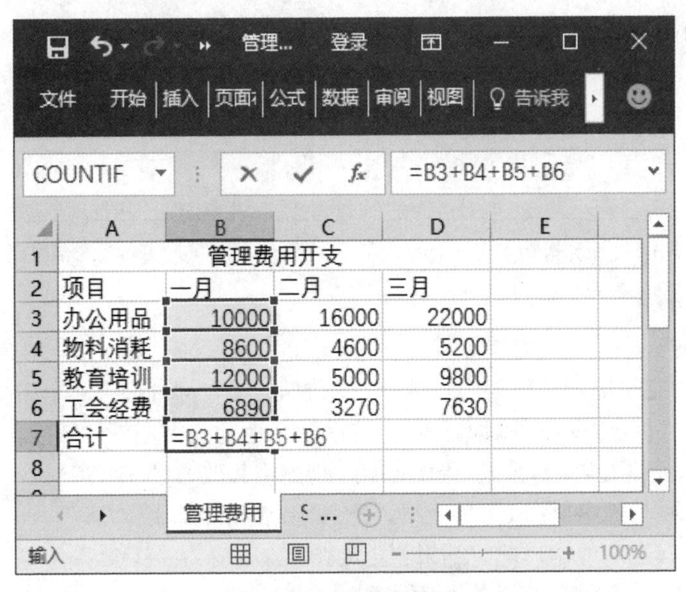


图 1-3-3　管理费用开支

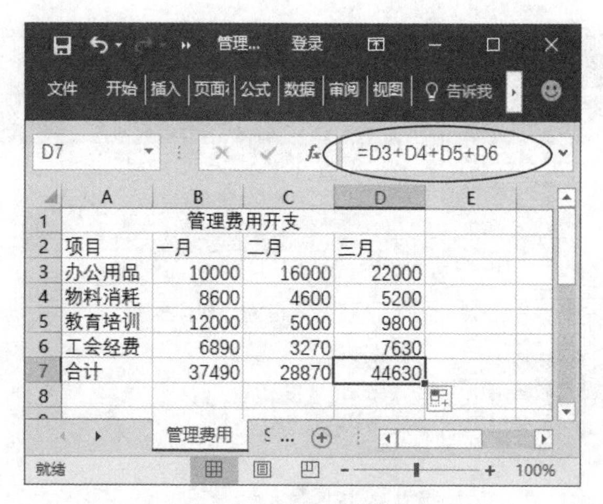

图 1-3-4 相对引用效果

3. 混合引用

混合引用是指在一个单元格引用中，既有绝对引用，又有相对引用。即当公式所在单元格位置改变，相对引用改变，绝对引用不改变。

例如：计算如图 1-3-5 所示的折扣价时，在 C4 单元格输入公式“=B4/B$1”，表示行绝对，利用自动填充功能计算 C5~C7 时，折扣率保存不变，如图 1-3-6 所示。

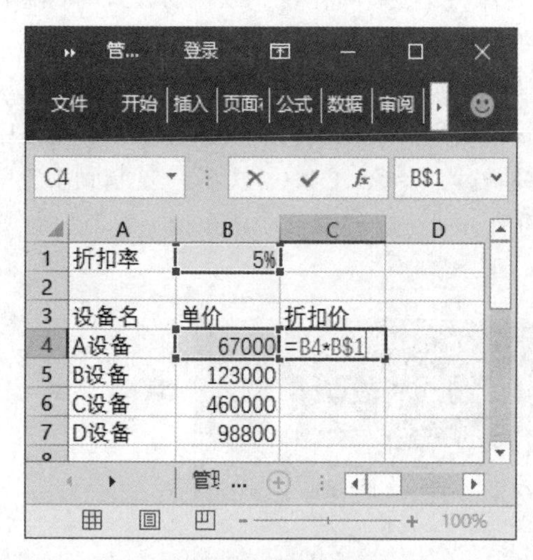

图 1-3-5 计算折扣价

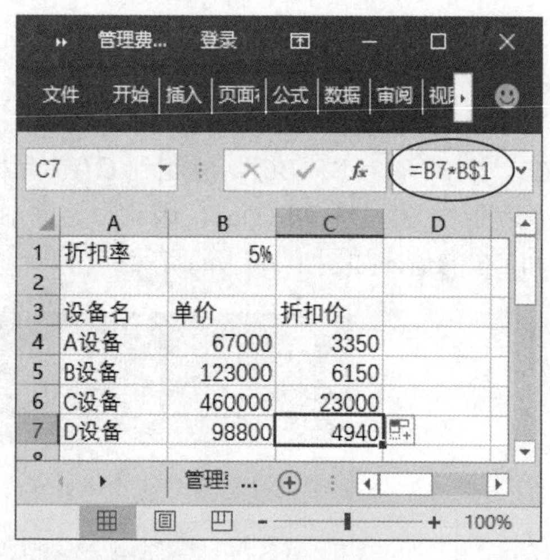

图 1-3-6 混合引用效果

4. 地址类型的转换

在编辑公式时，当单击并选中某个单元格地址时是相对引用，按下“F4”功能键，则可以将公式中用到的相对地址转换为绝对地址，即加上“$”符号，再次单击“F4”功能键，则变成混合引用。通过以上操作可以将公式中的单元格地址的类型进行转换。

例如，假设单元格 D1 中有公式“=B1/C1”，现想将其改为“=B1/$C$1”，可以这样操作：

（1）在编辑栏公式中单击 C1 单元格，输入 C1 的相对地址。

（2）按下“F4”功能键，此时编辑栏上 C1 将自动变为“$C$1”。

（3）按下“Enter”键，公式修改完毕。

对于单元格地址，如果依次按下 F4 功能键可以循环改变公式中地址的类型，例如，对单元格$C$1 连续按 F4 功能键，结果如下：$C$1→C$1→$C1→C1→$C$1。

## 3.2　Excel 中的函数

Excel 函数是一个预先定义好的特定计算公式，按照这个特定的计算公式对一个或多个参数进行计算可得出一个或多个计算结果，即函数值。使用函数不仅可以完成许多复杂的计算，而且还可以简化公式的繁杂程度。

### 一、函数的格式

Excel 函数由等号、函数名和参数组成。其格式为：

=函数名(参数 1,参数 2,参数 3,…)

这里，函数名指明函数要执行的运算，比如，SUM 和 MAX 分别表示求和与求最大值。参数为指定函数使用的数值、单元格引用或表达式。参数要用圆括号括起来，而且括号前后不能有空格；当函数的参数在一个以上时，必须用逗号将它们分隔开。

例如公式“=PRODUCT(A1,A3,A5,A7,A9)”表示将单元格 A1、A3、A5、A7、A9 中的数据进行乘积运算。

另外，每一个参数必须能产生一个有效值。函数的返回值就是计算结果。

### 二、函数的分类

Excel 为用户提供了十类数百个函数，它们是常用函数、财务函数、日期与时间函数、数学与三角函数、统计函数、查找与引用函数、数据库函数、文本函数、逻辑函数以及信息函数等。用户可以在公式中使用函数进行运算。有关函数的分类及各类函数的函数名如图 1-3-7 所示。

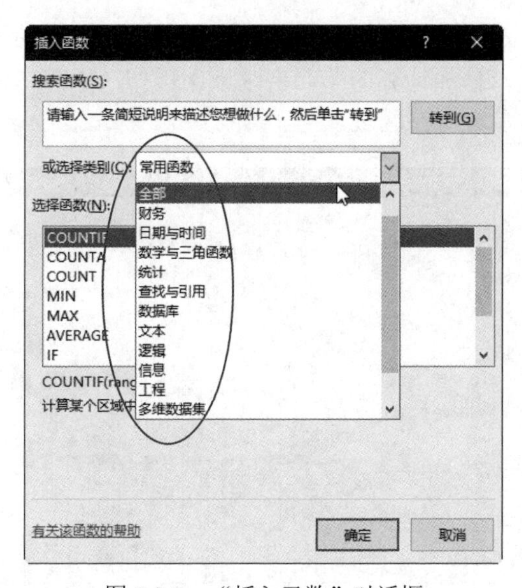


图 1-3-7　“插入函数”对话框

## 三、函数的引用

Excel 函数既可以单独引用也可以在公式中被引用。

1. 单独引用

当用户要单独使用函数时，可以通过单击地址栏的“插入函数”按钮$f_x$，打开“插入函数”对话框，或单击“公式”/“函数库”组中按钮选择所需类型函数。

具体操作如下：

（1）单击地址栏的“插入函数”按钮$f_x$，打开“插入函数”对话框，在对话框的“或选择类别”下拉列表框中选择类别，譬如“常用函数”，然后在“选择函数”列表框中选择该类的某个函数，譬如“SUM”函数，此时该函数被选中，其功能将显示在对话框的下面，如图 1-3-8 所示。

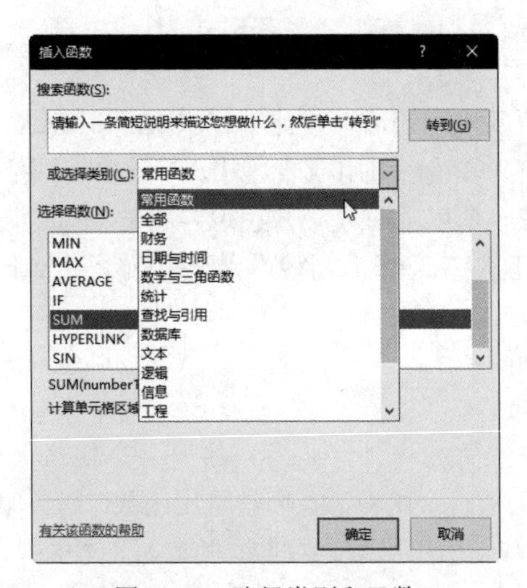


图 1-3-8 选择类别和函数

（2）单击“确定”按钮或按“Enter”键，打开如图 1-3-9 所示的“函数参数”对话框。利用单元格的引用方式输入参加计算的单元格区域，譬如 C4:F4，或单击按钮，在打开的工作表中利用鼠标框选出参数所在区域。

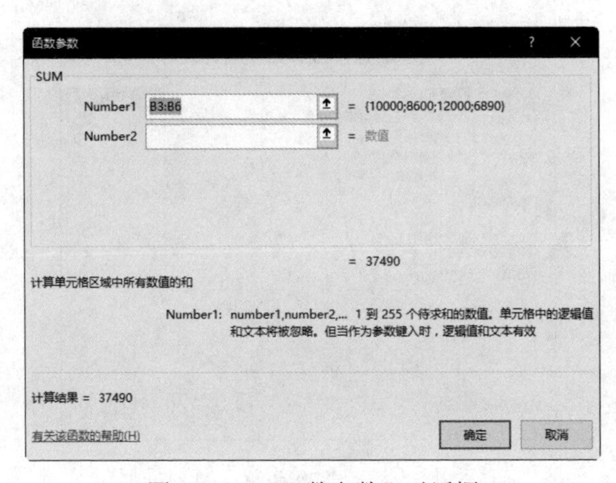


图 1-3-9 “函数参数”对话框

（3）若函数的参数是可变的，则对话框将随着可选参数的增多而扩大，但参数最多为 5 组。含有插入点的参数编辑框的描述显示在对话框的底部。

（4）当编辑框中输入了参数后，此时该函数的值将显示在对话框左下方的“计算结果=”之后，单击“确定”按钮即可完成函数的单独引用。

例如：计算如图 1-3-3 所示管理费用表中各项目一季度的开支。

操作如下：

（1）选中存放“办公用品”一季度开支值的 E3 单元格。

（2）单击地址栏的“插入函数”按钮$f_x$，在打开的“插入函数”对话框中，单击“或选择类别”下拉列表框选择“常用函数”，在“选择函数”列表框中选择“SUM”函数，如图 1-3-8 所示。

（3）单击“确定”按钮，在打开的“函数参数”对话框中输入“B3:D3”或单击“折叠”按钮，折叠“函数参数”对话框，在工作表中框选出计算范围，如图 1-3-10 所示。

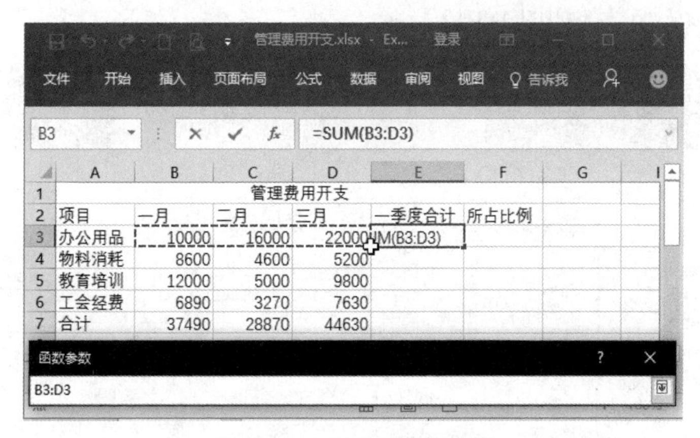


图 1-3-10　框选出计算范围

（4）再单击“展开”按钮，展开“函数参数”对话框，单击“确定”按钮，计算出“办公用品”一季度总共的费用开支。

（5）将鼠标放置在 E3 单元格右下角，当光标变为“+”时拖动鼠标进行自动填充，计算出其他项目一季度的费用开支。效果如图 1-3-11 所示。

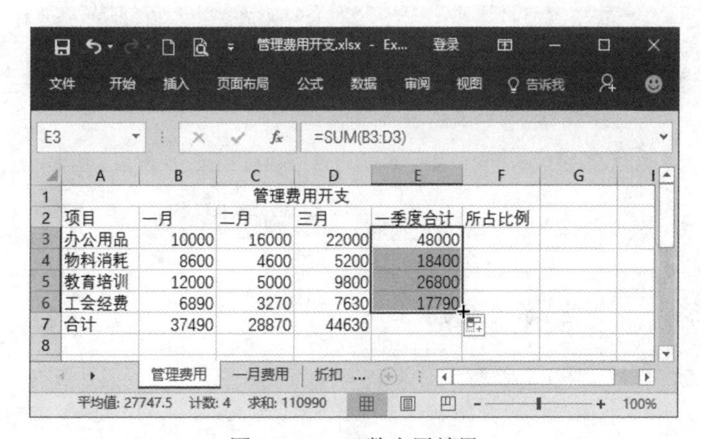


图 1-3-11　函数应用效果

2. 公式中引用

函数除可以单独引用外还可以出现在公式或函数中。如果函数与其他信息一起被编写在公式中，就得到包含函数的公式。

具体编写步骤如下：

（1）单击要输入公式的单元格，输入等号“=”。

（2）依次输入组成公式的单元格引用、数值、字符、运算符等。

（3）公式中的函数可以直接输入函数名及参数，也可以利用“插入函数”$f_x$按钮选择函数输入，或者单击“公式”选项卡，在“函数库”功能区选择函数。

（4）最后，按 Enter 键完成公式运算。

例如：继续计算如图 1-3-11 所示管理费用开支表中各项目一季度的开支所占总开支的比例。操作如下：

（1）单击 F3 单元格，输入“=”，单击 E4 单元格引用该单元格地址，输入“/”。单击地址栏前面的“SUM”函数，如图 1-3-12 所示。

图 1-3-12　选择 SUM 函数

（2）弹出“函数参数”对话框，单击按钮，将“函数参数”对话框折叠，在费用开支表中框选出计算范围 E3:E6，如图 1-3-13 所示。

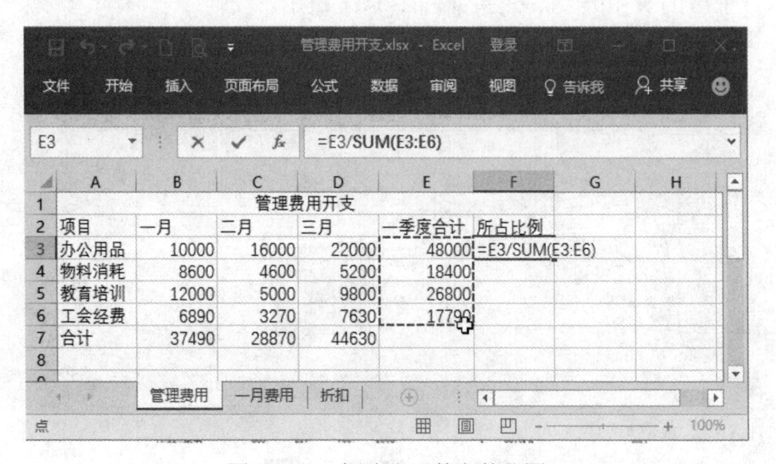

| | A | B | C | D | E | F |
|---|---|---|---|---|---|---|
| 1 | | | 管理费用开支 | | | |
| 2 | 项目 | 一月 | 二月 | 三月 | 一季度合计 | 所占比例 |
| 3 | 办公用品 | 10000 | 16000 | 22000 | 48000 | =E3/SUM(E3:E6) |
| 4 | 物料消耗 | 8600 | 4600 | 5200 | 18400 | |
| 5 | 教育培训 | 12000 | 5000 | 9800 | 26800 | |
| 6 | 工会经费 | 6890 | 3270 | 7630 | 17790 | |
| 7 | 合计 | 37490 | 28870 | 44630 | | |

图 1-3-13　框选出函数参数范围

（3）在编辑栏的“(”之后单击鼠标，进行光标定位，按“F4”功能键，将 E3 转换为$E$3，再次将光标定位在“:”之后，按“F4”功能键，将 E6 转换为$E$6，如图 1-3-14 所示。

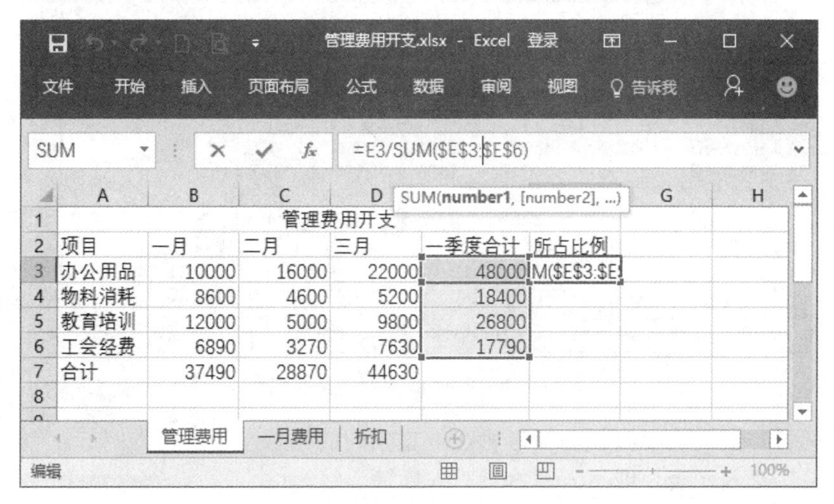


图 1-3-14　将相对地址转换为绝对引用

（4）单击按钮，展开“函数参数”对话框，单击“确定”按钮，计算结果以小数形式显示。单击“开始”/“数字”组的“百分比”按钮%，在弹出的下拉列表中选择“百分比”，结果如图 1-3-15 所示。

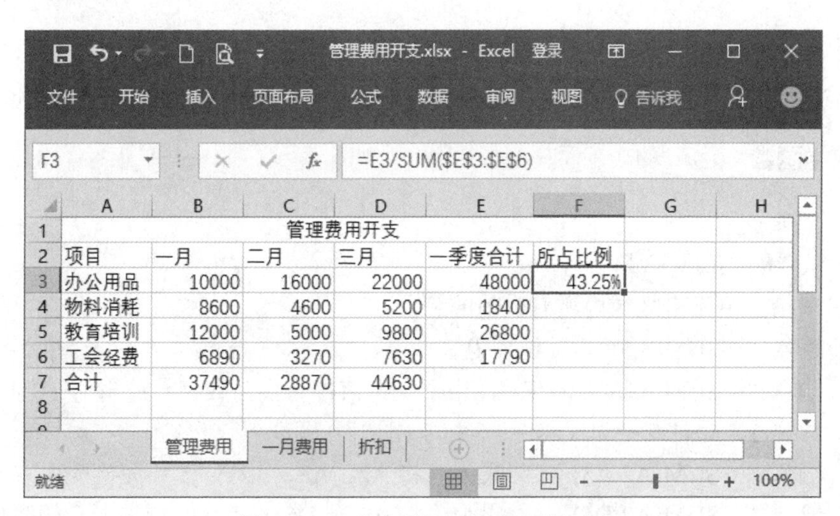


图 1-3-15　办公用品一季度支出比例

（5）由于其他项目的计算公式类似，利用自动填充功能即可完成，最后计算结果如图 1-3-16 所示。

## 四、通配符的使用

在 Excel 表格中，如果要查找某些字符相同但其他字符不一定相同的文本时，可以使用通配符。一个通配符代表一个或多个未确定的字符。通配符一般有“？”和“*”两个符号，它们代表不同的含义。

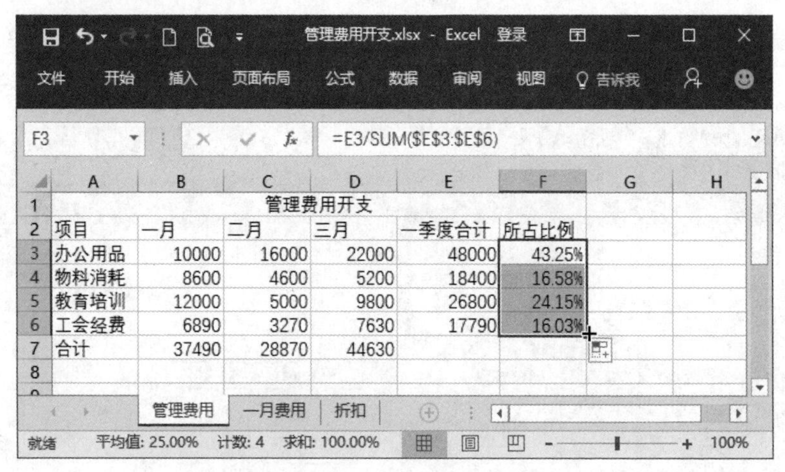


图 1-3-16 各项目一季度支出比例

（1）？（问号）。表示查找与问号所在位置相同的任意一个字符。例如，“入库？”将查找到“入库单”、“入库表”或“入库本”、“入库簿”等。

（2）*（星号）。表示查找与星号所在位置相同的任意多个字符。例如，“*店”将查找到“商店”、“上海店”或“商务饭店”等。

## 3.3 常用函数

在日常会计工作中，用户经常使用 Excel 提供的常用函数、财务函数、日期与时间函数以及统计函数进行计算和财务分析。这里仅对日常会计工作中用到的函数应用加以说明。

### 一、数学函数

1. SUM()函数

[格式] SUM(单元格区域)

[功能] 求指定单元格区域内所有数值的和。

[举例] 输入“= SUM(3,5)”，其结果为 8。

输入“= SUM(3,"5",TRUE)”，由于文本值被转换为数字，逻辑值 TRUE 被转换成数字 1，此时结果为“将 3、5 和 1 相加”，即 9。

输入“= SUM(A2:A5)”，结果为“将 A2、A3、A4、A5 单元格的内容相加”。

输入“= SUM(A2:D5)”，结果为“将 A2 到 D5 的矩形区域内所有的数值相加”。

输入“= SUM(E:E)”，结果为“将 E 列所有的数相加”。

- 单元格区域是指 1 ~ 30 个需要求和的参数。
- 若在单元格区域中键入数字、逻辑值或由数字组成的文本表达式，它们将直接参与计算。
- 如果单元格区域内为数组或引用，只有其中的数字将被计算。数组或引用中的空白单元格、逻辑值、文本或错误值将被忽略。
- 如果单元格区域内为错误值或是不能转换为数字的文本，将会导致错误。

**实例**：在如图 1-3-17 所示的往来账户余额对比表中，要求①对 B 列 2015 年金额求和；②对单位 1、单位 2、单位 5、单位 7 等四个单位 2015 年金额求和；③对单位 3 和单位 4 的 2016 年金额求和。

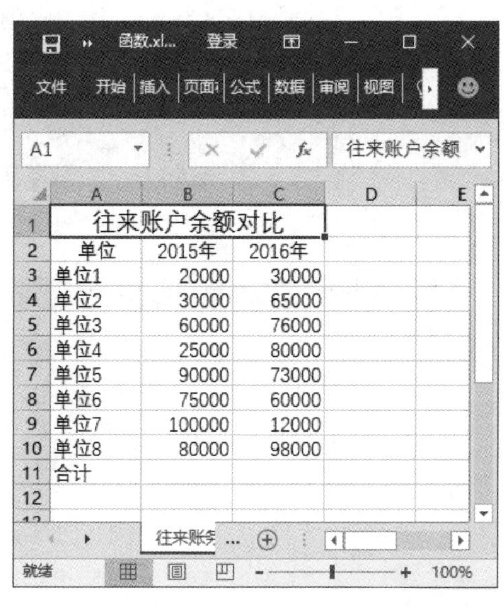


图 1-3-17　往来账户余额对比表

操作如下：

（1）首先，单击 B11 单元格，单击“公式”/“函数库”组的“最近使用的函数”按钮，在弹出的下拉列表中选择“SUM”，打开“函数参数”对话框，计算单元格区域自动为 B3:B10，此时，编辑栏显示“=SUM(B3:B10)”，如图 1-3-18 所示。

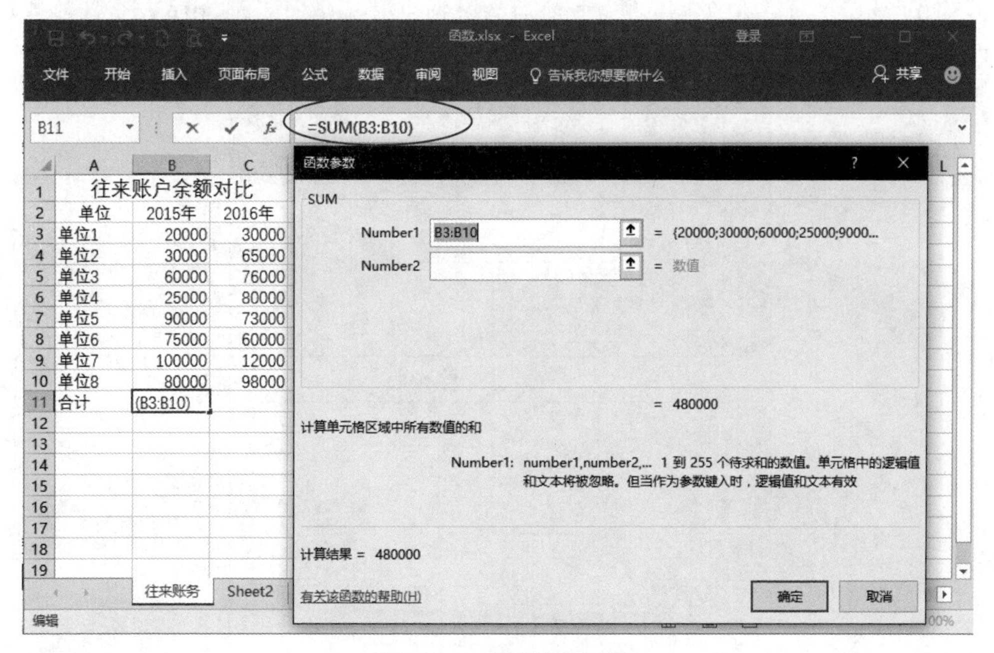


图 1-3-18　选择连续区域

（2）单击“确定”按钮，计算结果将显示在 B11 单元格中。

（3）其次，单击 B13 单元格，单击“公式”/“函数库”组的“插入函数”按钮 $fx$，弹出“插入函数”对话框，在“选择函数”列表中选择“SUM”，单击“确定”按钮，弹出“函数参数”对话框，单击按钮，将“函数参数”对话框折叠，在工作表中选择 B3:B4 区域，按住“Ctrl”键，依次单击 B7、B9 单元格，此时编辑栏显示“=SUM(B3:B4,B7,B9)”，如图 1-3-19 所示。

| | A | B | C |
|---|---|---|---|
| 1 | 往来账户余额对比 | | |
| 2 | 单位 | 2015年 | 2016年 |
| 3 | 单位1 | 20000 | 30000 |
| 4 | 单位2 | 30000 | 65000 |
| 5 | 单位3 | 60000 | 76000 |
| 6 | 单位4 | 25000 | 80000 |
| 7 | 单位5 | 90000 | 73000 |
| 8 | 单位6 | 75000 | 60000 |
| 9 | 单位7 | 100000 | 12000 |
| 10 | 单位8 | 80000 | 98000 |
| 11 | 合计 | 480000 | |
| 12 | | | |
| 13 | | 4,B7,B9) | |

图 1-3-19 选择不连续区域

（4）单击按钮，展开“函数参数”对话框，单击“确定”按钮，计算结果将显示在 B13 单元格中。

（5）最后，单击 C13 单元格，输入“=SUM(5:6 C:C)”，此时，在工作表中出现交叉区域，如图 1-3-20 所示。由于单位 3 与单位 4 所在行数分别为第 5、6 行，而 2016 年合计数是 C 列，所以计算区域是“5:6”和“C:C”的交叉区域，即 C5:C6 区域。

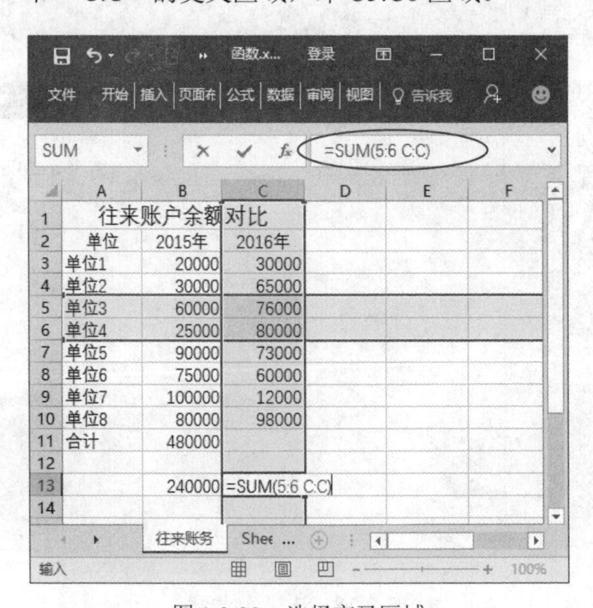


图 1-3-20 选择交叉区域

（6）按回车键，计算结果将显示在 C13 单元格中。本题最终计算结果如图 1-3-21 所示。

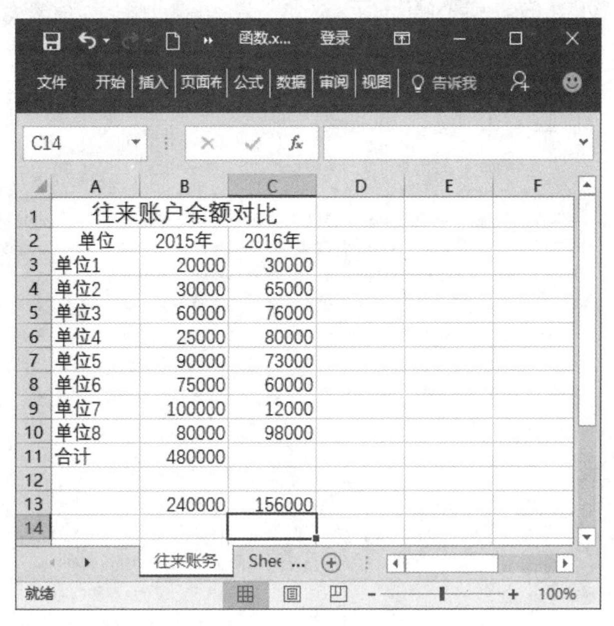


图 1-3-21　求和计算结果

2. AVERAGE()函数

[格式] AVERAGE(单元格区域)

[功能] 求指定单元格区域内所有数值的平均值。

[举例] 输入“=AVERAGE(B2:E9)”，结果为从左上角 B2 到右下角 E9 的矩形区域内所有数值的平均值。

3. ROUND()函数

[格式] ROUND(数值表达式,n)

[功能] 对数值表达式求值并保留小数点后 n 位小数，并对小数点后第 n+1 位进行四舍五入。

[举例] 输入“= ROUND(1756.68563,2)”，其结果为 1756.69。

输入“= ROUND(1756.68563,-2)”，其结果为 1800。

**实例**：某单位的工资发放为银行代理发放，将工资表交到银行后，银行的工作人员会按照实际显示的数值进行输入，为避免银行最终的合计数与交到银行的工资表的工资合计数会产生误差，造成工作的不便，应如何解决？

事实上，利用 ROUND()函数就会避免该问题的出现。如图 1-3-22 所示职工工资表中，K 列是常规下的数字格式，L 列是设置小数点后保留 2 位的数字格式，M 列为利用 ROUND()函数四舍五入保留小数点后 2 位的数字。

L 列与 M 列合计数相差 0.01，哪一个是正确的呢？事实上，两者都没有错。因为 L 列参与运算的是包括小数点后的所有小数，而不是只显示的 2 位小数；M 列是利用 ROUND 函数把数值变成了实际的 2 位小数格式，其合计数也是 M 列数据按照实际显示的数值进行运算的。

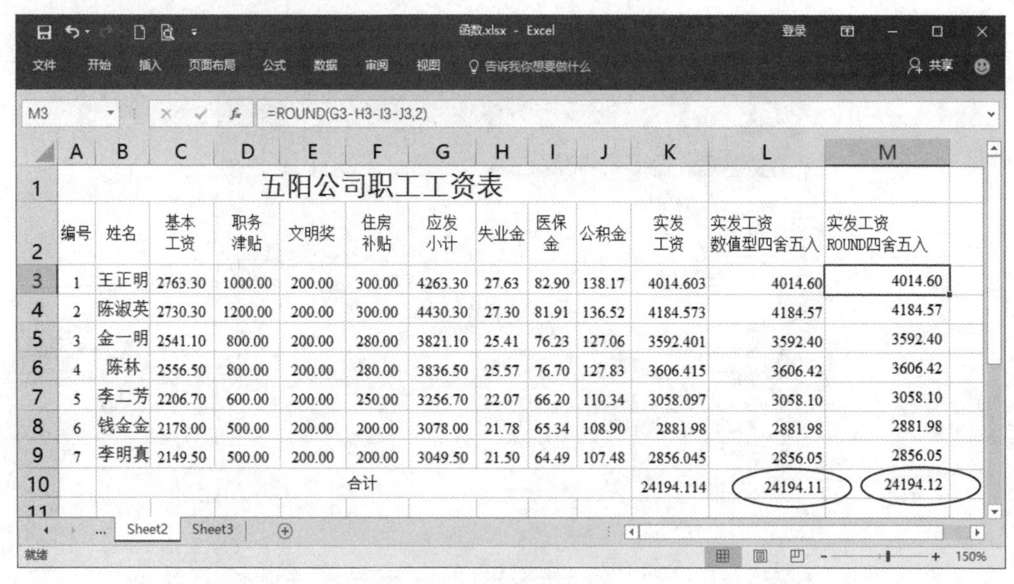

| 编号 | 姓名 | 基本工资 | 职务津贴 | 文明奖 | 住房补贴 | 应发小计 | 失业金 | 医保金 | 公积金 | 实发工资 | 实发工资数值型四舍五入 | 实发工资ROUND四舍五入 |
|---|---|---|---|---|---|---|---|---|---|---|---|---|
| 1 | 王正明 | 2763.30 | 1000.00 | 200.00 | 300.00 | 4263.30 | 27.63 | 82.90 | 138.17 | 4014.603 | 4014.60 | 4014.60 |
| 2 | 陈淑英 | 2730.30 | 1200.00 | 200.00 | 300.00 | 4430.30 | 27.30 | 81.91 | 136.52 | 4184.573 | 4184.57 | 4184.57 |
| 3 | 金一明 | 2541.10 | 800.00 | 200.00 | 280.00 | 3821.10 | 25.41 | 76.23 | 127.06 | 3592.401 | 3592.40 | 3592.40 |
| 4 | 陈林 | 2556.50 | 800.00 | 200.00 | 280.00 | 3836.50 | 25.57 | 76.70 | 127.83 | 3606.415 | 3606.42 | 3606.42 |
| 5 | 李二芳 | 2206.70 | 600.00 | 200.00 | 250.00 | 3256.70 | 22.07 | 66.20 | 110.34 | 3058.097 | 3058.10 | 3058.10 |
| 6 | 钱金金 | 2178.00 | 500.00 | 200.00 | 200.00 | 3078.00 | 21.78 | 65.34 | 108.90 | 2881.98 | 2881.98 | 2881.98 |
| 7 | 李明真 | 2149.50 | 500.00 | 200.00 | 200.00 | 3049.50 | 21.50 | 64.49 | 107.48 | 2856.045 | 2856.05 | 2856.05 |
| | | | | | 合计 | | | | | 24194.114 | 24194.11 | 24194.12 |



图 1-3-22　职工工资表

操作如下：

（1）首先，单击 M3 单元格，单击“公式”/“函数库”组的“插入函数”按钮 *fx*，弹出“插入函数”对话框，在“选择函数”列表中选择“ROUND”，单击“确定”按钮，弹出“函数参数”对话框，依次单击 G3 单元格，输入“-”，单击 H3 单元格，输入“-”，单击 I3 单元格，输入“-”，单击 J3 单元格，输入“,2”，此时编辑栏显示“=ROUND(G3-H3-I3-J3,2)”，如图 1-3-23 所示。

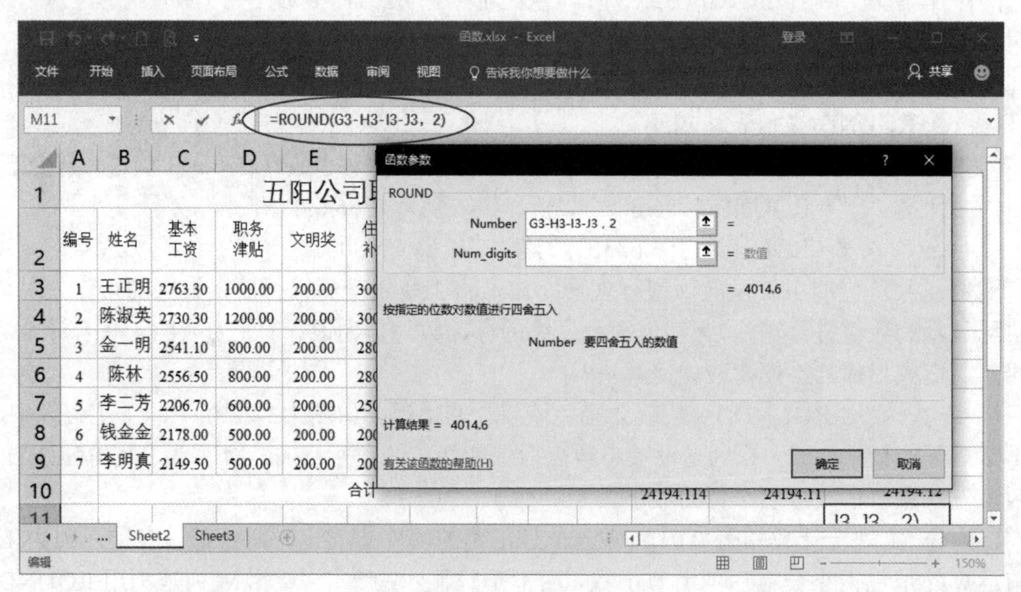



图 1-3-23　ROUND 函数参数

（2）单击“确定”按钮，计算结果显示在 M3 单元格，将鼠标移至 M3 右下角，当光标变为“+”时拖动鼠标进行自动填充，计算 M 列其他值。

4. MOD()函数

[格式] MOD(除数,被除数)

[功能] 返回两数相除的余数，结果的正负号与除数相同。

[举例] 输入“= MOD(6,2)”，其结果为 0。

输入“= MOD(10,-3)”，其结果为 1。

输入“= MOD(-10,4)”，其结果为-2。

**实例**：在如图 1-3-21 所示的职工工资表中，将奇数行填充为浅红色。

操作如下：

（1）首先，拖动鼠标选择 A1:M10 填充区域，单击“开始”/“样式”组的“条件格式”按钮，在弹出的格式列表中选择“新建规则”，打开“新建格式规则”对话框，在“选择规则类型”列表中单击“使用公式确定要设置格式的单元格”选项，在“为符合此公式的值设置格式”文本框中输入“=MOD(ROW(),2)”。

**贴心提示** ROW()函数为返回当前行；MOD(ROW(),2)为取当前行除以 2 的余数，余数为 0，则为偶数行，余数为 1，则为奇数行，条件为真，填充颜色。

（2）单击“格式”按钮，在弹出的“设置单元格格式”对话框中，单击“填充”选项卡，在色板中单击“其他颜色”按钮，弹出“颜色”对话框，在“标准”选项卡下选择“浅红色”色块，单击“确定”按钮，返回“设置单元格格式”对话框，单击“确定”按钮，返回“新建格式规则”对话框，如图 1-3-24 所示。

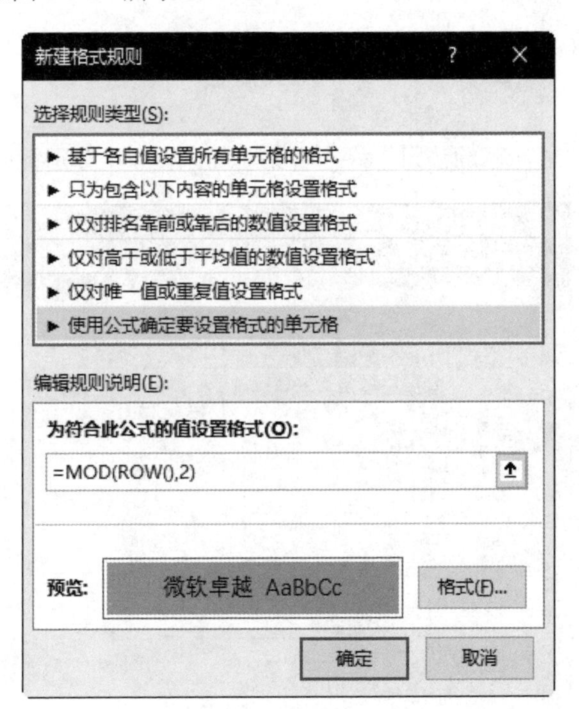


图 1-3-24　“新建格式规则”对话框

（3）单击“确定”按钮，工资表奇数行被填充了浅红色，如图 1-3-25 所示。

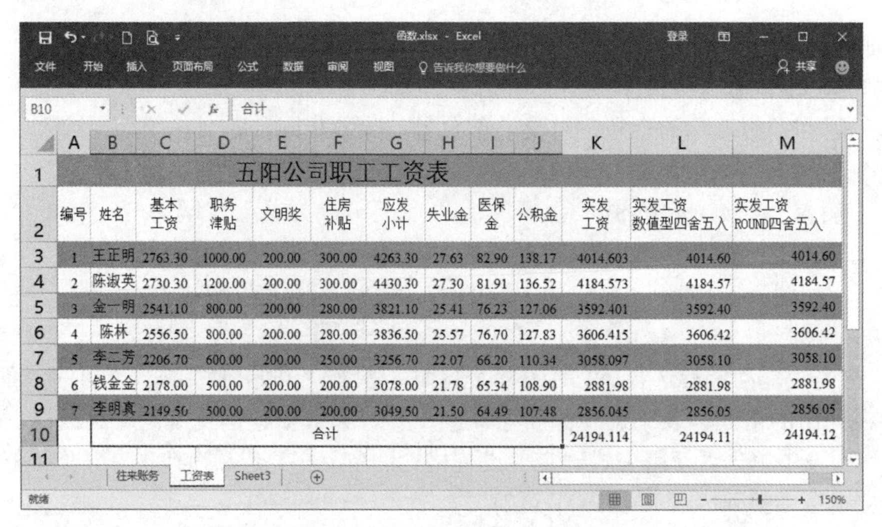

| 五阳公司职工工资表 | | | | | | | | | | | | |
|---|---|---|---|---|---|---|---|---|---|---|---|---|
| 编号 | 姓名 | 基本工资 | 职务津贴 | 文明奖 | 住房补贴 | 应发小计 | 失业金 | 医保金 | 公积金 | 实发工资 | 实发工资数值型四舍五入 | 实发工资ROUND四舍五入 |
| 1 | 王正明 | 2763.30 | 1000.00 | 200.00 | 300.00 | 4263.30 | 27.63 | 82.90 | 138.17 | 4014.603 | 4014.60 | 4014.60 |
| 2 | 陈淑英 | 2730.30 | 1200.00 | 200.00 | 300.00 | 4430.30 | 27.30 | 81.91 | 136.52 | 4184.573 | 4184.57 | 4184.57 |
| 3 | 金一明 | 2541.10 | 800.00 | 200.00 | 280.00 | 3821.10 | 25.41 | 76.23 | 127.06 | 3592.401 | 3592.40 | 3592.40 |
| 4 | 陈林 | 2556.50 | 800.00 | 200.00 | 280.00 | 3836.50 | 25.57 | 76.70 | 127.83 | 3606.415 | 3606.42 | 3606.42 |
| 5 | 李二芳 | 2206.70 | 600.00 | 200.00 | 250.00 | 3256.70 | 22.07 | 66.20 | 110.34 | 3058.097 | 3058.10 | 3058.10 |
| 6 | 钱金金 | 2178.00 | 500.00 | 200.00 | 200.00 | 3078.00 | 21.78 | 65.34 | 108.90 | 2881.98 | 2881.98 | 2881.98 |
| 7 | 李明真 | 2149.50 | 500.00 | 200.00 | 200.00 | 3049.50 | 21.50 | 64.49 | 107.48 | 2856.045 | 2856.05 | 2856.05 |
| | 合计 | | | | | | | | | 24194.114 | 24194.11 | 24194.12 |

图 1-3-25　奇数行填充浅红色

5. SUMIF()函数

[格式] SUMIF(单元格区域 1,条件,单元格区域 2)

[功能] 对于单元格区域 1 范围内的单元格进行条件判断，将满足条件的对应的单元格区域 2 中的单元格求和。

[举例] 输入“=SUMIF(C3:C9,211,F3:F9)”，其结果是将 C3:C9 区域中值为 211 的对应在 F3:F9 区域中的同行单元格的值相加。

SUMIF()函数常用于进行分类汇总。

**实例**：在如图 1-3-26 所示的公司年终销售业绩统计表中，分别统计各部门的总销售额。

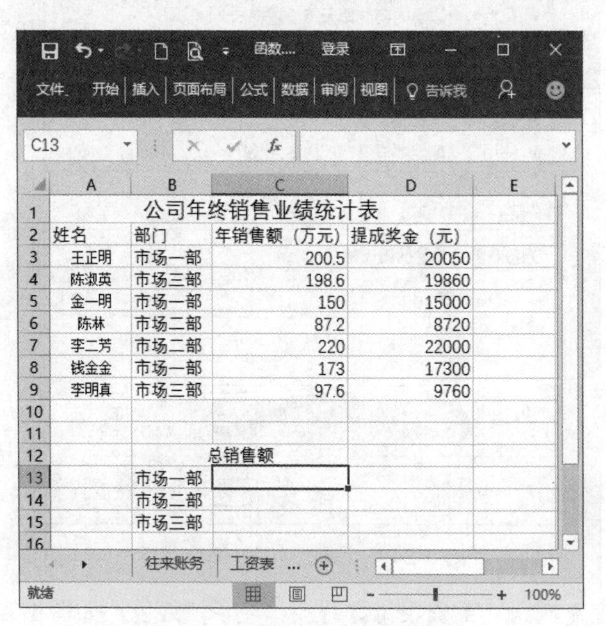

| 公司年终销售业绩统计表 | | | |
|---|---|---|---|
| 姓名 | 部门 | 年销售额（万元） | 提成奖金（元） |
| 王正明 | 市场一部 | 200.5 | 20050 |
| 陈淑英 | 市场三部 | 198.6 | 19860 |
| 金一明 | 市场一部 | 150 | 15000 |
| 陈林 | 市场二部 | 87.2 | 8720 |
| 李二芳 | 市场二部 | 220 | 22000 |
| 钱金金 | 市场一部 | 173 | 17300 |
| 李明真 | 市场三部 | 97.6 | 9760 |
| | | 总销售额 | |
| | 市场一部 | | |
| | 市场二部 | | |
| | 市场三部 | | |

图 1-3-26　年终销售业绩统计表

操作如下：

（1）单击 C13 单元格，输入公式“=SUMIF(B3:B9,"市场一部",C3:C9)”，如图 1-3-27 所示，单击“输入”按钮✔，结果将显示在 C13 单元格中。

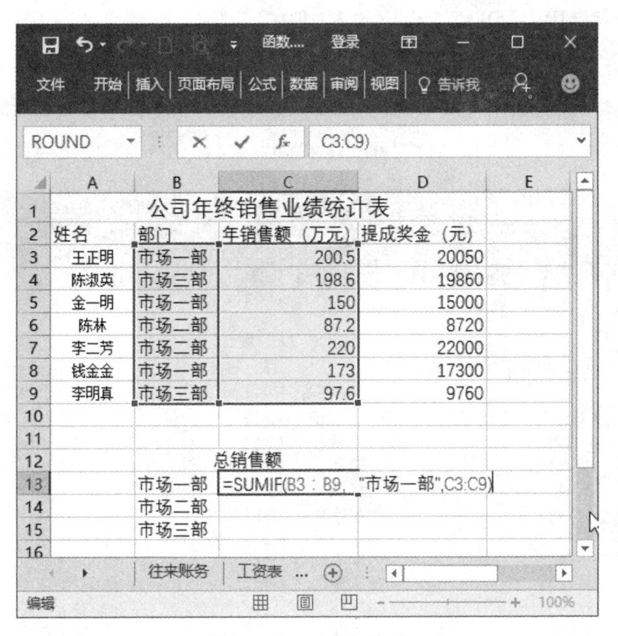

| | A | B | C | D |
|---|---|---|---|---|
| 1 | 公司年终销售业绩统计表 | | | |
| 2 | 姓名 | 部门 | 年销售额（万元） | 提成奖金（元） |
| 3 | 王正明 | 市场一部 | 200.5 | 20050 |
| 4 | 陈淑英 | 市场三部 | 198.6 | 19860 |
| 5 | 金一明 | 市场一部 | 150 | 15000 |
| 6 | 陈林 | 市场二部 | 87.2 | 8720 |
| 7 | 李二芳 | 市场二部 | 220 | 22000 |
| 8 | 钱金金 | 市场一部 | 173 | 17300 |
| 9 | 李明真 | 市场三部 | 97.6 | 9760 |
| 10 | | | | |
| 11 | | | | |
| 12 | | | 总销售额 | |
| 13 | | 市场一部 | =SUMIF(B3：B9，"市场一部",C3:C9) | |
| 14 | | 市场二部 | | |
| 15 | | 市场三部 | | |

图 1-3-27　输入公式

（2）同样，单击 C14 单元格，输入公式“=SUMIF(B3:B9,"市场二部",C3:C9)”，单击“输入”按钮✔，单击 C15 单元格，输入公式“=SUMIF(B3:B9,"市场三部",C3:C9)”，单击“输入”按钮✔，最终结果如图 1-3-28 所示。

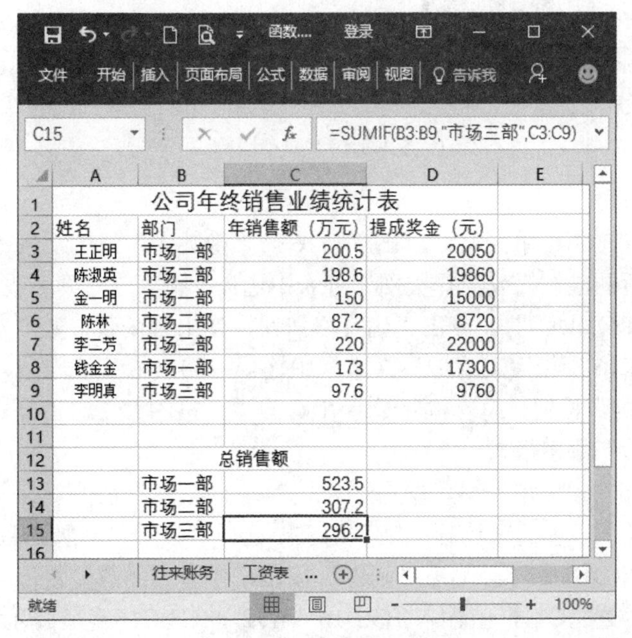

| | A | B | C | D |
|---|---|---|---|---|
| 1 | 公司年终销售业绩统计表 | | | |
| 2 | 姓名 | 部门 | 年销售额（万元） | 提成奖金（元） |
| 3 | 王正明 | 市场一部 | 200.5 | 20050 |
| 4 | 陈淑英 | 市场三部 | 198.6 | 19860 |
| 5 | 金一明 | 市场一部 | 150 | 15000 |
| 6 | 陈林 | 市场二部 | 87.2 | 8720 |
| 7 | 李二芳 | 市场二部 | 220 | 22000 |
| 8 | 钱金金 | 市场一部 | 173 | 17300 |
| 9 | 李明真 | 市场三部 | 97.6 | 9760 |
| 10 | | | | |
| 11 | | | | |
| 12 | | | 总销售额 | |
| 13 | | 市场一部 | 523.5 | |
| 14 | | 市场二部 | 307.2 | |
| 15 | | 市场三部 | 296.2 | |

图 1-3-28　最终统计结果

6. SUMPRODUCT()函数

[格式] SUMPRODUCT(数组 1,数组 2,数组 3……)

[功能] 在给定的几组数组中，将数组间对应的元素相乘，并返回乘积之和。

[举例] 输入“=SUMPRODUCT(C3:C9,F3:F9)”，其结果是将 C3:C9 数组与对应 F3:F9 的同行单元格的值相乘，即：C3*F3+C4*F4+C5*F5+C6*F6+C7*F7+C8*F8+C9*F9。

**实例**：在如图 1-3-29 所示的库存清单中，①在不添加金额列情况下计算总金额；②计算 WJ2 供应商入库空调的型号的种类；③计算供应商 WJ1 入库的空调数量。

库存清单

| 序号 | 供应商 | 商品名称 | 型号 | 数量 | 单价 |
|---|---|---|---|---|---|
| 1 | WJ2 | 空调 | K1 | 100 | ¥1,636.00 |
| 2 | WJ2 | 空调 | K2 | 50 | ¥2,316.00 |
| 3 | WJ2 | 空调 | K3 | 10 | ¥3,916.00 |
| 4 | WJ2 | 数字电视 | S1 | 10 | ¥2,028.00 |
| 5 | WJ2 | 数字电视 | S2 | 100 | ¥9,803.00 |
| 6 | WJ1 | 数字电视 | S1 | 25 | ¥6,060.00 |
| 7 | WJ1 | 数字电视 | S2 | 15 | ¥8,670.00 |
| 8 | WJ1 | 冰箱 | B1 | 10 | ¥3,380.00 |
| 9 | WJ1 | 冰箱 | B2 | 6 | ¥3,690.00 |
| 10 | WJ1 | 空调 | K1 | 10 | ¥1,636.00 |
| 11 | WJ1 | 空调 | K2 | 50 | ¥2,316.00 |
| 12 | WJ3 | 冰箱 | B2 | 30 | ¥3,690.00 |
| 13 | WJ3 | 空调 | K1 | 20 | ¥1,636.00 |
| 14 | WJ3 | 空调 | K2 | 50 | ¥2,316.00 |
| | | | | | |
| | 总金额 | | | | |
| | WJ2的空调型号种类 | | | | |
| | WJ1的空调数量 | | | | |

图 1-3-29 库存清单

操作如下：

（1）首先，单击 C18 单元格，单击“公式”/“函数库”组的“插入函数”按钮 *fx*，弹出“插入函数”对话框，在“或选择类别”列表中选择“数学与三级函数”，在“选择函数”列表中选择“SUMPRODUCT”，单击“确定”按钮，弹出“函数参数”对话框，在“数组 1”文本框中输入“E3:E16”，在“数组 2”文本框中输入“F3:F16”，如图 1-3-30 所示。

（2）单击“确定”按钮，总金额将显示在 C18 单元格中，单击“开始”/“数字”组的下拉列表，选择“货币”数字格式。

（3）其次，单击 C19 单元格，单击“公式”/“函数库”组的“插入函数”按钮 *fx*，弹出“插入函数”对话框，在“或选择类别”列表中选择“数学与三级函数”，在“选择函数”列表中选择“SUMPRODUCT”，单击“确定”按钮，弹出“函数参数”对话框。

（4）在“数组 1”文本框中输入(B3:B16="WJ2")*(C3:C16="空调")，此时，编辑栏显示“=SUMPRODUCT((B3:B16="WJ2")*(C3:C16="空调"))”，如图 1-3-31 所示。

函数参数

SUMPRODUCT

Array1　E3:E16　= {100;50;10;10;100;25;15;10;6;10;5...

Array2　F3:F16　= {1636;2316;3916;2028;9803;6060...

Array3　= 数组

= 2048010

返回相应的数组或区域乘积的和

Array2: array1,array2,... 是 2 到 255 个数组。所有数组的维数必须一样

计算结果 = 2048010

有关该函数的帮助(H)　确定　取消

图 1-3-30　“函数参数”对话框

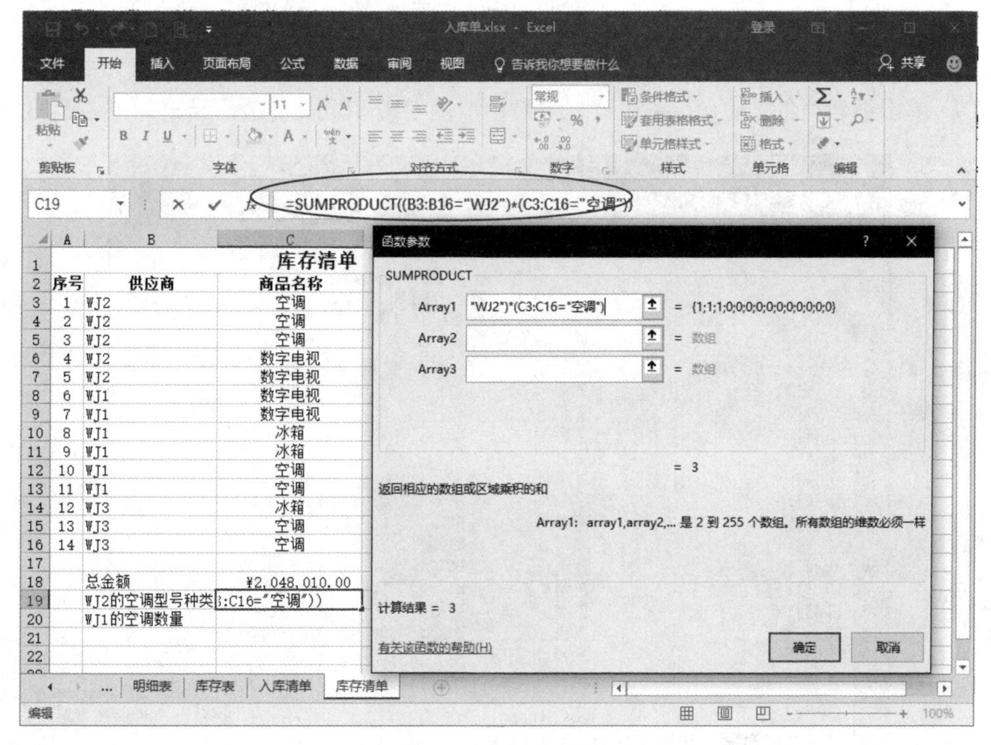


图 1-3-31　输入参数

（5）单击“确定”按钮，供应商 WJ3 的空调型号的种类显示在 C19 单元格中。

（6）最后，单击 C20 单元格，输入“=SUMPRODUCT((B3:B16="WJ1")*(C3:C16="空调")*E3:E16)”，如图 1-3-32 所示。

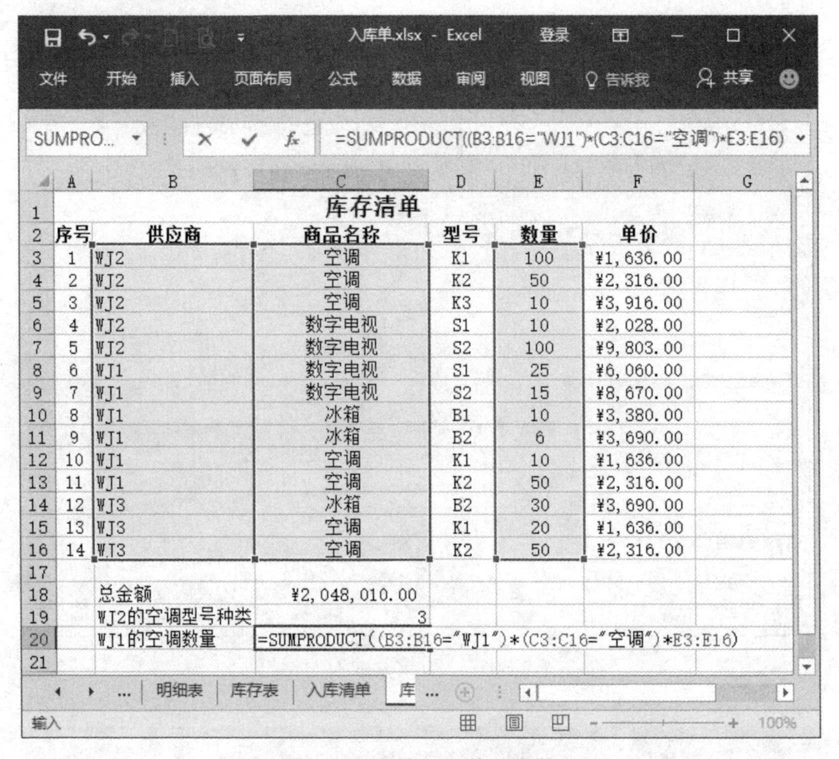

=SUMPRODUCT((B3:B16="WJ1")*(C3:C16="空调")*E3:E16)

| | A | B | C | D | E | F |
|---|---|---|---|---|---|---|
| 1 | | | 库存清单 | | | |
| 2 | 序号 | 供应商 | 商品名称 | 型号 | 数量 | 单价 |
| 3 | 1 | WJ2 | 空调 | K1 | 100 | ¥1,636.00 |
| 4 | 2 | WJ2 | 空调 | K2 | 50 | ¥2,316.00 |
| 5 | 3 | WJ2 | 空调 | K3 | 10 | ¥3,916.00 |
| 6 | 4 | WJ2 | 数字电视 | S1 | 10 | ¥2,028.00 |
| 7 | 5 | WJ2 | 数字电视 | S2 | 100 | ¥9,803.00 |
| 8 | 6 | WJ1 | 数字电视 | S1 | 25 | ¥6,060.00 |
| 9 | 7 | WJ1 | 数字电视 | S2 | 15 | ¥8,670.00 |
| 10 | 8 | WJ1 | 冰箱 | B1 | 10 | ¥3,380.00 |
| 11 | 9 | WJ1 | 冰箱 | B2 | 6 | ¥3,690.00 |
| 12 | 10 | WJ1 | 空调 | K1 | 10 | ¥1,636.00 |
| 13 | 11 | WJ1 | 空调 | K2 | 50 | ¥2,316.00 |
| 14 | 12 | WJ3 | 冰箱 | B2 | 30 | ¥3,690.00 |
| 15 | 13 | WJ3 | 空调 | K1 | 20 | ¥1,636.00 |
| 16 | 14 | WJ3 | 空调 | K2 | 50 | ¥2,316.00 |
| 17 | | | | | | |
| 18 | | 总金额 | ¥2,048,010.00 | | | |
| 19 | | WJ2的空调型号种类 | 3 | | | |
| 20 | | WJ1的空调数量 | =SUMPRODUCT((B3:B16="WJ1")*(C3:C16="空调")*E3:E16) | | | |

图 1-3-32 输入函数及参数

（7）单击编辑栏的“输入”按钮✔，结果显示在 C30 单元格。最后结果如图 1-3-33 所示。

C20 =SUMPRODUCT((B3:B16="WJ1")*(C3:C16="空调")*E3:E16)

| | A | B | C | D | E | F |
|---|---|---|---|---|---|---|
| 1 | | | 库存清单 | | | |
| 2 | 序号 | 供应商 | 商品名称 | 型号 | 数量 | 单价 |
| 3 | 1 | WJ2 | 空调 | K1 | 100 | ¥1,636.00 |
| 4 | 2 | WJ2 | 空调 | K2 | 50 | ¥2,316.00 |
| 5 | 3 | WJ2 | 空调 | K3 | 10 | ¥3,916.00 |
| 6 | 4 | WJ2 | 数字电视 | S1 | 10 | ¥2,028.00 |
| 7 | 5 | WJ2 | 数字电视 | S2 | 100 | ¥9,803.00 |
| 8 | 6 | WJ1 | 数字电视 | S1 | 25 | ¥6,060.00 |
| 9 | 7 | WJ1 | 数字电视 | S2 | 15 | ¥8,670.00 |
| 10 | 8 | WJ1 | 冰箱 | B1 | 10 | ¥3,380.00 |
| 11 | 9 | WJ1 | 冰箱 | B2 | 6 | ¥3,690.00 |
| 12 | 10 | WJ1 | 空调 | K1 | 10 | ¥1,636.00 |
| 13 | 11 | WJ1 | 空调 | K2 | 50 | ¥2,316.00 |
| 14 | 12 | WJ3 | 冰箱 | B2 | 30 | ¥3,690.00 |
| 15 | 13 | WJ3 | 空调 | K1 | 20 | ¥1,636.00 |
| 16 | 14 | WJ3 | 空调 | K2 | 50 | ¥2,316.00 |
| 17 | | | | | | |
| 18 | | 总金额 | ¥2,048,010.00 | | | |
| 19 | | WJ2的空调型号种类 | 3 | | | |
| 20 | | WJ1的空调数量 | 60 | | | |

图 1-3-33 最终计算结果

## 二、统计函数

1. COUNTIF()函数

[格式] COUNTIF(单元格区域,条件)

[功能] 计算给定单元格区域内满足给定条件的单元格的数目。

[举例] 输入"=COUNTIF(C3:C9,211)"，其结果是单元格区域 C3:C9 中值为 211 的单元格的个数。

在数据汇总统计分析中，COUNT()函数和 COUNTIF()函数是非常有用的函数。

**实例**：在如图 1-3-26 所示的公司年终销售业绩统计表中，分别统计各部门的销售人员数量。

操作如下：

（1）单击 D13 单元格，单击编辑栏的"插入函数"按钮 $f_x$，弹出"插入函数"对话框，在"或选择类别"列表中选择"统计"，在"选择函数"列表中选择"COUNTIF"，单击"确定"按钮，弹出"函数参数"对话框，单击"Range"栏，在工作表中框选 B3:B9 单元格区域，单击"Criteria"栏，在表中单击 B3 单元格，如图 1-3-34 所示。

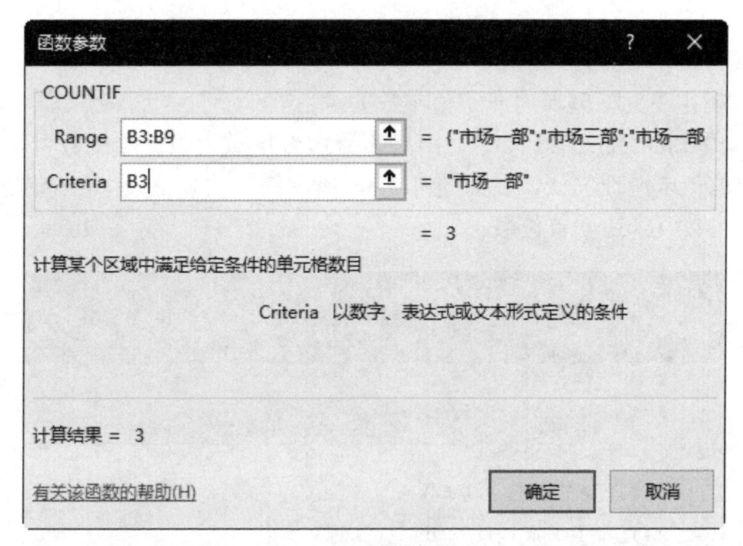


图 1-3-34　"函数参数"对话框

（2）单击"确定"按钮，结果显示在 D13 单元格中。

（3）同理，单击 D14 单元格，输入公式"=COUNTIF(B3:B9,"市场二部")"，单击"输入"按钮✔；单击 D15 单元格，输入公式"=COUNTIF(B3:B9,"市场三部")"，单击"输入"按钮✔，最终结果如图 1-3-35 所示。

2. COUNT()函数

[格式] COUNT(单元格区域)

[功能] 计算指定单元格区域内数值型参数的数目。

[举例] 输入"=COUNT(B3:H3)"，结果为 B3:H3 区域内数值型参数的数目。

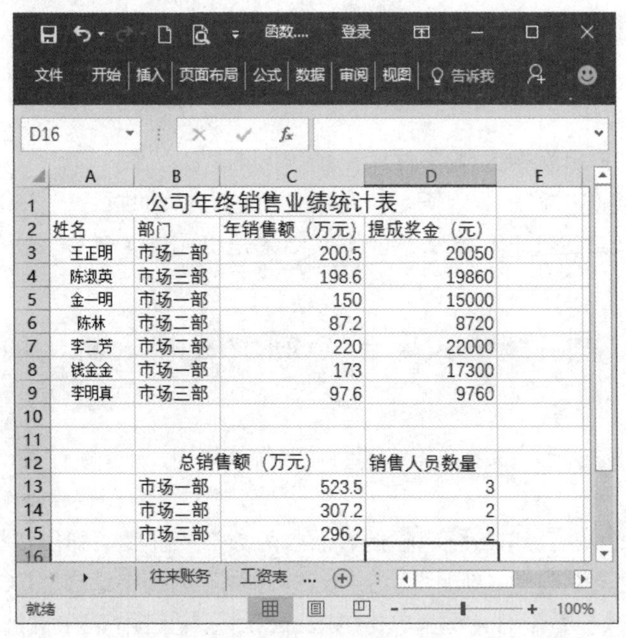

| | A | B | C | D | E |
|---|---|---|---|---|---|
| 1 | 公司年终销售业绩统计表 | | | | |
| 2 | 姓名 | 部门 | 年销售额（万元） | 提成奖金（元） | |
| 3 | 王正明 | 市场一部 | 200.5 | 20050 | |
| 4 | 陈淑英 | 市场三部 | 198.6 | 19860 | |
| 5 | 金一明 | 市场一部 | 150 | 15000 | |
| 6 | 陈林 | 市场二部 | 87.2 | 8720 | |
| 7 | 李二芳 | 市场二部 | 220 | 22000 | |
| 8 | 钱金金 | 市场一部 | 173 | 17300 | |
| 9 | 李明真 | 市场三部 | 97.6 | 9760 | |
| 10 | | | | | |
| 11 | | | | | |
| 12 | | 总销售额（万元） | | 销售人员数量 | |
| 13 | | 市场一部 | 523.5 | 3 | |
| 14 | | 市场二部 | 307.2 | 2 | |
| 15 | | 市场三部 | 296.2 | 2 | |

图 1-3-35　最终人数统计结果

3. COUNTA()函数

[格式] COUNTA(单元格区域)

[功能] 计算指定单元格区域内非空值参数的数目。

[举例] 输入“=COUNTA(B3:H3)”，结果为B3:H3区域内数据项的数目。

**实例**：某单位年末清理欠款，在如图 1-3-36 所示的欠款登记表中，分别统计已经还款单位数、应还款单位数及未还款单位数。

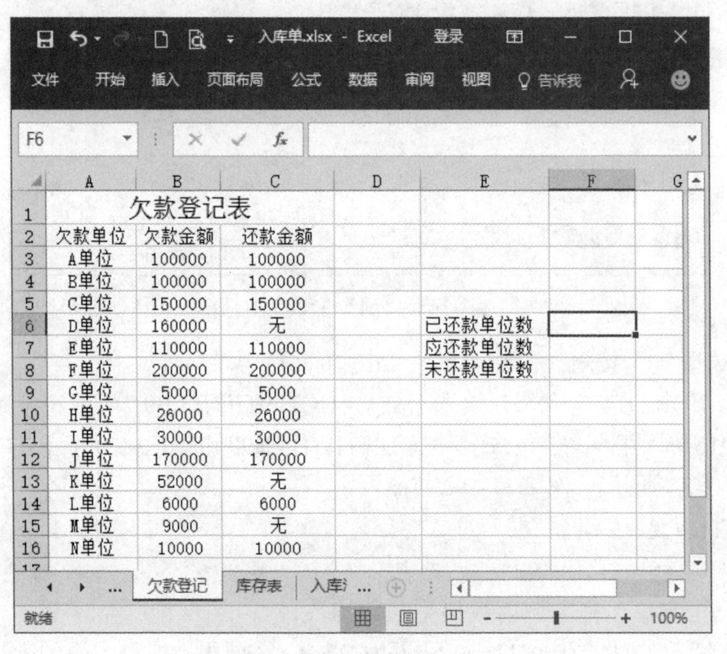

| | A | B | C | D | E | F |
|---|---|---|---|---|---|---|
| 1 | 欠款登记表 | | | | | |
| 2 | 欠款单位 | 欠款金额 | 还款金额 | | | |
| 3 | A单位 | 100000 | 100000 | | | |
| 4 | B单位 | 100000 | 100000 | | | |
| 5 | C单位 | 150000 | 150000 | | | |
| 6 | D单位 | 160000 | 无 | | 已还款单位数 | |
| 7 | E单位 | 110000 | 110000 | | 应还款单位数 | |
| 8 | F单位 | 200000 | 200000 | | 未还款单位数 | |
| 9 | G单位 | 5000 | 5000 | | | |
| 10 | H单位 | 26000 | 26000 | | | |
| 11 | I单位 | 30000 | 30000 | | | |
| 12 | J单位 | 170000 | 170000 | | | |
| 13 | K单位 | 52000 | 无 | | | |
| 14 | L单位 | 6000 | 6000 | | | |
| 15 | M单位 | 9000 | 无 | | | |
| 16 | N单位 | 10000 | 10000 | | | |

图 1-3-36　欠款登记表

操作如下：

（1）单击 F6 单元格，单击“开始”/“编辑”组的“自动求和”按钮∑，在弹出的下拉菜单中选择“计数”选项，在欠款登记表中框选 C3:C16 单元格区域，此时编辑栏中显示“=COUNT(C3:C16)”，如图 1-3-37 所示。

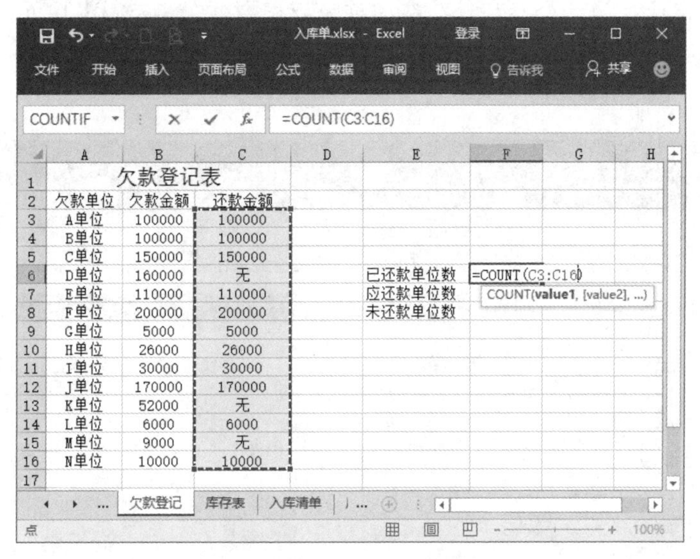


图 1-3-37　COUNT 函数计算

（2）按回车键确认，已还款单位数显示在 F6 单元格中。

（3）单击 F7 单元格，单击“公式”/“函数库”组的“其他函数”按钮…，在弹出的下拉菜单中选择“统计”子菜单，在级联菜单中选择“COUNTA”选项，打开“函数参数”对话框。

（4）将光标定位在第一个参数处并删除原默认参数，在欠款登记表中框选 C3:C16 单元格区域，此时编辑栏中显示“=COUNTA(C3:C16)”，如图 1-3-38 所示。

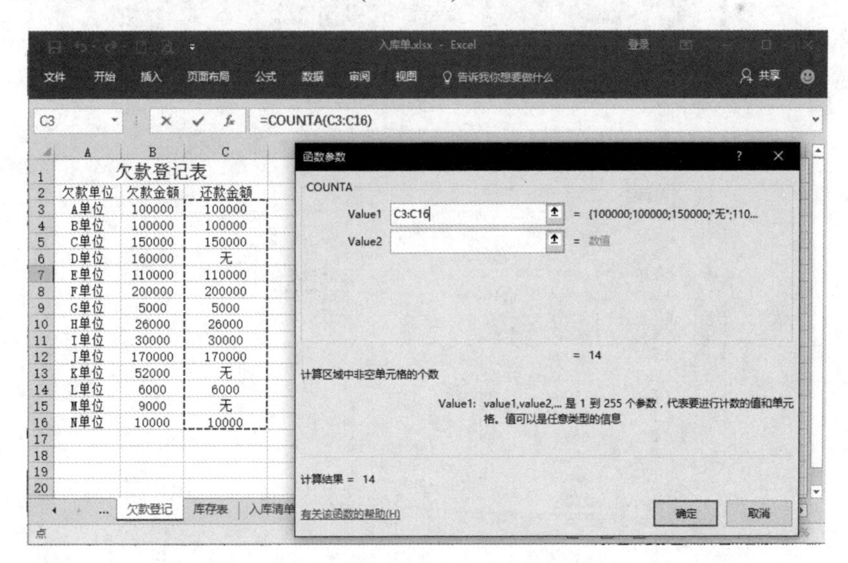


图 1-3-38　“函数参数”对话框

（5）单击“确定”按钮，应还款单位数显示在 F7 单元格中。

（6）单击 F8 单元格，单击“公式”/“函数库”组的“其他函数”按钮，在弹出的下拉菜单中选择“统计”子菜单，在级联菜单中选择“COUNTIF”选项，打开“函数参数”对话框。

（7）将光标定位在第一个参数处，在欠款登记表中框选 C3:C16 单元格区域，光标定位在第二个参数处，输入“无”，此时编辑栏中显示“=COUNTIF(C3:C16,"无")”，如图 1-3-39 所示。

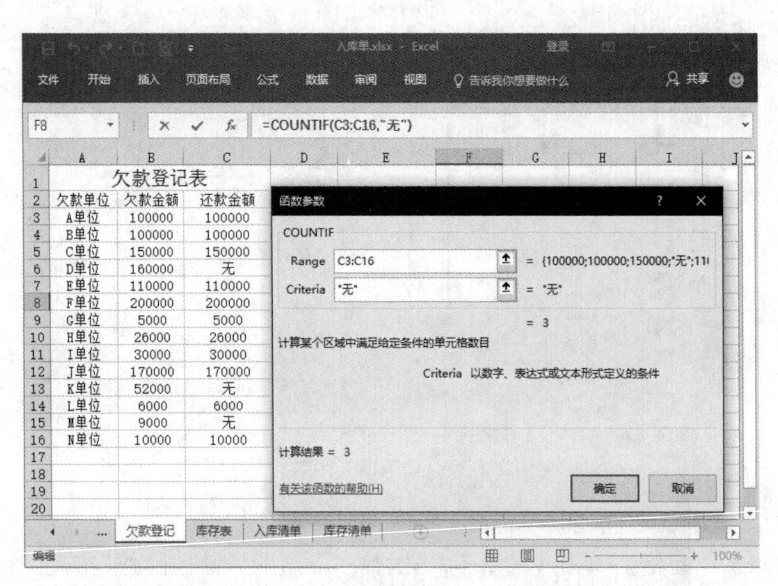

图 1-3-39　“函数参数”对话框

（8）单击“确定”按钮，未还款单位数显示在 F8 单元格中，最后计算结果如图 1-3-40 所示。

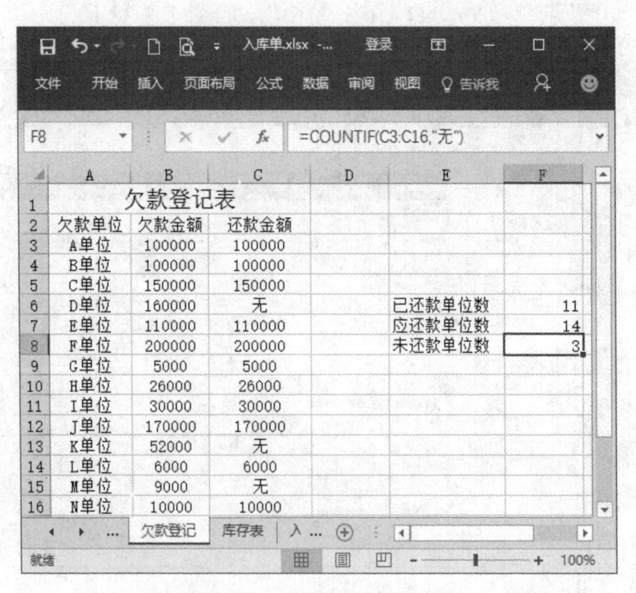

图 1-3-40　最终计算结果

4. MAX()函数

[格式] MAX(单元格区域)

[功能] 求指定单元格区域内所有数值的最大值。

[举例] 输入“=MAX(B3:H6)”，结果为从左上角 B3 到右下角 H6 的矩形区域内所有数值的最大值。

输入“=MAX(3,5,12,33)”，结果为 33。

5. MIN()函数

[格式] MIN(单元格区域)

[功能] 求指定单元格区域内所有数值的最小值。

[举例] 输入“=MIN(B3:H6)”，结果为从左上角 B3 到右下角 H6 的矩形区域内所有数值的最小值。

输入“=MIN(3,5,12,33)”，结果为 3。

**实例**：在如图 1-3-26 所示的公司年终销售业绩统计表中，分别统计最高销售额和最低销售额。

操作如下：

（1）单击 C11 单元格，单击“开始”/“编辑”组的“自动求和”按钮∑，在弹出的下拉菜单中选择“最大值”选项，在销售业绩统计表中框选 C3:C9 单元格区域，此时编辑栏中显示“=MAX(C3:C9)”，如图 1-3-41 所示。

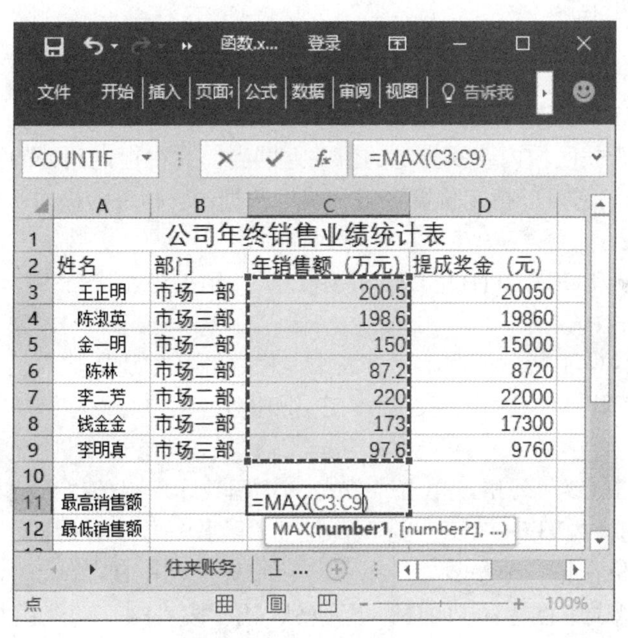


图 1-3-41 计算最大值

（2）按回车键确认，最高销售额显示在 C11 单元格中。

（3）单击 C12 单元格，单击“开始”/“编辑”组的“自动求和”按钮∑，在弹出的下拉菜单中选择“最小值”选项，在销售业绩统计表中框选 C3:C9 单元格区域，此时编辑栏中显示“=MIN(C3:C9)”，如图 1-3-42 所示。

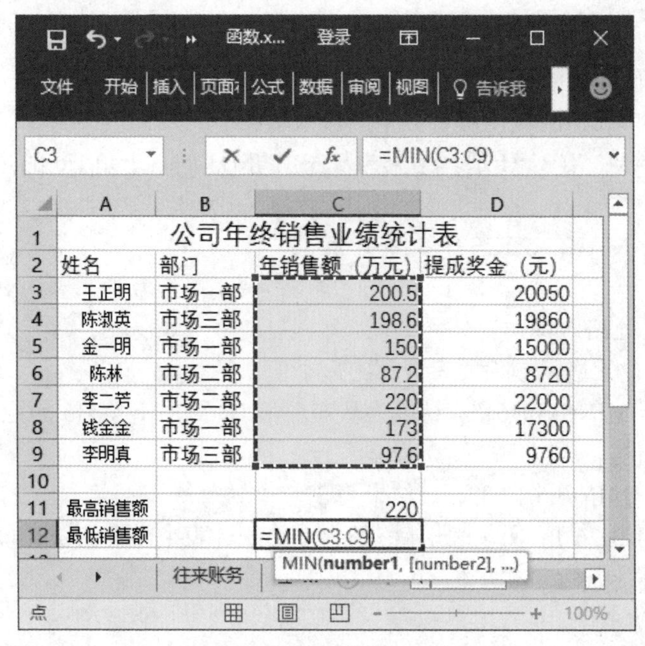


图 1-3-42 计算最小值

（4）按回车键确认，最低销售额显示在 C12 单元格中。

## 三、查找与引用函数

1. VLOOKUP()函数

[格式] VLOOKUP (查找目标,查找区域,相对列数,TRUE 或 FALSE)

[功能] 在指定查找区域内查找指定的值并返回当前行中指定列处的数值。VLOOKUP 函数是常用的函数之一，它可以指定位置查找和引用数据；表和表的核对；利用模糊运算进行区间查询。

[举例] 输入“=VLOOKUP(B2,$D$2:$F$9,2,0)”，结果为在 D2:F9 范围内精确查找与 B2 值相同的在第 2 列的数值。

**实例**：在如图 1-3-43 所示的职工工资表中，根据姓名分别从基本工资表、职工信息表和业绩提成表中查找该职工的工资级别、基本工资和提成。

操作如下：

（1）首先，单击 C3 单元格，单击“公式”/“函数库”组的“查找与引用”按钮，在弹出的下拉菜单中选择“VLOOKUP”选项，打开“函数参数”对话框。

（2）将光标定位在第一个参数处，在职工工资表中单击 B3 单元格，光标定位在第二个参数处，在职工信息表中框选 G11:H18 单元格区域，按“F4”功能键将其转化成绝对地址 $G$11:$H$18，光标定位在第三个参数处，输入“2”，光标定位在第四个参数处，输入“0”，进行精确查找，此时编辑栏中显示“=VLOOKUP(B3,$G$11:$H$18,2,0)”，如图 1-3-44 所示。

（3）单击“确定”按钮，职工“王正明”的工资级别显示在 C3 单元格中，将鼠标放置在 C3 单元格右下角，当光标变为“+”时拖动鼠标至 C9 单元格进行自动填充，计算出其他职工的工资级别。

| | A | B | C | D | E | F | G | H |
|---|---|---|---|---|---|---|---|---|
| 1 | | | 职工工资表 | | | | 基本工资 | |
| 2 | 部门 | 姓名 | 工资级别 | 基本工资 | 提成 | | 工资级别 | 基本工资 |
| 3 | 市场一部 | 王正明 | | | | | A5 | 2763.30 |
| 4 | 市场三部 | 陈淑英 | | | | | A3 | 2730.30 |
| 5 | 市场一部 | 金一明 | | | | | A4 | 2541.10 |
| 6 | 市场二部 | 陈林 | | | | | A1 | 2556.50 |
| 7 | 市场二部 | 李二芳 | | | | | A2 | 2206.70 |
| 8 | 市场一部 | 钱金金 | | | | | A3 | 2178.00 |
| 9 | 市场三部 | 李明真 | | | | | A2 | 2149.50 |
| 10 | | | 提成 | | | | 职工信息 | |
| 11 | | | 姓名 | 提成 | | | 姓名 | 工资级别 |
| 12 | | | 王正明 | 20050 | | | 王正明 | A5 |
| 13 | | | 陈淑英 | 19860 | | | 陈淑英 | A3 |
| 14 | | | 金一明 | 15000 | | | 金一明 | A4 |
| 15 | | | 陈林 | 8720 | | | 陈林 | A1 |
| 16 | | | 李二芳 | 22000 | | | 李二芳 | A2 |
| 17 | | | 钱金金 | 17300 | | | 钱金金 | A3 |
| 18 | | | 李明真 | 9760 | | | 李明真 | A2 |

图 1-3-43　职工工资表

函数参数

VLOOKUP

Lookup_value　B3　= "王正明"

Table_array　$G$11:$H$18　= {"姓名","工资级别";"王正明","A5";"陈

Col_index_num　2　= 2

Range_lookup　0　= FALSE

= "A5"

搜索表区域首列满足条件的元素，确定待检索单元格在区域中的行序号，再进一步返回选定单元格的值。默认情况下，表是以升序排序的

Range_lookup　指定在查找时是要求精确匹配，还是大致匹配。如果为 FALSE，大致匹配。如果为 TRUE 或忽略，精确匹配

计算结果 = A5

有关该函数的帮助(H)　确定　取消

图 1-3-44　“函数参数”对话框

（4）其次，单击 D3 单元格，单击“公式”/“函数库”组的“查找与引用”按钮，在弹出的下拉菜单中选择“VLOOKUP”选项，打开“函数参数”对话框。

（5）将光标定位在第一个参数处，在“职工工资表”中单击 C3 单元格，光标定位在第二个参数处，在基本工资表中框选 G2:H9 单元格区域，按“F4”功能键将其转化成绝对地址 $G$2:$H$9，光标定位在第三个参数处，输入“2”，光标定位在第四个参数处，输入“0”，进行精确查找，此时编辑栏中显示“=VLOOKUP(C3,$G$2:$H$9,2,0)”，如图 1-3-45 所示。

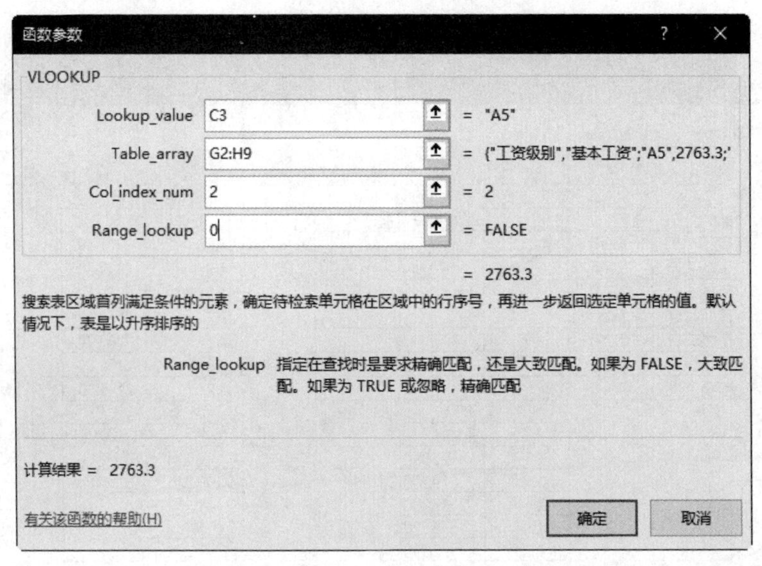


图 1-3-45 “函数参数”对话框

（6）单击“确定”按钮，职工“王正明”的基本工资显示在 D3 单元格中，从 D3 单元格自动填充至 D9 单元格，计算出其他职工的基本工资。

（7）最后，单击 E3 单元格，单击“公式”/“函数库”组的“查找与引用”按钮，在弹出的下拉菜单中选择“VLOOKUP”选项，打开“函数参数”对话框。

（8）将光标定位在第一个参数处，在职工工资表中单击 B3 单元格，光标定位在第二个参数处，在提成表中框选 C11:D18 单元格区域，按“F4”功能键将其转化成绝对地址 \$C\$11:\$D\$18，光标定位在第三个参数处，输入“2”，光标定位在第四个参数处，输入“0”，进行精确查找，此时编辑栏中显示“=VLOOKUP(B3,\$C\$11:\$D\$18,2,0)”，如图 1-3-46 所示。

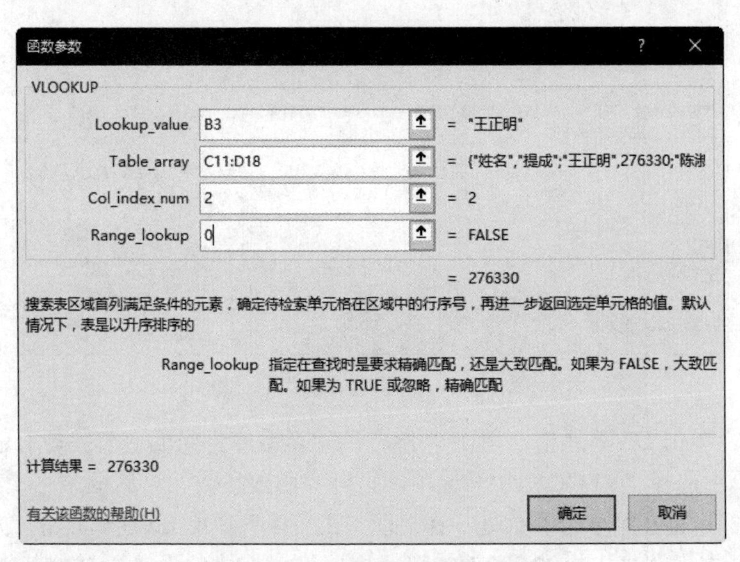


图 1-3-46 “函数参数”对话框

（9）单击“确定”按钮，职工“王正明”的提成显示在 E3 单元格中，从 E3 单元格自动填充至 E9 单元格，计算出其他职工的提成。最终计算结果如图 1-3-47 所示。

E3　=VLOOKUP(B3,C11:D18,2,0)

| | A | B | C | D | E | F | G | H |
|---|---|---|---|---|---|---|---|---|
| 1 | 职工工资表 | | | | | | 基本工资 | |
| 2 | 部门 | 姓名 | 工资级别 | 基本工资 | 提成 | | 工资级别 | 基本工资 |
| 3 | 市场一部 | 王正明 | A5 | 2763.3 | 20050 | | A5 | 2763.30 |
| 4 | 市场三部 | 陈淑英 | A3 | 2730.3 | 19860 | | A3 | 2730.30 |
| 5 | 市场一部 | 金一明 | A4 | 2541.1 | 15000 | | A4 | 2541.10 |
| 6 | 市场二部 | 陈林 | A1 | 2556.5 | 8720 | | A1 | 2556.50 |
| 7 | 市场二部 | 李二芳 | A2 | 2206.7 | 22000 | | A2 | 2206.70 |
| 8 | 市场一部 | 钱金金 | A3 | 2178 | 17300 | | A3 | 2178.00 |
| 9 | 市场三部 | 李明真 | A2 | 2149.5 | 9760 | | A2 | 2149.50 |
| 10 | | | 提成 | | | | 职工信息 | |
| 11 | | | 姓名 | 提成 | | | 姓名 | 工资级别 |
| 12 | | | 王正明 | 20050 | | | 王正明 | A5 |
| 13 | | | 陈淑英 | 19860 | | | 陈淑英 | A3 |
| 14 | | | 金一明 | 15000 | | | 金一明 | A4 |
| 15 | | | 陈林 | 8720 | | | 陈林 | A1 |
| 16 | | | 李二芳 | 22000 | | | 李二芳 | A2 |
| 17 | | | 钱金金 | 17300 | | | 钱金金 | A3 |
| 18 | | | 李明真 | 9760 | | | 李明真 | A2 |

平均值: 16098.57143　计数: 7　求和: 112690

图 1-3-47　最后计算结果

2. INDIRECT()函数

[格式]　INDIRECT(文本字符串,引用类型)

[功能]　返回由文字串指定的引用，并对引用进行计算，显示其内容。

[举例]　输入“=INDIRECT("A"&COLUMN(A1))”，结果为将以“A”字符为列标的单元格按照当前行号进行横向排列。

**实例**：在如图 1-3-48 所示的经营日报表中，显示了 1 日和 2 日的日报表，请设置累计公式，当新添加工作表时，累计公式会根据日期自动调整。

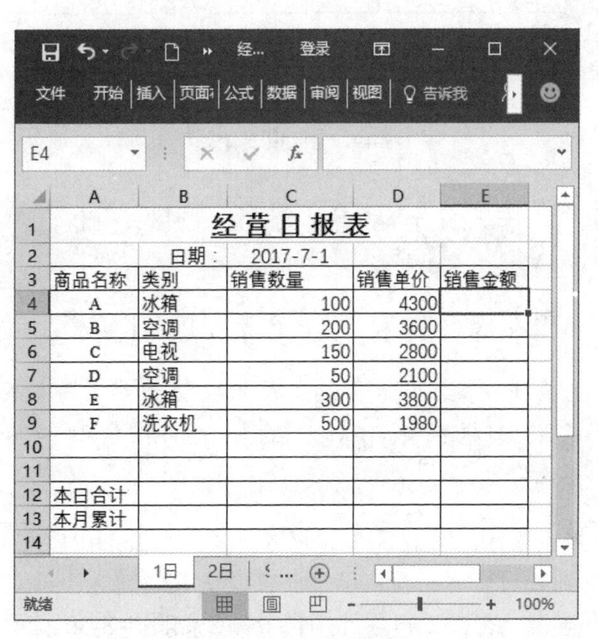

| | A | B | C | D | E |
|---|---|---|---|---|---|
| 1 | 经营日报表 | | | | |
| 2 | | 日期： | 2017-7-1 | | |
| 3 | 商品名称 | 类别 | 销售数量 | 销售单价 | 销售金额 |
| 4 | A | 冰箱 | 100 | 4300 | |
| 5 | B | 空调 | 200 | 3600 | |
| 6 | C | 电视 | 150 | 2800 | |
| 7 | D | 空调 | 50 | 2100 | |
| 8 | E | 冰箱 | 300 | 3800 | |
| 9 | F | 洗衣机 | 500 | 1980 | |
| 10 | | | | | |
| 11 | | | | | |
| 12 | 本日合计 | | | | |
| 13 | 本月累计 | | | | |
| 14 | | | | | |

图 1-3-48　经营日报表

操作如下：

（1）首先计算每日销售金额。单击 E4 单元格，输入“=C4*D4”，按回车键，A 商品的销售额显示在 E4 单元格中，拖动鼠标自动填充至 E9 单元格，计算其他商品的销售金额。

（2）其次计算本日合计。单击 D12 单元格，单击“开始”/“编辑”组的“自动求和”按钮∑，在弹出的下拉菜单中选择“求和”选项，此时编辑栏中显示“=SUM(D4:D11)”，单击“输入”按钮✓，得到销售单价合计；同理，单击 E12 单元格，单击“开始”/“编辑”组的“自动求和”按钮∑，在弹出的下拉菜单中选择“求和”选项，此时编辑栏中显示“=SUM(E4:E11)”，单击“输入”按钮✓，得到销售金额合计。

（3）最后，设置 1 日日报表累计。单击 D13 单元格，输入“=D12”，单击 E13 单元格，输入“=E12”，如图 1-3-49 所示。

E13 =E12

| | A | B | C | D | E |
|---|---|---|---|---|---|
| 1 | 经营日报表 | | | | |
| 2 | | 日期： | 2017-7-1 | | |
| 3 | 商品名称 | 类别 | 销售数量 | 销售单价 | 销售金额 |
| 4 | A | 冰箱 | 100 | 4300 | 430000 |
| 5 | B | 空调 | 200 | 3600 | 720000 |
| 6 | C | 电视 | 150 | 2800 | 420000 |
| 7 | D | 空调 | 50 | 2100 | 105000 |
| 8 | E | 冰箱 | 300 | 3800 | 1140000 |
| 9 | F | 洗衣机 | 500 | 1980 | 990000 |
| 10 | | | | | |
| 11 | | | | | |
| 12 | 本日合计 | | | 18580 | 3805000 |
| 13 | 本月累计 | | | 18580 | 3805000 |
| 14 | | | | | |

图 1-3-49　1 日报表计算结果

每月 1 日是当月数据累计的开始，因此，可以直接设置累计单元格等于当天数据。

（4）对于 2 日经营报表，销售金额、本日合计与 1 日计算方法相同。

每月真正设置日报表累计公式是在 2 日经营日报表中进行，其累计公式只需要在2日日报表中设置，以后添加的日报表只需要复制2日的格式，把日期改为当天即可。

（5）设置 2 日日报表累计。单击 D13 单元格，输入“=INDIRECT(DAY(C2)-1&"日!D13")+D12”，按回车键，得到 2 日累计单价；单击 E13 单元格，输入“=INDIRECT (DAY(C2)-1&"日!E13")+E12”，按回车键，得到 2 日累计销售金额；如图 1-3-50 所示。

本例用 DAY(C2)-1 取出上日日期，用“&”将其与上日天数与“日!D13”连起来，形成完整的单元格地址字符串，最后用 INDIRECT 函数把字符串转换为可以返回值的引用，从而将上日的累计数取出来。

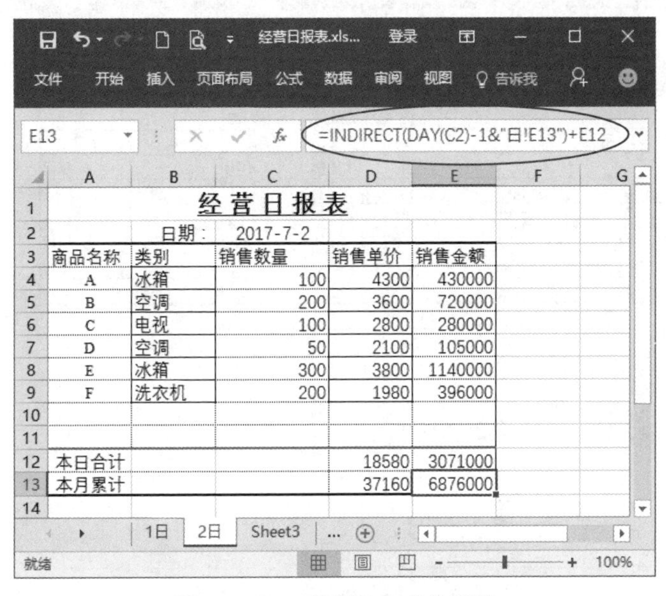


| | A | B | C | D | E |
|---|---|---|---|---|---|
| 1 | 经营日报表 | | | | |
| 2 | | 日期： | 2017-7-2 | | |
| 3 | 商品名称 | 类别 | 销售数量 | 销售单价 | 销售金额 |
| 4 | A | 冰箱 | 100 | 4300 | 430000 |
| 5 | B | 空调 | 200 | 3600 | 720000 |
| 6 | C | 电视 | 100 | 2800 | 280000 |
| 7 | D | 空调 | 50 | 2100 | 105000 |
| 8 | E | 冰箱 | 300 | 3800 | 1140000 |
| 9 | F | 洗衣机 | 200 | 1980 | 396000 |
| 10 | | | | | |
| 11 | | | | | |
| 12 | 本日合计 | | | 18580 | 3071000 |
| 13 | 本月累计 | | | 37160 | 6876000 |
| 14 | | | | | |

图 1-3-50　2 日累计公式的设置

3. ROW()函数

[格式] ROW (单元格区域)

[功能] 返回单元格区域左上角的行号，若省略，返回当前行号。

[举例] 公式在 C9 单元格输入，“=ROW(A3:G7)”，结果为 3。

“=ROW(B6)”，结果为 6。

“=ROW()”，结果为 9。

4. COLUMN()函数

[格式] COLUMN (单元格区域)

[功能] 返回单元格区域左上角的列号，若省略，返回当前列号。

[举例] 公式在 C9 单元格输入，“=ROW(A3:G7)”，结果为 1。

“=ROW(B6)”，结果为 2。

“=ROW()”，结果为 3。

ROW()函数和 COLUMN()函数在公式填充和数组公式中发挥不可替代的作用。

5. OFFSET()函数

[格式] OFFSET (引用,行偏移,列偏移,行数,列数)

[功能] 以引用的左上角单元格为基准，按指定的行偏移、列偏移、行数、列数返回一个新的引用。

**实例**：在如图 1-3-51 所示费用使用情况表中，使用 OFFSET()函数获取单元格内容。

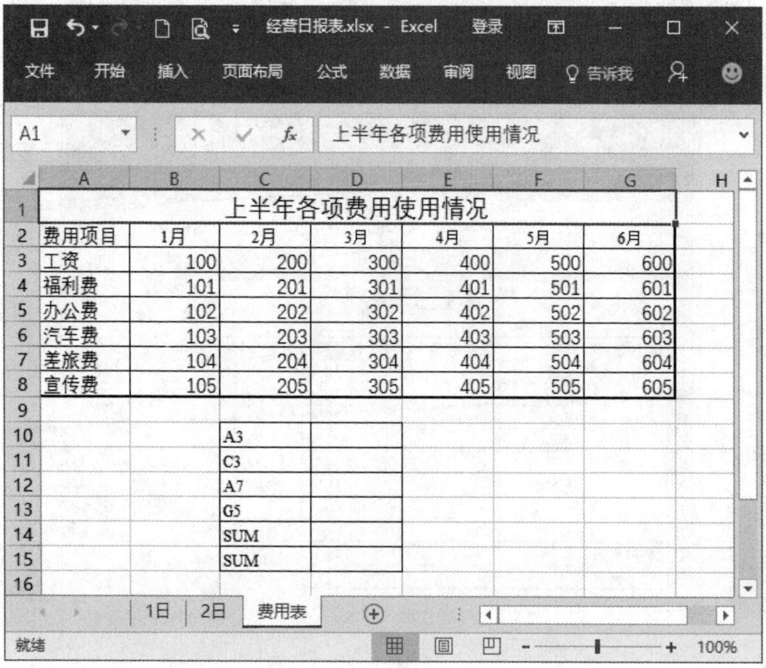

|  | A | B | C | D | E | F | G |
|---|---|---|---|---|---|---|---|
| 1 | 上半年各项费用使用情况 | | | | | | |
| 2 | 费用项目 | 1月 | 2月 | 3月 | 4月 | 5月 | 6月 |
| 3 | 工资 | 100 | 200 | 300 | 400 | 500 | 600 |
| 4 | 福利费 | 101 | 201 | 301 | 401 | 501 | 601 |
| 5 | 办公费 | 102 | 202 | 302 | 402 | 502 | 602 |
| 6 | 汽车费 | 103 | 203 | 303 | 403 | 503 | 603 |
| 7 | 差旅费 | 104 | 204 | 304 | 404 | 504 | 604 |
| 8 | 宣传费 | 105 | 205 | 305 | 405 | 505 | 605 |
| 9 | | | | | | | |
| 10 | | | A3 | | | | |
| 11 | | | C3 | | | | |
| 12 | | | A7 | | | | |
| 13 | | | G5 | | | | |
| 14 | | | SUM | | | | |
| 15 | | | SUM | | | | |

图 1-3-51　费用使用情况表

操作如下：

（1）单击 D10 单元格，输入“=OFFSET(A2,1,0)”，按回车键，返回 A2 单元格向下移动 1 个单元格位置，即 A3 的值“工资”。

（2）单击 D11 单元格，单击“公式”/“函数库”组的“查找与引用”按钮，在弹出的下拉菜单中选择“OFFSET”选项，打开“函数参数”对话框。

（3）将光标定位在第一个参数处，单击 A2 单元格，光标定位在第二个参数处，输入“1”，光标定位在第三个参数处，输入“2”，此时编辑栏中显示“=OFFSET(A2,1,2)”，单击“确定”按钮，返回 C3 的值。

（4）单击 D12 单元格，输入“=OFFSET(A7,-1,0)”，按回车键，返回 A7 单元格向上移动 1 个单元格位置，即 A6 的值“汽车费”。

（5）单击 D13 单元格，输入“=SUM（OFFSET(B3,,,2,2))”，按回车键，返回 B3 单元格为左上角向下 2 列向右 2 列区域的和，即 SUM(B3:C4)的值。

（6）单击 D14 单元格，输入“=SUM(OFFSET(A2,1,3,2,3))”，按回车键，返回 A2 单元格向下 1 个，向右 3 个单元格位置，即 D3 单元格，以 D3 单元格为左上角向下 2 列向右 3 列区域的和，即 SUM(D3:F4)的值。

（7）单击 D15 单元格，输入“=SUM(OFFSET(B3:C4,1,1))”，按回车键，返回 B3:C4 区域向下移动 1 行，向右移动 1 列，变为 C4:D5 区域的和，即 SUM(C4:D5)的值，最后结果如图 1-3-52 所示。

图 1-3-52　获取费用表单元格内容

## 四、文本函数

1. LEFT()函数

[格式] LEFT(字符串,n)

[功能] 从指定字符串左端开始，提取长度为 n 的子字符串。

[举例] 输入“=LEFT("I LOVE BEIJING",6)”，其结果为“I LOVE”。

输入“=LEFT("I LOVE BEIJING",17)”，其结果为“I LOVE BEIJING”。

如果长度 n 为零或负数，则结果为一个空串；如果长度 n 大于等于指定字符串的长度，结果为指定字符串本身。

2. RIGHT()函数

[格式] RIGHT(字符串,n)

[功能] 从指定字符串右端开始，提取长度为 n 的子字符串。

[举例] 输入“=RIGHT("I LOVE BEIBEI",6)”，其结果为“BEIBEI”。

输入“=RIGHT("I LOVE CHINA",16)”，其结果为“I LOVE CHINA”。

3. MID()函数

[格式] MID(字符串,m,n)

[功能] 从指定字符串的第 m 个位置开始，提取长度为 n 的子字符串。

[举例] 输入“=MID("I LOVE BEIBEI",3,,4)”，其结果为“LOVE”。

输入“=MID("I LOVE CHINA",16)”，其结果为“I LOVE CHINA”。

4. LEN()函数

[格式] LEN(字符串)

[功能] 求指定字符串的长度。

[举例] 输入“=LEN("I LOVE BEIJING")”，其结果为 14。

字符串的长度指字符串中所含字符的个数。

5. FIND()函数

[格式] FIND(字符,字符串,n)

[功能] 在指定字符串中查找指定字符第 n 次出现的位置。

[举例] 输入“=FIND("F", "OFFICE",2)”，其结果为 3。

6. SEARCH()函数

[格式] SEARCH(特定字符,字符串)

[功能] 在指定字符串中查找特定字符或文本串的位置。

[举例] 输入“=SEARCH("?F", "OFFICE")”，其结果为 1。

**实例**：在如图 1-3-53 所示客户登记中，根据客户登记的地址提取其所在城市的名称。

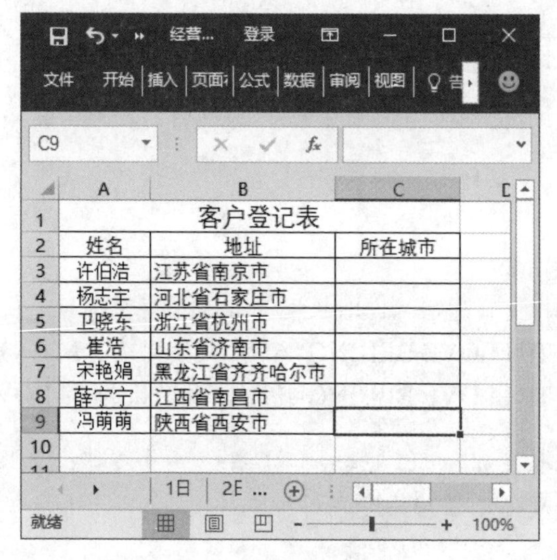

| | A | B | C |
|---|---|---|---|
| 1 | 客户登记表 | | |
| 2 | 姓名 | 地址 | 所在城市 |
| 3 | 许伯浩 | 江苏省南京市 | |
| 4 | 杨志宇 | 河北省石家庄市 | |
| 5 | 卫晓东 | 浙江省杭州市 | |
| 6 | 崔浩 | 山东省济南市 | |
| 7 | 宋艳娟 | 黑龙江省齐齐哈尔市 | |
| 8 | 薛宁宁 | 江西省南昌市 | |
| 9 | 冯萌萌 | 陕西省西安市 | |

图 1-3-53 费用使用情况表

本例中，由于省份与城市名称长度均不固定，如果采用 MID()函数提取，则每次需要修改函数参数，不能自动填充。为了提高计算效率，克服长度动态情况，这里采用 MID()函数结合 FIND()函数完成。

操作如下：

（1）单击 C3 单元格，输入“=MID(B3,FIND("省",B3,1)+1,FIND("市",B3,1)-FIND("省",B3,1))”，按回车键，B3 的市名被提取出来。

（2）将鼠标放置在 B3 单元格右下角，当光标变为“**+**”时拖动鼠标进行自动填充，提取其他地址的城市名称。结果如图 1-3-54 所示。

MID()函数中第 2 个参数为提取字串定位，其位置应为“省”的后一位，故用 FIND("省",B3,1)+1，确定 B3 中第 1 次出现“省”的位置，加 1 则为城市名称的首位；第 3 个参数为提取字串的长度，即城市名的长度，故用 FIND("市",B3,1)- FIND("省",B3,1)。

图 1-3-54　提取城市名称

7. SUBSTITUTE()函数

[格式] SUBSTITUTE(字符串,子串 1,子串 2)

[功能] 在指定字符串中将子串 1 用子串 2 替换。

[举例] 输入“=SUBSTITUTE("ABCDEFG", "CD", "123")”，其结果为“AB123EFG”。

8. REPLACE()函数

[格式] REPLACE(字符串,m,n,子串)

[功能] 将指定字符串中从第 m 开始的 n 个字符用子串替换。

[举例] 输入“=REPLACE("ABCDEFG",3,2,"123")”，其结果为“AB123EFG”。

## 五、日期函数

1. TODAY()函数

[格式] TODAY()

[功能] 按指定格式返回系统当前日期。

[举例] 若系统当前日期为 2017 年 5 月 1 日，则输入“= TODAY()”，其结果为 2017-5-1。

2. NOW()函数

[格式] NOW()

[功能] 按指定格式返回系统当前时间。

[举例] 若系统当前日期时间为 2017 年 5 月 1 日 18 点 10 分 30 秒，则输入“= NOW()”，其结果为 2017-5-1　18：10：30。

3. DAY()函数

[格式] DAY(日期表达式)

[功能] 对日期表达式求值，并从其中取出有关日的序号。

[举例] 若系统当前日期为 2017 年 5 月 1 日，则输入“= DAY(TODAY())”，其结果为 1。

4. MONTH()函数

[格式] MONTH(日期表达式)

[功能] 对日期表达式求值，并从其中取出有关月的序号。

[举例] 若系统当前日期为 2017 年 5 月 1 日，则输入“= MONTH(TODAY())”，其结果为 5。

5. YEAR()函数

[格式] YEAR(日期表达式)

[功能] 对日期表达式求值，并从其中取出有关年的序号。

[举例] 若系统当前日期为 2017 年 5 月 1 日，则输入“= YEAR(TODAY())”，其结果为 2017。

- 日、月、年的序号是以数字型的形式表示。
- DAY()、MONTH()和 YEAR()函数分别从给定的日期中提取日、月、年的不同部分。

6. DATE()函数

[格式] DATE(年,月,日)

[功能] 根据已知年、月、日数值，组成具体的日期表达式。

[举例] 若 A1 单元格为 2017-5-1，则输入“= DATE(YEAR(A1),MONTH(A1)+1,10))”，其结果为 2017-6-10。

7. WEEKDAY()函数

[格式] WEEKDAY(日期表达式,返回值的类型)

返回值的类型有以下几种形式：

- 省略数字 1（星期天）到数字 7（星期六）。
- 数字 1（星期一）到数字 7（星期天）。
- 数字 0（星期一）到数字 6（星期天）。

[功能] 转换日期表达式的值为星期中的一天，常用于判断是一周的第几天。

[举例] 若系统当前日期为 2017 年 5 月 1 日，则输入“= WEEKDAY(TODAY(),1)”，其结果为 1。

8. DATEDIF()函数

[格式] DATEDIF(日期表达式 1,日期表达式 2,单位代码)

[功能] 计算两指定日期之间的天数、月数和年数。

贴心提示

单位代码根据需要的不同有以下几种形式：

- “Y”返回整年数。
- “M”返回整月数。
- “D”返回整天数。
- “MD”返回天数差。
- “YM”返回月份差。
- “YD”返回天数差。

[举例] 若 A1 的值为 2015 年 1 月 1 日，A2 的值为 2016-12-31，则：

输入“= DATEDIF(A1,A2,"Y")”，其结果为 1。

输入“= DATEDIF(A1,A2,"M")”，其结果为 23。

输入“= DATEDIF(A1,A2,"D")”，其结果为 730。

输入“= DATEDIF(A1,A2,"YD")”，其结果为 364。

## 六、逻辑函数

1. IF()函数

[格式] IF(条件表达式,表达式 1,表达式 2)

[功能] 首先计算条件表达式的值，如果为 TRUE，则函数的结果为表达式 1 的值，否则，函数的结果为表达式 2 的值。

[举例] 若 B3 单元格的值为 100，则输入“=IF(B3>=90,"优秀","优良")”，其结果为“优秀”。

输入“=IF(AND(B3>=90,B3<=95),"优良","不确定")”，其结果为“不确定”。

- IF 函数只包含 3 个参数，它们是需要判断的条件、当条件成立时的返回值和当条件不成立时的返回值。
- 当需要判断的条件多于 1 个时，可以进行 IF 函数的嵌套，但最多只能嵌套 7 层。
- 利用 value_if_true（条件为 true 时的返回值）和 value_if_false（条件为 false 时的返回值）参数可以构造复杂的检测条件。例如，公式 =IF(B3:B9<60,"差",IF(B3:B9<75,"中",IF(B3:B9<85,"良","好")))。
- IF 函数在会计数据处理中具有广泛的应用。

**实例 1**：在如图 1-3-55 所示的年度办公费用统计表中，统计哪些办公费用超支，并做出浅红色提示。

| 年度办公费用统计表 | | | |
|---|---|---|---|
| 项目名称 | 计划支出 | 实际支出 | 是否超支 |
| 办公用品 | 10000 | 9870 | |
| 差旅报销 | 20000 | 23700 | |
| 汽油及维修 | 15000 | 13700 | |
| 人员工资 | 50000 | 75000 | |
| 招待支出 | 10000 | 17000 | |
| 会议支出 | 15000 | 14800 | |

图 1-3-55　年度办公费用统计表

操作如下：

（1）单击 D3 单元格，输入公式“=IF(C3>B3,"超支","节约")”，单击“输入”按钮✔，结果将显示在 D3 单元格中。

（2）将光标定位在 D3 单元格的填充柄上，利用自动填充功能向下拖动鼠标复制公式至 D8 单元格，如图 1-3-56 所示。

图 1-3-56　复制公式

（3）单击“开始”/“样式”组的“条件格式”按钮，在弹出的下拉菜单中选择“突出显示单元格规则”/“文本包含”命令，打开“文本中包含”对话框，在文本框中输入“超支”，在“设置为”选择“自定义格式”，选择“浅红色”填充，如图 1-3-57 所示。

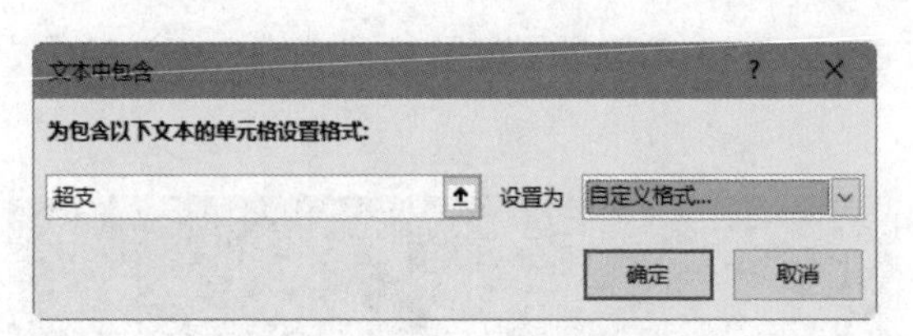


图 1-3-57　“文本中包含”对话框

（4）单击“确定”按钮，最终结果如图 1-3-58 所示。

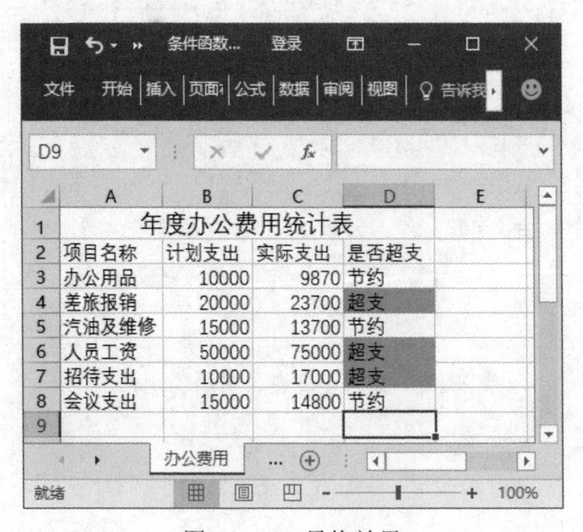


图 1-3-58　最终效果

**实例 2**：某公司在年终对销售人员要发放提成，要求：销售额在 10 万元以上，按销售额的 1%提成，销售额在 50 万元以上，超过 50 万元的部分则按 2%提成。公司年终销售业绩统计表如图 1-3-59 所示，计算每个销售人员应该的提成并对销售冠军做出红色提示。

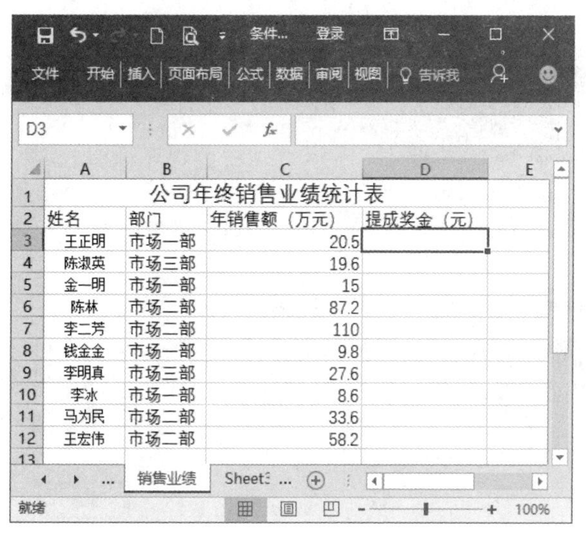

公司年终销售业绩统计表

| 姓名 | 部门 | 年销售额（万元） | 提成奖金（元） |
|---|---|---|---|
| 王正明 | 市场一部 | 20.5 | |
| 陈淑英 | 市场三部 | 19.6 | |
| 金一明 | 市场一部 | 15 | |
| 陈林 | 市场二部 | 87.2 | |
| 李二芳 | 市场二部 | 110 | |
| 钱金金 | 市场一部 | 9.8 | |
| 李明真 | 市场三部 | 27.6 | |
| 李冰 | 市场一部 | 8.6 | |
| 马为民 | 市场二部 | 33.6 | |
| 王宏伟 | 市场二部 | 58.2 | |

图 1-3-59　年终销售业绩统计表

操作如下：

（1）单击 D3 单元格，单击“公式”/“函数库”组的“逻辑”按钮，在弹出的下拉菜单中选择“IF”选项，打开“函数参数”对话框。

（2）将光标定位在第一个参数处，单击 C3 单元格，输入“<10”，光标定位在第二个参数处，输入“0”，光标定位在第三个参数处，输入“IF(”，此时编辑栏中显示“=IF(C3<10,0,IF()”，如图 1-3-60 所示。

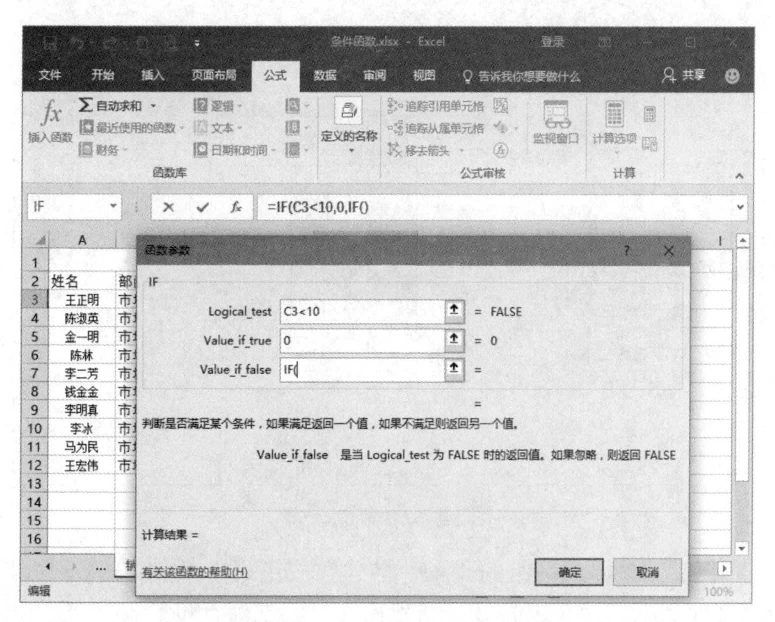


图 1-3-60　输入 IF 函数参数

（3）单击编辑栏公式末尾，弹出嵌套的“函数参数”对话框，将光标定位在第一个参数处，单击 C3 单元格，输入“<50”，光标定位在第二个参数处，输入“C3*1%”，光标定位在第三个参数处，输入“50*1%+(C3-50)*2%”，此时编辑栏中显示“=IF(C3<10,0,IF(C3<50,C3*1%,50*1%+(C3-50)*2%)”，如图 1-3-61 所示。

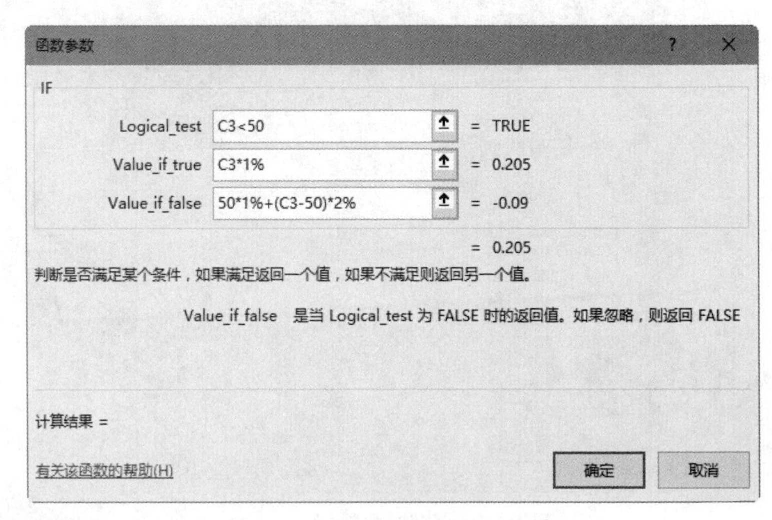


图 1-3-61 “函数参数”对话框

（4）单击编辑栏公式末尾，输入“)*10000”，单击“确定”按钮，弹出提示框，单击“确定”按钮，显示 C3 单元格的值。

（5）将光标定位在 D3 单元格的填充柄上，利用自动填充功能向下拖动鼠标复制公式至 D12 单元格，如图 1-3-62 所示。

| | A | B | C | D |
|---|---|---|---|---|
| 1 | 公司年终销售业绩统计表 | | | |
| 2 | 姓名 | 部门 | 年销售额（万元） | 提成奖金（元） |
| 3 | 王正明 | 市场一部 | 20.5 | 2050 |
| 4 | 陈淑英 | 市场三部 | 19.6 | 1960 |
| 5 | 金一明 | 市场一部 | 15 | 1500 |
| 6 | 陈林 | 市场二部 | 87.2 | 12440 |
| 7 | 李二芳 | 市场二部 | 110 | 17000 |
| 8 | 钱金金 | 市场一部 | 9.8 | 0 |
| 9 | 李明真 | 市场三部 | 27.6 | 2760 |
| 10 | 李冰 | 市场一部 | 8.6 | 0 |
| 11 | 马为民 | 市场二部 | 33.6 | 3360 |
| 12 | 王宏伟 | 市场二部 | 58.2 | 6640 |

图 1-3-62 复制公式

（6）单击“开始”/“样式”组的“条件格式”按钮，在弹出的下拉菜单中选择“项目选取规则”/“其他规则”命令，打开“新建格式规则”对话框。

（7）在“选择规则类型”栏中选择“仅对排名靠前或靠后的数值设置格式”，在“为以下排名内的值设置格式”栏内，选择“最高”，文本框中输入“1”，单击“格式”按钮，打开“设置单元格格式”对话框，选择“红色”填充，单击“确定”按钮，返回“新建格式规则”对话框，如图 1-3-63 所示。

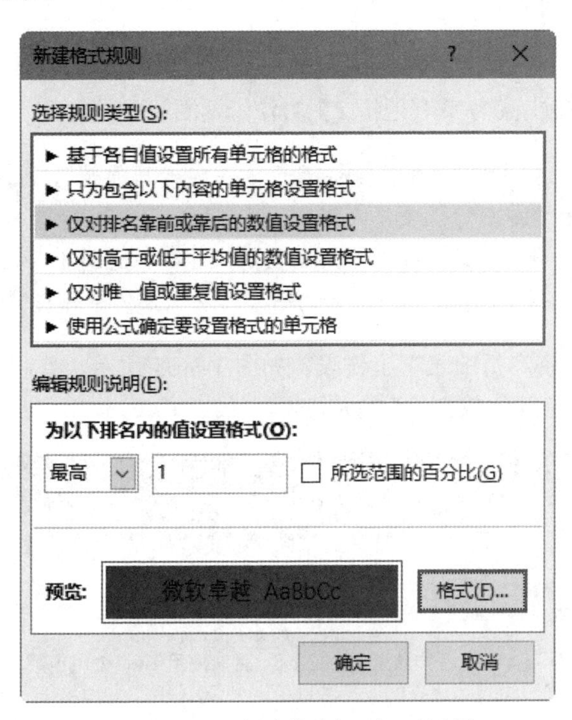


图 1-3-63　“新建格式规则”对话框

（8）单击“确定”按钮，结果如图 1-3-64 所示。

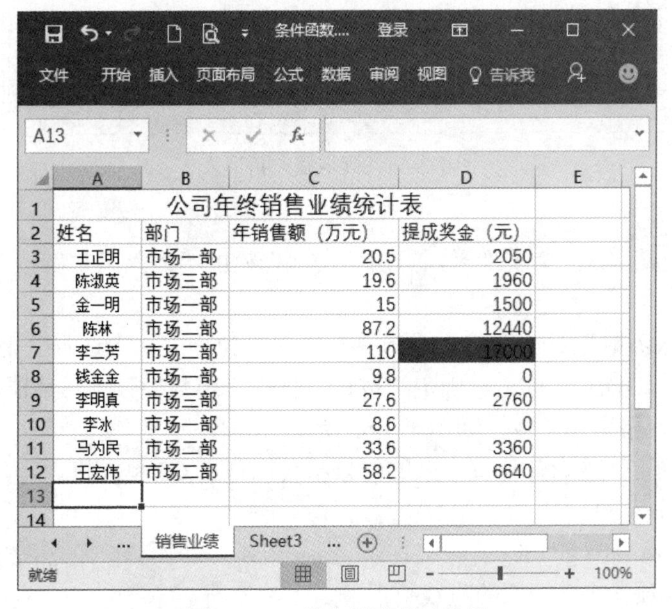


图 1-3-64　销售提成统计结果

## 七、财务函数

财务函数是 Excel 函数中重要的一类，使用财务函数可以进行一般的财务计算，譬如确定贷款的支付额、投资的未来值或净现值、债券或股票的价值等。

1. DDB()函数

[格式] DDB(cost,salvage,life,period,factor)

[功能] 根据双倍余额递减法或其他指定的方法，返回某项固定资产在指定期间内的折旧额。

DDB 函数中，参数 cost 表示“固定资产原值”，salvage 表示“净残值”，life 表示“固定资产使用年限”，period 表示“进行折旧计算的期次”，它的单位必须与 life 一致。参数 factor 表示“折旧加速因子”，它是可选项，缺省值为 2，表示双倍余额递减法，若为 3，则表示三倍余额递减法。

[举例] 打开“固定资产折旧表”工作表，如图 1-3-65 所示。若利用双倍余额递减法计算第 3 年第 1 个月折旧额，其值放在 C5 单元格内。

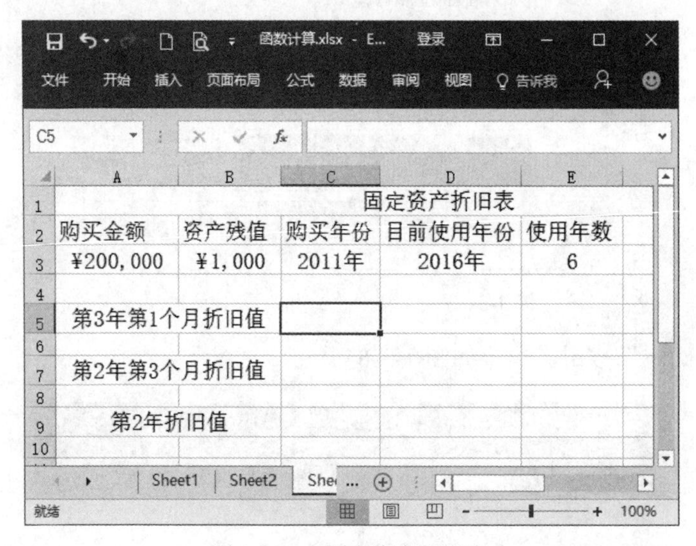


图 1-3-65 固定资产折旧表

操作如下：

（1）单击单元格 C5，输入“=”，然后单击地址栏的“插入函数”按钮 *fx*，打开“插入函数”对话框。

（2）在“插入函数”对话框的“或选择类别”下拉列表框中选择“财务”，在“选择函数”列表框中选择“DDB”，单击“确定”按钮，打开“函数参数”对话框，在其 5 个参数文本框中分别输入单元格引用参数，如图 1-3-66 所示。

（3）单击“确定”按钮，计算出来的结果将会出现在 C5 单元格内，如图 1-3-67 所示。

2. SLN()函数

[格式] SLN(cost,salvage,life)

[功能] 计算某项资产某一期的直线折旧额。

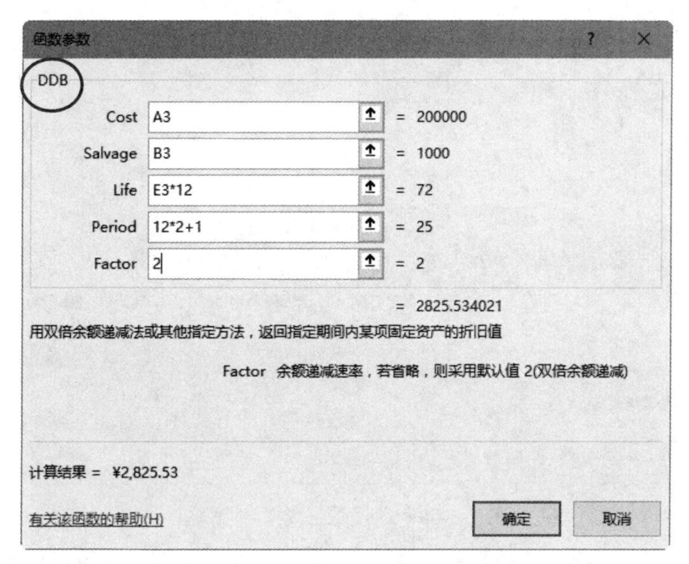


图 1-3-66　“函数参数”对话框

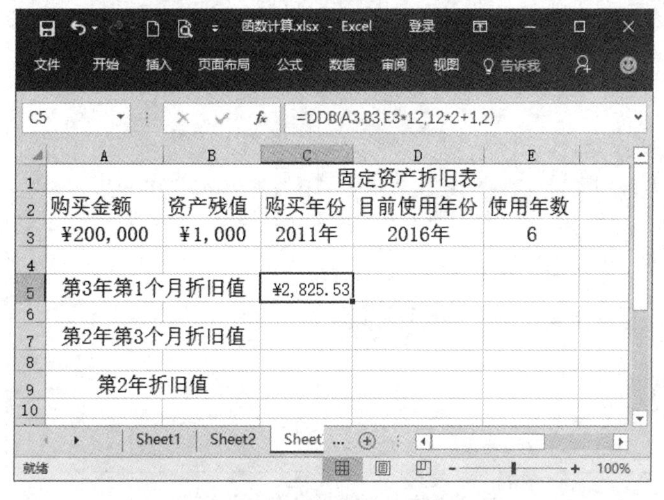


图 1-3-67　双倍余额递减法折旧额计算结果

该函数中，参数 cost、salvage、life 分别表示“固定资产原始价值”、“折旧期末时的净残值”和“固定资产折旧周期”。

[举例] 打开“固定资产折旧表”工作表，如图 1-3-67 所示。若利用直线法计算当月折旧额，其值放在 C7 单元格内。

操作如下：

（1）单击单元格 C7，输入“=”，然后单击地址栏的“插入函数”按钮 *fx*，打开“插入函数”对话框。

（2）在“插入函数”对话框的“或选择类别”下拉列表框中选择“财务”，在“选择函数”列表框中选择“SLN”，单击“确定”按钮，打开“函数参数”对话框，在其 3 个参数文本框中分别输入单元格引用参数，如图 1-3-68 所示。

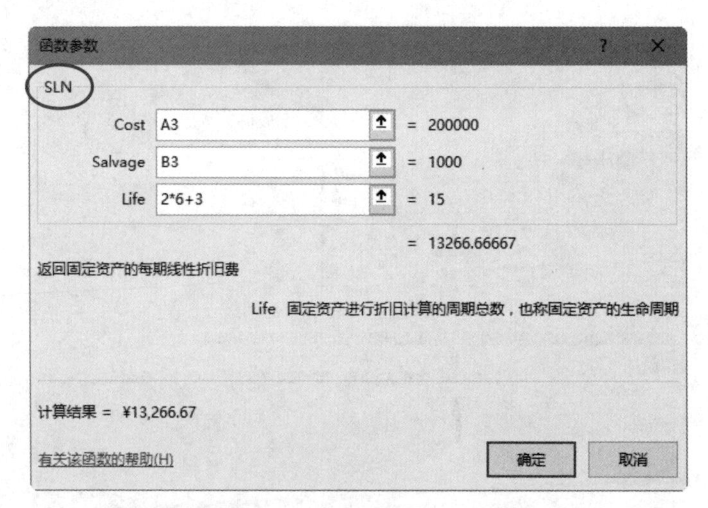


图 1-3-68 “函数参数”对话框

（3）单击“确定”按钮，计算出来的结果将会出现在 C7 单元格内，如图 1-3-69 所示。

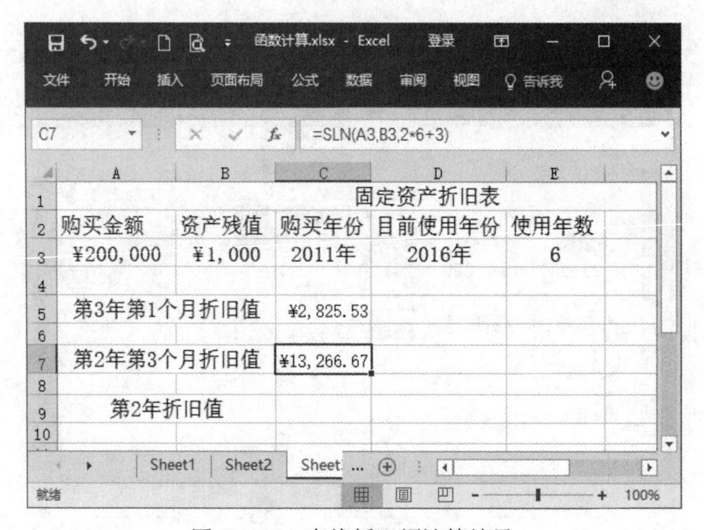


图 1-3-69 直线折旧额计算结果

3. SYD()函数

[格式] SYD(cost,salvage,life,period)

[功能] 返回某项固定资产按年数总和折旧法计算的每期折旧金额。

该函数中，参数 cost、salvage、life、period 的含义与 DDB 函数一致。

[举例] 在如图 1-3-69 所示的“固定资产折旧表”中，若利用年数总和折旧法计算折旧额，其值放在 C9 单元格内。操作如下：

（1）单击单元格 C9，输入“=”，然后单击地址栏的“插入函数”按钮 $f_x$，打开“插入函数”对话框。

（2）在“插入函数”对话框的“或选择类别”下拉列表框中选择“财务”，在“选择函数”列表框中选择“SYD”，单击“确定”按钮，打开“函数参数”对话框，在其 4 个参数文本框中分别输入单元格引用参数，如图 1-3-70 所示。

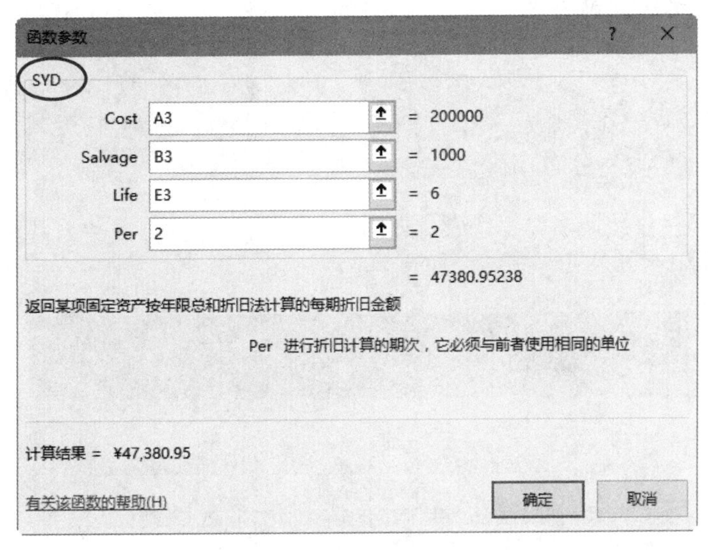


图 1-3-70　“函数参数”对话框

（3）单击“确定”按钮，计算出来的结果将会出现在 C9 单元格内，如图 1-3-71 所示。

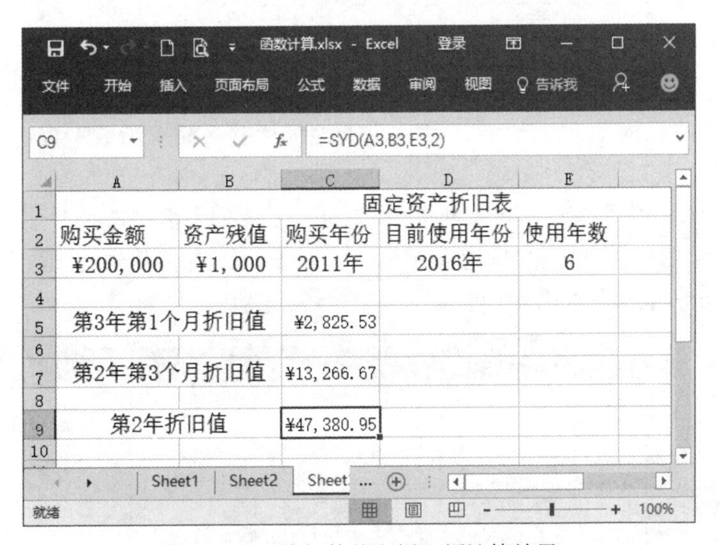


图 1-3-71　按年数总和折旧额计算结果

除前面介绍的 DDB、SLN、SYD 函数外，DB 和 VDB 函数也是常见的用于计算折旧值的函数。其中 DB 函数是使用固定余额递减法计算固定资产在一定期限内的折旧值，其格式为 DB(cost,salvage,life,period,month)，而 VDB 函数则是用于计算在余额递减法或其他指定的方法下固定资产在特定或部分期限内的折旧值，其格式为 VDB(cost,salvage,life,start_period,end_period,factor,no_switch)。

4. FV()函数

[格式] FV(rate,nper,pmt,pv,type)

[功能] 基于固定利率及等额分期付款方式的基础上，返回某项投资的未来值。

该函数中，参数 rate、nper、pmt、pv、type 的含义依次是各期利率、贷款总额、各期所应支付的金额、现值或一系列未来付款的当前值的累积和及每期的付款时间。

[举例] 打开“投资预期表”工作表，如图 1-3-72 所示。计算 5 年后其投资未来总额，其值放在 F3 单元格内。

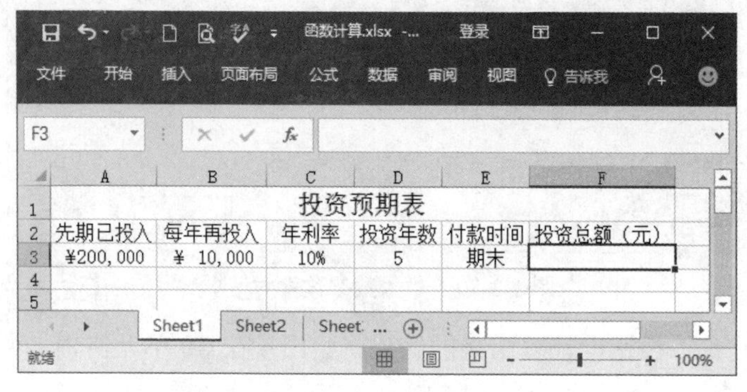

| | A | B | C | D | E | F |
|---|---|---|---|---|---|---|
| 1 | 投资预期表 | | | | | |
| 2 | 先期已投入 | 每年再投入 | 年利率 | 投资年数 | 付款时间 | 投资总额（元） |
| 3 | ¥200,000 | ¥ 10,000 | 10% | 5 | 期末 | |

图 1-3-72　投资预期表

操作如下：

（1）单击 F3 单元格，输入“=”，然后单击地址栏的“插入函数”按钮 $f_x$，打开“插入函数”对话框。

（2）在“插入函数”对话框的“或选择类别”下拉列表框中选择“财务”，在“选择函数”列表框中选择“FV”，单击“确定”按钮，打开 FV 函数的“函数参数”对话框，在其 5 个参数文本框中分别输入单元格引用参数，如图 1-3-73 所示。

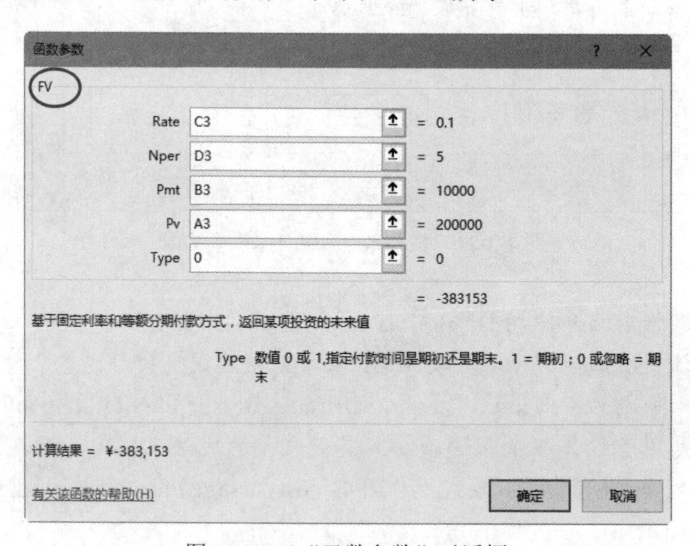


图 1-3-73　“函数参数”对话框

（3）单击“确定”按钮，计算出来的结果将会出现在 F3 单元格内，如图 1-3-74 所示。

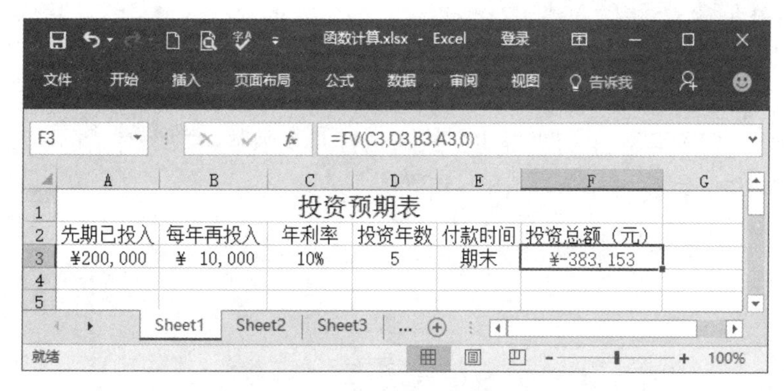


图 1-3-74　投资总额计算结果

除 FV 函数外，常见的投资预算函数还包括 NPER 函数和 PV 函数。其中 NPER 函数的功能是在固定利率及等额分期付款方式的前提下，返回某项投资的总期数，其格式为 NPER(rate,pmt,pv,fv,type)，而 PV 函数则用于计算某项贷款的一系列偿还额的当前总值，其格式为 PV(rate,nper,pmt,fv,type)。这两个函数的参数含义与 FV 函数相同。

5. PMT()函数

[格式] PMT(rate,nper,pv,fv,type)

[功能] 在固定利率的情况下，返回贷款的等额分期偿还值。

该函数中，参数 rate、nper、pv、fv、type 的含义依次是贷款利率、贷款总额、现值或一系列未来付款的当前值的累积和、未来值或在最后一次付款后希望的现金余额及每期的付款时间。

[举例] 打开“个人按揭购房计划”工作表，如图 1-3-75 所示。计算按揭购房的每月还款额，其值放在 D5 单元格内。

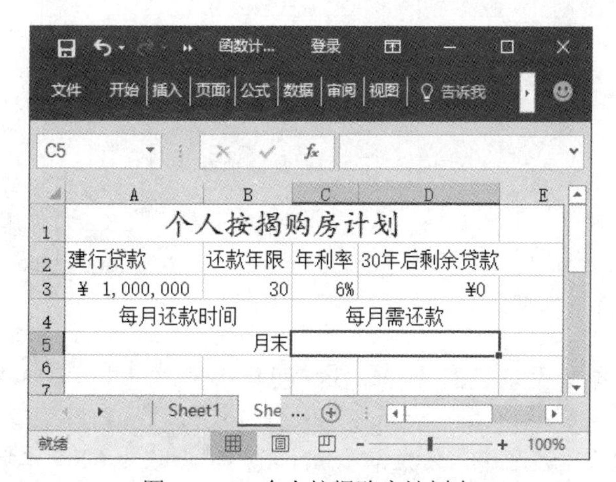


图 1-3-75　个人按揭购房计划表

操作如下：

（1）单击单元格 C5，输入“=”，然后单击地址栏的“插入函数”按钮 $f_x$，打开“插入函数”对话框。

（2）在“插入函数”对话框的“或选择类别”下拉列表框中选择“财务”，在“选择函数”列表框中选择“PMT”，单击“确定”按钮，打开“函数参数”对话框，在其 5 个参数文本框中分别输入单元格引用参数，如图 1-3-76 所示。

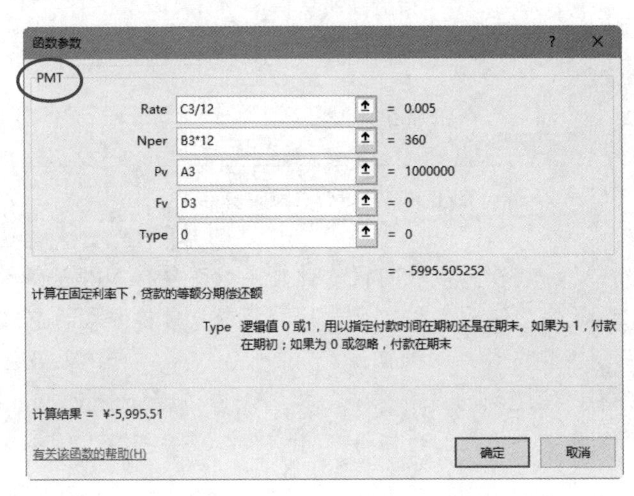


图 1-3-76 “函数参数”对话框

（3）单击“确定”按钮，计算出来的结果将会出现在 C5 单元格内，如图 1-3-77 所示。

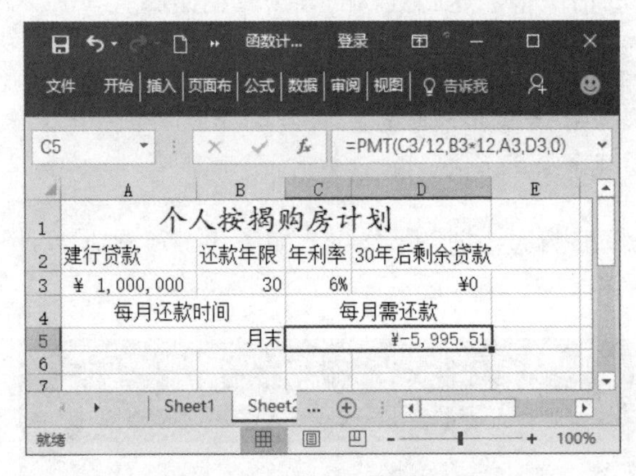


图 1-3-77 每月还款额结果

6. ACCRINT()函数

[格式] ACCRINT(issue,first_interest,settlement,rate,par,frequency,basis,calc_method)

[功能] 返回定期付息债券应计的利息。

该函数中，参数 issue、first_interest、settlement、rate、par、frequency、basis、calc_method 的含义依次是债券发行日期、债券首次计息日、债券结算日、债券年票息率、债券票面值（省略时默认为 1000 元）、每年支付票息的次数、判断采用的日算类型、发行日或结算日返回的应计利息。

[举例] 打开“定期付息债券应计利息”工作表，如图 1-3-78 所示。计算结算日时应获得的利息，其值放在 D8 单元格内。

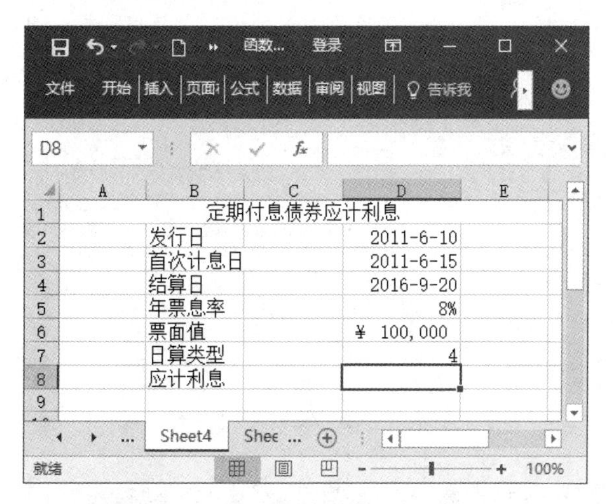

图 1-3-78 定期付息债券应计利息表

操作如下：

（1）单击单元格 D8，输入“=”，然后单击地址栏的“插入函数”按钮 $f_x$ ，打开“插入函数”对话框。

（2）在“插入函数”对话框的“或选择类别”下拉列表框中选择“财务”，在“选择函数”列表框中选择“ACCRINT”，单击“确定”按钮，打开“函数参数”对话框，在其 8 个参数文本框中分别输入单元格引用参数，如图 1-3-79、图 1-3-80 所示。

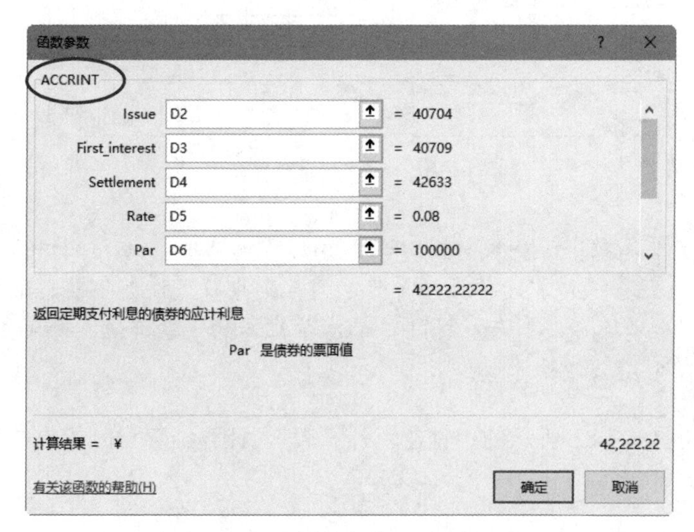

图 1-3-79 “函数参数”对话框（1）

（3）单击“确定”按钮，计算出来的结果将会出现在 D8 单元格内，如图 1-3-81 所示。

7. YIELD()函数

[格式] YIELD(settlement,maturity,rate,pr,redemption,frequency,basis)

[功能] 返回定期付息有价债券的收益率。

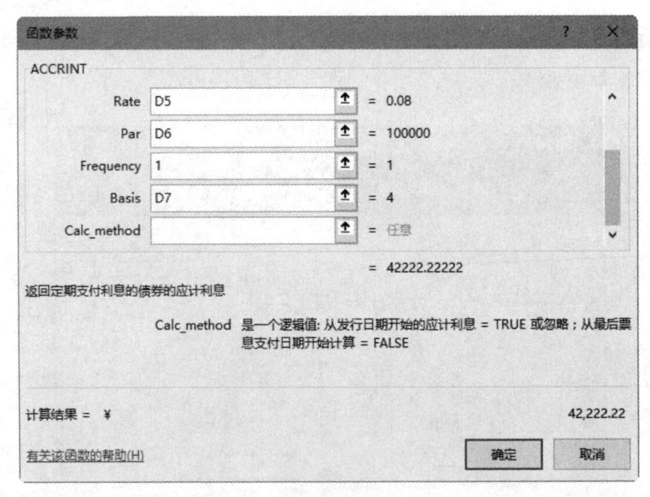


图 1-3-80 “函数参数”对话框（2）

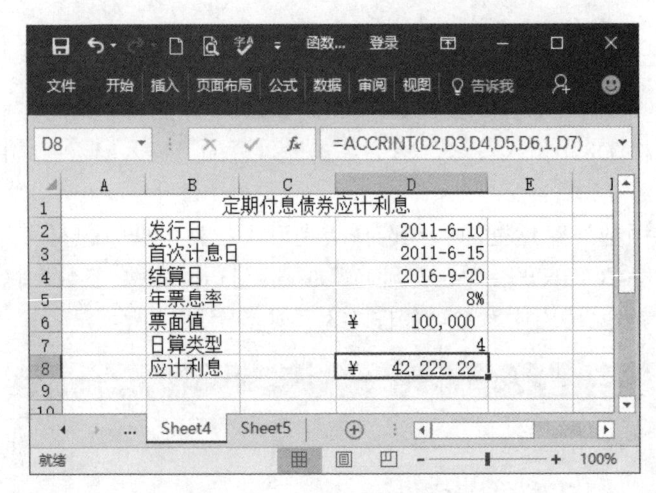


图 1-3-81 应计利息结算结果

该函数中，参数 settlement、maturity、rate、pr、redemption、frequency、basis 的含义依次是债券结算日、债券到期日、债券年票息率、面值为 100 的有价证券的价格、面值为 100 的有价证券的清偿价值、每年支付票息的次数、判断采用的日算类型。

[举例] 打开如图 1-3-82 所示的“收益率计算表”，计算结算日时的收益率，其值放在 C8 单元格内。

操作如下：

（1）单击单元格 C8，输入“=”，然后单击地址栏的“插入函数”按钮 *fx*，打开“插入函数”对话框。

（2）在“插入函数”对话框的“或选择类别”下拉列表框中选择“财务”，在“选择函数”列表框中选择“YIELD”，单击“确定”按钮，打开“函数参数”对话框，在其 7 个参数文本框中分别输入单元格引用参数，如图 1-3-83、图 1-3-84 所示。

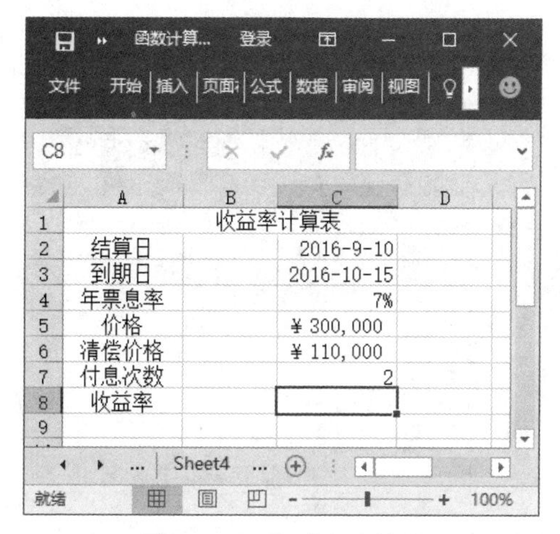

C8

| | A | B | C | D |
|---|---|---|---|---|
| 1 | 收益率计算表 | | | |
| 2 | 结算日 | | 2016-9-10 | |
| 3 | 到期日 | | 2016-10-15 | |
| 4 | 年票息率 | | 7% | |
| 5 | 价格 | | ¥ 300,000 | |
| 6 | 清偿价格 | | ¥ 110,000 | |
| 7 | 付息次数 | | 2 | |
| 8 | 收益率 | | | |
| 9 | | | | |

图 1-3-82　收益率计算表

函数参数

YIELD

Settlement　C2　= 42623

Maturity　C3　= 42658

Rate　C4　= 0.067

Pr　C5　= 300000

Redemption　C6　= 110000

=

返回定期支付利息的债券的收益

Redemption　是每张票面为 100 元的债券的赎回值

计算结果 =

有关该函数的帮助(H)　确定　取消

图 1-3-83　“函数参数”对话框（1）

函数参数

YIELD

Rate　C4　= 0.067

Pr　C5　= 300000

Redemption　C6　= 110000

Frequency　C7　= 2

Basis　4　= 4

= -6.514204783

返回定期支付利息的债券的收益

Basis　是所采用的日算类型

计算结果 =　¥　-6.51

有关该函数的帮助(H)　确定　取消

图 1-3-84　“函数参数”对话框（2）

（3）单击“确定”按钮，计算出来的结果将会出现在 C8 单元格内，如图 1-3-85 所示。

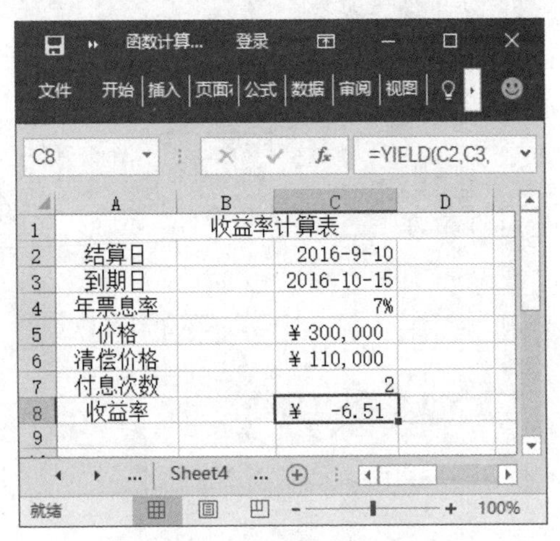


图 1-3-85　收益率结算结果

## 3.4　数据排序

排序是将数据列表中的记录按照某个字段名的数据值或条件从小到大或从大到小地进行排列，用来排序的字段名或条件称为排序关键字。

### 一、数据排序应遵循的原则

（1）如果用某一列来做排序关键字，则在该列上有完全相同项的行将保持它们的原始次序。

（2）在排序中有空白单元格的行会被放置在排序的数据列表的最后。

（3）被隐藏的行不会被移动，除非它们是分级显示的一部分。

（4）排序选项在最后一次排序后会被保存下来，直到修改它们或修改选定区域或列标记为止。

（5）如果按多列的排序关键字进行排序，则主要的列中有完全相同项的行会根据指定的第二列作排序。第二列中有完全相同项的行会根据指定的第三列作排序。

### 二、单个关键字排序

当数据列表中的数据需要按照某一个关键字进行升序或降序排列，只需首先单击该关键字所在列的任意一个单元格，然后单击“数据”/“排序和筛选”组的“升序”按钮或者“降序”按钮即可完成排序。

例如，打开如图 1-3-86 所示的职工信息表，对“年薪”项按由高到低进行排序。

操作如下：

（1）单击 J 列的任意一个单元格，这里单击 J3。

（2）单击“数据”/“排序和筛选”组的“降序”按钮即可完成按“年薪”由高到低的排序，结果如图 1-3-87 所示。

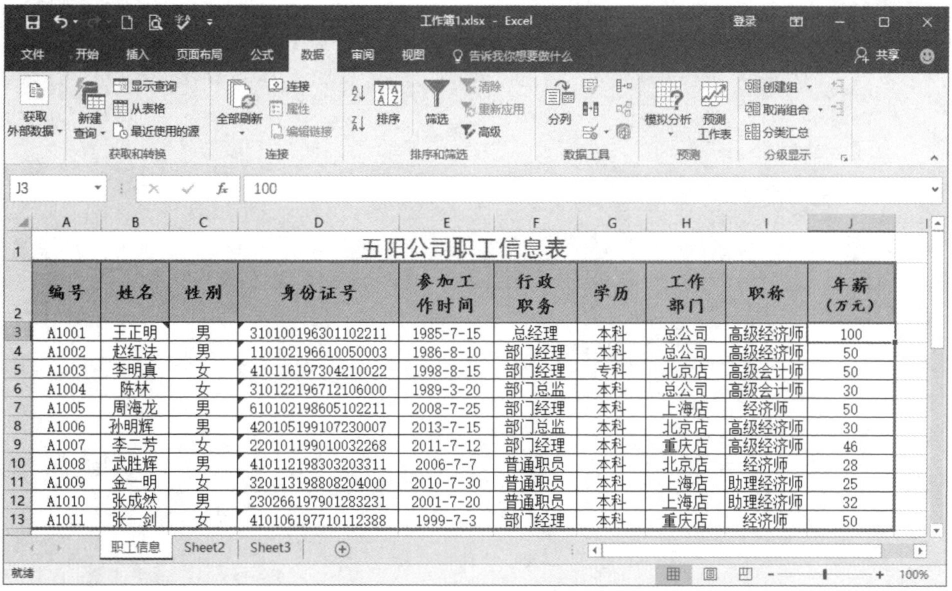
工作簿1.xlsx - Excel
五阳公司职工信息表
编号 姓名 性别 身份证号 参加工作时间 行政职务 学历 工作部门 职称 年薪（万元）
A1001 王正明 男 310100196301102211 1985-7-15 总经理 本科 总公司 高级经济师 100
A1002 赵红法 男 110102196610050003 1986-8-10 部门经理 本科 总公司 高级经济师 50
A1003 李明真 女 410116197304210022 1998-8-15 部门经理 专科 北京店 高级会计师 50
A1004 陈林 女 310122196712106000 1989-3-20 部门总监 本科 总公司 高级会计师 30
A1005 周海龙 男 610102198605102211 2008-7-25 部门经理 本科 上海店 经济师 50
A1006 孙明辉 男 420105199107230007 2013-7-15 部门总监 本科 北京店 高级经济师 30
A1007 李二芳 女 220101199010032268 2011-7-12 部门经理 本科 重庆店 高级经济师 46
A1008 武胜辉 男 410112198303203311 2006-7-7 普通职员 本科 北京店 经济师 28
A1009 金一明 女 320113198808204000 2010-7-30 普通职员 本科 上海店 助理经济师 25
A1010 张成然 男 230266197901283231 2001-7-20 普通职员 本科 上海店 助理经济师 32
A1011 张一剑 女 410106197710112388 1999-7-3 部门经理 本科 重庆店 经济师 50
职工信息 Sheet2 Sheet3

图 1-3-86　职工信息表

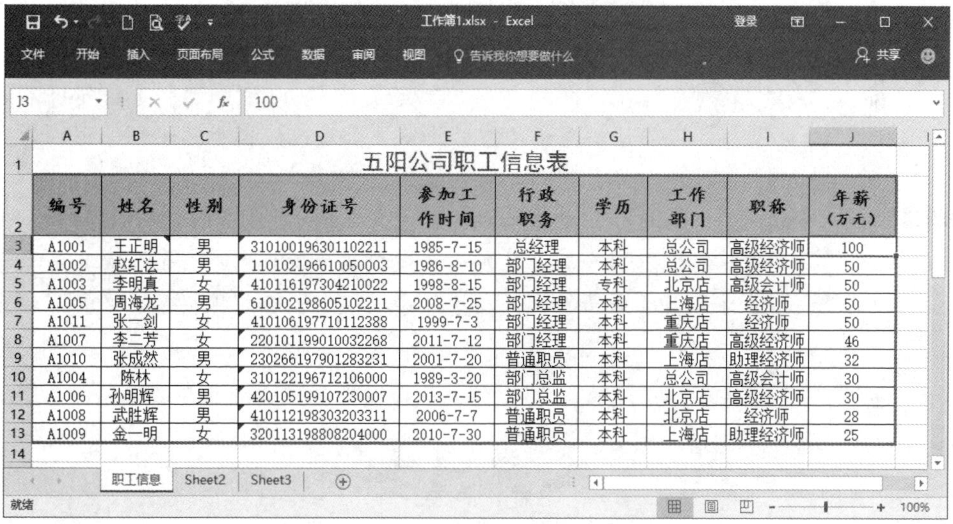
工作簿1.xlsx - Excel
五阳公司职工信息表
编号 姓名 性别 身份证号 参加工作时间 行政职务 学历 工作部门 职称 年薪（万元）
A1001 王正明 男 310100196301102211 1985-7-15 总经理 本科 总公司 高级经济师 100
A1002 赵红法 男 110102196610050003 1986-8-10 部门经理 本科 总公司 高级经济师 50
A1003 李明真 女 410116197304210022 1998-8-15 部门经理 专科 北京店 高级会计师 50
A1005 周海龙 男 610102198605102211 2008-7-25 部门经理 本科 上海店 经济师 50
A1011 张一剑 女 410106197710112388 1999-7-3 部门经理 本科 重庆店 经济师 50
A1007 李二芳 女 220101199010032268 2011-7-12 部门经理 本科 重庆店 高级经济师 46
A1010 张成然 男 230266197901283231 2001-7-20 普通职员 本科 上海店 助理经济师 32
A1004 陈林 女 310122196712106000 1989-3-20 部门总监 本科 总公司 高级会计师 30
A1006 孙明辉 男 420105199107230007 2013-7-15 部门总监 本科 北京店 高级经济师 30
A1008 武胜辉 男 410112198303203311 2006-7-7 普通职员 本科 北京店 经济师 28
A1009 金一明 女 320113198808204000 2010-7-30 普通职员 本科 上海店 助理经济师 25
职工信息 Sheet2 Sheet3

图 1-3-87　按年薪降序排序结果

## 三、多个关键字排序

当数据列表中的数据需要按照一个以上的关键字进行升序或降序排列，可以通过“排序”对话框进行。

（1）选定需要排序的单元格区域，单击“数据”/“排序和筛选”组的“排序”按钮，打开“排序”对话框。在“主要关键字”下拉列表中选择第一关键字、排序依据及次序，然后单击“添加条件”按钮，弹出“次要关键字”行，在“次要关键字”下拉列表框中选择第二关键字、排序依据及次序，依次类推……，最后，勾选“数据包含标题”，表示第一行作为标题行不参与排序，如图 1-3-88 所示。

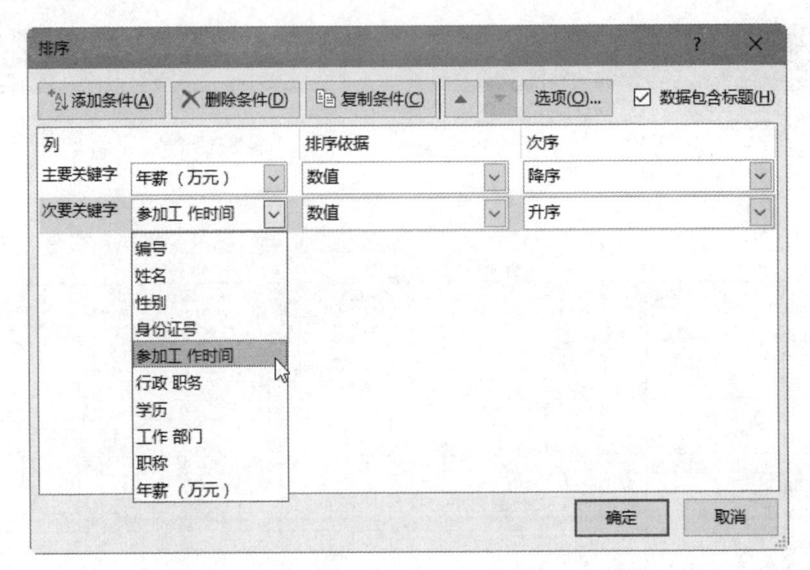


图 1-3-88 “排序”对话框

（2）单击“确定”按钮结束排序。

- 由于数据之间的相关性，有关系的数据都应被选定在排序区域内，否则，就不能进行排序操作。例如，如果用户在数据列表中有 6 列，但在对数据进行排序之前只选定了其中的 3 列，则剩下的列将不会被排序，从而使排序结果张冠李戴。如果已经产生了这种错误，单击快速工具栏上的“撤销”按钮即可还原。
- 单击“排序”对话框中的“选项”按钮，打开“排序选项”对话框，如图 1-3-89 所示。在此可自定义排序次序，可以选择按英文字母排序时是否区分大小写；在排序方向上，也可以根据需要“按列排序”或“按行排序”；在排序方法上，可选择按“字母排序”或按“笔划排序”。

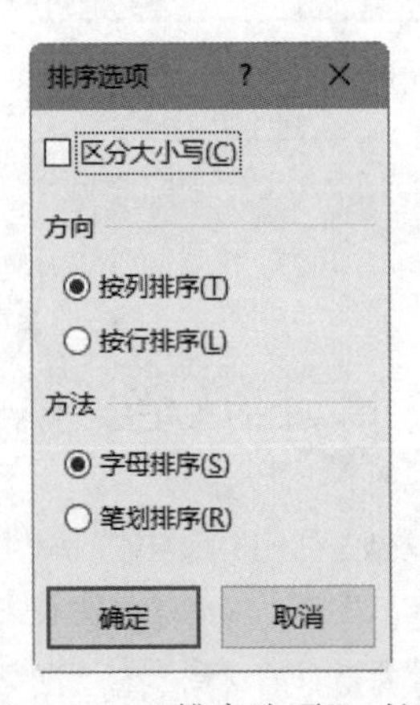


图 1-3-89 “排序选项”对话框

例如，在如图 1-3-86 所示的“职工信息表”中，先按照“工作部门”的降序，再按照“行政职务”的降序，最后按照“职称”的升序进行排序，查看不同部门职工的职务及职称情况。

操作如下：

（1）在第 H 列单击任意单元格，这里为 H3。

（2）选定需要排序的单元格区域，单击“数据”/“排序和筛选”组的“排序”按钮，打开“排序”对话框，在“主要关键字”下拉列表框中选择“工作部门”及“降序”，单击“添加条件”按钮，增加“次要关键字”行，在“次要关键字”下拉列表框中选择“行政职务”及“降序”，再次单击“添加条件”按钮，增加“次要关键字”行，在“次要关键字”下拉列表框中选择“职称”及“升序”，最后勾选“数据包含标题”复选框，如图 1-3-90 所示。

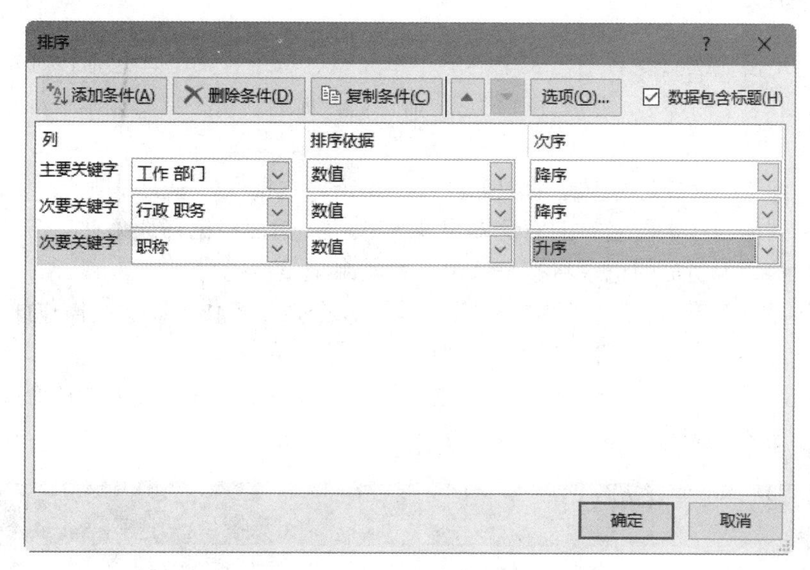


图 1-3-90　设置排序关键字

（3）单击“确定”按钮，完成所需排序，结果如图 1-3-91 所示。

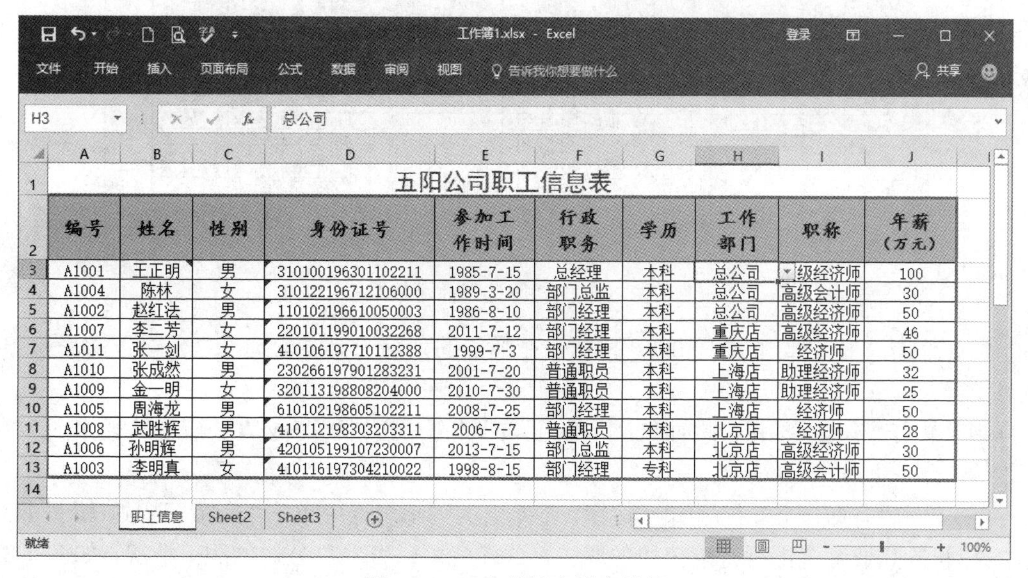

五阳公司职工信息表

| 编号 | 姓名 | 性别 | 身份证号 | 参加工作时间 | 行政职务 | 学历 | 工作部门 | 职称 | 年薪（万元） |
|---|---|---|---|---|---|---|---|---|---|
| A1001 | 王正明 | 男 | 310100196301102211 | 1985-7-15 | 总经理 | 本科 | 总公司 | 级经济师 | 100 |
| A1004 | 陈林 | 女 | 310122196712106000 | 1989-3-20 | 部门总监 | 本科 | 总公司 | 高级会计师 | 30 |
| A1002 | 赵红法 | 男 | 110102196610050003 | 1986-8-10 | 部门经理 | 本科 | 总公司 | 高级经济师 | 50 |
| A1007 | 李二芳 | 女 | 220101199010032268 | 2011-7-12 | 部门经理 | 本科 | 重庆店 | 高级经济师 | 46 |
| A1011 | 张一剑 | 女 | 410106197710112388 | 1999-7-3 | 部门经理 | 本科 | 重庆店 | 经济师 | 50 |
| A1010 | 张成然 | 男 | 230266197901283231 | 2001-7-20 | 普通职员 | 本科 | 上海店 | 助理经济师 | 32 |
| A1009 | 金一明 | 女 | 320113198808204000 | 2010-7-30 | 普通职员 | 本科 | 上海店 | 助理经济师 | 25 |
| A1005 | 周海龙 | 男 | 610102198605102211 | 2008-7-25 | 部门经理 | 本科 | 上海店 | 经济师 | 50 |
| A1008 | 武胜辉 | 男 | 410112198303203311 | 2006-7-7 | 普通职员 | 本科 | 北京店 | 经济师 | 28 |
| A1006 | 孙明辉 | 男 | 420105199107230007 | 2013-7-15 | 部门总监 | 本科 | 北京店 | 高级经济师 | 30 |
| A1003 | 李明真 | 女 | 410116197304210022 | 1998-8-15 | 部门经理 | 专科 | 北京店 | 高级会计师 | 50 |

图 1-3-91　多关键字排序结果

# 3.5 数据筛选

使用数据列表常常需要能很快找到信息。例如，要查找某部门中年龄在 45 岁以上的女职工的名单等数据。筛选是查找和处理单元格区域中数据子集的快捷方法。筛选与排序不同，它并不重排区域，只会显示出包含某一值或符合一组条件的行而隐藏其他的行。Excel 提供的自动筛选、自定义自动筛选和高级筛选可以满足大部分需要。

## 一、自动筛选

自动筛选是指一次只能对工作表中的一个单元格区域进行筛选，包括按选定内容筛选，它适用于简单条件下的筛选。当使用“筛选”命令时，筛选箭头将自动显示在筛选区域中列标签的右侧。

筛选时，首先选择要进行筛选的数据区域，单击“数据”/“排序和筛选”组的“筛选”按钮，此时列标题（字段名）的右侧即出现按钮，然后根据筛选条件单击其列标题右侧的按钮进行选择，所需的记录将被筛选出来，其余记录被隐藏。

例如，在“职工基本信息表”中，筛选出在“总公司”工作的职工。操作如下：

（1）单击“工作部门”所在列的任意单元格，这里单击 H3。

（2）单击“数据”/“排序和筛选”组的“筛选”按钮，此时在表的所有列标题右侧均出现按钮，如图 1-3-92 所示。

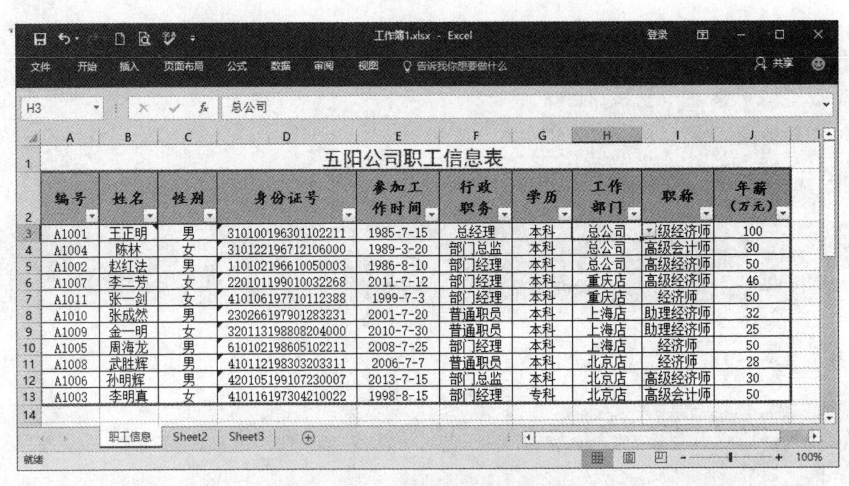

五阳公司职工信息表

| 编号 | 姓名 | 性别 | 身份证号 | 参加工作时间 | 行政职务 | 学历 | 工作部门 | 职称 | 年薪（万元） |
|---|---|---|---|---|---|---|---|---|---|
| A1001 | 王正明 | 男 | 310100196301102211 | 1985-7-15 | 总经理 | 本科 | 总公司 | [illegible]级经济师 | 100 |
| A1004 | 陈林 | 女 | 310122196712106000 | 1989-3-20 | 部门总监 | 本科 | 总公司 | 高级会计师 | 30 |
| A1002 | 赵红法 | 男 | 110102196610050003 | 1986-8-10 | 部门经理 | 本科 | 总公司 | 高级经济师 | 50 |
| A1007 | 李二芳 | 女 | 220101199010032268 | 2011-7-12 | 部门经理 | 本科 | 重庆店 | 高级经济师 | 46 |
| A1011 | 张一剑 | 女 | 410106197710112388 | 1999-7-3 | 部门经理 | 本科 | 重庆店 | 经济师 | 50 |
| A1010 | 张成然 | 男 | 230266197901283231 | 2001-7-20 | 普通职员 | 本科 | 上海店 | 助理经济师 | 32 |
| A1009 | 金一明 | 女 | 320113198808204000 | 2010-7-30 | 普通职员 | 本科 | 上海店 | 助理经济师 | 25 |
| A1005 | 周海龙 | 男 | 610102198605102211 | 2008-7-25 | 部门经理 | 本科 | 上海店 | 经济师 | 50 |
| A1008 | 武胜辉 | 男 | 410112198303203311 | 2006-7-7 | 普通职员 | 本科 | 北京店 | 经济师 | 28 |
| A1006 | 孙明辉 | 男 | 420105199107230007 | 2013-7-15 | 部门总监 | 本科 | 北京店 | 高级经济师 | 30 |
| A1003 | 李明真 | 女 | 410116197304210022 | 1998-8-15 | 部门经理 | 专科 | 北京店 | 高级会计师 | 50 |

图 1-3-92 “筛选”命令结果

（3）单击“工作部门”右侧的按钮，在弹出的列筛选器中勾选“总公司”，如图 1-3-93 所示。

（4）单击“确定”按钮，此时“工作部门”右侧的按钮将变成，筛选结果如图 1-3-94 所示。

（5）单击“行政职务”右侧的按钮，在弹出的列筛选器中单击“升序”选项，如图 1-3-95 所示，按职务高低筛选出所有总公司的职工，这样就可以查看总公司的职工情况，如图 1-3-96 所示。

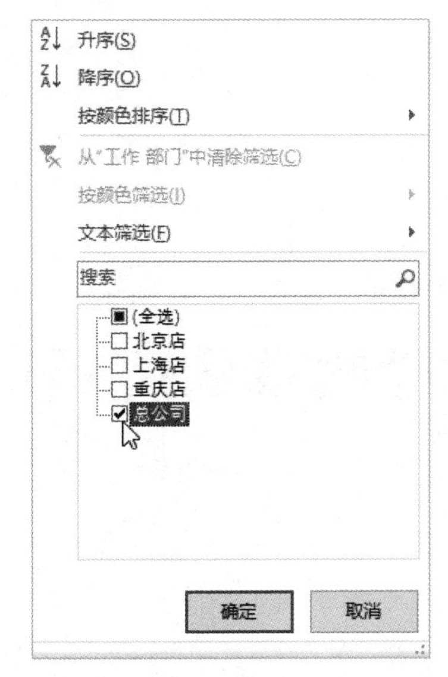


图 1-3-93　工作部门筛选器

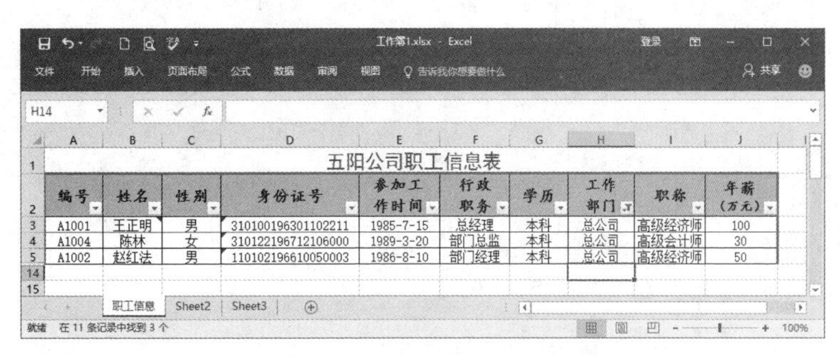


图 1-3-94　工作部门筛选结果

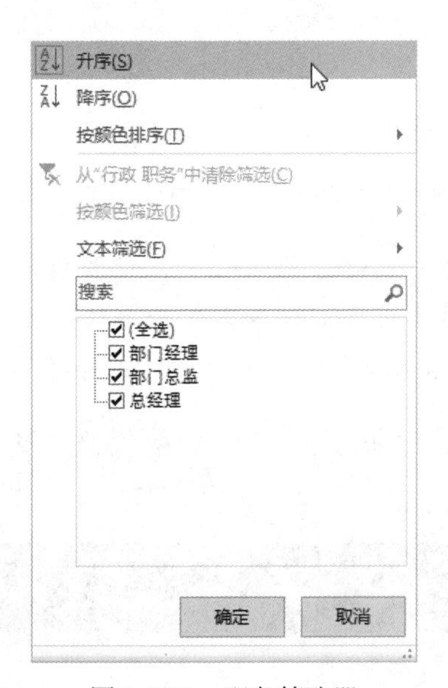


图 1-3-95　职务筛选器

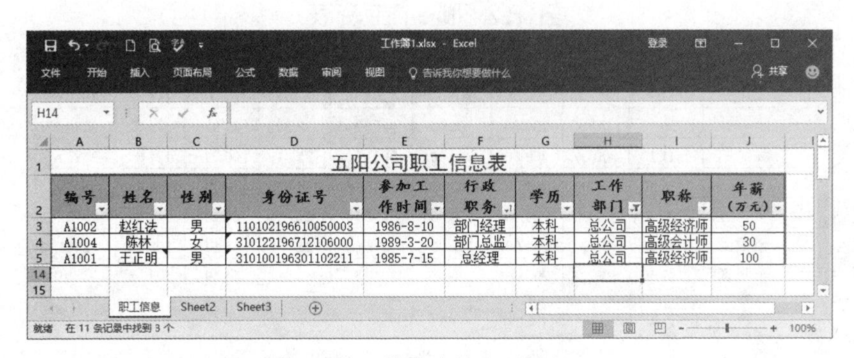


图 1-3-96　筛选出总公司的职工

## 二、自定义筛选

在进行数据筛选时，往往会用到一些特殊的条件，用户可以通过自定义筛选器进行筛选。自定义筛选既可以显示含有一个值或另一个值的行，也可以显示某个列满足多个条件的行。

首先进行自动筛选操作，然后单击列标题右侧的▼按钮，在弹出的列筛选器中选择“文本筛选”/“自定义筛选”命令，打开“自定义自动筛选方式”对话框，如图 1-3-97 所示。

图 1-3-97 “自定义自动筛选方式”对话框

在列表框中对该字段进行条件设定，然后单击“确定”按钮即可得到筛选出的记录。

如果再次单击“筛选”按钮，将取消自动筛选，列标题右侧的▼将同时消失，数据将全部还原；或者单击“数据”/“排序和筛选”组的“清除”按钮，将清除数据范围内的筛选和排序状态。

例如，在如图 1-3-98 所示的“职工工资表”中，筛选“基本工资”在 1000～2500 元之间的所有职工。

五阳公司职工工资表

| 编号 | 姓名 | 基本工资 | 职务津贴 | 文明奖 | 住房补贴 | 应发小计 | 失业金 | 医保金 | 公积金 | 实发工资 |
|---|---|---|---|---|---|---|---|---|---|---|
| 1 | 王正明 | 2763.30 | 1000.00 | 200.00 | 300.00 | 4263.30 | 27.63 | 82.90 | 138.17 | 4014.603 |
| 2 | 陈淑英 | 2730.30 | 1200.00 | 200.00 | 300.00 | 4430.30 | 27.30 | 81.91 | 136.52 | 4184.573 |
| 3 | 金一明 | 2541.10 | 800.00 | 200.00 | 280.00 | 3821.10 | 25.41 | 76.23 | 127.06 | 3592.401 |
| 4 | 陈林 | 2556.50 | 800.00 | 200.00 | 280.00 | 3836.50 | 25.57 | 76.70 | 127.83 | 3606.415 |
| 5 | 李二芳 | 2206.70 | 600.00 | 200.00 | 250.00 | 3256.70 | 22.07 | 66.20 | 110.34 | 3058.097 |
| 6 | 钱金金 | 2178.00 | 500.00 | 200.00 | 200.00 | 3078.00 | 21.78 | 65.34 | 108.90 | 2881.98 |
| 7 | 李明真 | 2149.50 | 500.00 | 200.00 | 200.00 | 3049.50 | 21.50 | 64.49 | 107.48 | 2856.045 |

图 1-3-98 职工工资表

操作如下：

（1）单击“基本工资”所在列的任意一个单元格，这里单击 C3 单元格，单击“数据”/“排序和筛选”组的“筛选”按钮，此时在表的所有列标题右侧均出现按钮。

（2）单击“基本工资”右侧的按钮，在弹出的列筛选器中选择“数字筛选”/“自定义筛选”命令，打开“自定义自动筛选方式”对话框，参数设置如图 1-3-99 所示。

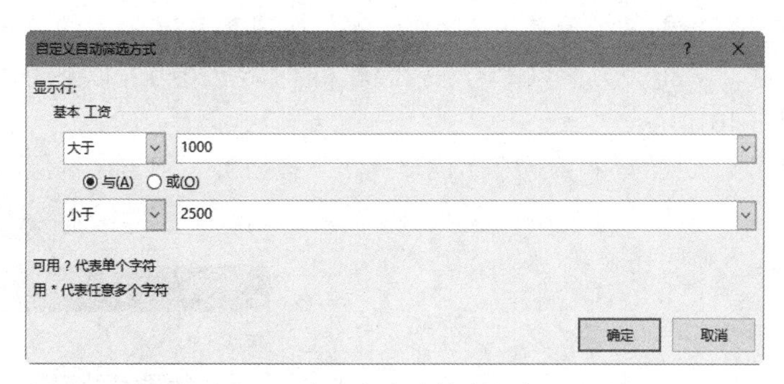


图 1-3-99　“自定义自动筛选方式”对话框

（3）单击“确定”按钮，筛选出该公司基本工资在 1000～2500 元之间的所有职工，结果如图 1-3-100 所示。

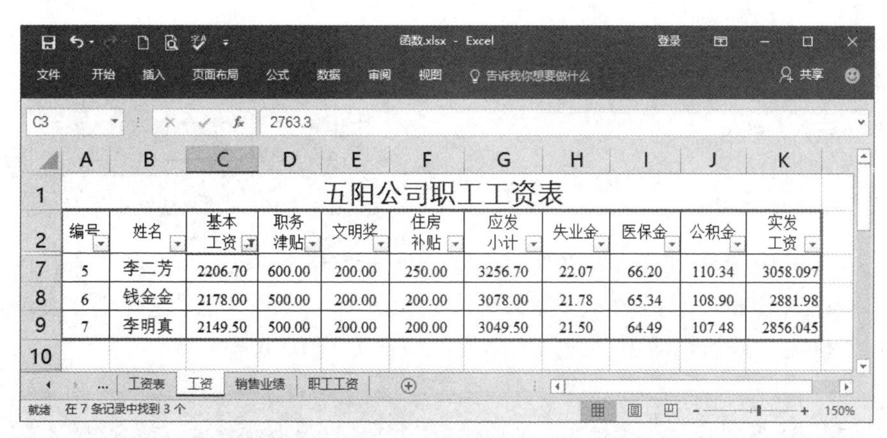

五阳公司职工工资表

| 编号 | 姓名 | 基本工资 | 职务津贴 | 文明奖 | 住房补贴 | 应发小计 | 失业金 | 医保金 | 公积金 | 实发工资 |
|---|---|---|---|---|---|---|---|---|---|---|
| 5 | 李二芳 | 2206.70 | 600.00 | 200.00 | 250.00 | 3256.70 | 22.07 | 66.20 | 110.34 | 3058.097 |
| 6 | 钱金金 | 2178.00 | 500.00 | 200.00 | 200.00 | 3078.00 | 21.78 | 65.34 | 108.90 | 2881.98 |
| 7 | 李明真 | 2149.50 | 500.00 | 200.00 | 200.00 | 3049.50 | 21.50 | 64.49 | 107.48 | 2856.045 |



图 1-3-100　自定义自动筛选的结果

## 三、高级筛选

与以上两种筛选方法相比，高级筛选可以选用更多的筛选条件，并且可以不使用逻辑运算符而将多个筛选条件加以逻辑运算。高级筛选还可以将筛选结果从数据列表中抽取出来并复制到当前工作表的指定位置。

### 1. 条件区域的构成

使用高级筛选时，需要建立一个“条件区域”。条件区域是用来指定筛选的数据所必须满足的条件。条件区域的构成如下：

（1）条件区域的首行输入数据列表的被查询的字段名，如“基本工资”、“适当补贴”等，字段名的拼写必须正确并且要与数据列表中的字段名完全一致。

（2）条件区域内不一定包含数据列表中的全部字段名，可以使用复制、粘贴的方法输入需要的字段名，并且不一定按字段名在数据列表中的顺序排列。

（3）在条件区域的第二行及其以下各行开始输入筛选的具体条件，可以在条件区域的同一行输入多重条件。在同一行输入的多重条件其间的逻辑关系是“与”；在不同行输入的多重条件其间的逻辑关系是“或”。

2. 高级筛选的操作

首先在数据列表的空白区域建立条件区域。譬如在图 1-3-86 所示的“职工信息表”中筛选出年薪在 30 万元（含 30 万元）以上的部门经理和年薪在 20 万元以下的普通职员，则建立的条件区域如图 1-3-101 所示。

然后单击“数据”/“排序和筛选”组的“高级”按钮，打开“高级筛选”对话框，如图 1-3-102 所示。

| 行政职务 | 年薪（万元） |
| --- | --- |
| 部门经理 | >=30 |
| 普通职员 | <20 |

图 1-3-101 建立的条件区域

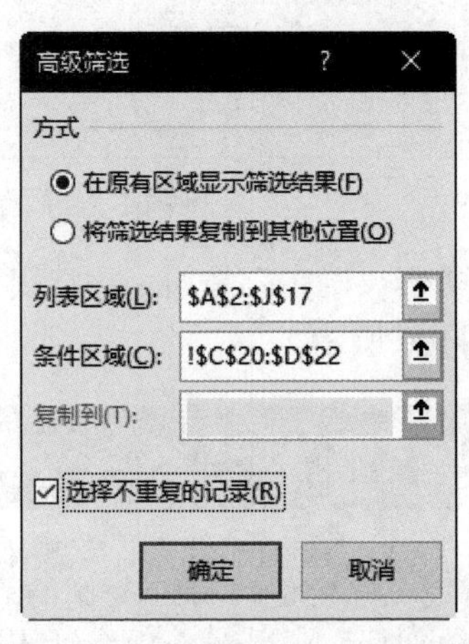


图 1-3-102 “高级筛选”对话框

在“方式”栏中选择筛选结果放置的位置，分别单击“列表区域”和“条件区域”右侧的“折叠”按钮，折叠对话框，选择数据区域和条件区域，勾选“选择不重复的记录”复选框，单击“确定”按钮，即可得到筛选结果，如图 1-3-103 所示。

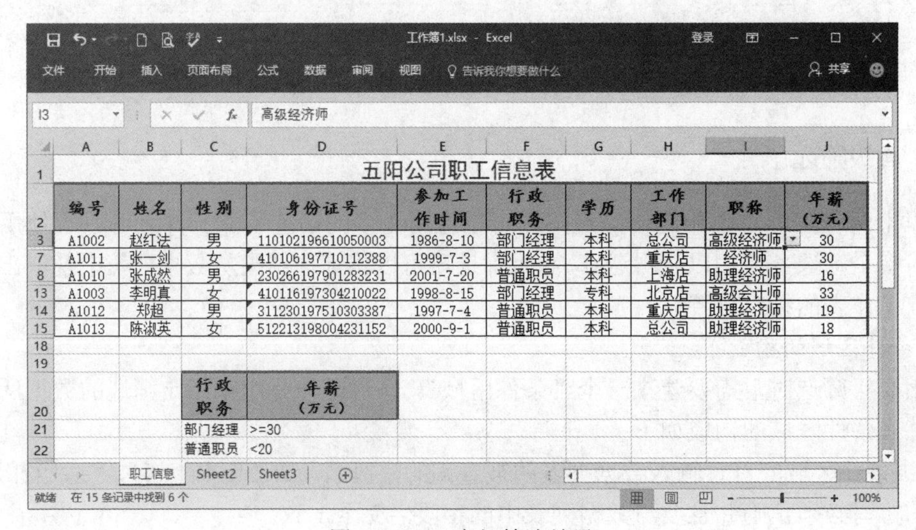

五阳公司职工信息表

| 编号 | 姓名 | 性别 | 身份证号 | 参加工作时间 | 行政职务 | 学历 | 工作部门 | 职称 | 年薪（万元） |
| --- | --- | --- | --- | --- | --- | --- | --- | --- | --- |
| A1002 | 赵红法 | 男 | 110102196610050003 | 1986-8-10 | 部门经理 | 本科 | 总公司 | 高级经济师 | 30 |
| A1011 | 张一剑 | 女 | 410106197710112388 | 1999-7-3 | 部门经理 | 本科 | 重庆店 | 经济师 | 30 |
| A1010 | 张成然 | 男 | 230266197901283231 | 2001-7-20 | 普通职员 | 本科 | 上海店 | 助理经济师 | 16 |
| A1003 | 李明真 | 女 | 410116197304210022 | 1998-8-15 | 部门经理 | 专科 | 北京店 | 高级会计师 | 33 |
| A1012 | 郑超 | 男 | 311230197510303387 | 1997-7-4 | 普通职员 | 本科 | 重庆店 | 助理经济师 | 19 |
| A1013 | 陈淑英 | 女 | 512213198004231152 | 2000-9-1 | 普通职员 | 本科 | 总公司 | 助理经济师 | 18 |

| 行政职务 | 年薪（万元） |
| --- | --- |
| 部门经理 | >=30 |
| 普通职员 | <20 |

图 1-3-103 高级筛选结果

## 四、快速筛选

Excel 新增了一个搜索框，利用它可以在大型工作表中快速筛选出所需记录。

例如，在图 1-3-86 所示的“职工信息表”中，快速筛选出“职称”为高级经济师的所有职工。

操作如下：

（1）在打开的“职工信息表”中单击“职称”所在列的任意一个单元格，这里单击 I3，然后单击“数据”/“排序和筛选”组的“筛选”按钮，此时在表的所有列标题右侧均出现按钮。

（2）单击“职称”右侧的按钮，在弹出的列筛选器的搜索框中输入关键字“高级经济师”，如图 1-3-104 所示。

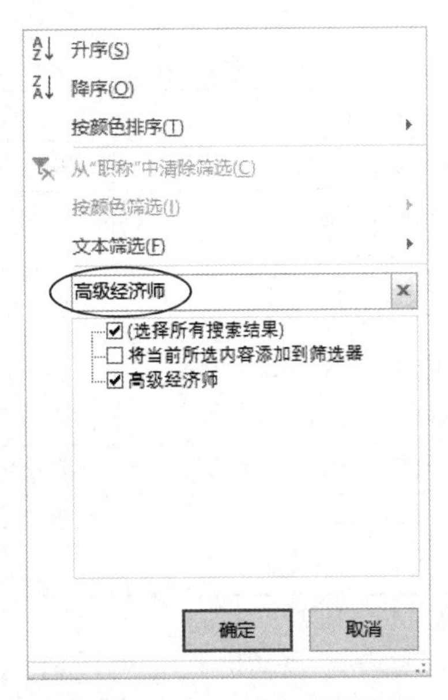


图 1-3-104　“职称”列筛选器

（3）单击“确定”按钮，稍后在工作表中将会显示全部符合筛选条件的职工信息，如图 1-3-105 所示。

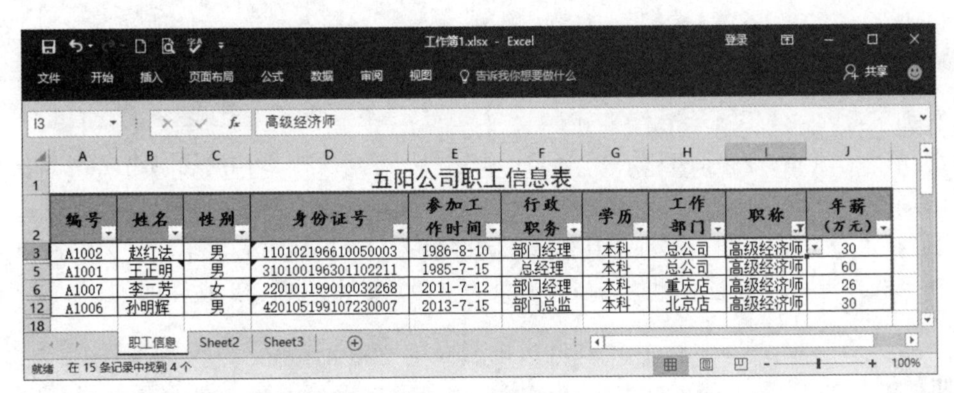

五阳公司职工信息表

| 编号 | 姓名 | 性别 | 身份证号 | 参加工作时间 | 行政职务 | 学历 | 工作部门 | 职称 | 年薪（万元） |
|---|---|---|---|---|---|---|---|---|---|
| A1002 | 赵红法 | 男 | 110102196610050003 | 1986-8-10 | 部门经理 | 本科 | 总公司 | 高级经济师 | 30 |
| A1001 | 王正明 | 男 | 310100196301102211 | 1985-7-15 | 总经理 | 本科 | 总公司 | 高级经济师 | 60 |
| A1007 | 李二芳 | 女 | 220101199010032268 | 2011-7-12 | 部门经理 | 本科 | 重庆店 | 高级经济师 | 26 |
| A1006 | 孙明辉 | 男 | 420105199107230007 | 2013-7-15 | 部门总监 | 本科 | 北京店 | 高级经济师 | 30 |



图 1-3-105　快速筛选结果

# 3.6 分类汇总

## 一、常用的统计函数

在 Excel 中，为了便于进行分类汇总操作，以汇总统计的方式为用户提供了常用的统计函数。它们中有计数、求和、求平均值、求最大值和最小值、求乘积、计数值、标准偏差、总体标准偏差、方差和总体方差等函数。

各个汇总统计函数的格式和功能如表 1-3-5 所示。

表 1-3-5 分类汇总统计函数

| 函数 | 格式 | 功能 |
| --- | --- | --- |
| 计数 Count() | =COUNT(指定区域) | 计算指定区域内数值型参数的数目 |
| 求和 Sum() | =SUM(指定区域) | 求指定区域内所有数值的和 |
| 求平均值 Average() | =AVERAGE(指定区域) | 求指定区域内所有数值的平均值 |
| 求最大值 Max() | =MAX(指定区域) | 求指定区域内所有数值的最大值 |
| 求最小值 Min() | =MIN(指定区域) | 求指定区域内所有数值的最小值 |
| 求乘积 Product() | =PRODUCT(指定区域) | 求指定区域内所有数值的乘积 |
| 计数值 Count Nums() | =COUNT NUMS(指定区域) | 计算指定区域内数字数据的记录个数 |
| 标准偏差 Stdev() | =STDEV(指定区域) | 估算给定样本的标准偏差 |
| 总体标准偏差 Stdevp() | =STDEVP(指定区域) | 计算给定的样本总体的标准偏差 |
| 方差 Var() | =VAR(指定区域) | 估算给定样本的方差 |
| 总体方差 Varp() | =VARP(指定区域) | 计算给定的样本总体的方差 |

## 二、分类汇总命令

分类汇总除使用 Excel 提供的统计函数外还可以根据某一字段的字段值，对记录进行分类和对各类型记录的数值字段进行统计，如求和、求均值、计数、求最大值、求最小值等。

在进行分类汇总前应先对数据列表（工作表）按汇总的字段进行排序。

操作如下：

（1）单击“数据”/“分级显示”组的“分类汇总”按钮，打开“分类汇总”对话框，如图 1-3-106 所示。

（2）在“分类字段”下拉列表中选择分类字段，在“汇总方式”下拉列表中选择汇总方式，拖动“选定汇总项”的滚动条选择需汇总的字段，单击“确定”按钮即可。

在“分类汇总”对话框中，单击“全部删除”按钮即可取消分类汇总操作。

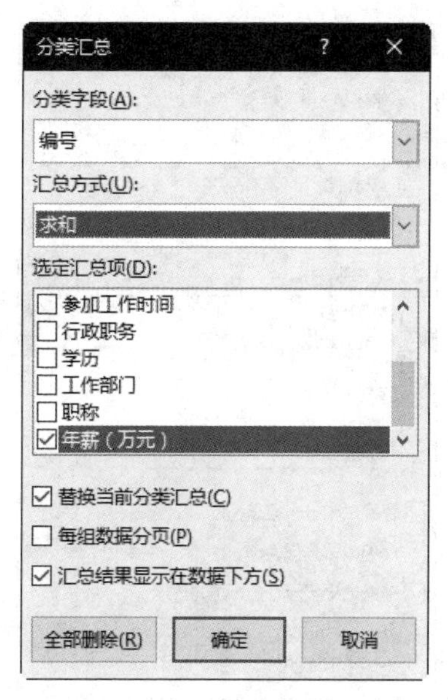


图 1-3-106　“分类汇总”对话框

例如，对如图 1-3-107 所示的“职工工资表”进行分类汇总，统计该公司男、女职工的平均基本工资和平均实发工资。

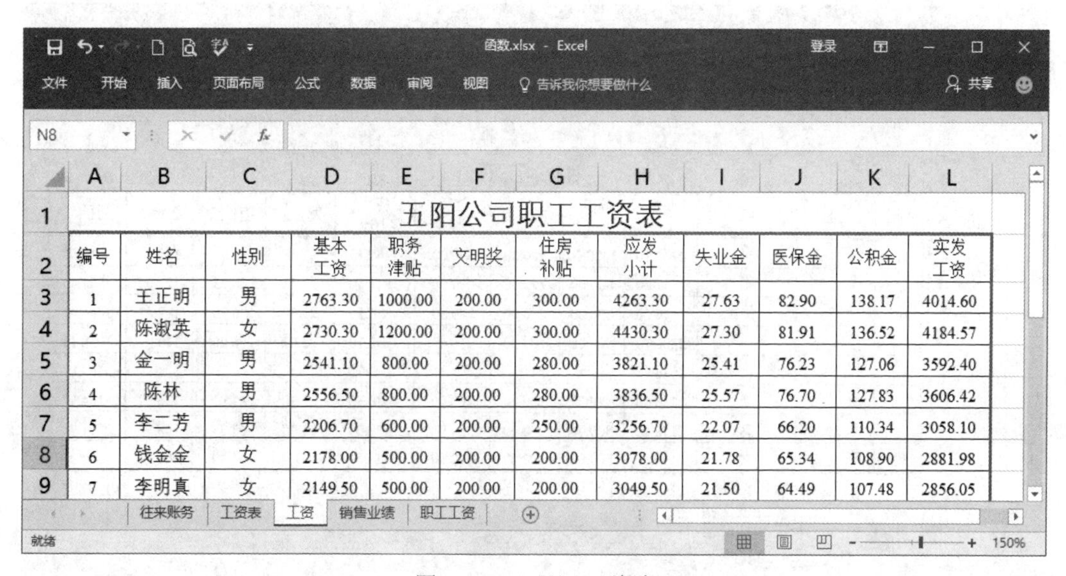

五阳公司职工工资表

| 编号 | 姓名 | 性别 | 基本工资 | 职务津贴 | 文明奖 | 住房补贴 | 应发小计 | 失业金 | 医保金 | 公积金 | 实发工资 |
|---|---|---|---|---|---|---|---|---|---|---|---|
| 1 | 王正明 | 男 | 2763.30 | 1000.00 | 200.00 | 300.00 | 4263.30 | 27.63 | 82.90 | 138.17 | 4014.60 |
| 2 | 陈淑英 | 女 | 2730.30 | 1200.00 | 200.00 | 300.00 | 4430.30 | 27.30 | 81.91 | 136.52 | 4184.57 |
| 3 | 金一明 | 男 | 2541.10 | 800.00 | 200.00 | 280.00 | 3821.10 | 25.41 | 76.23 | 127.06 | 3592.40 |
| 4 | 陈林 | 男 | 2556.50 | 800.00 | 200.00 | 280.00 | 3836.50 | 25.57 | 76.70 | 127.83 | 3606.42 |
| 5 | 李二芳 | 男 | 2206.70 | 600.00 | 200.00 | 250.00 | 3256.70 | 22.07 | 66.20 | 110.34 | 3058.10 |
| 6 | 钱金金 | 女 | 2178.00 | 500.00 | 200.00 | 200.00 | 3078.00 | 21.78 | 65.34 | 108.90 | 2881.98 |
| 7 | 李明真 | 女 | 2149.50 | 500.00 | 200.00 | 200.00 | 3049.50 | 21.50 | 64.49 | 107.48 | 2856.05 |



图 1-3-107　职工工资表

操作如下：

（1）单击“性别”所在列的任意一个单元格，这里选择 C3。

（2）单击“数据”/“排序和筛选”组的“升序”按钮，使工资表按“性别”排序。

（3）单击“数据”/“分级显示”组的“分类汇总”按钮，打开“分类汇总”对话框，在“分类字段”下拉列表中选择“性别”，在“汇总方式”下拉列表中选择“平均值”，拖动“选定汇总项”的滚动条选择“基本工资”和“实发工资”，勾选“汇总结果显示在数据下方”复选框，如图 1-3-108 所示。

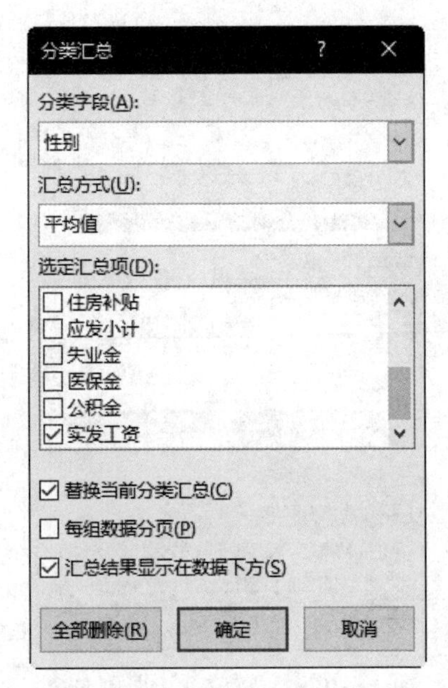


图 1-3-108　“分类汇总”对话框

（4）单击“确定”按钮，汇总结果如图 1-3-109 所示。

五阳公司职工工资表

| 编号 | 姓名 | 性别 | 基本工资 | 职务津贴 | 文明奖 | 住房补贴 | 应发小计 | 失业金 | 医保金 | 公积金 | 实发工资 |
|---|---|---|---|---|---|---|---|---|---|---|---|
| 1 | 王正明 | 男 | 2763.30 | 1000.00 | 200.00 | 300.00 | 4263.30 | 27.63 | 82.90 | 138.17 | 4014.60 |
| 3 | 金一明 | 男 | 2541.10 | 800.00 | 200.00 | 280.00 | 3821.10 | 25.41 | 76.23 | 127.06 | 3592.40 |
| 4 | 陈林 | 男 | 2556.50 | 800.00 | 200.00 | 280.00 | 3836.50 | 25.57 | 76.70 | 127.83 | 3606.42 |
| 5 | 李二芳 | 男 | 2206.70 | 600.00 | 200.00 | 250.00 | 3256.70 | 22.07 | 66.20 | 110.34 | 3058.10 |
| | | 男 平均值 | 2516.90 | | | | | | | | 3567.88 |
| 2 | 陈淑英 | 女 | 2730.30 | 1200.00 | 200.00 | 300.00 | 4430.30 | 27.30 | 81.91 | 136.52 | 4184.57 |
| 6 | 钱金金 | 女 | 2178.00 | 500.00 | 200.00 | 200.00 | 3078.00 | 21.78 | 65.34 | 108.90 | 2881.98 |
| 7 | 李明真 | 女 | 2149.50 | 500.00 | 200.00 | 200.00 | 3049.50 | 21.50 | 64.49 | 107.48 | 2856.05 |
| | | 女 平均值 | 2352.60 | | | | | | | | 3307.53 |
| | | 总计平均值 | 2446.49 | | | | | | | | 3456.30 |

图 1-3-109　按性别分类汇总结果

## 3.7　合并计算

合并计算用于对多张工作表中相同字段、不同记录的数据进行统计计算。

例如，打开如图 1-3-110 所示的“销售统计表”，合并计算上半年和下半年的销售量，获得全年的销售统计。

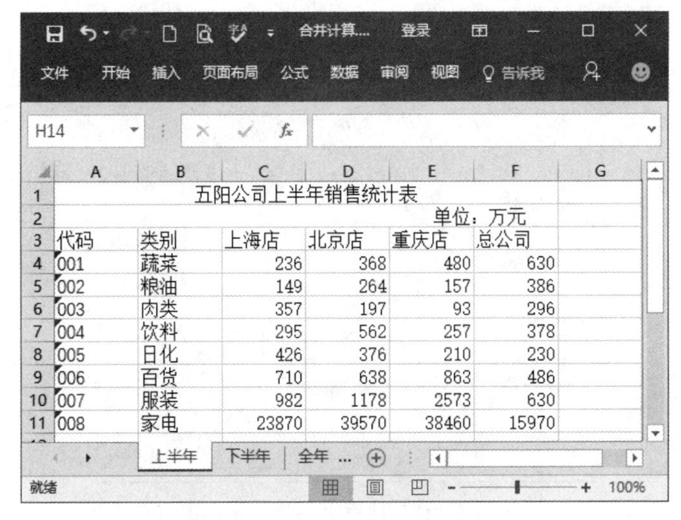

| 五阳公司上半年销售统计表 | | | | | |
|---|---|---|---|---|---|
| | | | | 单位：万元 | |
| 代码 | 类别 | 上海店 | 北京店 | 重庆店 | 总公司 |
| 001 | 蔬菜 | 236 | 368 | 480 | 630 |
| 002 | 粮油 | 149 | 264 | 157 | 386 |
| 003 | 肉类 | 357 | 197 | 93 | 296 |
| 004 | 饮料 | 295 | 562 | 257 | 378 |
| 005 | 日化 | 426 | 376 | 210 | 230 |
| 006 | 百货 | 710 | 638 | 863 | 486 |
| 007 | 服装 | 982 | 1178 | 2573 | 630 |
| 008 | 家电 | 23870 | 39570 | 38460 | 15970 |

图 1-3-110　打开的销售统计表

操作如下：

（1）在进行合并计算之前先建立一张同结构的工作表用来存放统计结果，譬如“全年”工作表，如图 1-3-111 所示。

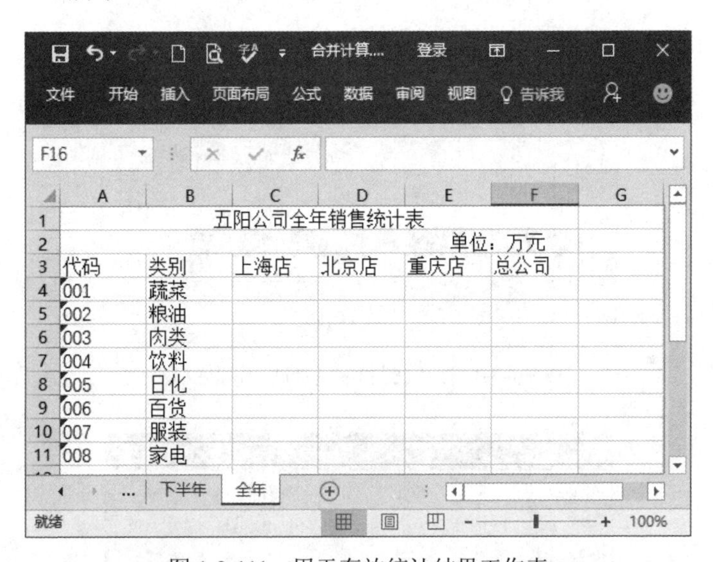

| 五阳公司全年销售统计表 | | | | | |
|---|---|---|---|---|---|
| | | | | 单位：万元 | |
| 代码 | 类别 | 上海店 | 北京店 | 重庆店 | 总公司 |
| 001 | 蔬菜 | | | | |
| 002 | 粮油 | | | | |
| 003 | 肉类 | | | | |
| 004 | 饮料 | | | | |
| 005 | 日化 | | | | |
| 006 | 百货 | | | | |
| 007 | 服装 | | | | |
| 008 | 家电 | | | | |

图 1-3-111　用于存放统计结果工作表

（2）单击 C4 单元格，单击“数据”/“数据工具”组的“合并计算”按钮，打开“合并计算”对话框，如图 1-3-112 所示。

（3）在“函数”下拉列表中选择要计算的函数，这里选择“求和”，单击“引用位置”的折叠按钮，折叠对话框，选择合并的第一张工作表标签（这里选“上半年”）并选中待合并数据的源单元格区域，如图 1-3-113 所示。

（4）单击“合并计算-引用位置”对话框的展开按钮，展开该对话框。

（5）单击“添加”按钮，第一个数据源区域即出现在“所有引用位置”列表框中，重复以上步骤将其他工作表的单元格区域依次添加到“所有引用位置”列表框中，如图 1-3-114 所示。

图 1-3-112 “合并计算”对话框

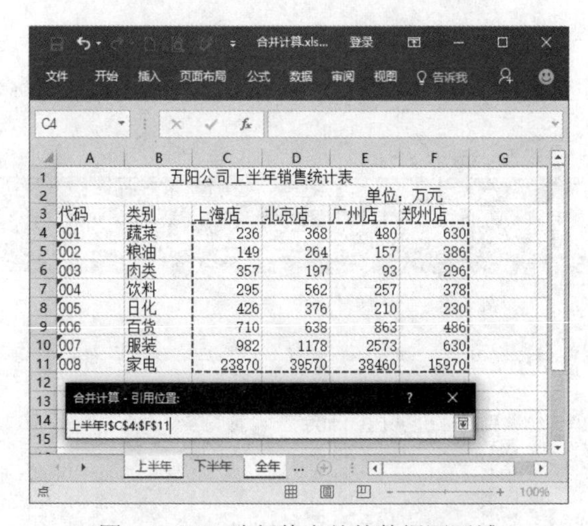

| | A | B | C | D | E | F |
|---|---|---|---|---|---|---|
| 1 | 五阳公司上半年销售统计表 | | | | | |
| 2 | | | | | 单位：万元 | |
| 3 | 代码 | 类别 | 上海店 | 北京店 | 广州店 | 郑州店 |
| 4 | 001 | 蔬菜 | 236 | 368 | 480 | 630 |
| 5 | 002 | 粮油 | 149 | 264 | 157 | 386 |
| 6 | 003 | 肉类 | 357 | 197 | 93 | 296 |
| 7 | 004 | 饮料 | 295 | 562 | 257 | 378 |
| 8 | 005 | 日化 | 426 | 376 | 210 | 230 |
| 9 | 006 | 百货 | 710 | 638 | 863 | 486 |
| 10 | 007 | 服装 | 982 | 1178 | 2573 | 630 |
| 11 | 008 | 家电 | 23870 | 39570 | 38460 | 15970 |



图 1-3-113 选择待合并的数据源区域

图 1-3-114 添加结果

（6）勾选“创建指向源数据的链接”复选框，这样，当工作表中的数据发生变化时，合并计算的结果也随之变化。单击“确定”按钮完成合并计算，结果如图 1-3-115 所示。

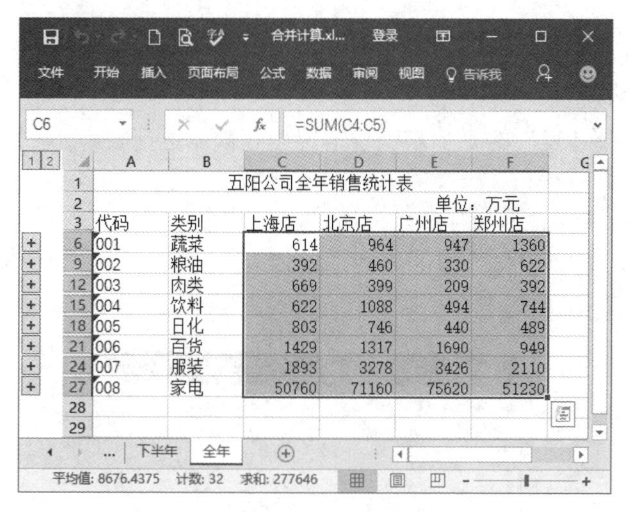

五阳公司全年销售统计表

单位：万元

| 代码 | 类别 | 上海店 | 北京店 | 广州店 | 郑州店 |
|---|---|---|---|---|---|
| 001 | 蔬菜 | 614 | 964 | 947 | 1360 |
| 002 | 粮油 | 392 | 460 | 330 | 622 |
| 003 | 肉类 | 669 | 399 | 209 | 392 |
| 004 | 饮料 | 622 | 1088 | 494 | 744 |
| 005 | 日化 | 803 | 746 | 440 | 489 |
| 006 | 百货 | 1429 | 1317 | 1690 | 949 |
| 007 | 服装 | 1893 | 3278 | 3426 | 2110 |
| 008 | 家电 | 50760 | 71160 | 75620 | 51230 |

图 1-3-115　合并计算结果

单击左侧的 + 和 - 按钮，可以分级查看合并项的源数据，如图 1-3-116 所示。

五阳公司全年销售统计表

单位：万元

| 代码 | 类别 | 上海店 | 北京店 | 广州店 | 郑州店 |
|---|---|---|---|---|---|
| | | 236 | 368 | 480 | 630 |
| | | 378 | 596 | 467 | 730 |
| 001 | 蔬菜 | 614 | 964 | 947 | 1360 |
| | | 149 | 264 | 157 | 386 |
| | | 243 | 196 | 173 | 236 |
| 002 | 粮油 | 392 | 460 | 330 | 622 |
| 003 | 肉类 | 669 | 399 | 209 | 392 |
| 004 | 饮料 | 622 | 1088 | 494 | 744 |
| 005 | 日化 | 803 | 746 | 440 | 489 |
| 006 | 百货 | 1429 | 1317 | 1690 | 949 |
| 007 | 服装 | 1893 | 3278 | 3426 | 2110 |
| 008 | 家电 | 50760 | 71160 | 75620 | 51230 |

图 1-3-116　查看源数据

## 3.8　数据透视表与数据透视图

数据透视表是一种交互式工作表，用于对现有数据列表进行汇总和分析。创建数据透视表后，可以按不同的需要，依不同的关系来提取和组织数据。

## 一、数据透视表

### 1. 创建数据透视表

数据透视表的创建是以工作表中的数据为依据，在工作表中创建数据透视表的方法与后面创建图表的方法类似。

例如，为“销售统计表”的上半年销售情况创建数据透视表。

操作如下：

（1）用鼠标单击工作表中的任一单元格。

（2）单击“插入”/“表格”组的“数据透视表”按钮，打开“创建数据透视表”对话框，如图 1-3-117 所示。

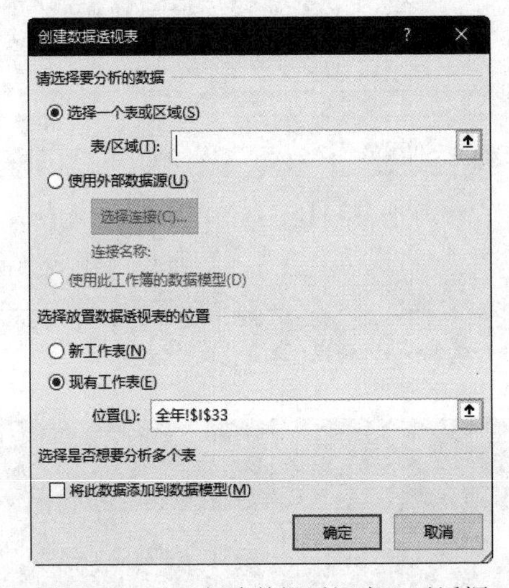


图 1-3-117 “创建数据透视表”对话框

（3）在“请选择要分析的数据”栏中点选“选择一个表或区域”，单击“表/区域”文本框右侧的“折叠”按钮，拖动鼠标选择表格中的 A3:F11 单元格区域，如图 1-3-118 所示。

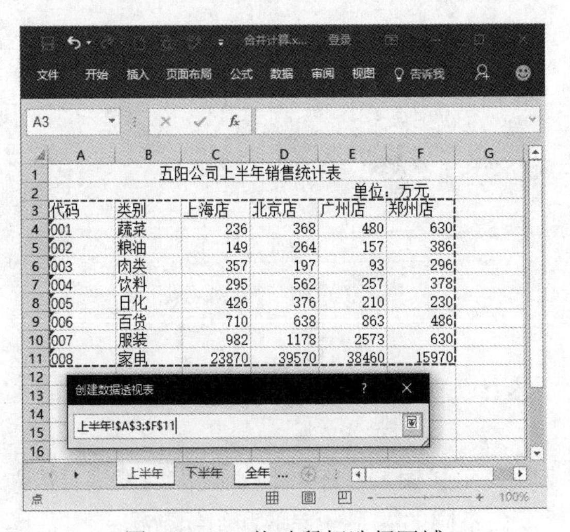


图 1-3-118 拖动鼠标选择区域

（4）单击文本框右侧的“展开”按钮，返回“创建数据透视表”对话框，在“选择放置数据透视表的位置”栏中点选“现有工作表”，用相同的方法将“位置”文本框中的区域设置为 A16，如图 1-3-119 所示。

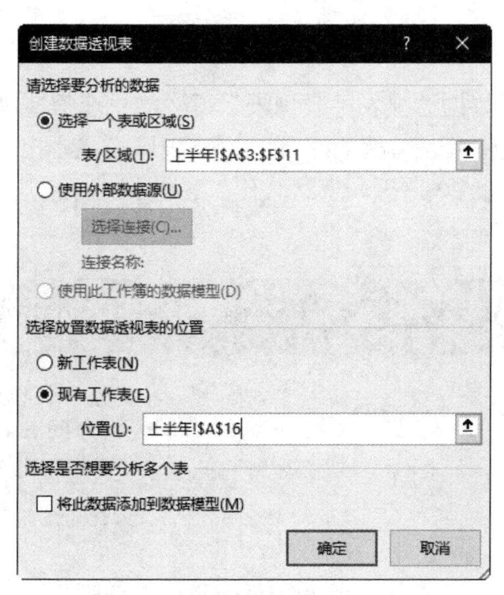


图 1-3-119　“创建数据透视表”对话框参数设置

（5）单击“确定”按钮即可完成数据透视表的创建，结果如图 1-3-120 所示。

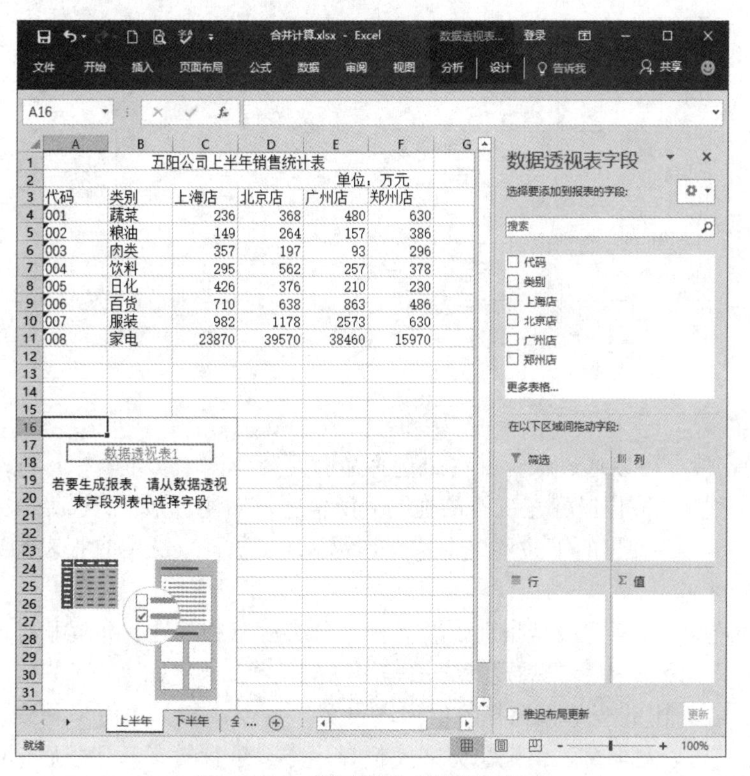


| 代码 | 类别 | 上海店 | 北京店 | 广州店 | 郑州店 |
| --- | --- | --- | --- | --- | --- |
| 001 | 蔬菜 | 236 | 368 | 480 | 630 |
| 002 | 粮油 | 149 | 264 | 157 | 386 |
| 003 | 肉类 | 357 | 197 | 93 | 296 |
| 004 | 饮料 | 295 | 562 | 257 | 378 |
| 005 | 日化 | 426 | 376 | 210 | 230 |
| 006 | 百货 | 710 | 638 | 863 | 486 |
| 007 | 服装 | 982 | 1178 | 2573 | 630 |
| 008 | 家电 | 23870 | 39570 | 38460 | 15970 |

图 1-3-120　创建的空白数据透视表

2. 设置数据透视表字段

新创建的数据透视表是空白的，若要生成报表就需要在“数据透视表字段列表”窗格中，根据需要将工作表中的数据添加到报表字段中。在 Excel 中除了可以向报表中添加字段外，还可以对所添加的字段进行移动、设置和删除操作。

操作如下：

（1）添加字段。在“数据透视表字段列表”窗格的“选择要添加到报表的字段”列表框中，勾选对应字段的复选框，即可在左侧的数据透视表区域显示出相应的数据信息，而且这些字段被存放在窗格的相应区域。这里勾选“代码”“类别”“上海店”及“北京店”4 个字段，如图 1-3-121 所示。

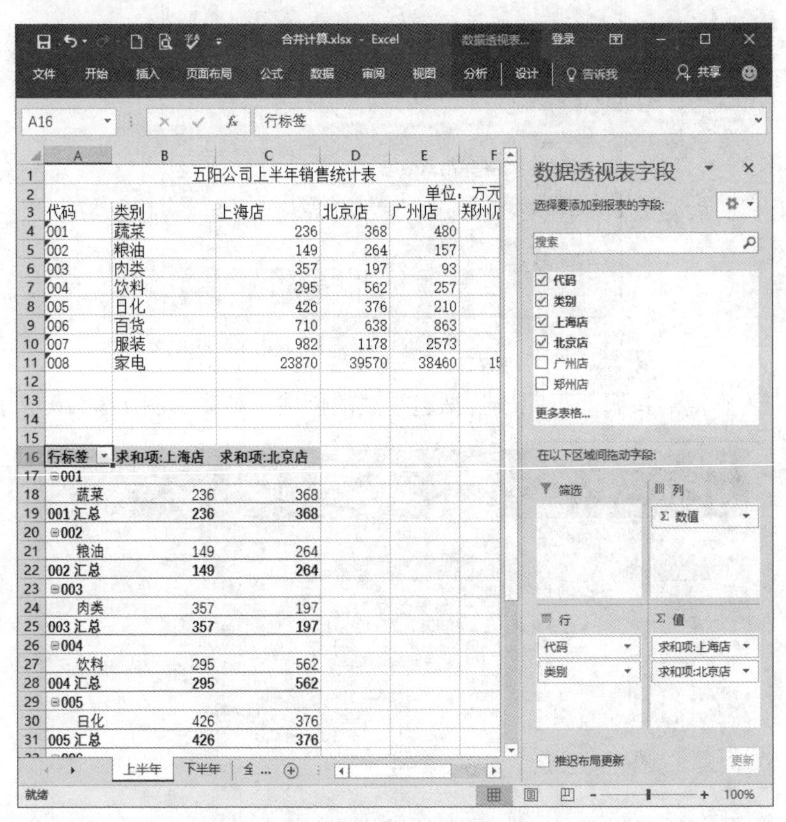


图 1-3-121 添加字段

（2）移动字段。可以通过鼠标拖动或选择命令两种方法来实现。鼠标拖动就是将鼠标移到需要移动的字段上，按住鼠标左键不放拖动到所需区域时再释放；而选择命令就是单击需要移动字段的▾按钮，在弹出的下拉菜单中选择目标区域。在 Excel 中有报表筛选、列标签、行标签和数值 4 个区域。

（3）设置字段。设置字段是指对字段名称、分类汇总和筛选、布局和打印以及值汇总方式进行的设置。不同区域中字段的设置方法是不同的。譬如，单击“数值”区域中需要设置的字段的▾按钮，在弹出的菜单中选择“值字段设置”命令，打开“值字段设置”对话框，如图 1-3-122 所示，可以对名称、值汇总方式及值显示方式进行设置，完成后单击“确定”按钮即可。

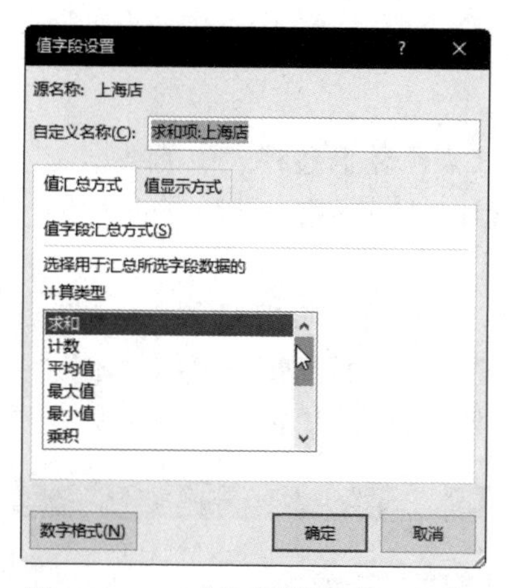


图 1-3-122　“值字段设置”对话框

（4）删除字段。选择需要删除的字段，单击其后的▾按钮，在弹出菜单中选择“删除字段”命令即可。

3. 美化数据透视表

如果新建的数据透视表不美观，可以对数据透视表的行、列或整体进行美化设计，这样不仅使数据透视表美观而且还增强了数据的可读性。

操作如下：

（1）在“销售统计表”的数据透视表中单击任意一个单元格，在“数据透视表工具”下勾选“设计”/“数据透视表样式选项”组中的“镶边行”复选框。

（2）在“数据透视表工具”下选择“设计”/“数据透视表样式”组的“深色”栏中的“数据透视表样式深色 3”，应用所选样式，如图 1-3-123 所示。

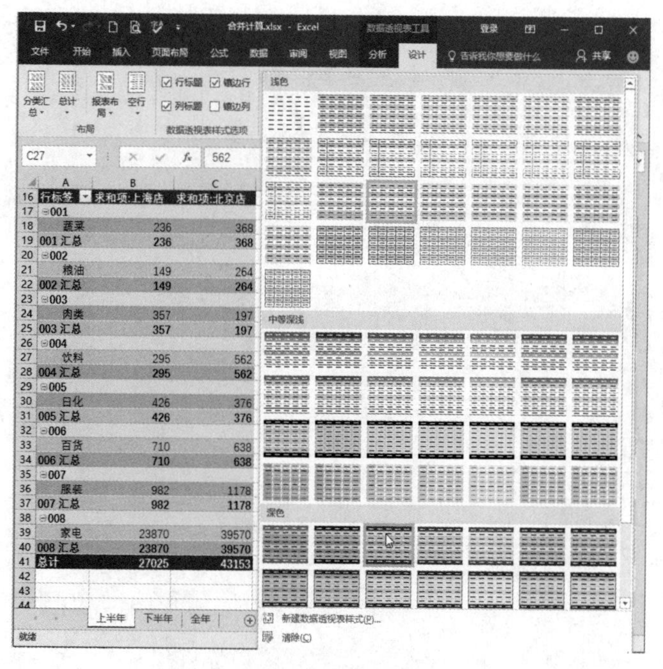


图 1-3-123　选择透视表应用样式

## 二、数据透视图

数据透视图是以图表的形式表示数据透视表中的数据。与数据透视表一样，在数据透视图中可查看不同级别的明细数据，具有直观表现数据的优点。

1. 创建数据透视图

（1）在“销售统计表”中单击“下半年”标签，选择“下半年销售统计”工作表，单击“插入”/“图表”组的“数据透视图”按钮，弹出“创建数据透视图”对话框，选择要分析的数据区域为 A3:F11 和放置数据透视图的位置为 A14，如图 1-3-124 所示。

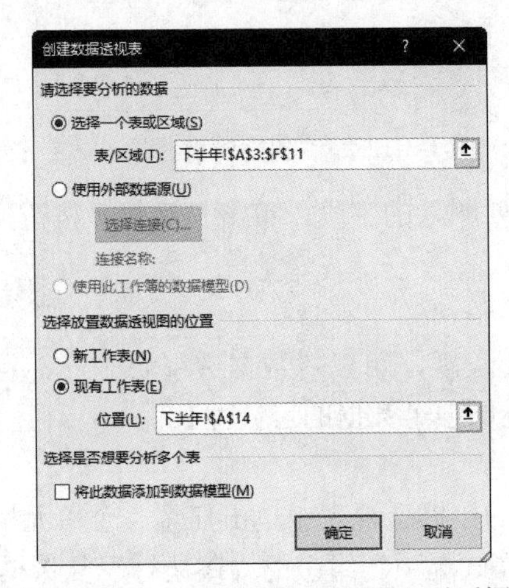


图 1-3-124 “创建数据透视图”对话框

（2）单击“确定”按钮，生成数据透视图，如图 1-3-125 所示。

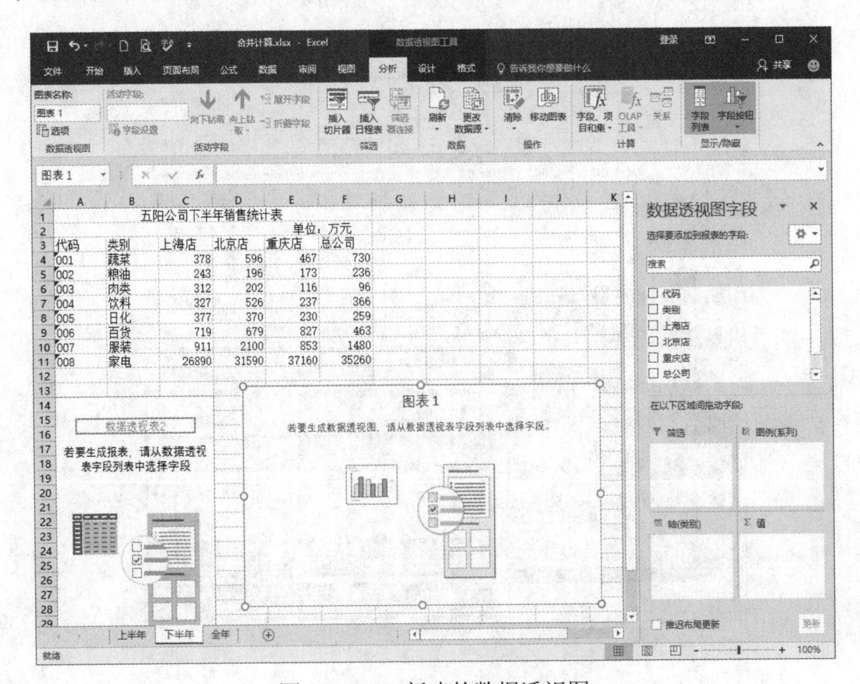


图 1-3-125 新建的数据透视图

（3）新创建的数据透视图是空白的，在“数据透视表字段列表”窗格的“选择要添加到报表的字段”列表中勾选“类别”“上海店”“北京店”“重庆店”及“总公司”5 个复选框，此时，数据透视图表中将显示所选数据信息，如图 1-3-126 所示。

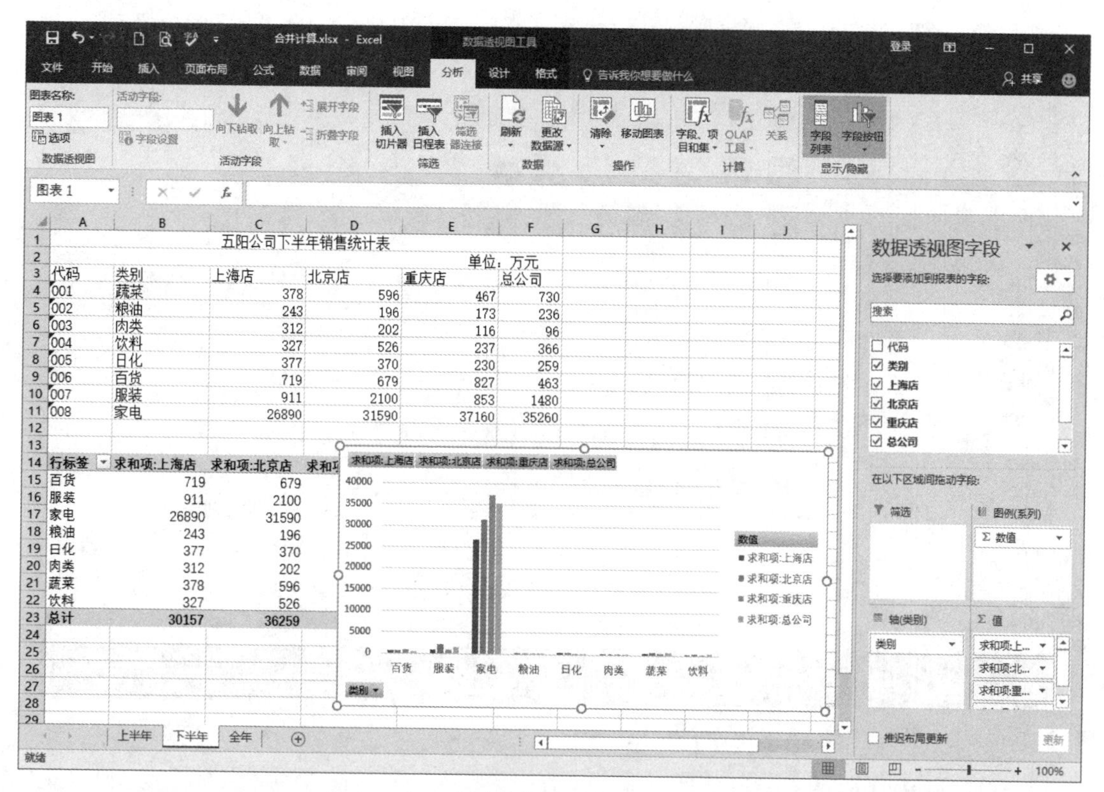

五阳公司下半年销售统计表

单位：万元

| 代码 | 类别 | 上海店 | 北京店 | 重庆店 | 总公司 |
|---|---|---|---|---|---|
| 001 | 蔬菜 | 378 | 596 | 467 | 730 |
| 002 | 粮油 | 243 | 196 | 173 | 236 |
| 003 | 肉类 | 312 | 202 | 116 | 96 |
| 004 | 饮料 | 327 | 526 | 237 | 366 |
| 005 | 日化 | 377 | 370 | 230 | 259 |
| 006 | 百货 | 719 | 679 | 827 | 463 |
| 007 | 服装 | 911 | 2100 | 853 | 1480 |
| 008 | 家电 | 26890 | 31590 | 37160 | 35260 |

| 行标签 | 求和项:上海店 | 求和项:北京店 |
|---|---|---|
| 百货 | 719 | 679 |
| 服装 | 911 | 2100 |
| 家电 | 26890 | 31590 |
| 粮油 | 243 | 196 |
| 日化 | 377 | 370 |
| 肉类 | 312 | 202 |
| 蔬菜 | 378 | 596 |
| 饮料 | 327 | 526 |
| 总计 | 30157 | 36259 |



图 1-3-126　创建的数据透视表及数据透视图

## 2. 设置数据透视图格式

设置数据透视图格式与美化图表的操作类似。首先选择需进行设置的图表元素，如图表区、绘图区、图例以及坐标轴等，然后在“数据透视图工具”下的“设计”、“布局”和“格式”选项卡下进行设置。

（1）设置图表区格式。选择数据透视图中的图表区，单击“格式”/“形状样式”组的“形状样式”列表中的“细微效果_绿色，强调颜色 6”选项，为图表区域应用该格式，如图 1-3-127 所示。

（2）设置图例格式。选择数据透视图中的图例，单击“格式”/“艺术字样式”组的“艺术字样式”列表中的“填充：蓝色，主题色 1：阴影”选项，为图例应用该格式，如图 1-3-128 所示。

（3）设置绘图区。选择数据透视图中的绘图区，单击“格式”/“形状样式”组的“形状填充”列表中的“纹理”选项，在面板中选择“褐色大理石”，如图 1-3-129 所示。最终数据透视图效果如图 1-3-130 所示。

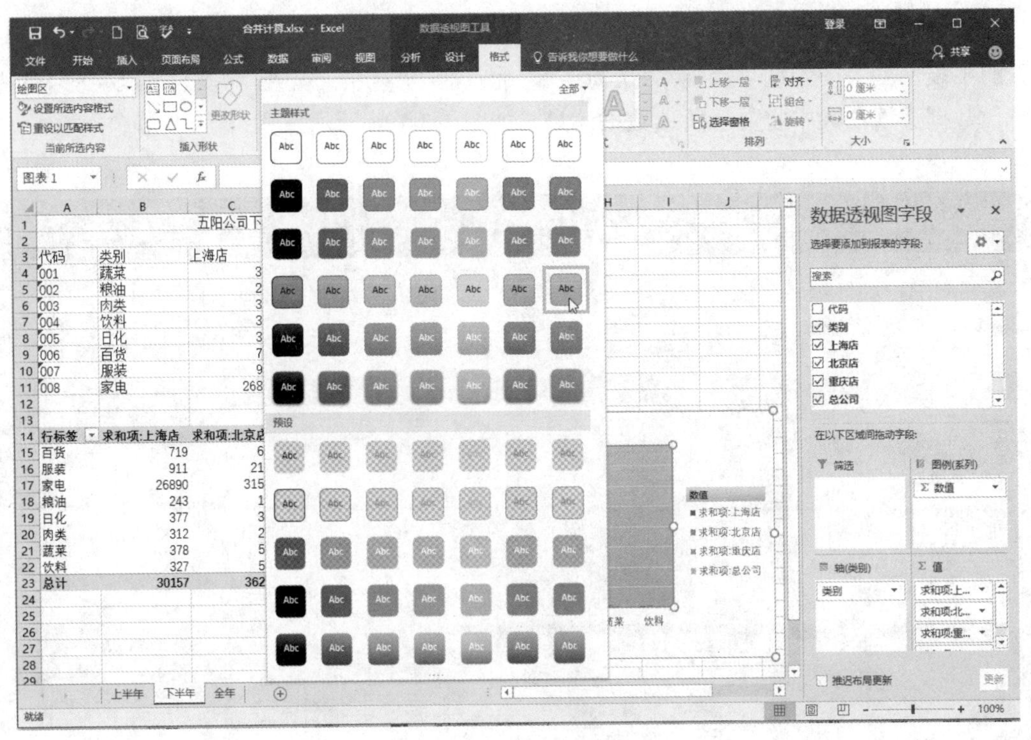


图 1-3-127　设置图表区格式

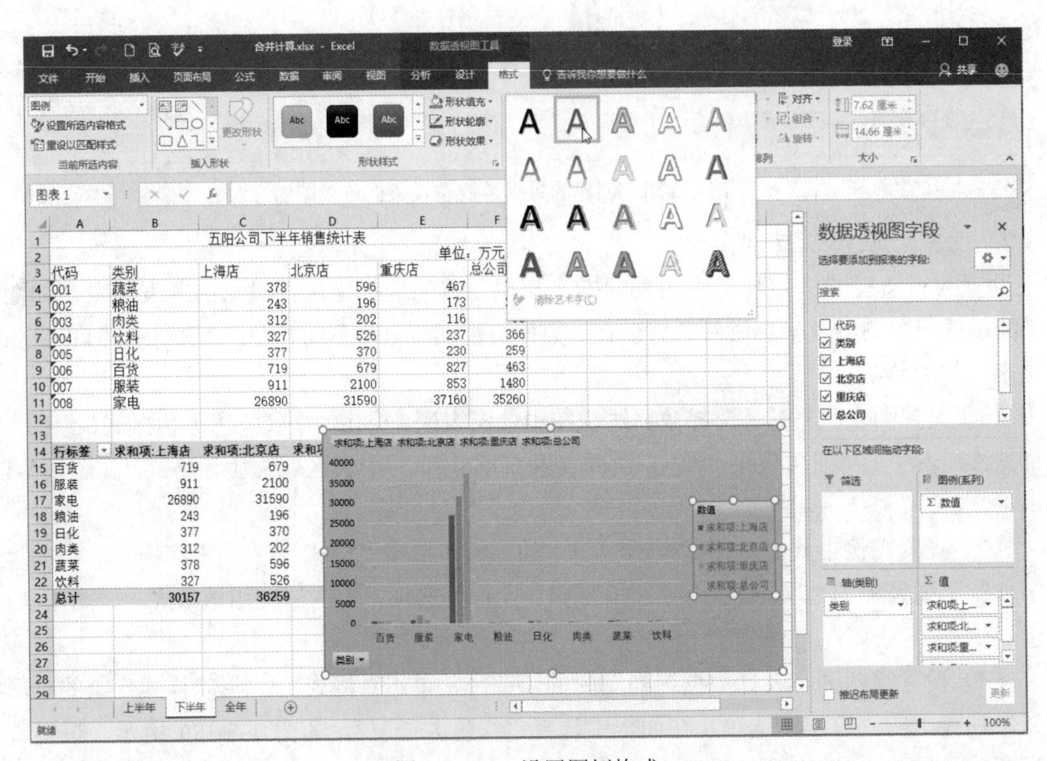


图 1-3-128　设置图例格式

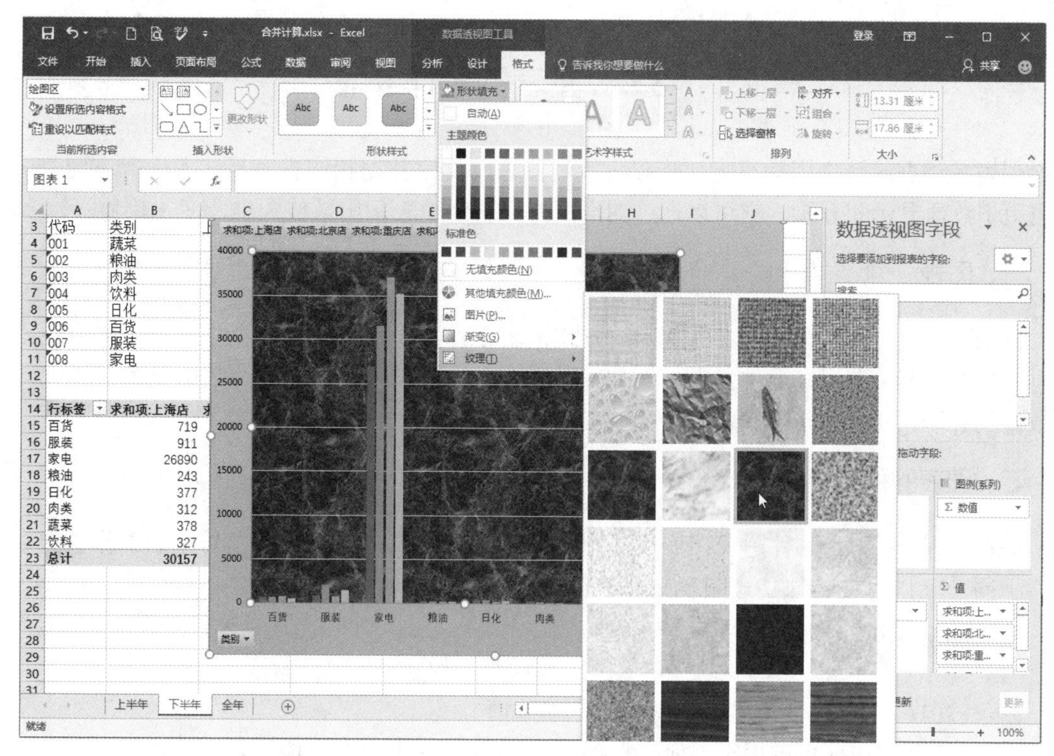


图 1-3-129　设置绘图区格式

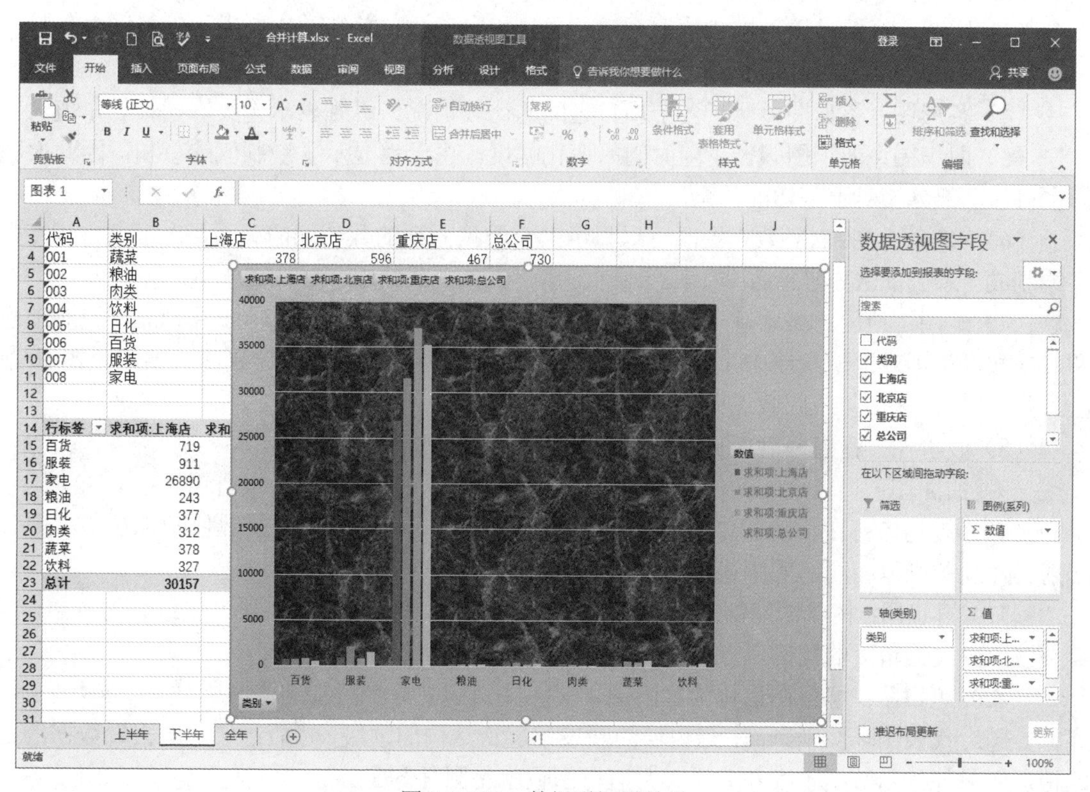


图 1-3-130　数据透视图效果

## 3.9 图表的制作

图表在数据统计中用途很大，形象直观的图表与文字数据相比更容易让人理解。图表广泛地应用于数据显示和分析，它可以通过图形的方式直观地表示出数值大小及变化趋势等。

### 一、图表

Excel工作表中的数据可以用图形的方式来表示。图表具有较好的视觉效果，可方便用户查看数据的差异、图案和预测趋势。例如，用户不必分析工作表中的多个数据列就可以立即看到数据的升降，或者方便地对不同数据项进行比较。

### 二、图表的种类

Excel中可以建立两种图表：嵌入式图表和独立式图表。嵌入式图表与建立工作表的数据共存于同一工作表中，独立式图表则单独存在于另一个工作表中。

### 三、图表的类型

Excel 2016提供了17种类型的图表，分别如下。

（1）柱形图：柱形图用于显示一段时间内的数据变化或说明项目之间的比较结果。

（2）折线图：折线图显示了相同间隔内数据的预测趋势。

（3）饼图：饼图显示了构成数据系列的项目相对于项目总和的比例大小。饼图中只显示一个数据系列；当希望强调某个重要元素时，饼图就很有用。

（4）条形图：条形图显示了各个项目之间的比较情况。纵轴表示分类，横轴表示值。

（5）面积图：面积图强调了随时间的变化幅度。由于也显示了绘制值的总和，因此面积图也可显示部分相对于整体的关系。

（6）XY散点图：XY散点图既可以显示多个数据系列的数值间的关系，也可以将两组数字绘制成一系列的XY坐标。

（7）地图：地图是微软基于Bing地图开发的一款数据可视化工具PowerMap，针对地理和时间数据跨地理区域绘制来生动形象地展示数据动态发展趋势。在绘制时需要提供国家/地区、州/省/自治区、县或邮政编码等地理数据信息。

（8）股价图：盘高→盘低→收盘图常用来说明股票价格。

（9）曲面图：当希望在两组数据间查找最优组合时，曲面图将会很有用。

（10）雷达图：在雷达图中，每个分类都有它自己的数值轴，每个数值轴都从中心向外辐射，而线条则以相同的顺序连接所有的值。

（11）树状图：树状图能够凸显在商业中哪些业务、产品或者趋势能产生最大的收益，或者在收入中占据最大的比例。

（12）旭日图：旭日图也称为太阳图，其层次结构中每个级别的比例通过1个圆环表示，离原点越近代表圆环级别越高，最内层的圆表示层次结构的顶级，然后一层一层去看数据的占比情况。另外，当数据不存在分层时，旭日图也就是圆环图了。

（13）直方图：直方图能够显示出业务目标趋势以及客户统计，帮助企业更好地了解有需求客户的分布。

（14）箱形图：箱形图用于一次性获取一批数据的四分值、平均值以及离散值，即最高值、3/4 四分值、平均值、1/2 四分值、1/4 四分值和最低值。

（15）瀑布图：主要用于展示各个数值之间的累计关系。该图表能够高效地反映出哪些特定信息或趋势能够影响到业务底线，展示出收支平衡、亏损和盈利信息。

（16）漏斗图：漏斗图能帮助企业跟踪销售情况。

（17）组合图：当需要在图表中体现多个数据维度，譬如需要柱形图、折线图等在同一个图表中呈现时，就需要使用组合图。

每种类型的图表还有若干子类型，如柱形图中有簇状柱形图、堆积柱形图、百分比柱形图、三维簇状柱形图、三维堆积柱形图、三维百分比柱形图和三维柱形图共 7 个子图表类型。

## 四、使用一步创建法来创建图表

在工作表上选定要创建图表的数据区域，按下“F11”键，可插入一张新的独立式图表，该方法只能建立独立式图表。

## 五、创建图表

在 Excel 中利用“插入”/“图表”组的功能区所需图表类型按钮（譬如“柱形图”按钮），在弹出的下拉面板中选择该类型具体图表，或单击“查看所有图表”按钮，通过“插入图表”对话框来创建图表。

下面打开“各门店销售表.xlsx”工作簿，根据销售情况，为“北京店”创建一个柱形图，以便比较各类产品每个季度的销售情况。

操作方法如下：

（1）在打开的“各门店销售表.xlsx”工作簿，单击“北京店”标签，在该工作表中选择创建图表的数据区域，如图 1-3-131 所示。

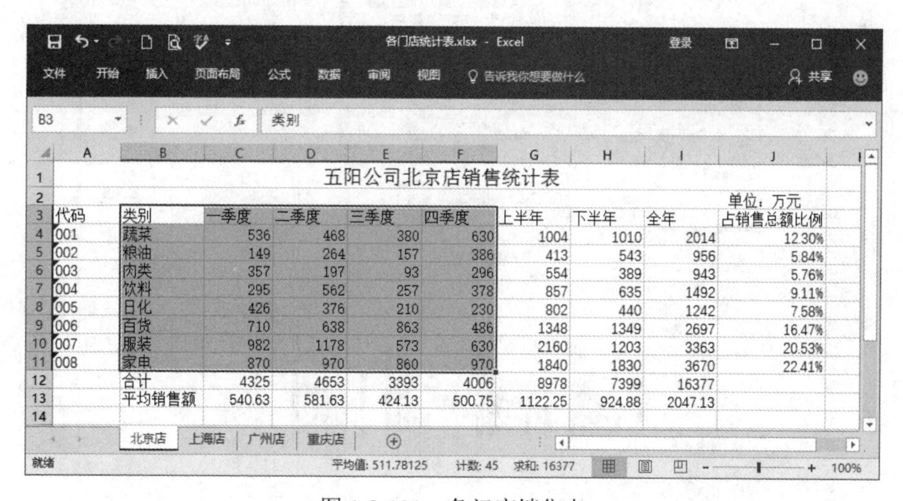

五阳公司北京店销售统计表

单位：万元

| 代码 | 类别 | 一季度 | 二季度 | 三季度 | 四季度 | 上半年 | 下半年 | 全年 | 占销售总额比例 |
|---|---|---|---|---|---|---|---|---|---|
| 001 | 蔬菜 | 536 | 468 | 380 | 630 | 1004 | 1010 | 2014 | 12.30% |
| 002 | 粮油 | 149 | 264 | 157 | 386 | 413 | 543 | 956 | 5.84% |
| 003 | 肉类 | 357 | 197 | 93 | 296 | 554 | 389 | 943 | 5.76% |
| 004 | 饮料 | 295 | 562 | 257 | 378 | 857 | 635 | 1492 | 9.11% |
| 005 | 日化 | 426 | 376 | 210 | 230 | 802 | 440 | 1242 | 7.58% |
| 006 | 百货 | 710 | 638 | 863 | 486 | 1348 | 1349 | 2697 | 16.47% |
| 007 | 服装 | 982 | 1178 | 573 | 630 | 2160 | 1203 | 3363 | 20.53% |
| 008 | 家电 | 870 | 970 | 860 | 970 | 1840 | 1830 | 3670 | 22.41% |
|  | 合计 | 4325 | 4653 | 3393 | 4006 | 8978 | 7399 | 16377 |  |
|  | 平均销售额 | 540.63 | 581.63 | 424.13 | 500.75 | 1122.25 | 924.88 | 2047.13 |  |



图 1-3-131　各门店销售表

（2）单击“插入”/“图表”组的“查看所有图表”按钮，打开“插入图表”对话框，并单击“所有图表”选项卡，如图 1-3-132 所示。

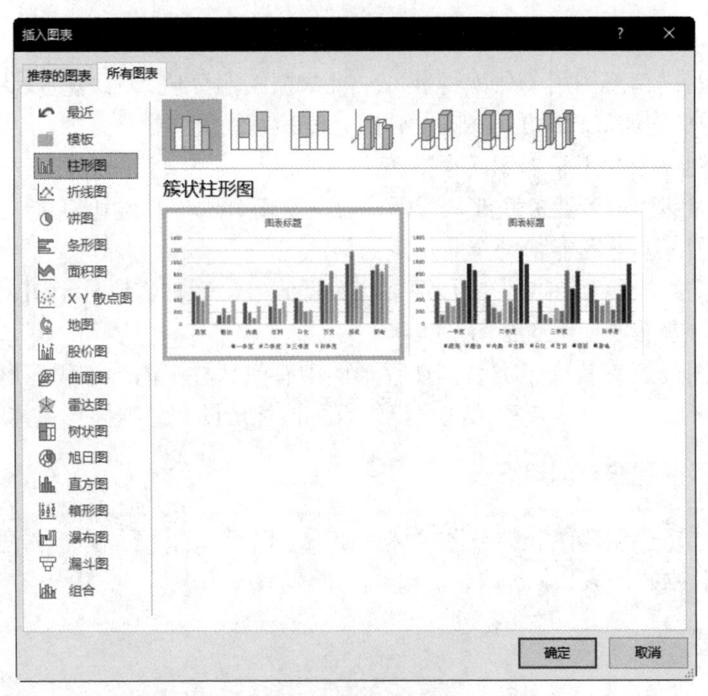


图 1-3-132 “插入图表”对话框

（3）在对话框左侧列表中选择“柱形图”，在右侧上方选择“簇状柱形图”，由于分析每个季度产品销售情况，所以在下方选择第二种类别，单击“确定”按钮，在工作表中插入所选图表，如图 1-3-133 所示。

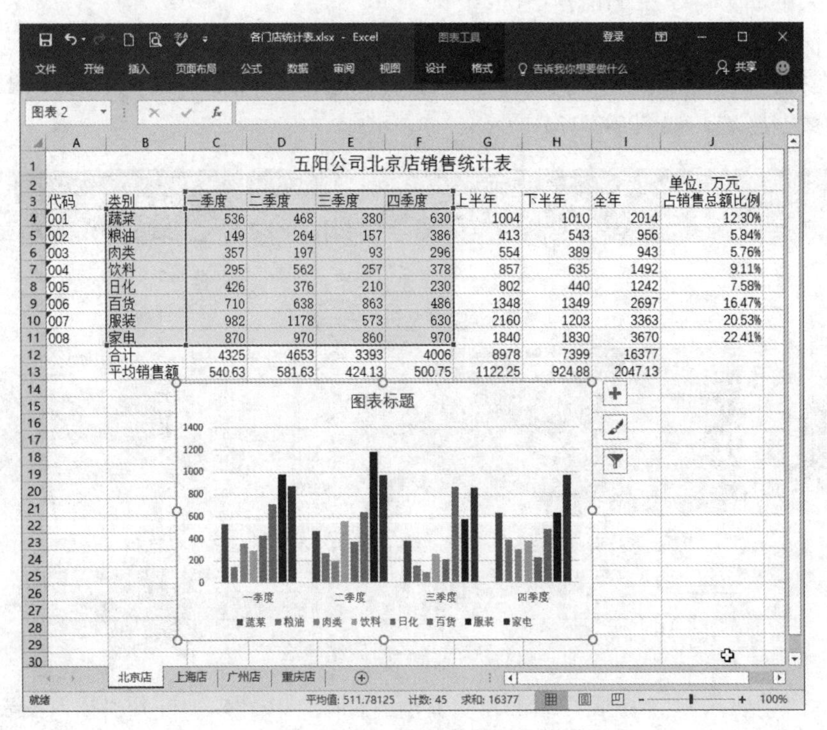

五阳公司北京店销售统计表

单位：万元

| 代码 | 类别 | 一季度 | 二季度 | 三季度 | 四季度 | 上半年 | 下半年 | 全年 | 占销售总额比例 |
|---|---|---|---|---|---|---|---|---|---|
| 001 | 蔬菜 | 536 | 468 | 380 | 630 | 1004 | 1010 | 2014 | 12.30% |
| 002 | 粮油 | 149 | 264 | 157 | 386 | 413 | 543 | 956 | 5.84% |
| 003 | 肉类 | 357 | 197 | 93 | 296 | 554 | 389 | 943 | 5.76% |
| 004 | 饮料 | 295 | 562 | 257 | 378 | 857 | 635 | 1492 | 9.11% |
| 005 | 日化 | 426 | 376 | 210 | 230 | 802 | 440 | 1242 | 7.58% |
| 006 | 百货 | 710 | 638 | 863 | 486 | 1348 | 1349 | 2697 | 16.47% |
| 007 | 服装 | 982 | 1178 | 573 | 630 | 2160 | 1203 | 3363 | 20.53% |
| 008 | 家电 | 870 | 970 | 860 | 970 | 1840 | 1830 | 3670 | 22.41% |
| | 合计 | 4325 | 4653 | 3393 | 4006 | 8978 | 7399 | 16377 | |
| | 平均销售额 | 540.63 | 581.63 | 424.13 | 500.75 | 1122.25 | 924.88 | 2047.13 | |



图 1-3-133 在工作表中插入图表

## 六、为图表添加标签

为使图表更易于理解，可以为图表添加标签。图表标签主要用于说明图表上的数据信息，它包括图表标题、坐标轴标题、数据标签等。

**贴心提示**　默认情况下，数据标签所显示的值与工作表中的值是相连的，在对这些值进行更改时，数据标签会自动更新。

这里，为如图 1-3-133 所示的漏斗图表添加图表标题、坐标轴标题和数据标签及图例等元素。

操作方法如下：

（1）打开“各门店销售表.xlsx”工作簿，单击“北京店”标签，单击需添加标题的图表中的任意位置，此时将显示“图表工具”，并增加了“设计”和“格式”2 个选项卡，如图 1-3-134 所示。

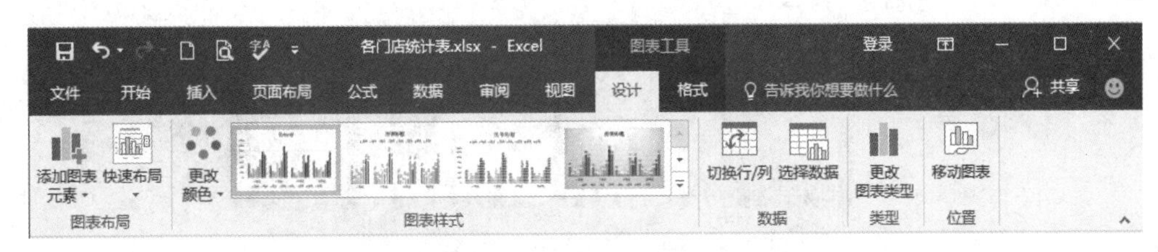


图 1-3-134　“图表工具”及选项卡

（2）单击图表上方“图表标题”文本框，输入“北京店各季度产品销售情况”，并设置大小为 16 磅，加粗，按“Esc”键退出编辑。若在输入标题的过程中需要换行，则按“Enter”键。如图 1-3-135 所示。

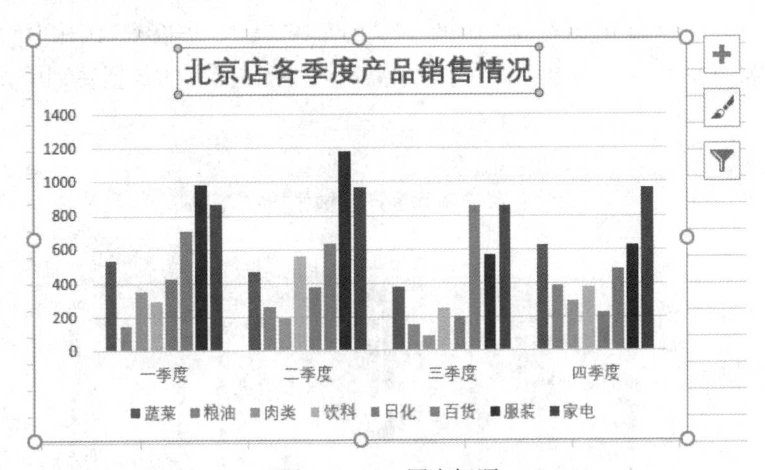


图 1-3-135　图表标题

（3）单击图表右上方“图表元素”按钮 +，在弹出的下拉菜单中选择“坐标轴标题”→“主要横坐标轴/主要纵坐标轴”选项，如图 1-3-136 所示。

（4）此时在图表左边和下边将显示“坐标轴标题”文本框，在文本框中依次输入“销售额”和“季度”，效果如图 1-3-137 所示。

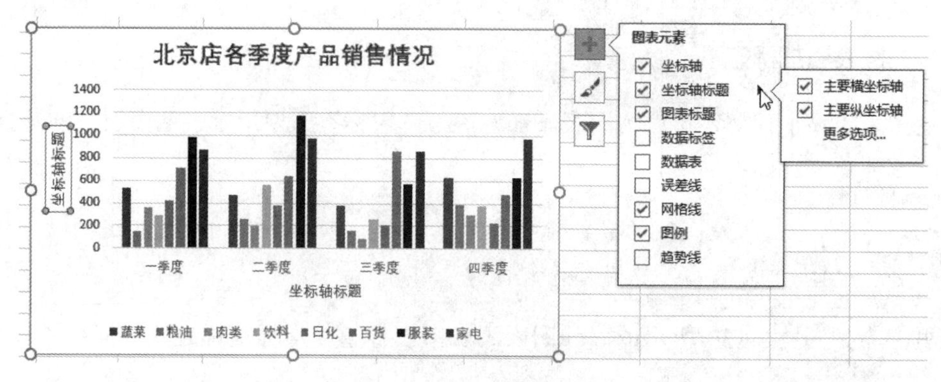


图 1-3-136 添加坐标轴

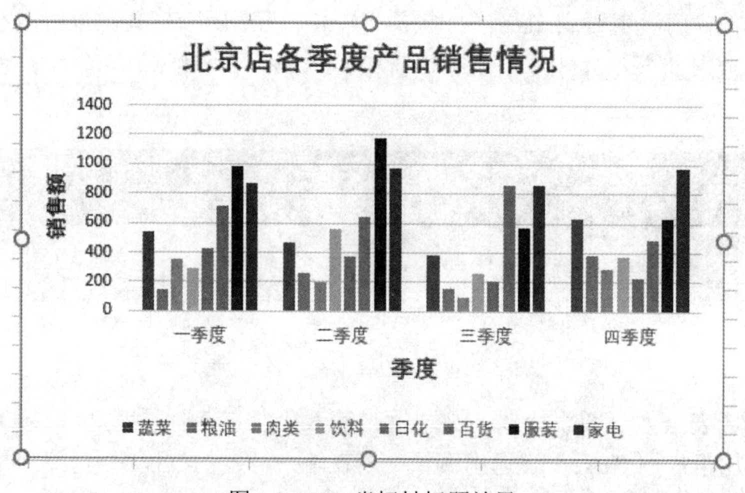


图 1-3-137 坐标轴标题效果

（5）单击“设计”/“图表布局”组的“添加图表元素”按钮，在弹出的下拉菜单中选择“数据标签/数据标签外”命令，此时数据标签将显示在图表的数据系列中，如图 1-3-138 所示。

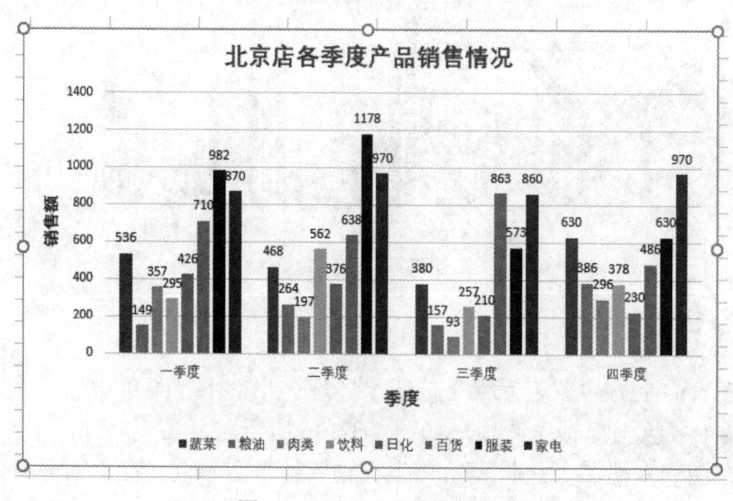


图 1-3-138 显示数据标签

有些图表类型有坐标轴，但不能显示坐标轴标题，譬如雷达图。而没有坐标轴的图表类型是不能显示坐标轴标题的，譬如旭日图。

## 七、为图表添加趋势线

趋势线是以图形的方式表示数据系列的变化趋势并预测以后的数据。若在实际工作中需要利用图表进行回归分析，就可以在图表中添加趋势线。

下面，为如图 1-3-137 所示的图表添加趋势线，以便进行数据回归分析。

操作方法如下：

（1）单击需添加趋势线的图表中的任意位置，单击“设计”/“图表布局”组的“添加图表元素”按钮，在弹出的下拉菜单中依次选择“趋势线”→“指数”选项，打开“添加趋势线”对话框，如图 1-3-139 所示。

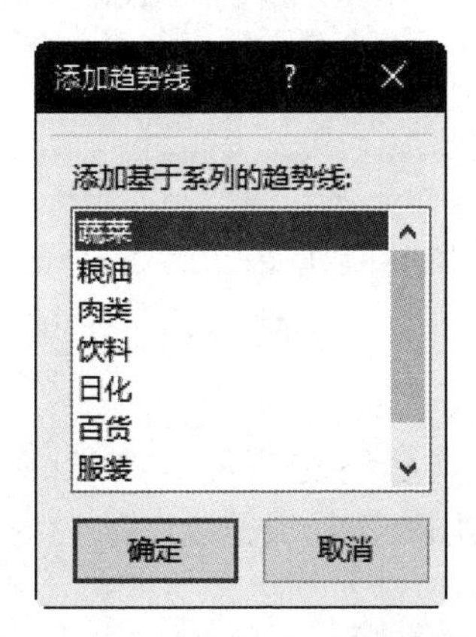


图 1-3-139　“添加趋势线”对话框

（2）在对话框的“添加基于系列的趋势线”列表框中选择“服装”选项，单击“确定”按钮，为“服装”数据系列添加指数趋势线，如图 1-3-140 所示。

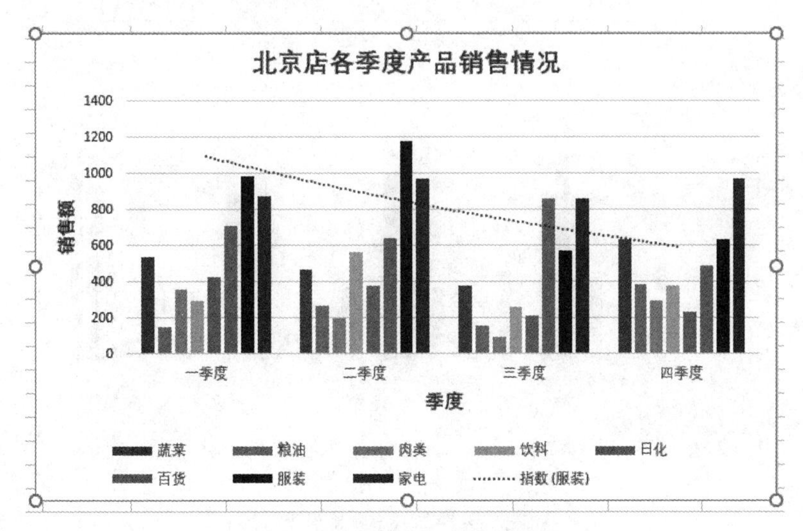


图 1-3-140　添加的趋势线效果

（3）更改趋势线颜色和线型。单击添加的指数趋势线，单击“格式”/“形状样式”组的“形状轮廓”按钮，在弹出的下拉菜单中选择“红色”、粗细 3 磅、实线、箭头样式 5 等选项，效果如图 1-3-141 所示。

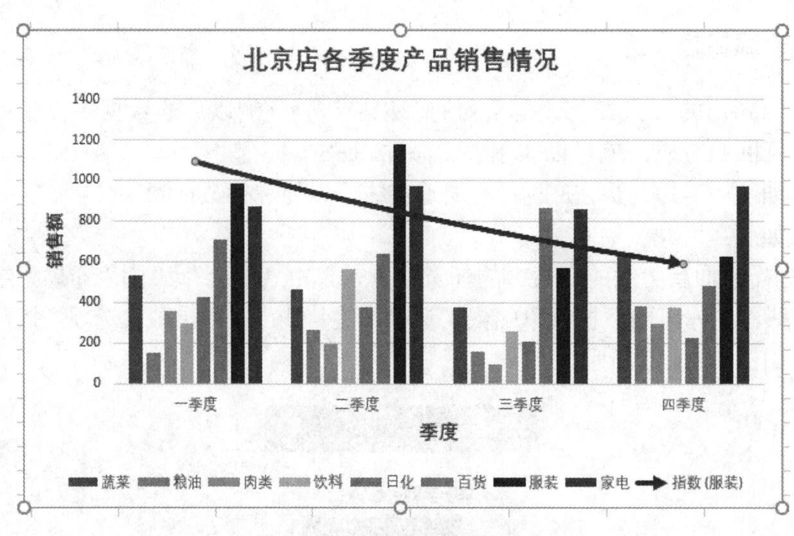


图 1-3-141　更改趋势线颜色

## 八、为图表添加误差线

在 Excel 中误差线的添加方法与趋势线相同。

下面，为如图 1-3-137 所示的图表添加误差线。

操作方法如下：

（1）单击需添加误差线的数据系列，这里单击代表百货的“绿色”，然后单击“设计”/“图表布局”组的“添加图表元素”按钮，在弹出的下拉菜单中依次选择“趋势线”→“标准误差”选项，即可为“百货”数据系列添加误差线，如图 1-3-142 所示。

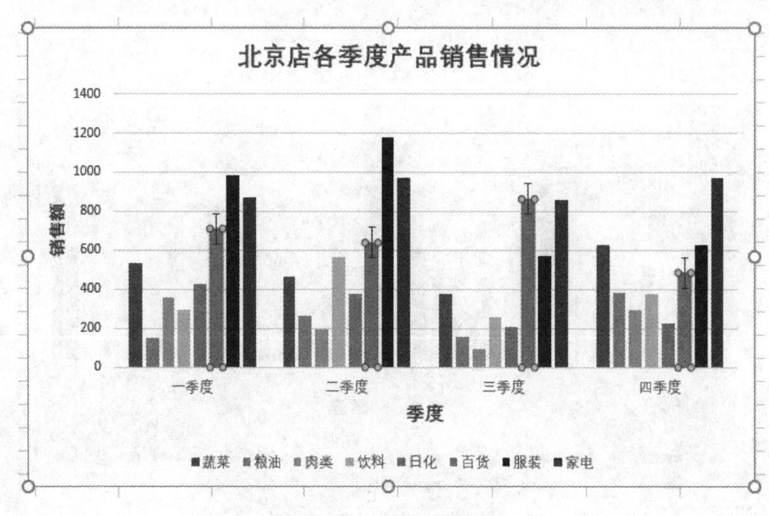


图 1-3-142　添加误差线

（2）单击添加的误差线，单击“格式”/“形状样式”组的“形状样式”，在弹出的下拉列表框中选择主题样式中的“粗线-强调颜色 2”，更改误差线的样式，效果如图 1-3-143 所示。

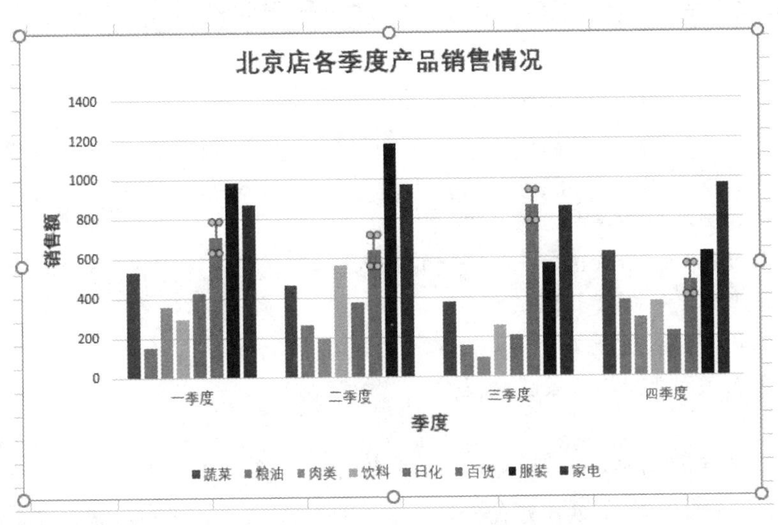


图 1-3-143　更改误差线样式

# 第 4 章　Excel 2016 电子表格的网络应用

**知识点**

- 掌握在局域网中共享和修订工作簿
- 掌握 Word、PowerPoint 及 Access 的插入
- 掌握在工作表中创建超级链接
- 掌握以邮件形式发送工作簿
- 掌握在互联网上发布 Excel 数据

随着互联网的发展和普及，人们的距离越来越近，足不出户就将一切工作完成。对于会计人员也不例外，除了实现无纸化办公外，还要实现数据共享、共同审阅、零距离会计报表报送等，这些工作都可以通过 Excel 的自身功能轻松完成。

## 4.1　局域网中共享 Excel 数据

Excel 的资源共享主要包括两个方面的内容，一是通过局域网共享 Excel 数据资源；二是实现 Office 办公软件的资源共享。

### 一、在局域网中共享工作簿

共享工作簿就是允许多人同时处理一个工作簿，此时应将工作簿保存在允许多人打开此工作簿的网络位置。

共享工作簿的目的就是方便局域网中其他用户能够直接调用表格数据并为需要审阅或修订表格数据的用户节省工作流程。

将工作簿共享到局域网上，方便局域网上的其他用户浏览和使用，这将大大提高办公效率。目前许多公司或机关事业单位都使用这种方法来降低办公成本及提高工作效率。

假设，五阳公司想将公司今年各门店的销售情况共享到公司的局域网上供大家审阅。

具体操作如下：

（1）打开“各门店统计表.xlsx”工作簿，如图 1-4-1 所示。

（2）单击“审阅”/“更改”组的“共享工作簿”按钮，打开“共享工作簿”对话框，勾选“允许多用户同时编辑，同时允许工作簿合并”复选框，如图 1-4-2 所示。

（3）在“高级”选项卡下对共享工作簿的保存修订、更新文件等进行设置，如图 1-4-3 所示。

（4）单击“确定”按钮，弹出提示对话框，如图 1-4-4 所示，提示共享操作将导致对工作簿进行保存。

五阳公司北京店销售统计表

单位：万元

| 代码 | 类别 | 一季度 | 二季度 | 三季度 | 四季度 | 上半年 | 下半年 | 全年 | 占销售总额比例 |
|---|---|---|---|---|---|---|---|---|---|
| 001 | 蔬菜 | 536 | 468 | 380 | 630 | 1004 | 1010 | 2014 | 12.30% |
| 002 | 粮油 | 149 | 264 | 157 | 386 | 413 | 543 | 956 | 5.84% |
| 003 | 肉类 | 357 | 197 | 93 | 296 | 554 | 389 | 943 | 5.76% |
| 004 | 饮料 | 295 | 562 | 257 | 378 | 857 | 635 | 1492 | 9.11% |
| 005 | 日化 | 426 | 376 | 210 | 230 | 802 | 440 | 1242 | 7.58% |
| 006 | 百货 | 710 | 638 | 863 | 486 | 1348 | 1349 | 2697 | 16.47% |
| 007 | 服装 | 982 | 1178 | 573 | 630 | 2160 | 1203 | 3363 | 20.53% |
| 008 | 家电 | 870 | 970 | 860 | 970 | 1840 | 1830 | 3670 | 22.41% |
|  | 合计 | 4325 | 4653 | 3393 | 4006 | 8978 | 7399 | 16377 |  |
|  | 平均销售额 | 540.63 | 581.63 | 424.13 | 500.75 | 1122.25 | 924.88 | 2047.13 |  |



图 1-4-1　各门店统计

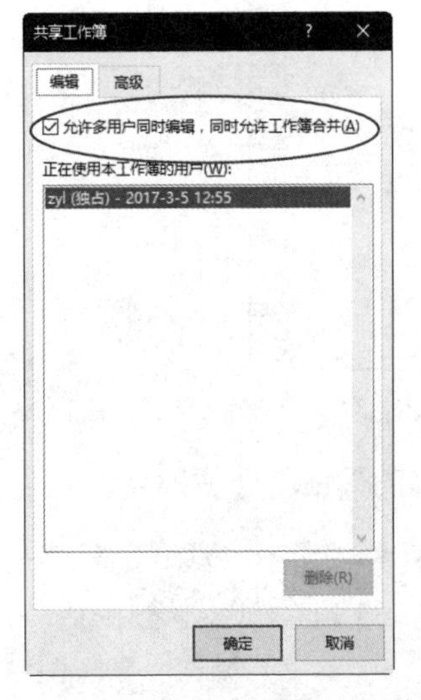


图 1-4-2　“共享工作簿”对话框

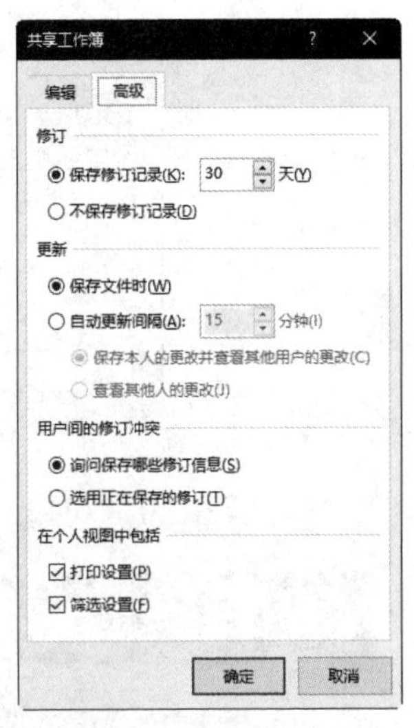


图 1-4-3　参数设置

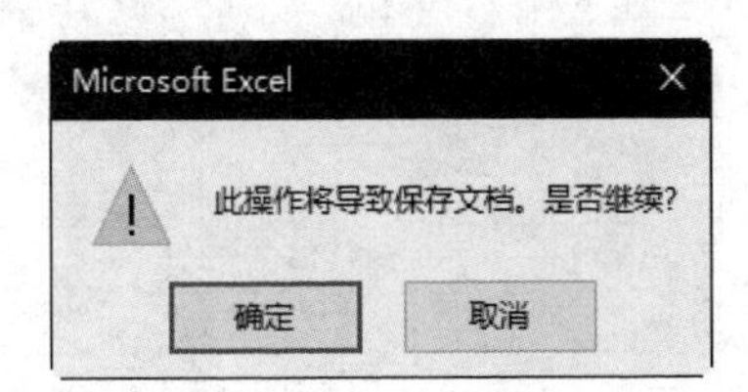


图 1-4-4　提示对话框

（5）直接单击“确定”按钮，此时工作簿标题栏将出现“[共享]”字样，如图 1-4-5 所示。

图 1-4-5　工作簿共享状态

通过查看工作簿标题栏上有无“[共享]”字样就可以判断出此工作簿是否处于共享状态。

## 二、突出显示修订

将工作簿共享并允许他人修改工作簿中的内容，这就需要让共享者及时了解哪些用户对工作簿进行了哪些修改，可以通过设置“突出显示修订”来解决。

具体操作如下：

（1）打开已经共享到局域网上的工作簿，单击“审阅”/“更改”组的“修订”按钮，在弹出的下拉菜单中选择“突出显示修订”命令，打开“突出显示修订”对话框，勾选除“位置”以外的所有复选框，如图 1-4-6 所示。

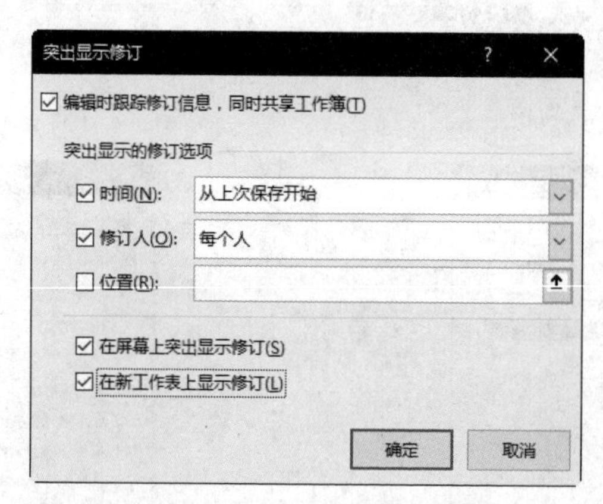


图 1-4-6　“突出显示修订”对话框

（2）单击“确定”按钮即可，此时工作簿中被修订的数据将会被框住，如图 1-4-7 所示。

五阳公司北京店销售统计表

单位：万元

| 代码 | 类别 | 一季度 | 二季度 | 三季度 | 四季度 | 上半年 | 下半年 | 全年 | 占销售总额比例 |
|---|---|---|---|---|---|---|---|---|---|
| 001 | 蔬菜 | 536 | 468 | 380 | 630 | 1004 | 1010 | 2014 | 11.99% |
| 002 | 粮油 | 149 | 264 | 157 | 386 | 413 | 543 | 956 | 5.69% |
| 003 | 肉类 | 357 | 197 | 93 | 296 | 554 | 389 | 943 | 5.61% |
| 004 | 饮料 | 295 | 562 | 257 | 378 | 857 | 635 | 1492 | 8.88% |
| 005 | 日化 | 426 | 376 | 210 | 230 | 802 | 660 | 1242 | 7.39% |
| 006 | 百货 | 710 | 638 | 863 | 486 | 1348 | 1349 | 2697 | 16.05% |
| 007 | 服装 | 982 | 1178 | 1000 | 630 | 2160 | 1630 | 3790 | 22.55% |
| 008 | 家电 | 870 | 970 | 860 | 970 | 2000 | 1830 | 3670 | 21.84% |
| | 合计 | 4325 | 4653 | 3820 | 4006 | 9138 | 8046 | 16804 | |
| | 平均销售额 | 540.63 | 581.63 | 477.50 | 500.75 | 1142.25 | 1005.75 | 2100.50 | |

图 1-4-7　突出显示被修订的数据

## 三、接受或拒绝修订

当共享的工作簿被局域网上的其他用户进行了内容的修改之后，共享者有权接受或拒绝其所做的修订。

具体操作如下：

（1）打开已经共享到局域网上的工作簿，单击“审阅”/“更改”组的“修订”按钮，在弹出的下拉菜单中选择“接受/拒绝修订”命令，弹出提示对话框，如图 1-4-8 所示，提示用户此操作将导致对工作簿进行保存。

（2）直接单击“确定”按钮，打开“接受或拒绝修订”对话框，在此设置接受或拒绝修订需满足的条件，如图 1-4-9 所示。

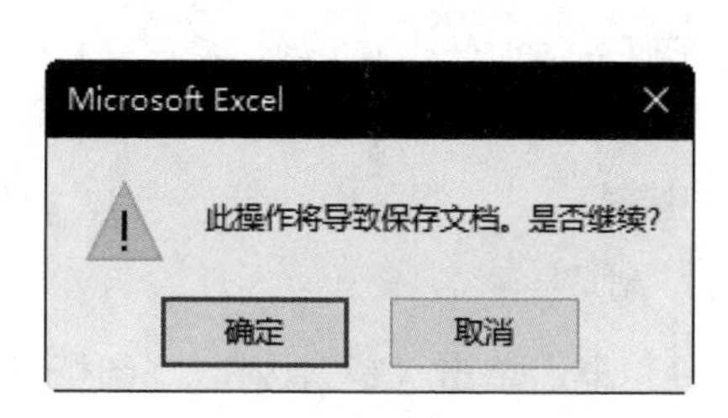


图 1-4-8　提示对话框

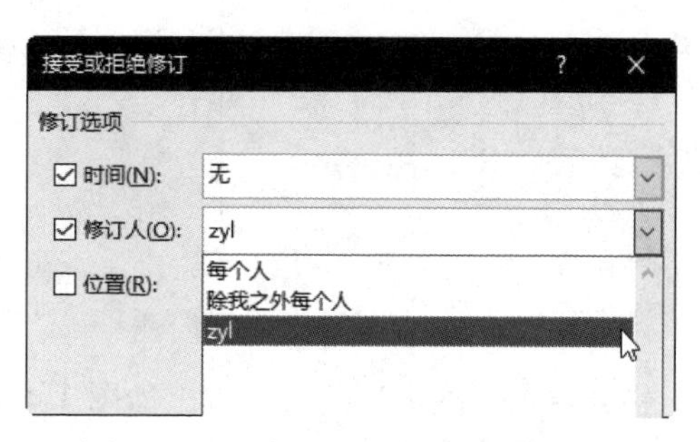


图 1-4-9　“接受或拒绝修订”对话框

（3）单击“确定”按钮，Excel 将检查工作簿中是否出现了符合条件的修订操作，若有，将打开如图 1-4-10 所示的“接受或拒绝修订”对话框，此时单击“接受”按钮将接受修订，单击“拒绝”按钮则拒绝修订。

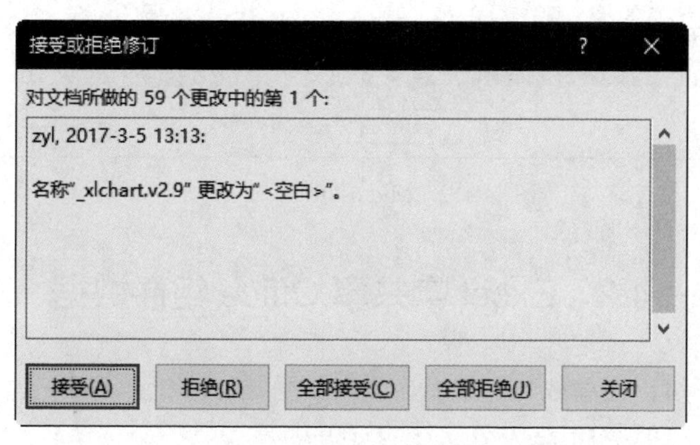


图 1-4-10　“接受或拒绝修订”对话框

## 四、取消工作簿的共享

当需要取消工作簿的共享时，可进行如下操作：

（1）打开已经共享到局域网上的工作簿，单击“审阅”/“更改”组的“共享工作簿”按钮，在打开的“共享工作簿”对话框中，单击“编辑”选项卡，取消其中选定的复选框，如图 1-4-11 所示。

图 1-4-11 “共享工作簿”对话框

（2）单击“确定”按钮，弹出如图 1-4-12 所示提示框，单击“是”按钮，此时工作簿标题栏的“[共享]”字样将消失，表示该工作簿取消共享。

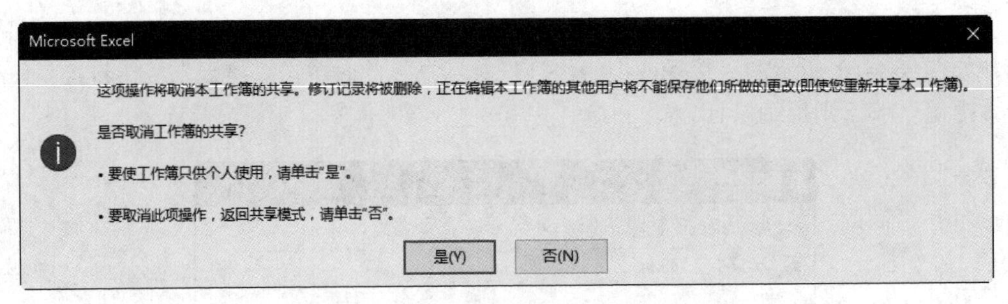


图 1-4-12 Microsoft Excel 提示框

## 4.2 Excel 中共享 Office 组件数据

Excel 数据除了可以在局域网中使用，也可以在 Excel 工作表中分享 Word、PowerPoint 和 Access 数据资源，实现 Office 办公软件的资源共享。

### 一、在 Excel 中插入 Word 文档

在 Excel 中可插入已经编辑好的 Word 文档并可以进行编辑操作，当然，也可以在 Excel 中新建 Word 文档并进行输入和编辑操作。以下仅就后一种情况进行介绍。

具体操作如下：

（1）打开需新建 Word 文档的工作表，选定应插入文档的区域，单击“插入”/“文本”组的“对象”按钮，打开“对象”对话框，选择“Microsoft Word 文档”选项，如图 1-4-13 所示。

图 1-4-13　“对象”对话框

（2）单击“确定”按钮，此时将在当前选定的单元格区域插入空白的 Word 编辑栏，如图 1-4-14 所示，在其中可以输入并编辑文本。

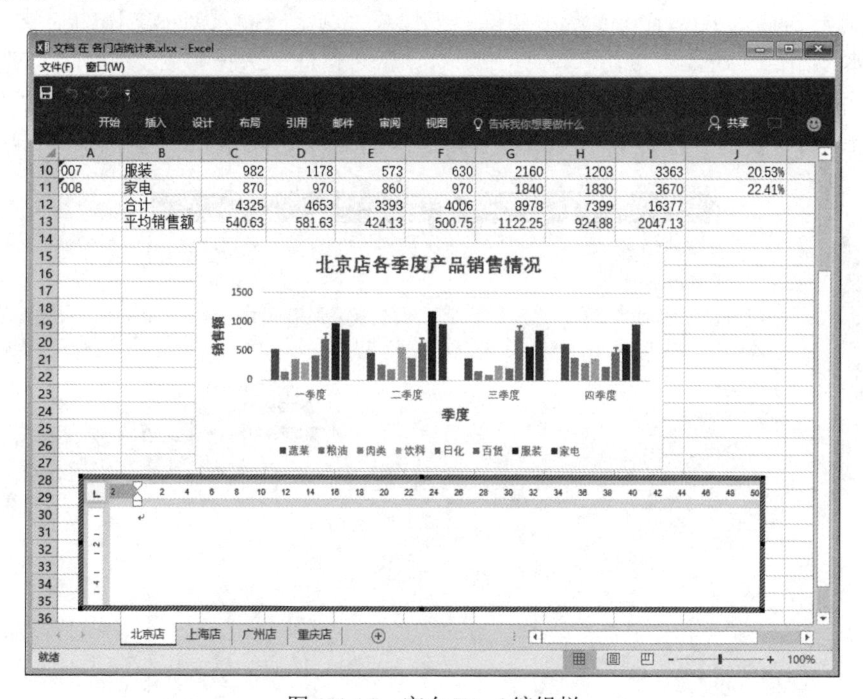


图 1-4-14　空白 Word 编辑栏

（3）输入 Word 文档并进行编辑及格式化操作，完成后单击工作表中的任意单元格即可退出 Word 编辑状态并返回到 Excel 的工作界面，如图 1-4-15 所示。

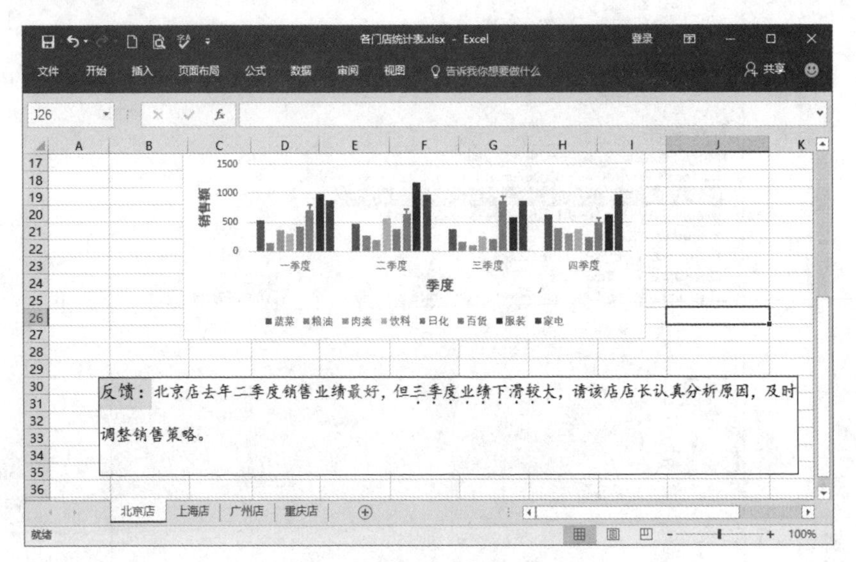


图 1-4-15 插入 Word 文档效果

## 二、在 Excel 中插入 PowerPoint 演示文稿

在 Excel 中可插入已经编辑好的 PowerPoint 演示文稿并进行编辑操作，当然，也可以在 Excel 中新建 PowerPoint 演示文稿并进行输入和编辑操作。以下仅就前一种情况进行介绍。

具体操作如下：

（1）打开需插入 PowerPoint 演示文稿的工作表，选定应插入演示文稿的区域，单击“插入”/“文本”组的“对象”按钮，打开“对象”对话框，选择“由文件创建”选项卡，单击“浏览”按钮，打开“浏览”对话框，选择需插入的演示文稿，单击“插入”按钮，返回到“对象”对话框，此时“文件名”文本框中将显示插入对象的路径，如图 1-4-16 所示。

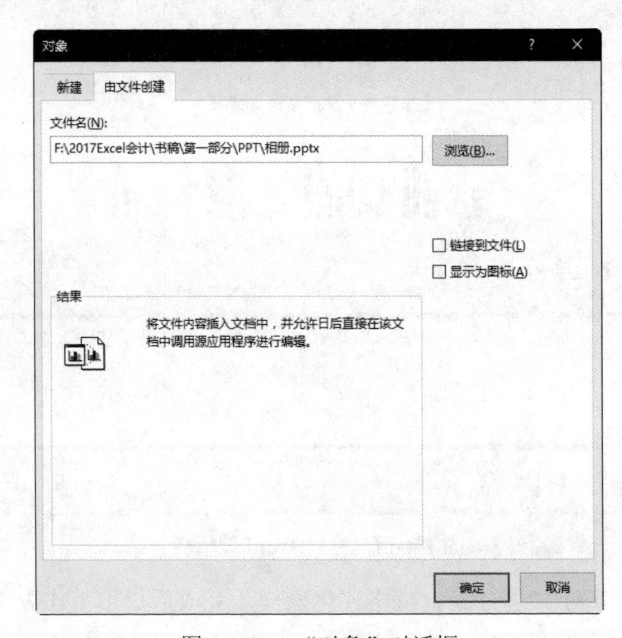


图 1-4-16 “对象”对话框

（2）单击“确定”按钮，此时演示文稿将插入到所选单元格区域，如图 1-4-17 所示。

图 1-4-17　插入演示文稿效果

（3）双击演示文稿即可进行演示文稿的放映，指向演示文稿，单击鼠标右键，在弹出的快捷菜单中选择“Presentation 对象”/“编辑”命令，即可对其进行编辑，如图 1-4-18 所示。

图 1-4-18　编辑快捷菜单

## 三、获取 Access 数据库数据

在 Excel 中，可通过获取外部数据功能轻易获取 Office 又一组件 Access 数据库中的数据。具体操作如下：

（1）打开需获取 Access 数据的工作表，单击“数据”/“获取外部数据”组的“自 Access”按钮，打开“选取数据源”对话框，选择要获取数据的 Access 数据库文件，如图 1-4-19 所示。

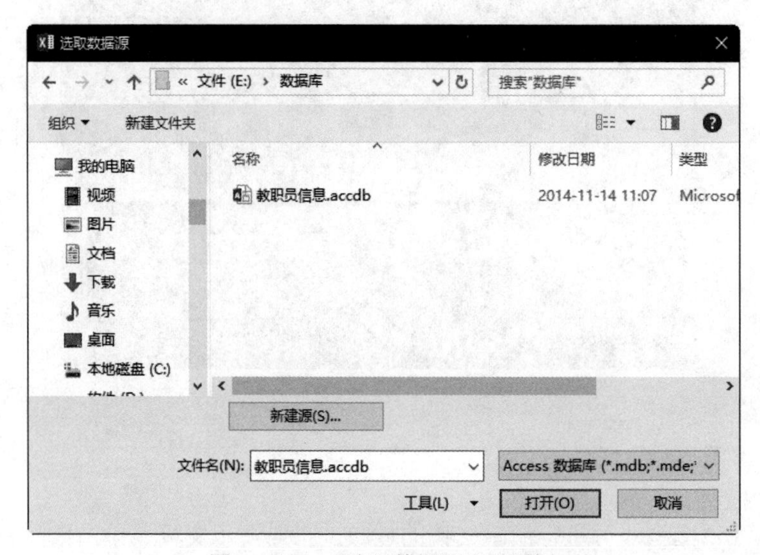


图 1-4-19 “选取数据源”对话框

（2）单击“打开”按钮，打开“选择表格”对话框，选择要获取数据的表格，如图 1-4-20 所示。

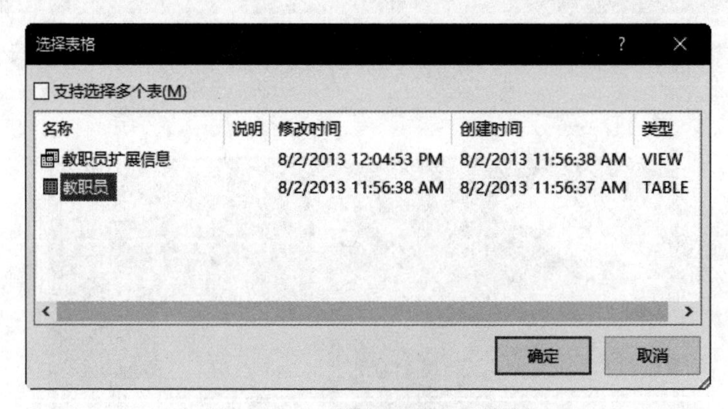


图 1-4-20 “选择表格”对话框

（3）单击“确定”按钮，打开“导入数据”对话框，设置显示数据的方式和位置，如图 1-4-21 所示。

（4）单击“确定”按钮，此时将在所选单元格区域导入 Access 数据库中的数据，效果如图 1-4-22 所示。

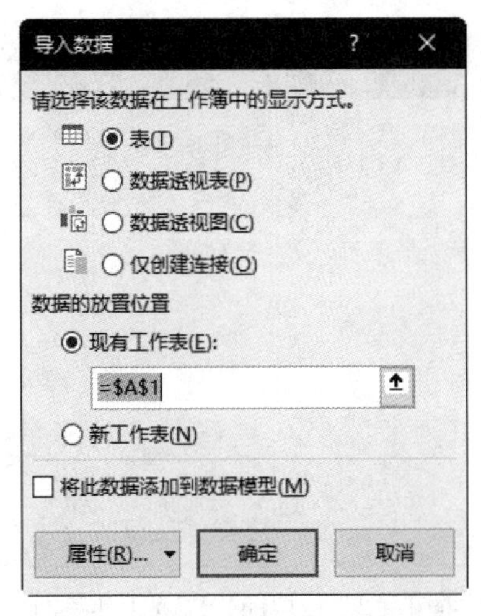


图 1-4-21　“导入数据”对话框

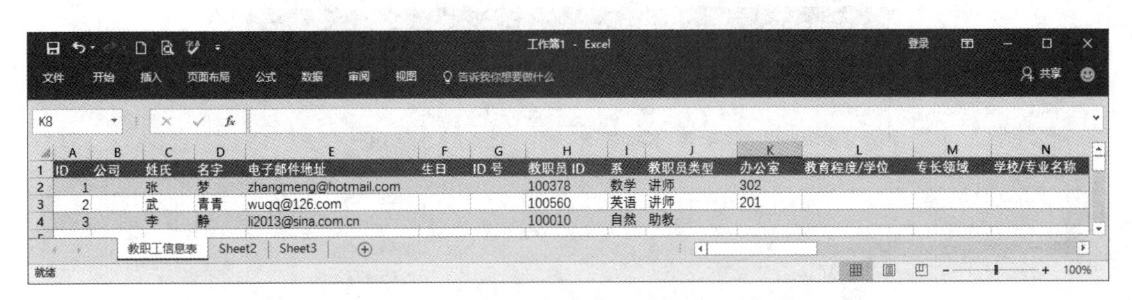


图 1-4-22　获取的 Access 数据库数据效果

# 4.3　共享 Excel 数据资源

在 Excel 中可以共享 Word 文档、PowerPoint 演示文稿及 Access 数据库数据，那么在这些组件中也同样可以共享 Excel 数据。

## 一、在 Word 中导入 Excel 工作表

在 Word 中，利用插入对象功能可以导入 Excel 工作表。譬如，在 Word 空白文档中导入“管理费用开支.xlsx”工作簿的“折扣”工作表。

具体操作如下：

（1）打开 Word，进入 Word 工作界面，如图 1-4-23 所示。

（2）单击“插入” / “文本”组的“对象”按钮，打开“对象”对话框，单击“由文件创建”选项卡，单击“浏览”按钮，打开“浏览”对话框，选择需要导入的工作簿“管理费用开支.xlsx”，单击“插入”按钮，返回“对象”对话框，此时，“管理费用开支.xlsx”的路径就会显示在“文件名”框中，如图 1-4-24 所示。

（3）单击“确定”按钮，此时，“管理费用开支.xlsx”的“折扣”工作表的所有数据导入到 Word 中，效果如图 1-4-25 所示。

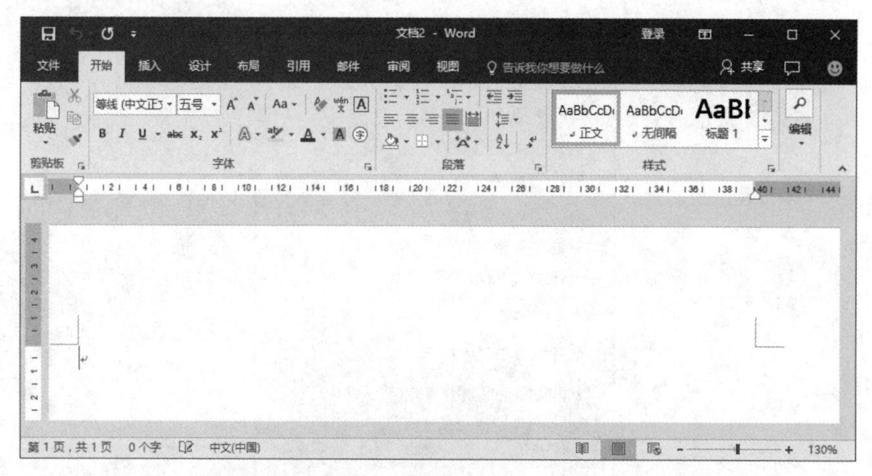


图 1-4-23　打开的 Word 工作界面

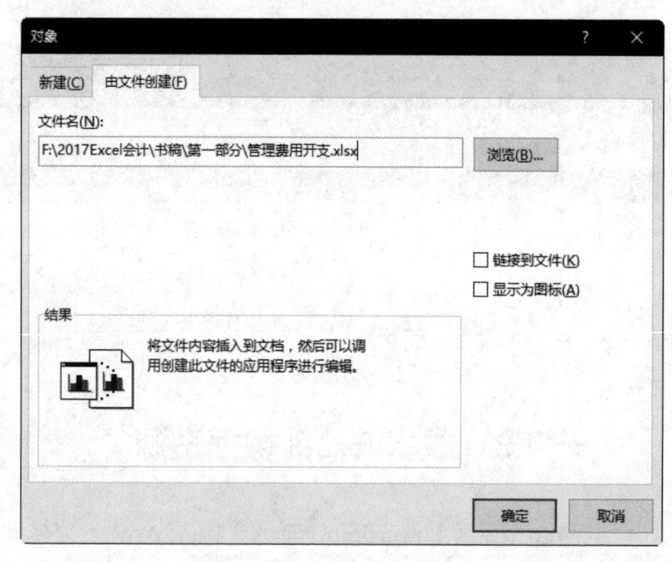


图 1-4-24　“对象”对话框

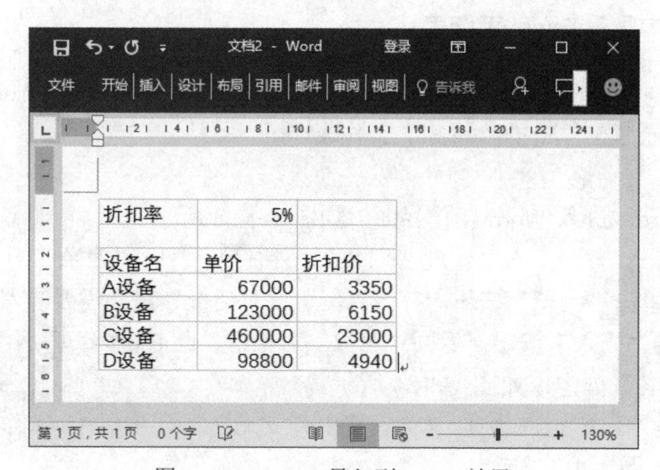


图 1-4-25　Excel 导入到 Word 效果

## 二、在 PowerPoint 中插入 Excel 工作表

在 PowerPoint 中，也是利用插入对象功能导入 Excel 工作表。譬如，在 PowerPoint 中新建 Excel 工作表。

具体操作如下：

（1）打开“年度工作总结.pptx”演示文稿，并进入 PowerPoint 工作界面，如图 1-4-26 所示。

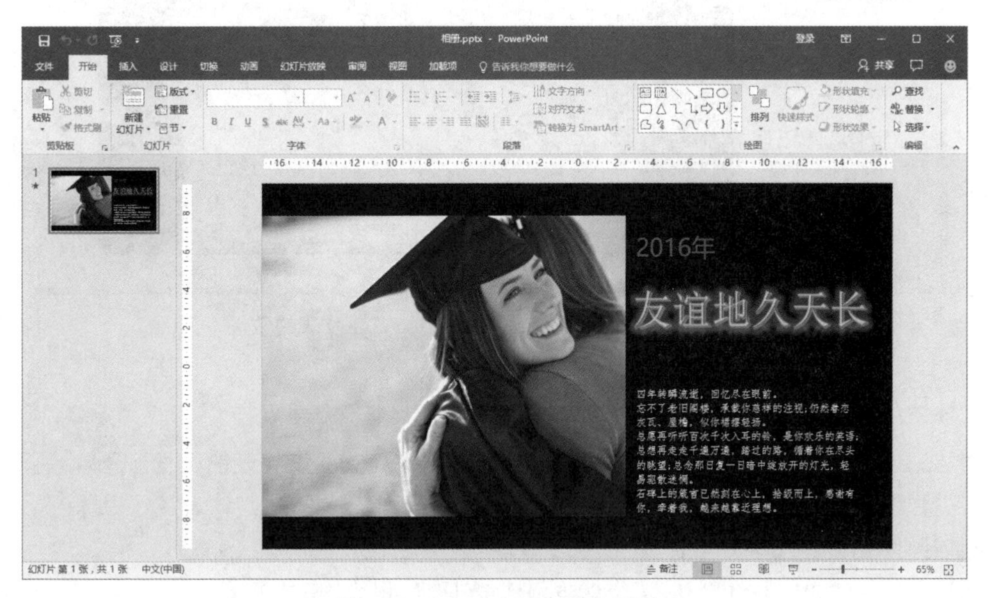


图 1-4-26　PowerPoint 工作界面

（2）单击“开始”/“幻灯片”组的“新建幻灯片”按钮，插入一张空白幻灯片，设定版式为空白，单击“插入”/“文本”组的“对象”按钮，打开“插入对象”对话框，点选“新建”按钮，选择“Microsoft Excel 工作表”，如图 1-4-27 所示。

图 1-4-27　“插入对象”对话框

（3）单击“确定”按钮，此时在空白幻灯片上出现一张空白的 Excel 工作表，供用户输入数据，如图 1-4-28 所示。

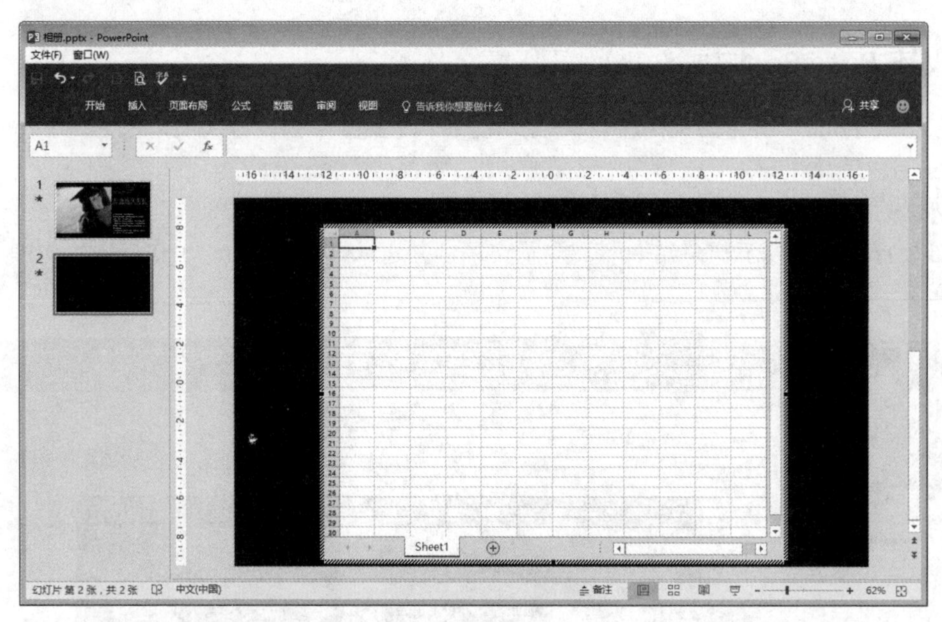


图 1-4-28　在 PowerPoint 中插入 Excel 工作表的效果

## 三、在 Access 中导入 Excel 数据

在 Access 中，利用导入外部数据功能可以轻松导入 Excel 工作表的数据。譬如，在 Access 中导入“管理费用开支.xlsx”工作表数据。

具体操作如下：

（1）打开 Access 软件，进入 Access 工作界面，如图 1-4-29 所示。

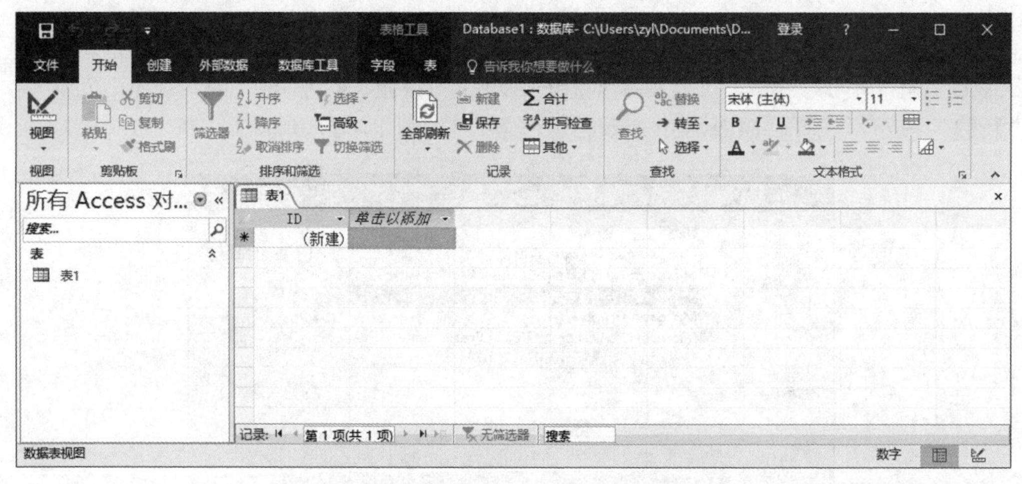


图 1-4-29　Access 工作界面

（2）单击“外部数据”/“导入并链接”组的“Excel”按钮，打开“获取外部数据-Excel 电子表格”对话框，单击“浏览”按钮，在弹出的“打开”对话框中选择需要导入的工作簿文件“管理费用开支.xlsx”，单击“打开”按钮，返回“获取外部数据-Excel 电子表格”对话框，此时“文件名”框中将出现所选工作簿名称，如图 1-4-30 所示。

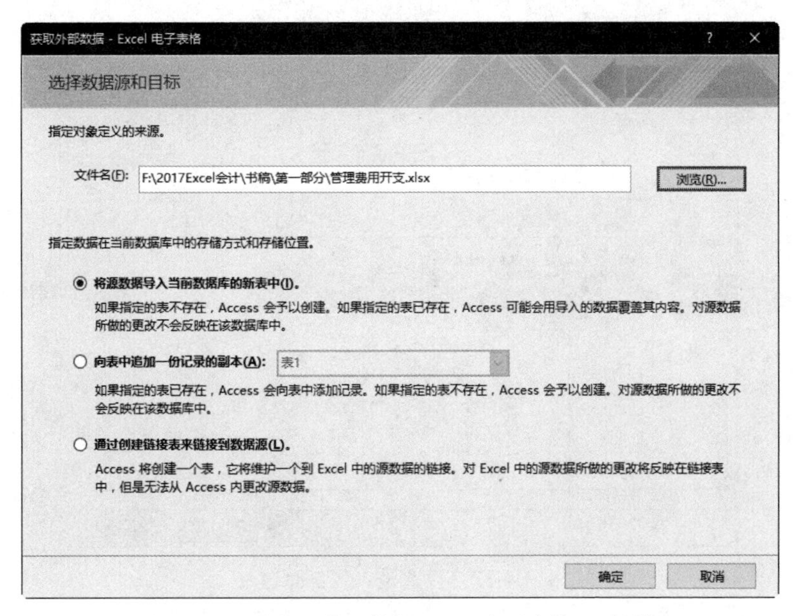


图 1-4-30　“获取外部数据-Excel 电子表格”对话框

（3）单击“确定”按钮，打开“导入数据表向导”对话框，点选“显示工作表”单选按钮，在右侧选择要导入数据的工作表为“管理费用开支”，如图 1-4-31 所示。

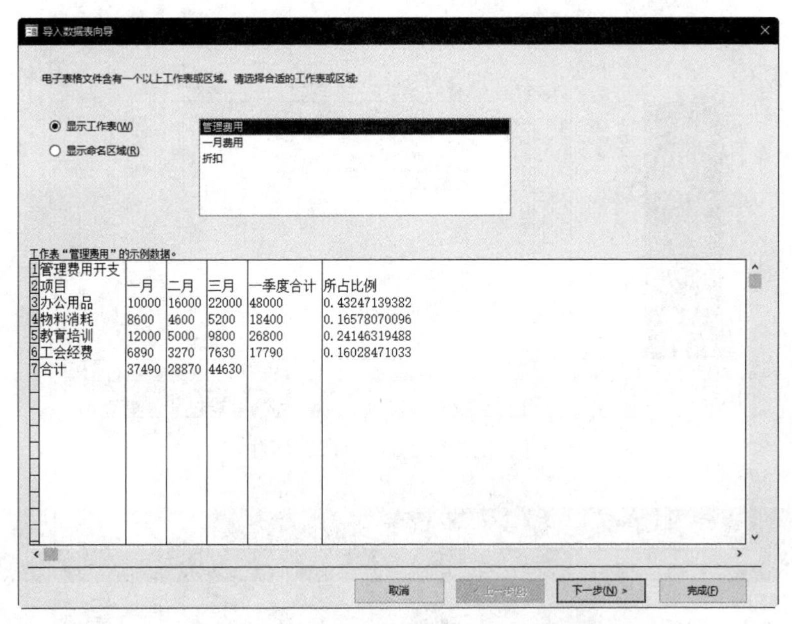


图 1-4-31　“导入数据表向导”对话框

（4）单击“下一步”按钮，设置导入数据是否包含标题行，如图 1-4-32 所示。

（5）单击“下一步”按钮，设置导入数据的范围，设置 Access 各字段的属性，如图 1-4-33 所示。

（6）继续单击“下一步”按钮，按照向导进行主关键字及位置设置，最后依次单击“完成”按钮和“关闭”按钮，将所选 Excel 工作表数据导入到 Access 中，效果如图 1-4-34 所示。

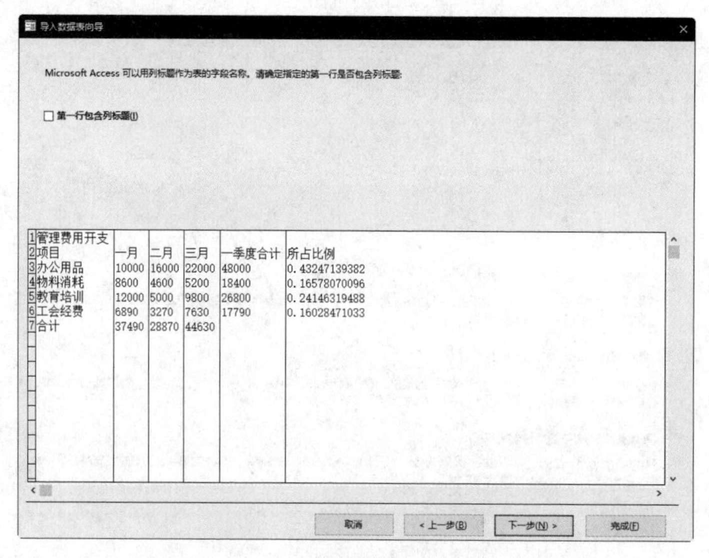


图 1-4-32 设置是否包含标题行

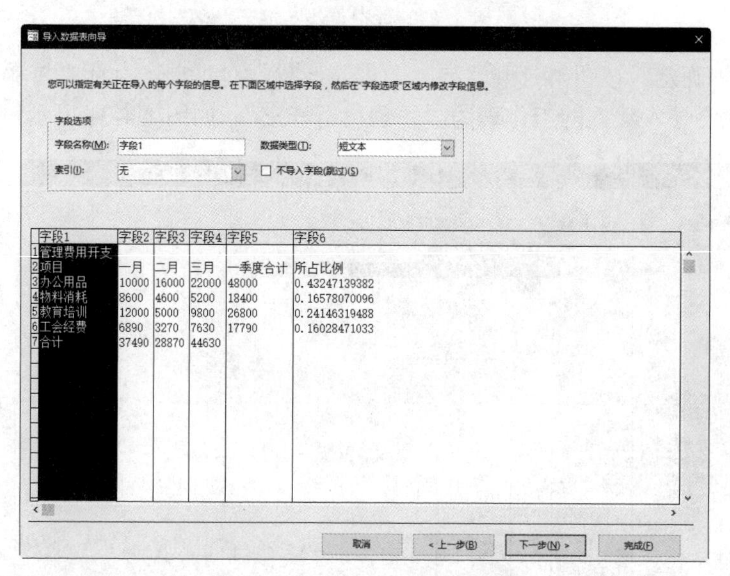


图 1-4-33 设置各字段的属性

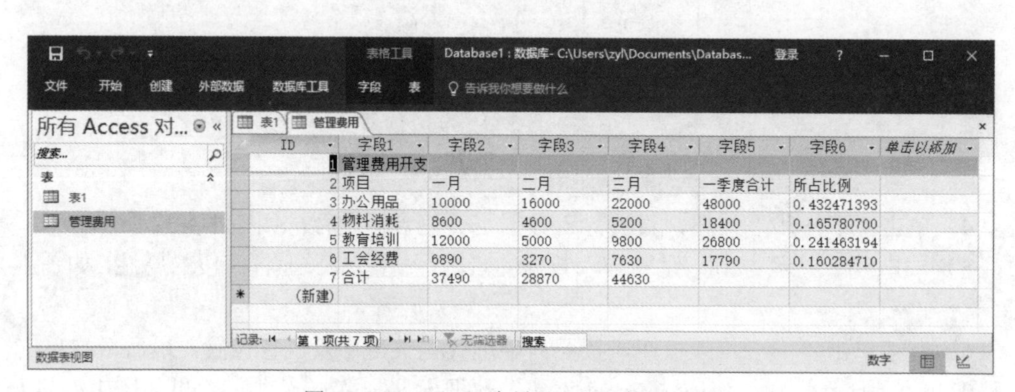


图 1-4-34 Access 中导入 Excel 数据效果

# 4.4　Excel 在互联网上的应用

Excel 的数据资源除在局域网可以共享，在互联网上的应用更是前景广阔，它实现了无纸化远程办公，操作起来轻松便捷，极大地提高了办公效率。在互联网上用户可以在 Excel 中使用超级链接，发送工作簿以及网上发布 Excel 数据等。

## 一、为 Excel 创建超链接

在 Excel 中可以为工作表中的任意对象创建超链接，以后只需要单击该对象便能迅速转到链接的目标位置。

具体操作如下：

（1）打开 Excel，进入 Excel 工作界面，在工作表中输入并编辑数据，如图 1-4-35 所示。

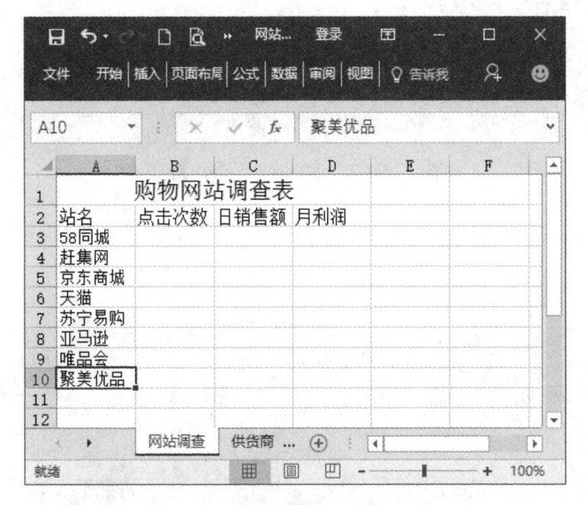


图 1-4-35　输入并编辑数据

（2）单击 A5 单元格选中“京东商城”，在该单元格上单击鼠标右键，在弹出的快捷菜单中选择“超链接”命令，打开“插入超链接”对话框，在打开的对话框的“地址”文本框中输入“京东商城”网站的地址“https://www.jd.com/”，如图 1-4-36 所示。

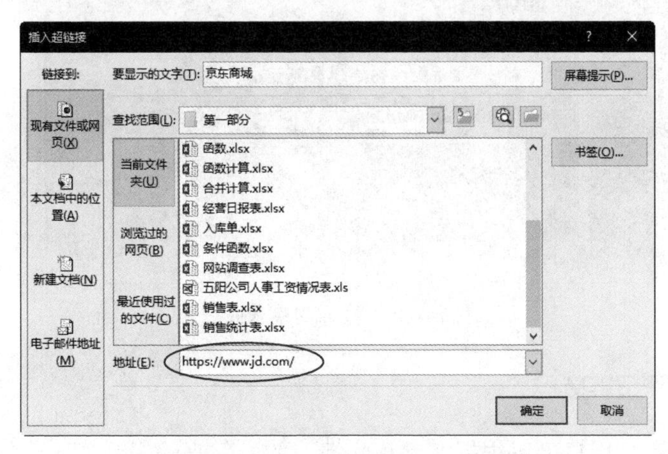


图 1-4-36　“插入超链接”对话框

（3）单击“确定”按钮，即可为文本“京东商城”创建超链接，此后如果将鼠标指针移至“京东商城”单元格上，鼠标指针就会变为手形，如图 1-4-37 所示。

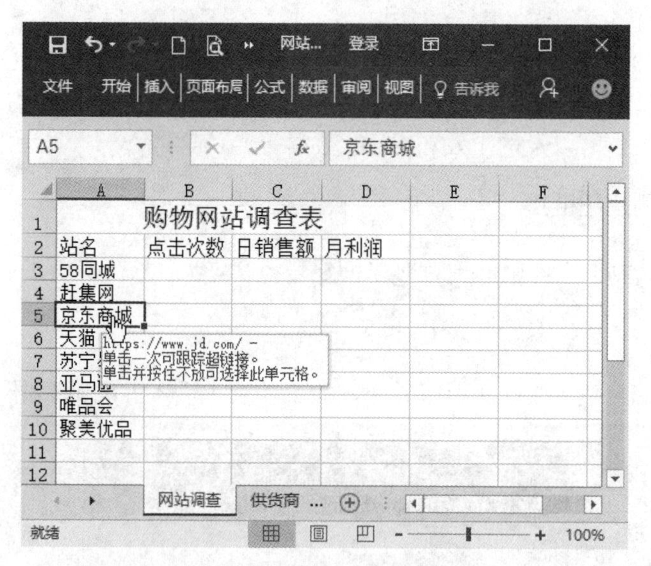


图 1-4-37　建立超链接效果

（4）单击鼠标即可启动网络浏览器并打开京东商城，效果如图 1-4-38 所示。

图 1-4-38　打开的京东商城

## 二、编辑与删除超链接

创建了超链接后，用户可以根据实际工作情况的变化来编辑或删除超链接。

具体操作如下：

（1）编辑超链接。在已经创建超链接的对象上（譬如“京东商城”文本）单击鼠标右键，在弹出的快捷菜单中选择“编辑超链接”命令，打开“编辑超链接”对话框，如图 1-4-39 所示。

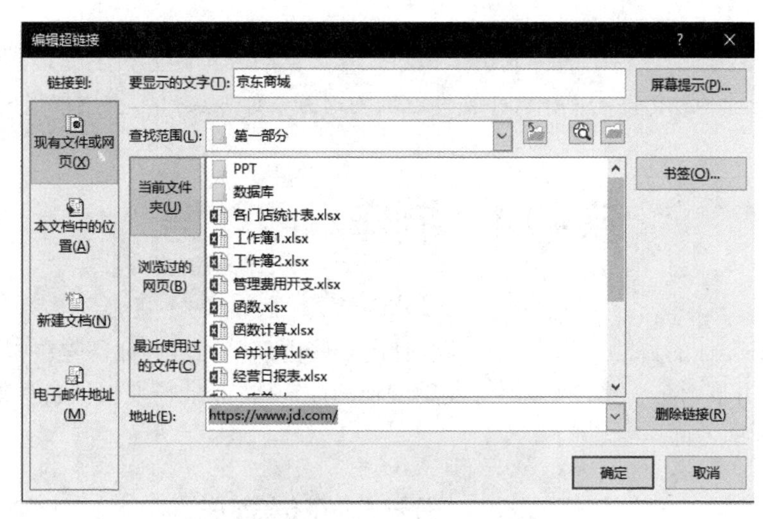


图 1-4-39　“编辑超链接”对话框

（2）在该对话框中按照创建超链接的方法对已创建的链接进行更新操作。

（3）删除超链接。在“京东商城”文本上单击鼠标右键，在弹出的快捷菜单中选择“取消超链接”命令，即可删除已创建的超链接。

# 第二部分　财务会计操作实例

在财务日常工作中，由于财务人员承担着企业数据的收集和分析工作，而此时，功能强大的具有数据处理和分析能力的 Excel 软件就成为财务会计人员日常使用最多的工具之一。

## 实例 1　制作常用单据

在企业财务会计的日常工作中，常常会使用一些内部单据，譬如，差旅报销单、借款单等。为了更好地开展财务工作，规范财务制度的辅助性票据，企业需要根据自身生产经营情况，设计适合本企业的内部单据。

### 任务 1　设计制作借款单

#### 相关知识

为了合理地使用和管理企业的流动资金，使企业流动资金处于高效的使用状态，企业的财务部门应制定出内部借款流程及设计制作内部借款单据。

#### 实例描述

借款单应包括借款人、所在部门、借款缘由、借款金额、付款方式及借款日期，如图 2-1-1 所示。

瑞银网络公司借款单

年　　月　　日

| 借款人 | | 所在部门 | |
|---|---|---|---|
| 借款缘由 | | | |
| 借款数额 | 人民币（大写） | ¥ | |
| 支付方式 | 现金□ | 现金支票□ | 其他□ |
| 部门负责人意见 | | | |
| 领导批示 | | 财务主管 | |
| 付款记录： | 年　月　日以幕　号支票或现金支出凭证或　　方式付给 | | |

图 2-1-1　公司内部借款单

## 操作步骤

1. 创建空白借款单

启动 Excel 2016，将工作表“Sheet1”改名为“借款单”。为了能快速找到所需工作表，应使其突出显示，右击“借款单”标签，在弹出的快捷菜单中选择“工作表标签颜色”命令，在其右侧弹出的色板中选择“红色”，单击快速访问工具栏的“保存”按钮，在弹出的“另存为”对话框中，选择保存的位置，设置文件名为“常用单据”，单击“确定”按钮，保存工作簿，如图 2-1-2 所示。

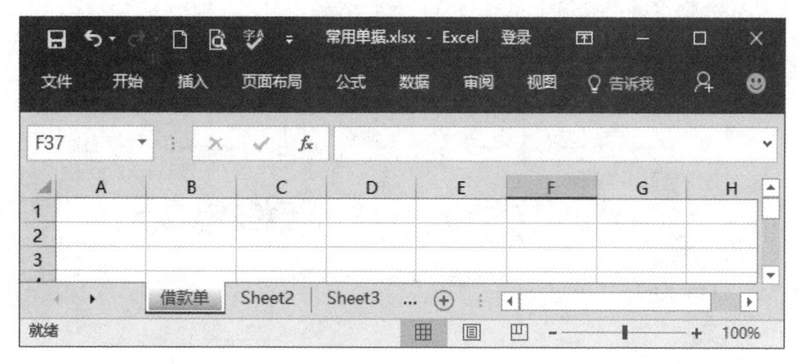


图 2-1-2　创建空白借款单

2. 输入文字内容

在“借款单”工作表 A1 单元格中输入标题“瑞银网络公司借款单”，然后，在其下方单元格中依次输入其他所需文字内容，如图 2-1-3 所示。

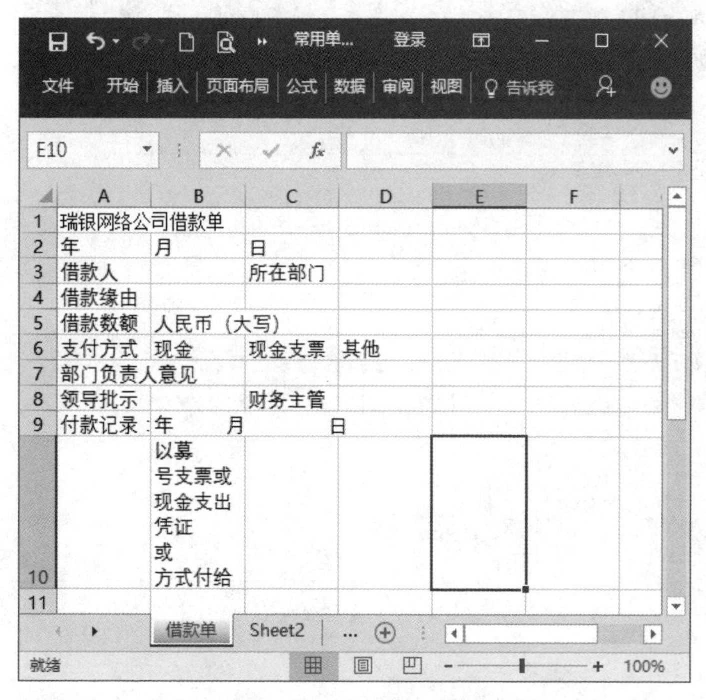


图 2-1-3　输入文字内容

3. 输入特殊符号

在“借款单”工作表 B5 单元格文字后面输入特殊符号“¥”。单击“插入”选项卡的“符号”组中的“符号”按钮Ω，弹出“符号”对话框，如图 2-1-4 所示。选择需要输入的符号。

图 2-1-4 “符号”对话框

用同样方法，在 B6、B7、B8 单元格文字后输入特殊符号“□”，如图 2-1-5 所示。

图 2-1-5 输入特殊符号

4. 合并单元格

选择 A1:D1 单元格区域，单击“开始” / “对齐方式”组的“合并后居中”按钮合并标题单元格，用同样方法合并 A2:D2 单元格、B4:D4 单元格、B5:D5 单元格 B7:D7 单元格、A9:A10 单元格和 B9:D10 单元格，如图 2-1-6 所示。

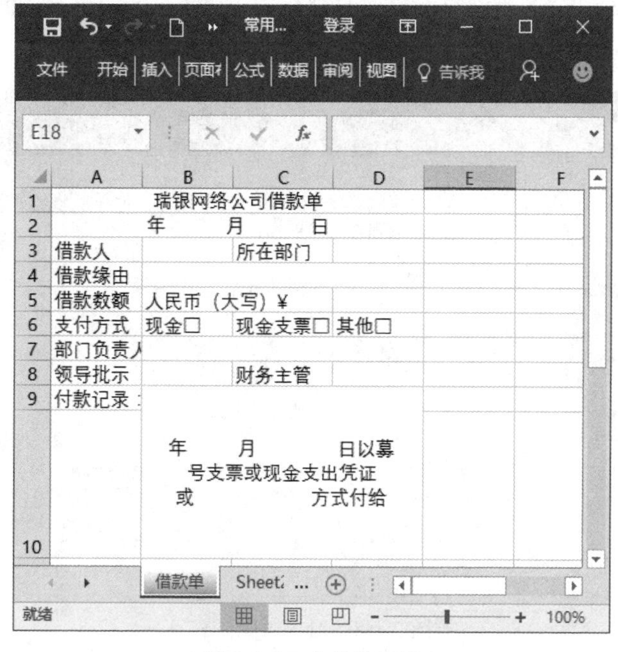


图 2-1-6　合并单元格

5. 格式化并调整列宽

表中文字需要美化，需要格式化文字。设置标题为黑体、18 磅，表中其他内容为楷体、16 磅。由于有的单元格文字较多，内容无法完全显示，需要调整列宽。将鼠标移至 A 列右侧边界处并向右拖动鼠标至合适大小，用同样方法，分别调整 B 列、C 列和 D 列大小，如图 2-1-7 所示。

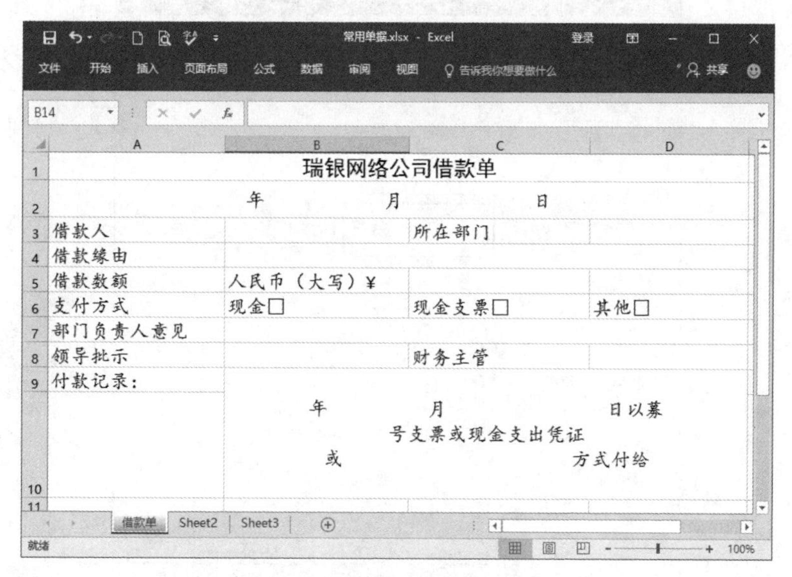


图 2-1-7　格式化及调整列宽

6. 对齐借款单内容

首先对齐表中内容。选择 A2 单元格，单击“开始”/“对齐方式”组的“右对齐”按钮，将日期右对齐；用同样方法，调整 B6:D6 单元格为居中对齐；调整 B5 单元格和 B9 单元格文字顺序以便填写数据内容，如图 2-1-8 所示。

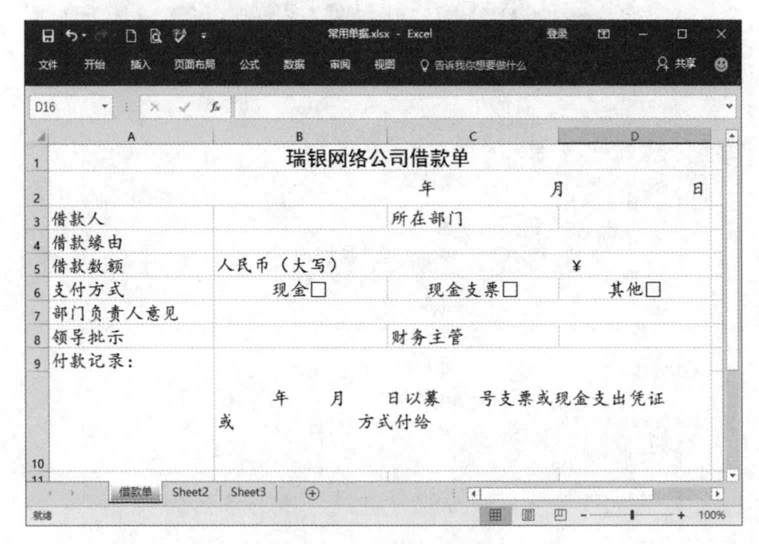


图 2-1-8 对齐表中内容

7. 美化借款单

选择 A3:D10 单元格，单击“开始”/“字体”组右下角的“字体设置”按钮，弹出“设置单元格格式”对话框，单击“边框”选项卡，在“样式”栏中选择线型，单击“预置”栏的“外边框”按钮添加外边框；再次在“样式”栏中选择线型，单击“预置”栏的“内部”按钮添加内部边框线，如图 2-1-9 所示，单击“确定”按钮，效果如图 2-1-10 所示。

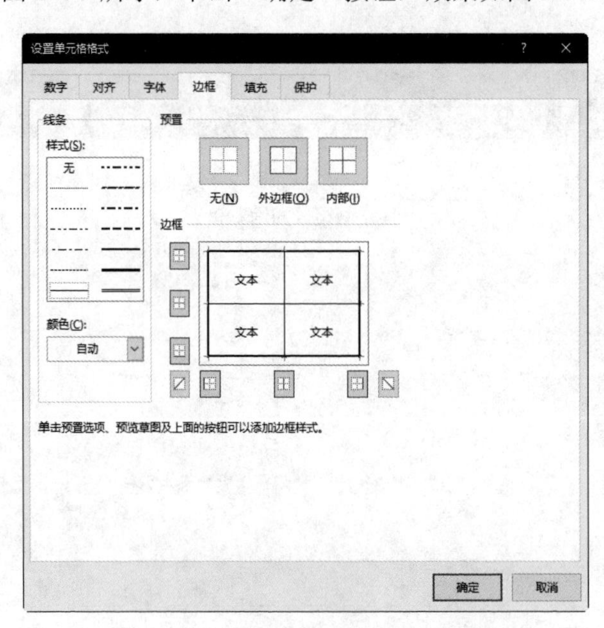


图 2-1-9 “设置单元格格式”对话框

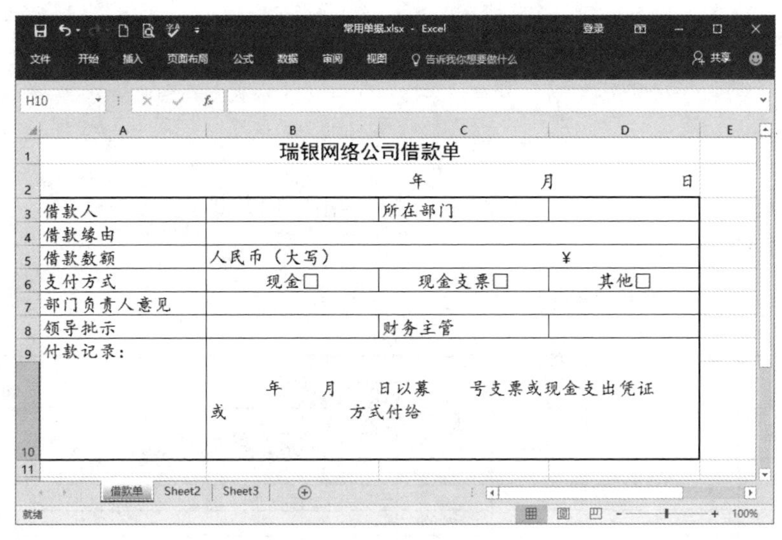


图 2-1-10　添加边框效果

8. 隐藏借款单网格线

网格线是编辑数据的参考线，为了只显示借款单的内容，需要隐藏网格线。单击“视图”选项卡，在“显示”组中取消勾选“网格线”复选框，隐藏网格线，效果如图 2-1-11 所示。单击快速访问工具栏的“保存”按钮保存工作簿，借款单制作完成。

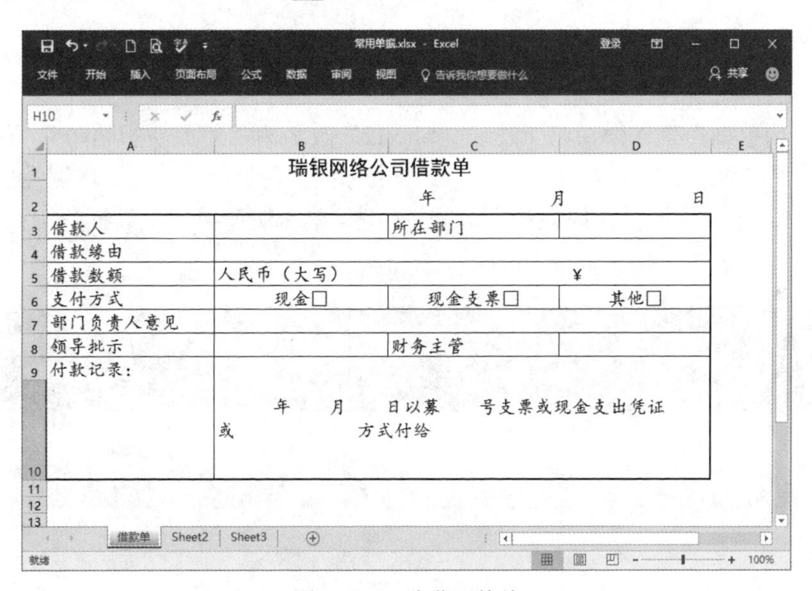


图 2-1-11　隐藏网格线

# 任务 2　设计制作差旅报销单

## 相关知识

差旅报销是每个企业经常面临的问题，为了规范差旅报销制度，对所发生的城市间交通费、住宿费、伙食补助费和市内交通费进行有效的管理，企业的财务部门应该制定差旅报销流程和设计制作内部差旅报销单。

### 实例描述

差旅报销单应包括申请人、所在部门、出差事由、出差地点、起讫日期、差旅项目及补助等，如图 2-1-12 所示。

**瑞银网络公司差旅费报销单**

报销日期： 年 月 日 附件： 张

| 申请人姓名 | | 所在部门 | | | 同行人 | | | |
|---|---|---|---|---|---|---|---|---|
| 出差事由 | | | | 出差地点 | | | | |
| 起讫日期 | 起讫地点 | 差旅费用项目 | | | 补助 | | | 合计 |
| | | 交通费 | 住宿费 | | 补助方式 | 天数 | 金额 | |
| | | | | | | | | |
| | | | | | | | | |
| | | | | | | | | |
| | | | | | | | | |
| 合计 | | | | | | | | |
| 报销总额（大写） | 万 仟 佰 拾 元 角 分 ¥ | | | | 减往来 | | 退款人 | |
| | | | | | 实付款 | | | |

主管副总（总经理） 部门经理 财务经理 会计 报销人

图 2-1-12 差旅费报销单

### 操作步骤

1. 创建空白报销单

打开“常用单据”工作簿，将工作表“Sheet2”改名为“差旅费报销单”。右击“差旅费报销单”标签，在弹出的快捷菜单中选择“工作表标签颜色”命令，在其右侧弹出的色板中选择“蓝色”，使其突出显示，以便快速找到所需工作表。单击快速访问工具栏的“保存”按钮，保存工作簿，如图 2-1-13 所示。

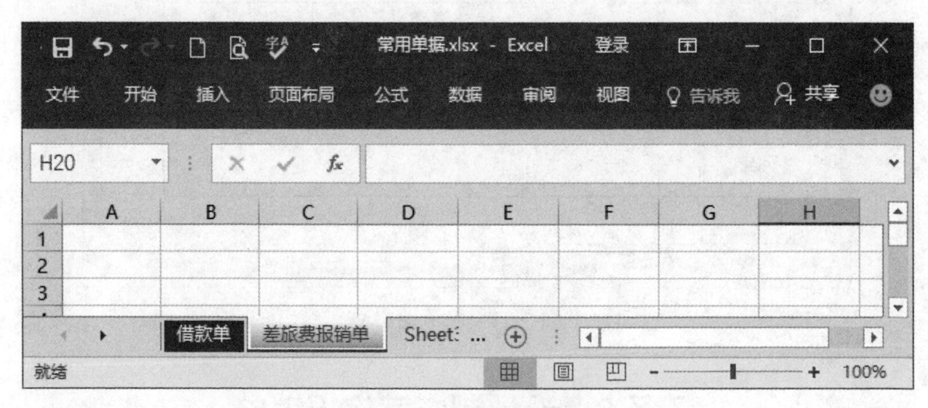


图 2-1-13 创建空白报销单

2. 输入内容

在 A1 单元格中输入标题“瑞银网络公司差旅费报销单”，然后，在其下方单元格中依次输入其他所需文字内容，如图 2-1-14 所示。

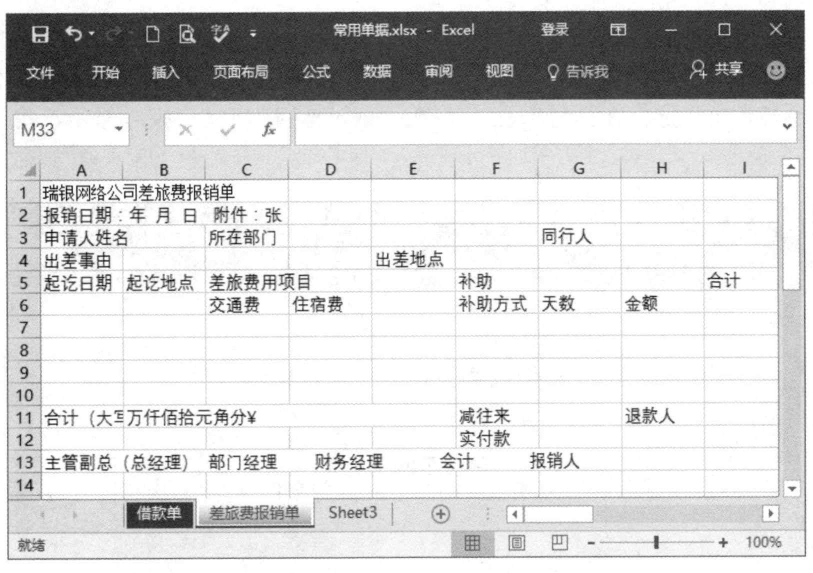


图 2-1-14　输入内容

3. 合并单元格

选择 A1:I1 单元格区域，单击“开始”/“对齐方式”组的“合并后居中”按钮合并标题单元格，用同样方法合并 A2:I2 单元格、D3:F3 单元格、H3:I3 单元格、B4:D4 单元格、F4:I4 单元格、C5:E5 单元格、F5:H5 单元格、A5:A6 单元格、B5:B6 单元格、I5:I6 单元格、A11:B11 单元格、A12:A13 单元格、B12:E13 单元格、H12:H13 单元格、I12:I13 单元格及 A14:I14 单元格，如图 2-1-15 所示。

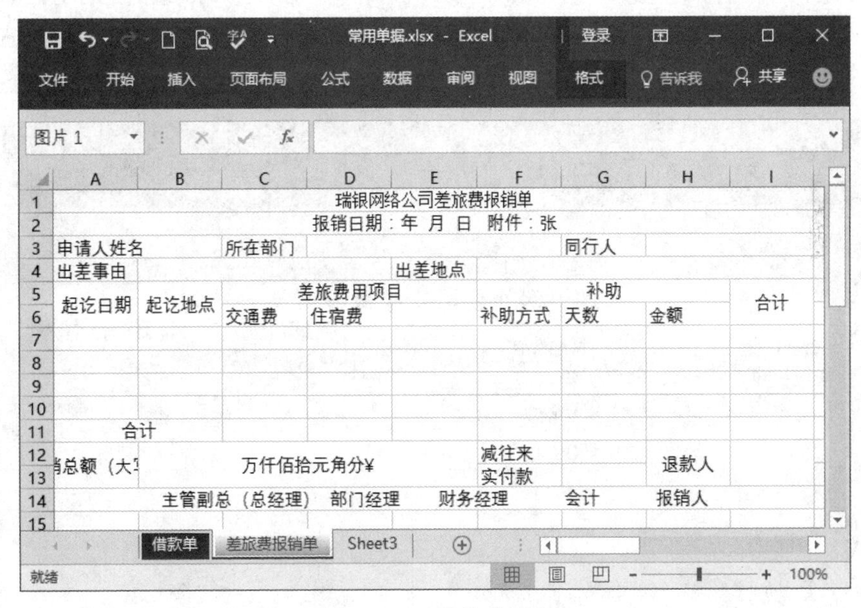


图 2-1-15　合并单元格

4. 格式化并调整列宽

设置标题为宋体、18 磅加粗，按“Ctrl”键分别选择 A2 和 A14 单元格，设置为宋体、12

磅，表中其他内容为宋体、11 磅。由于有的单元格文字较多，内容无法完全显示，需要调整列宽。将鼠标移至 A 列右侧边界处并向右拖动鼠标至合适大小，用同样方法，调整 B 列大小，单击 A12 单元格，光标定位在括号前面，按“Alt+Enter”键将文字换行显示，效果如图 2-1-16 所示。

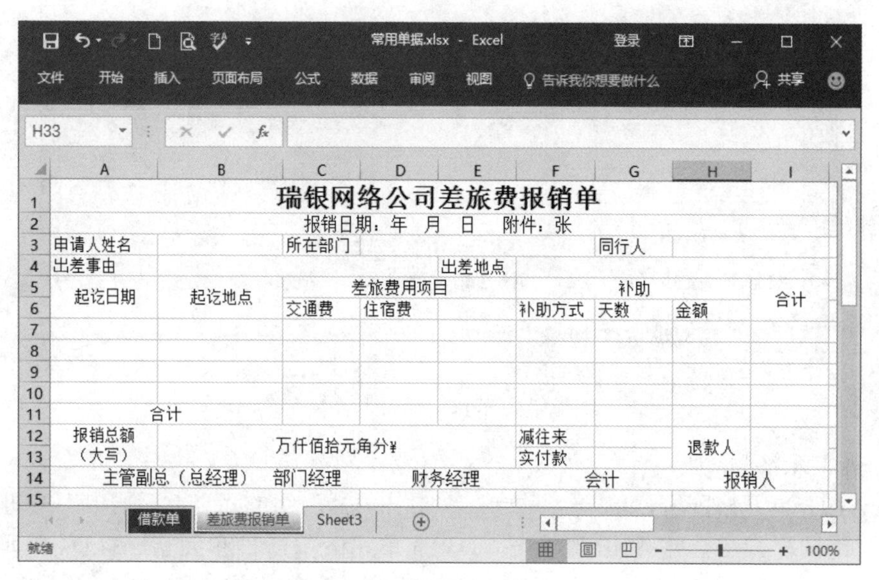

图 2-1-16 格式化及调整列宽

5. 对齐报销单内容

首先对齐表中内容。选择 A2 单元格，单击“开始”/“对齐方式”组的“右对齐”按钮，将日期右对齐；用同样方法，调整 A3:I13 单元格为居中对齐；调整 A14 单元格为左对齐，如图 2-1-17 所示。

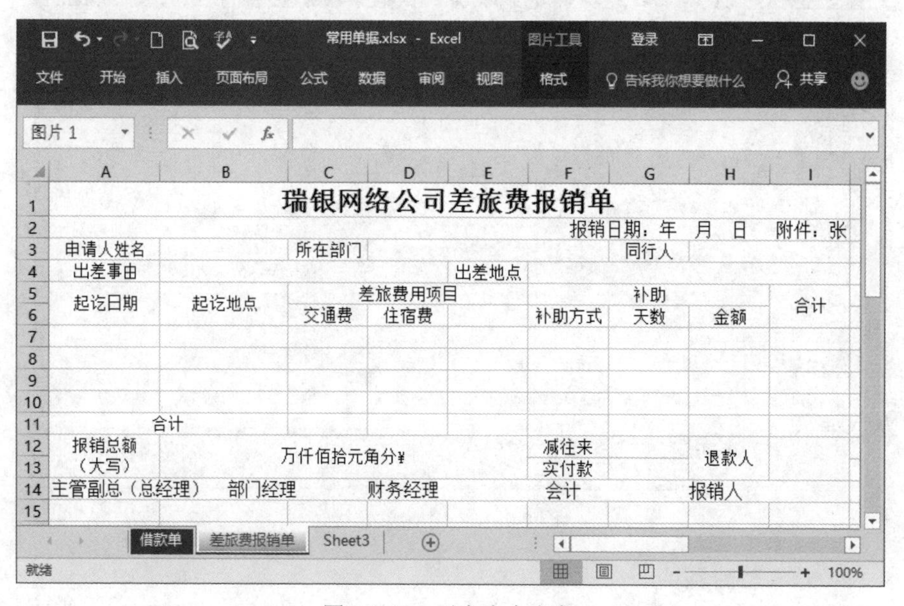

图 2-1-17 对齐表中内容

6. 美化借款单

分别调整 A2 单元格、B12 单元格及 A14 单元格文字顺序以便填写数据内容。另外添加边框线，首先选择 A3:I13 单元格，单击“开始”/“字体”组右下角的“字体设置”按钮，弹出“设置单元格格式”对话框，单击“边框”选项卡，在“样式”栏中选择线型，单击“预置”栏的“外边框”按钮添加外边框；再次在“样式”栏中选择线型，单击“预置”栏的“内部”按钮添加内部边框线，如图 2-1-18 所示，单击“确定”按钮，效果如图 2-1-19 所示。

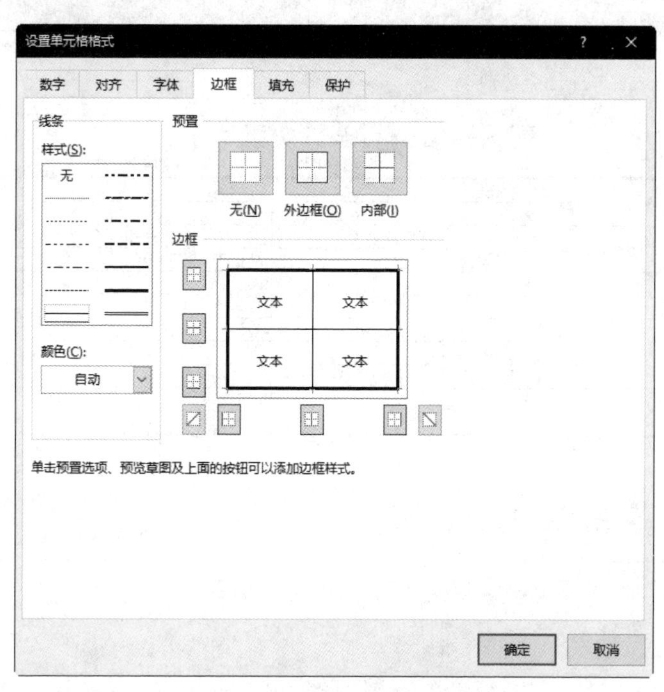


图 2-1-18　“设置单元格格式”对话框

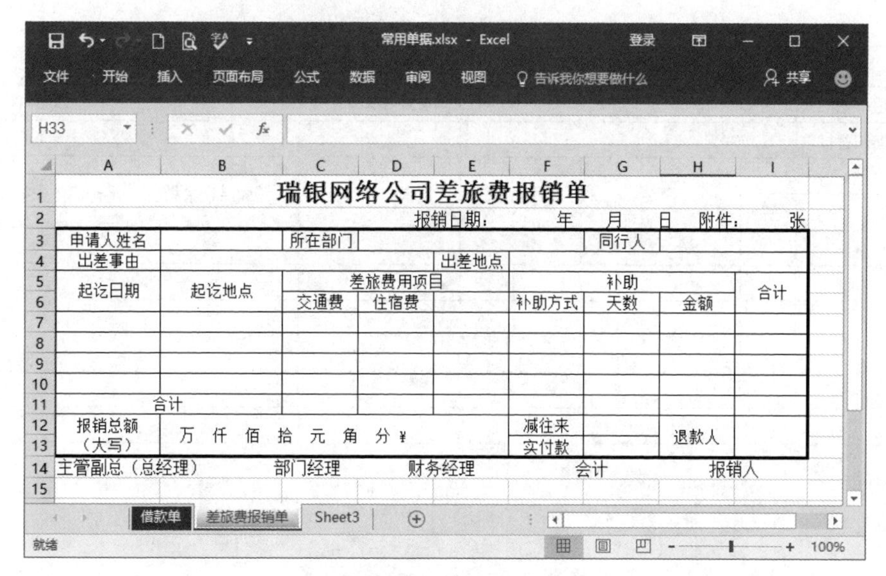


图 2-1-19　添加边框效果

7. 隐藏报销单网格线

网格线是编辑数据的参考线，为了只显示报销单的内容，需要隐藏网格线。单击“视图”选项卡，在“显示”组中取消勾选“网格线”复选框，隐藏网格线，效果如图 2-1-20 所示。单击快速访问工具栏的“保存”按钮保存工作簿，差旅费报销单制作完成。

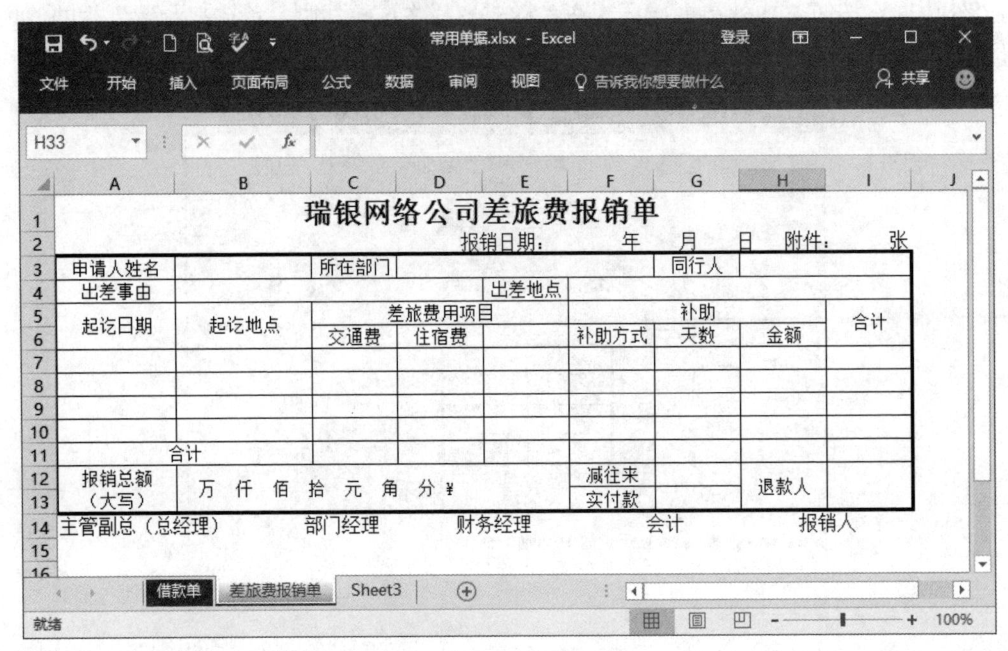


图 2-1-20 隐藏网格线

## 牛刀小试

根据本实例内容制作如同 2-1-21 所示的银行借款登记卡。

| 银行借款登记卡 | | | | | | | |
|---|---|---|---|---|---|---|---|
| 银行名称 | | | 中国工商银行王府井分行 | | | | |
| 借款名称 | | | | | 账号 | | |
| 日期 | | | 摘要 | 抵押品名称 | 借款额度 | 借款偿还金额 | 未偿还金额 |
| 年 | 月 | 日 | | | | | |
| | | | | | | | |
| | | | | | | | |
| | | | | | | | |
| | | | | | | | |
| | | | | | | | |
| 合计 | | | | | | | |

图 2-1-21 银行借款登记卡

# 实例2　账务处理

为了满足登记账簿的要求，有时需要使用统一格式的记账凭证，譬如建立会计科目表、现金日记账及总账等，每个企业的财务部门都要涉及到以上账务的处理，它们与资产负债表、损益表及财务报表关系密切，因此，创建以上记账凭证十分重要。

## 任务1　建立会计科目

### 相关知识

会计科目表是用来列示会计科目编号、类别及其名称的表格。会计科目可以按照多种标准进行分类，若按照会计要素进行分类，则会计科目可以分为资产类科目、负债类科目、所有者权益科目、成本类科目和损益类科目。

### 实例描述

按照会计科目编号规则建立如图2-2-1所示的会计科目表。

会计科目

| 科目性质 | 科目编号 | 总账科目 | 明细科目 | 余额方向 | 账户查询 |
|---|---|---|---|---|---|
| 资产类 | 1001 | 现金 | | 借 | 现金 |
| 资产类 | 1002 | 银行存款 | | 借 | 银行存款 |
| 资产类 | 100201 | 银行存款 | 建行 | 借 | 银行存款_建行 |
| 资产类 | 100202 | 银行存款 | 农行 | 借 | 银行存款_农行 |
| 资产类 | 1009 | 其他货币资金 | | 借 | 其他货币资金 |
| 资产类 | 1101 | 短期投资 | | 借 | 短期投资 |
| 资产类 | 110101 | 短期投资 | 股票 | 借 | 短期投资_股票 |
| 资产类 | 110102 | 短期投资 | 债券 | 借 | 短期投资_债券 |
| 资产类 | 110103 | 短期投资 | 基金 | 借 | 短期投资_基金 |
| 资产类 | 110110 | 短期投资 | 其他 | 借 | 短期投资_其他 |
| 资产类 | 1102 | 短期投资跌价准备 | | 贷 | 短期投资跌价准备 |
| 资产类 | 1111 | 应收票据 | | 借 | 应收票据 |
| 资产类 | 1121 | 应收股利 | | 借 | 应收股利 |
| 资产类 | 1122 | 应收利息 | | 借 | 应收利息 |
| 资产类 | 1131 | 应收账款 | | 借 | 应收账款 |
| 资产类 | 1131 | 应收账款 | 公司A | 借 | 应收账款_公司A |
| 资产类 | 1131 | 应收账款 | 公司B | 借 | 应收账款_公司B |
| 资产类 | 1131 | 应收账款 | 公司C | 借 | 应收账款_公司C |
| 资产类 | 1133 | 其他应收款 | | 借 | 其他应收款 |
| 资产类 | 1141 | 坏账准备 | | 贷 | 坏账准备 |
| 资产类 | 1151 | 预付账款 | | 借 | 预付账款 |
| 资产类 | 1161 | 应收补贴款 | | 借 | 应收补贴款 |
| 资产类 | 1201 | 材料采购 | | 借 | 材料采购 |
| 资产类 | 1211 | 材料 | | 借 | 材料 |
| 资产类 | 1221 | 包装物 | | 借 | 包装物 |
| 资产类 | 1231 | 低值易耗品 | | 借 | 低值易耗品 |
| 资产类 | 1232 | 材料成本差异 | | 借 | 材料成本差异 |
| 资产类 | 1241 | 自制半成品 | | 借 | 自制半成品 |
| 资产类 | 1243 | 库存商品 | | 借 | 库存商品 |
| 资产类 | 1251 | 委托加工物资 | | 借 | 委托加工物资 |
| 资产类 | 1261 | 委托代销商品 | | 借 | 委托代销商品 |
| 资产类 | 1271 | 受托代销商品 | | 借 | 受托代销商品 |
| 资产类 | 1281 | 存货跌价准备 | | 贷 | 存货跌价准备 |
| 资产类 | 1301 | 待摊费用 | | 借 | 待摊费用 |

图2-2-1　会计科目表

## 操作步骤

### 1. 创建空白会计科目表

启动 Excel 2016，将工作表“Sheet1”改名为“会计科目表”，单击快速访问工具栏的“保存”按钮，在弹出的“另存为”对话框中，选择保存的位置，设置文件名为“账务处理”，单击“确定”按钮，保存工作簿，如图 2-2-2 所示。

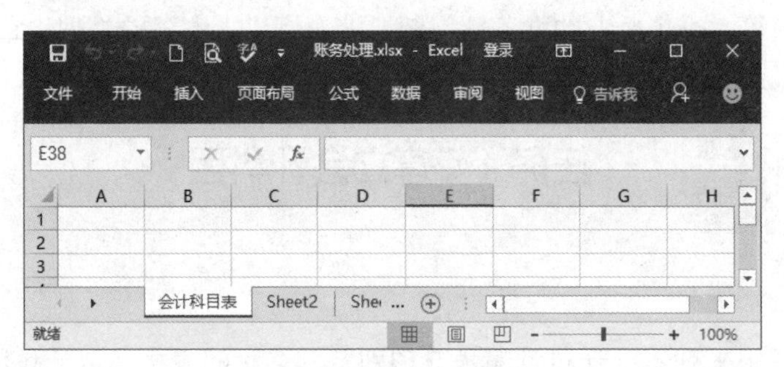


图 2-2-2　创建空白借款单

### 2. 输入内容

在工作表 A1 单元格中输入标题“会计科目”，然后，在其下方单元格中依次输入其他所需内容，如图 2-2-3 所示。

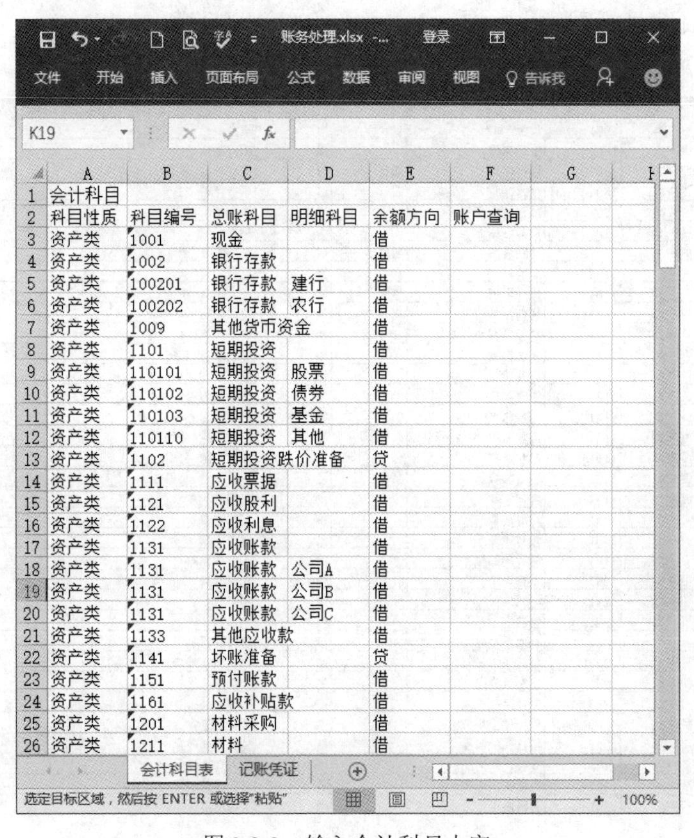

| | A | B | C | D | E | F |
|---|---|---|---|---|---|---|
| 1 | 会计科目 | | | | | |
| 2 | 科目性质 | 科目编号 | 总账科目 | 明细科目 | 余额方向 | 账户查询 |
| 3 | 资产类 | 1001 | 现金 | | 借 | |
| 4 | 资产类 | 1002 | 银行存款 | | 借 | |
| 5 | 资产类 | 100201 | 银行存款 | 建行 | 借 | |
| 6 | 资产类 | 100202 | 银行存款 | 农行 | 借 | |
| 7 | 资产类 | 1009 | 其他货币资金 | | 借 | |
| 8 | 资产类 | 1101 | 短期投资 | | 借 | |
| 9 | 资产类 | 110101 | 短期投资 | 股票 | 借 | |
| 10 | 资产类 | 110102 | 短期投资 | 债券 | 借 | |
| 11 | 资产类 | 110103 | 短期投资 | 基金 | 借 | |
| 12 | 资产类 | 110110 | 短期投资 | 其他 | 借 | |
| 13 | 资产类 | 1102 | 短期投资跌价准备 | | 贷 | |
| 14 | 资产类 | 1111 | 应收票据 | | 借 | |
| 15 | 资产类 | 1121 | 应收股利 | | 借 | |
| 16 | 资产类 | 1122 | 应收利息 | | 借 | |
| 17 | 资产类 | 1131 | 应收账款 | | 借 | |
| 18 | 资产类 | 1131 | 应收账款 | 公司A | 借 | |
| 19 | 资产类 | 1131 | 应收账款 | 公司B | 借 | |
| 20 | 资产类 | 1131 | 应收账款 | 公司C | 借 | |
| 21 | 资产类 | 1133 | 其他应收款 | | 借 | |
| 22 | 资产类 | 1141 | 坏账准备 | | 贷 | |
| 23 | 资产类 | 1151 | 预付账款 | | 借 | |
| 24 | 资产类 | 1161 | 应收补贴款 | | 借 | |
| 25 | 资产类 | 1201 | 材料采购 | | 借 | |
| 26 | 资产类 | 1211 | 材料 | | 借 | |

图 2-2-3　输入会计科目内容

最新会计制度制定的会计科目规则是：第一位数字为 1 代表资产类科目，为 2 代表负债类科目，为 3 代表共同类科目，为 4 代表所有者权益类科目，为 5 代表成本类科目，为 6 代表损益类科目。

3. 格式化表格

选择 A1:F1 单元格区域，单击“开始”/“对齐方式”组的“合并后居中”按钮合并标题单元格，并设置标题为黑体、18 磅；选择 A2:F2 单元格，单击“开始”/“样式”组样式列表中的“着色 2”，设置表头为红底白字；选择 A3:F163 单元格，设置内容为宋体、10 磅，如图 2-2-4 所示。

会计科目

| 科目性质 | 科目编号 | 总账科目 | 明细科目 | 余额方向 | 账户查询 |
|---|---|---|---|---|---|
| 资产类 | 1001 | 现金 | | 借 | |
| 资产类 | 1002 | 银行存款 | | 借 | |
| 资产类 | 100201 | 银行存款 | 建行 | 借 | |
| 资产类 | 100202 | 银行存款 | 农行 | 借 | |
| 资产类 | 1009 | 其他货币资金 | | 借 | |
| 资产类 | 1101 | 短期投资 | | 借 | |
| 资产类 | 110101 | 短期投资 | 股票 | 借 | |
| 资产类 | 110102 | 短期投资 | 债券 | 借 | |
| 资产类 | 110103 | 短期投资 | 基金 | 借 | |
| 资产类 | 110110 | 短期投资 | 其他 | 借 | |
| 资产类 | 1102 | 短期投资跌价准备 | | 贷 | |
| 资产类 | 1111 | 应收票据 | | 借 | |
| 资产类 | 1121 | 应收股利 | | 借 | |
| 资产类 | 1122 | 应收利息 | | 借 | |
| 资产类 | 1131 | 应收账款 | | 借 | |
| 资产类 | 1131 | 应收账款 | 公司A | 借 | |
| 资产类 | 1131 | 应收账款 | 公司B | 借 | |
| 资产类 | 1131 | 应收账款 | 公司C | 借 | |
| 资产类 | 1133 | 其他应收款 | | 借 | |
| 资产类 | 1141 | 坏账准备 | | 贷 | |
| 资产类 | 1151 | 预付账款 | | 借 | |
| 资产类 | 1161 | 应收补贴款 | | 借 | |
| 资产类 | 1201 | 材料采购 | | 借 | |

图 2-2-4 格式化表格

4. 计算账户查询的值

选择 F3 单元格，单击编辑栏“插入函数”按钮，弹出“插入函数”对话框，在“或选择类别”下拉列表中选择“逻辑”，在“选择函数”列表框中选择“IF”函数，单击“确定”按钮，打开“函数参数”对话框。输入如图 2-2-5 所示参数。

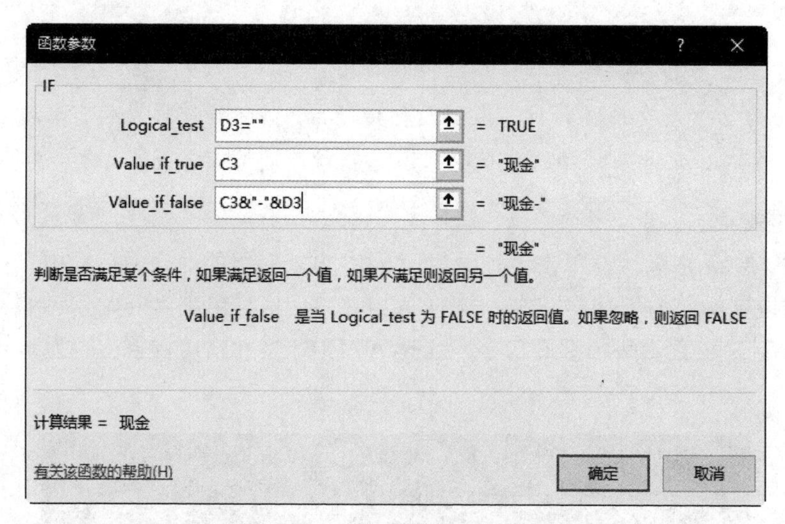


图 2-2-5 “插入函数”对话框

单击“确定”按钮，得到 F3 的值“现金”。双击 F3 单元格右下角填充柄，快速复制填充得到 F 列的值，如图 2-2-6 所示。

会计科目

| 科目性质 | 科目编号 | 总账科目 | 明细科目 | 余额方向 | 账户查询 |
|---|---|---|---|---|---|
| 资产类 | 1001 | 现金 | | 借 | 现金 |
| 资产类 | 1002 | 银行存款 | | 借 | 银行存款 |
| 资产类 | 100201 | 银行存款 | 建行 | 借 | 银行存款_建行 |
| 资产类 | 100202 | 银行存款 | 农行 | 借 | 银行存款_农行 |
| 资产类 | 1009 | 其他货币资金 | | 借 | 其他货币资金 |
| 资产类 | 1101 | 短期投资 | | 借 | 短期投资 |
| 资产类 | 110101 | 短期投资 | 股票 | 借 | 短期投资_股票 |
| 资产类 | 110102 | 短期投资 | 债券 | 借 | 短期投资_债券 |
| 资产类 | 110103 | 短期投资 | 基金 | 借 | 短期投资_基金 |
| 资产类 | 110110 | 短期投资 | 其他 | 借 | 短期投资_其他 |
| 资产类 | 1102 | 短期投资跌价准备 | | 贷 | 短期投资跌价准备 |
| 资产类 | 1111 | 应收票据 | | 借 | 应收票据 |
| 资产类 | 1121 | 应收股利 | | 借 | 应收股利 |
| 资产类 | 1122 | 应收利息 | | 借 | 应收利息 |
| 资产类 | 1131 | 应收账款 | | 借 | 应收账款 |
| 资产类 | 1131 | 应收账款 | 公司A | 借 | 应收账款_公司A |
| 资产类 | 1131 | 应收账款 | 公司B | 借 | 应收账款_公司B |
| 资产类 | 1131 | 应收账款 | 公司C | 借 | 应收账款_公司C |
| 资产类 | 1133 | 其他应收款 | | 借 | 其他应收款 |
| 资产类 | 1141 | 坏账准备 | | 贷 | 坏账准备 |
| 资产类 | 1151 | 预付账款 | | 借 | 预付账款 |
| 资产类 | 1161 | 应收补贴款 | | 借 | 应收补贴款 |
| 资产类 | 1201 | 材料采购 | | 借 | 材料采购 |
| 资产类 | 1211 | 材料 | | 借 | 材料 |



图 2-2-6 计算 F 列的值

5. 冻结窗格

由于会计科目内容太多，一个窗口显示不下，为了向下浏览时保留表头，需要冻结表头所在行。选择 A3 单元格，单击“视图”/“窗口”组的“冻结窗格”按钮，选择“冻结拆分窗格”命令，冻结第一行和第二行内容，如图 2-2-7 所示。

| | A | B | C | D | E | F |
|---|---|---|---|---|---|---|
| 1 | 会计科目 | | | | | |
| 2 | 科目性质 | 科目编号 | 总账科目 | 明细科目 | 余额方向 | 账户查询 |
| 3 | 资产类 | 1001 | 现金 | | 借 | 现金 |
| 4 | 资产类 | 1002 | 银行存款 | | 借 | 银行存款 |
| 5 | 资产类 | 100201 | 银行存款 | 建行 | 借 | 银行存款_建行 |
| 6 | 资产类 | 100202 | 银行存款 | 农行 | 借 | 银行存款_农行 |
| 7 | 资产类 | 1009 | 其他货币资金 | | 借 | 其他货币资金 |
| 8 | 资产类 | 1101 | 短期投资 | | 借 | 短期投资 |
| 9 | 资产类 | 110101 | 短期投资 | 股票 | 借 | 短期投资_股票 |
| 10 | 资产类 | 110102 | 短期投资 | 债券 | 借 | 短期投资_债券 |
| 11 | 资产类 | 110103 | 短期投资 | 基金 | 借 | 短期投资_基金 |
| 12 | 资产类 | 110110 | 短期投资 | 其他 | 借 | 短期投资_其他 |
| 13 | 资产类 | 1102 | 短期投资跌价准备 | | 贷 | 短期投资跌价准备 |
| 14 | 资产类 | 1111 | 应收票据 | | 借 | 应收票据 |
| 15 | 资产类 | 1121 | 应收股利 | | 借 | 应收股利 |
| 16 | 资产类 | 1122 | 应收利息 | | 借 | 应收利息 |
| 17 | 资产类 | 1131 | 应收账款 | | 借 | 应收账款 |
| 18 | 资产类 | 1131 | 应收账款 | 公司A | 借 | 应收账款_公司A |
| 19 | 资产类 | 1131 | 应收账款 | 公司B | 借 | 应收账款_公司B |
| 20 | 资产类 | 1131 | 应收账款 | 公司C | 借 | 应收账款_公司C |
| 21 | 资产类 | 1133 | 其他应收款 | | 借 | 其他应收款 |
| 22 | 资产类 | 1141 | 坏账准备 | | 贷 | 坏账准备 |
| 23 | 资产类 | 1151 | 预付账款 | | 借 | 预付账款 |
| 24 | 资产类 | 1161 | 应收补贴款 | | 借 | 应收补贴款 |
| 25 | 资产类 | 1201 | 材料采购 | | 借 | 材料采购 |
| 26 | 资产类 | 1211 | 材料 | | 借 | 材料 |

图 2-2-7　冻结窗格效果

选择 A2:F163 单元格区域，单击“开始”/“字体”组的“下框线”按钮，在弹出的下拉列表中选择“所有框线”选项，为工作表添加框线，取消显示网格。单击快速访问工具栏的“保存”按钮保存工作簿，会计科目表制作完成。

# 任务 2　制作和填制记账凭证

## 相关知识

记账凭证是会计核算中以记录经济业务往来、明确经济责任和审查合格的原始凭证为依据，按照登记账簿的要求，进行归类和整理，是由会计人员编制，作为记账直接依据的一种会计凭证，它不分经济业务的性质，使用同样的格式。

## 实例描述

记账凭证应包括凭证名称、填制单位、制作日期、编号、内容摘要、应借/应贷的账户及金额、附件张数以及主管人员、填制凭证人等，如图 2-2-8 所示。

**记账凭证**

2017年3月22日　　　　现 凭证号

| 摘要 | 会计科目 | | | 借方金额 | 贷方金额 |
|---|---|---|---|---|---|
| | 科目编码 | 总账科目 | 明细科目 | | |
| 出售产品500件 | 1001 | 现金 | | ¥300,000.00 | |
| | 5201 | 投资收益 | | | ¥60,000.00 |
| 提现 | 1001 | 现金 | | ¥100,000.00 | |
| | 100202 | 银行存款 | 农行 | ¥500,000.00 | |
| 原材料采购 | 2121 | 应付账款 | | | ¥70,000.00 |
| | | | | | |
| | | | | | |
| 附件　张 | 合计 | | | ¥900,000.00 | ¥130,000.00 |

会计主管：　审核：　过账：　出纳：　制单

图 2-2-8　记账凭证

## 操作步骤

### 一、制作记账凭证

1. 输入记账凭证内容

打开“账务处理”工作簿，将工作表“Sheet2”改名为“记账凭证”，单击快速访问工具栏的“保存”按钮，保存工作簿。在 A1 单元格中输入标题“记账凭证”，然后，在其下方单元格中依次输入其他所需内容，如图 2-2-9 所示。

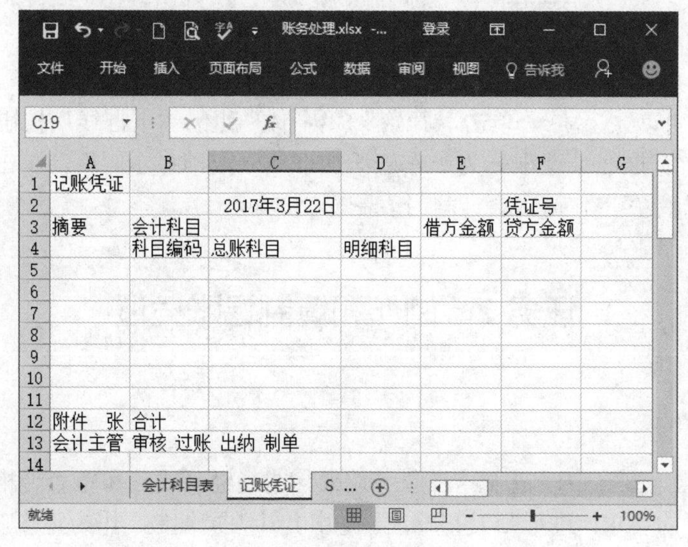


图 2-2-9　输入内容

设置有效性规则。选择 E2 单元格，单击“数据”/“数据工具”组的“数据验证”按钮，在弹出的列表中选择“数据验证”，打开“数据验证”对话框，在“允许”列表中选择“序列”，在“来源”框中输入“现,银,转”，如图 2-2-10 所示。

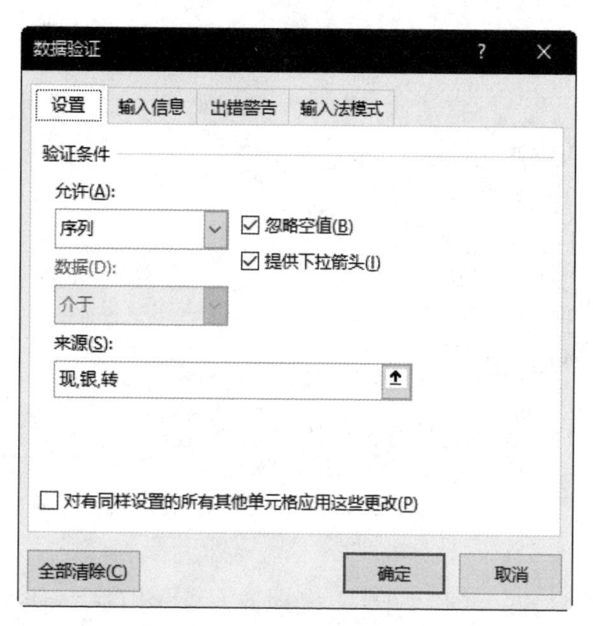


图 2-2-10　“数据验证”对话框

单击“确定”按钮，E2 单元格序列有效性效果如图 2-2-11 所示。

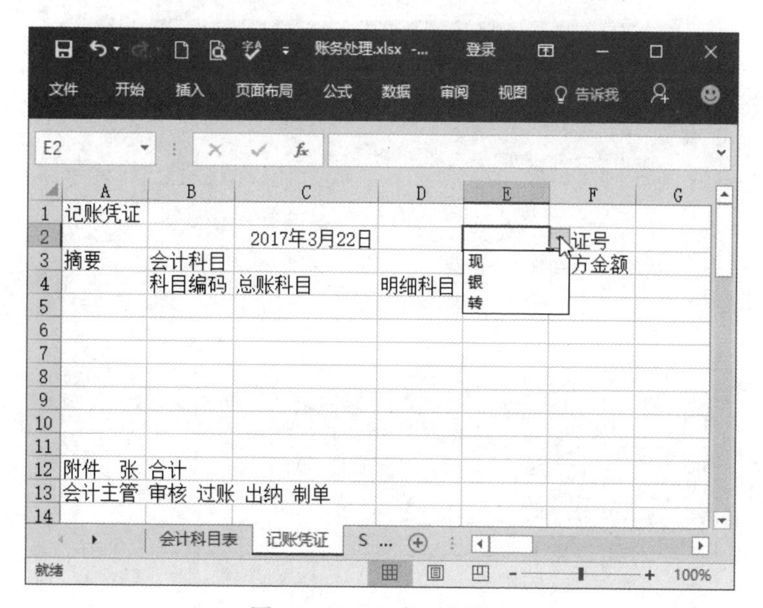


图 2-2-11　E2 序列有效性

用同样方法，选择 B5:B11 单元格，设置数据有效性。在其“数据验证”对话框的“允许”列表中选择“序列”，“来源”框中输入“1001,1002,100201,100202，1009，1101，110101，110102，110103，110110，1102，……，1901，1911，191101，2121，5201，5801”，如图 2-2-12 所示。

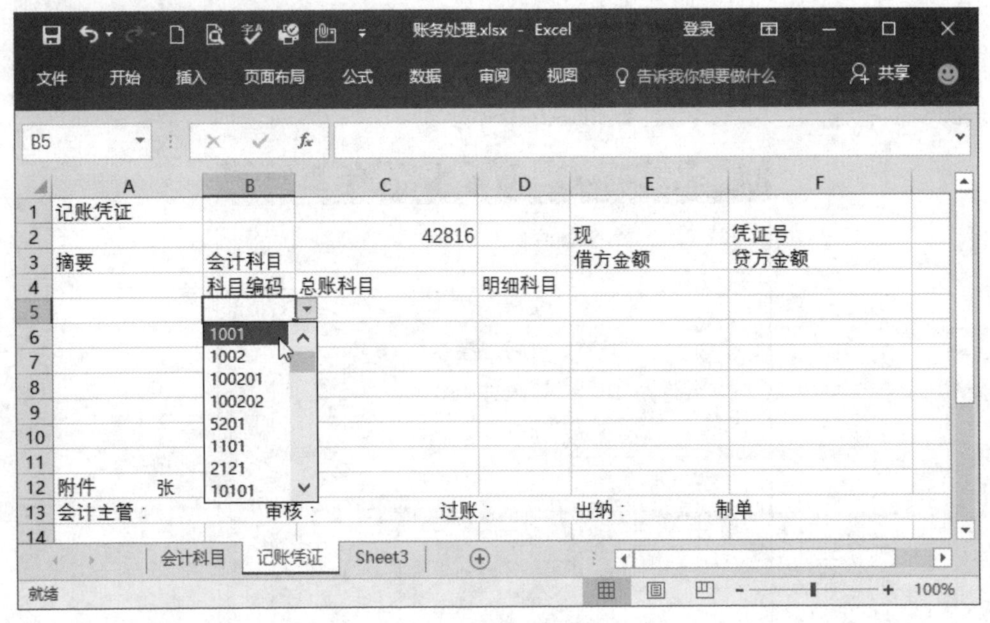


图 2-2-12　B 列数据有效性

2. 合并单元格

选择 A1:F1 单元格区域，单击“开始”/“对齐方式”组的“合并后居中”按钮合并标题单元格，用同样方法合并 A3:A4 单元格、B3:D3 单元格、E3:E4 单元格、F3:F4 单元格、A13:F13 单元格，如图 2-2-13 所示。

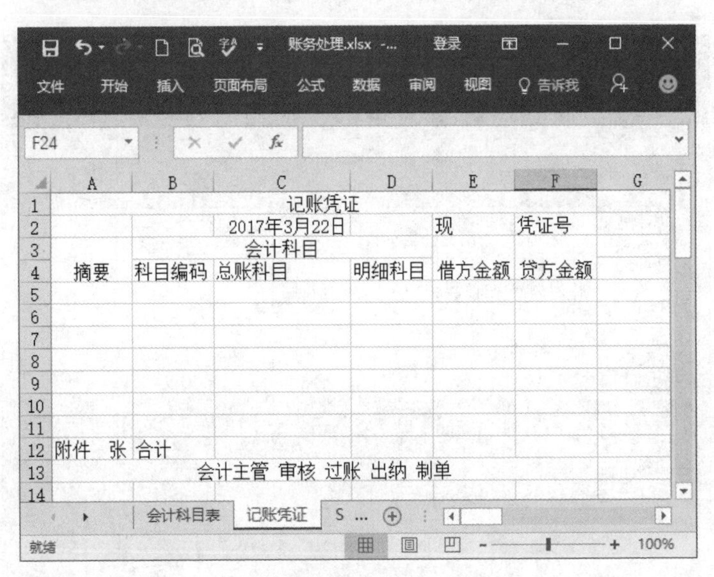


图 2-2-13　合并单元格

3. 格式化及调整列宽

设置标题为华文中宋、22 磅、黑色，表中其他内容为华文雅黑、12 磅、蓝色。将鼠标移至 A 列右侧边界处并向右拖动鼠标至合适大小，用同样方法，调整 B 列到 F 列区域大小，效果如图 2-2-14 所示。

图 2-2-14　格式化及调整列宽

4. 对齐表中内容

按 Ctrl 键依次选择 A3、E3、F3 单元格，单击“开始”/“对齐方式”组的“垂直居中”按钮，将所选内容垂直居中；用同样方法，调整 B4:D4 单元格为居中对齐；调整 E2 单元格为右对齐；调整 A13 单元格为左对齐，并调整文字间距离，如图 2-2-15 所示。

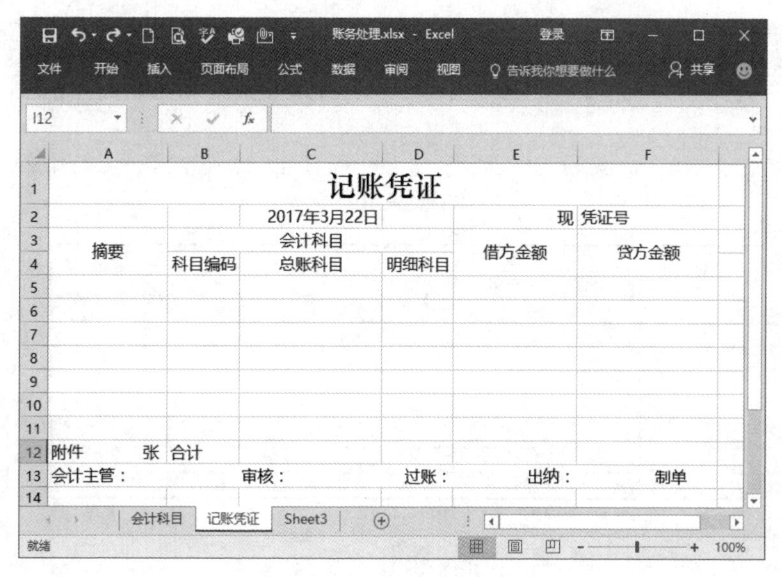


图 2-2-15　对齐表中内容

5. 添加边框线

选择 A3:F12 单元格，单击“开始”/“字体”组的“字体设置”按钮，弹出“设置单元格格式”对话框，单击“边框”选项卡，在“样式”栏中选择线型，单击“预置”栏的“外边框”按钮添加外边框；再次在“样式”栏中选择线型，单击“预置”栏的“内部”按钮添加内部边框线，如图 2-2-16 所示，单击“确定”按钮，效果如图 2-2-17 所示。

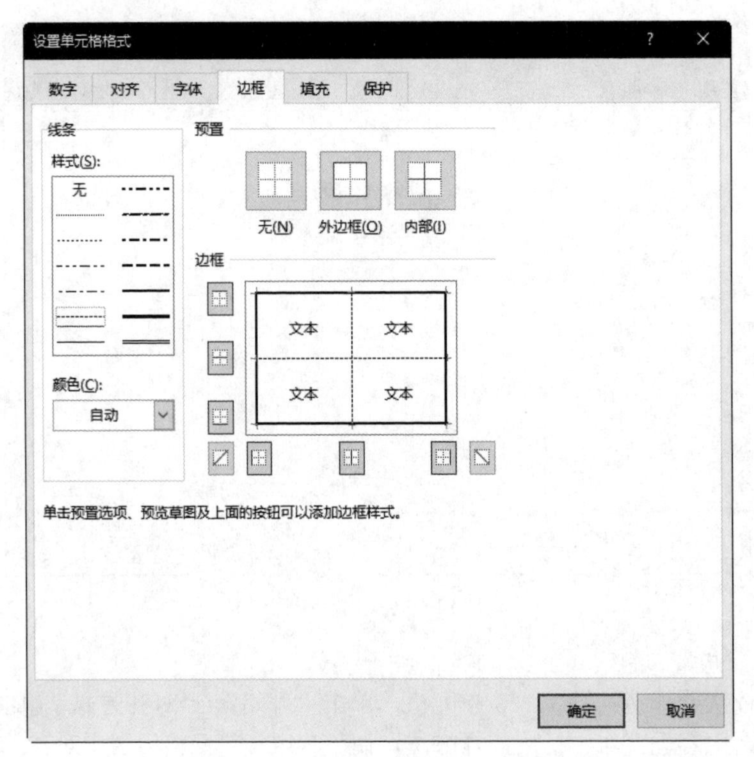


图 2-2-16 “设置单元格格式”对话框

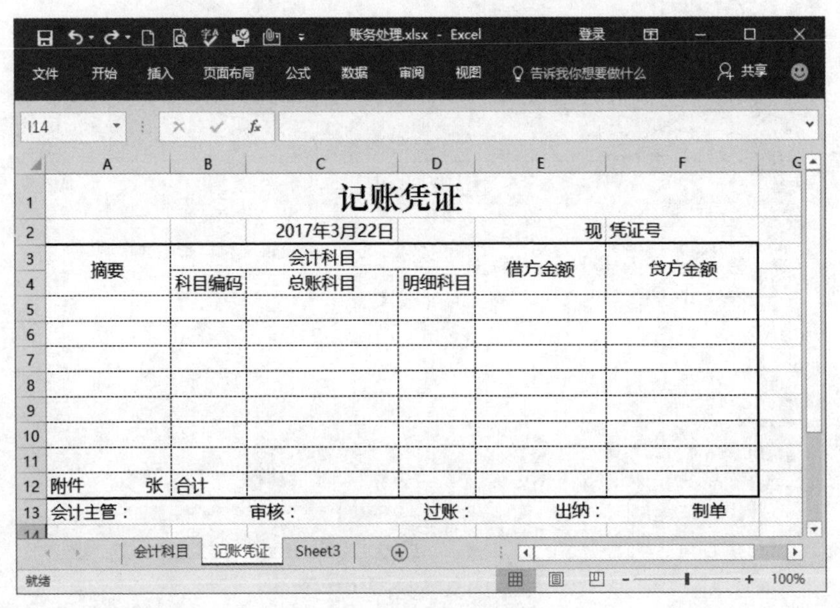


图 2-2-17 添加边框线效果

6. 隐藏报销单网格线

为了只显示记账凭证的内容，需要隐藏网格线。单击“视图”选项卡，在“显示”组中取消勾选“网格线”复选框，隐藏网格线，效果如图 2-2-18 所示。单击快速访问工具栏的“保存”按钮保存工作簿，记账凭证制作完成。

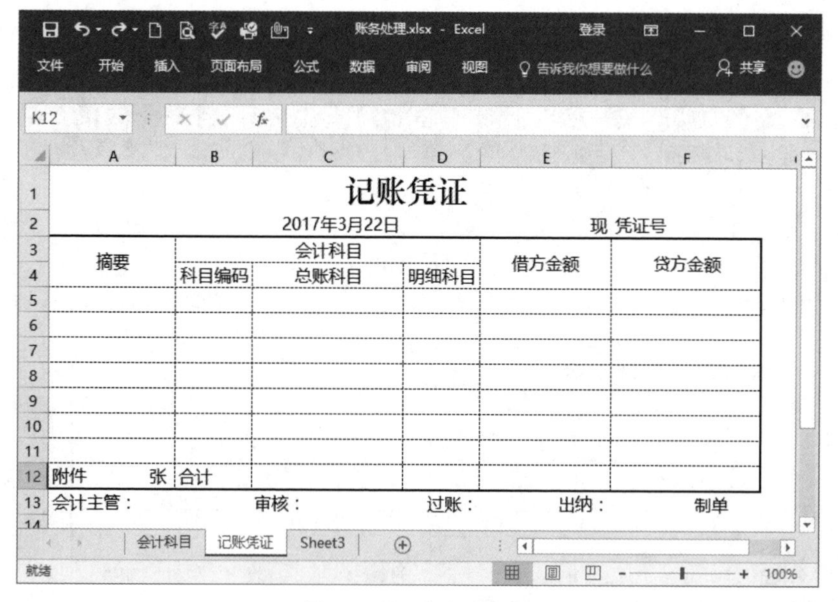


图 2-2-18　隐藏网格线

## 二、填制记账凭证

### 1．输入记账凭证内容

首先选择 E2 单元格，单击其右侧下三角，在弹出的下拉列表中选择所需选项。选择 A5 单元格，输入摘要“出售产品 500 件”；选择 B5 单元格，选择凭证的科目编号；选择 C5 单元格，单击编辑栏的“插入函数”按钮 $f_x$，弹出“插入函数”对话框，在“或选择类别”下拉列表中选择“查找与引用”，在“选择函数”列表框中选择“VLOOKUP”函数。单击“确定”按钮，打开“函数参数”对话框，输入如图 2-2-19 所示参数。

函数参数

VLOOKUP

Lookup_value　B5　= 1001

Table_array　会计科目表!$B$3:$D$163　= {"1001","现金",0;"1002","银行存款",(

Col_index_num　2　= 2

Range_lookup　FALSE　= FALSE

=

搜索表区域首列满足条件的元素，确定待检索单元格在区域中的行序号，再进一步返回选定单元格的值。默认情况下，表是以升序排序的

Range_lookup　逻辑值：若要在第一列中查找大致匹配，请使用 TRUE 或省略；若要查找精确匹配，请使用 FALSE

计算结果 =

有关该函数的帮助(H)　确定　取消

图 2-2-19　“函数参数”对话框

单击“确定”按钮，获得总账科目值“现金”，如图 2-2-20 所示。

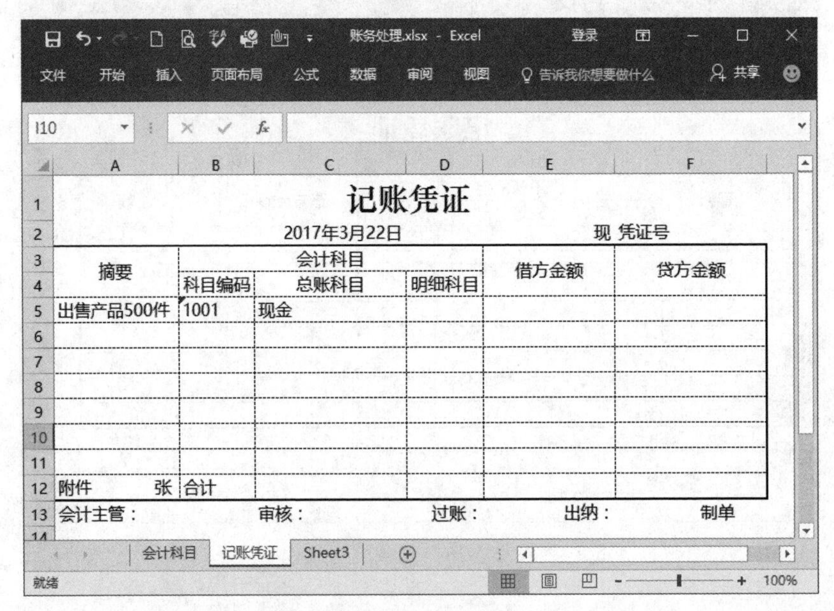


图 2-2-20 部分内容

选择 D5 单元格，单击编辑栏的“插入函数”按钮$f_x$，弹出“插入函数”对话框，在“或选择类别”下拉列表中选择“逻辑”，在“选择函数”列表框中选择“IF”函数。单击“确定”按钮，打开“函数参数”对话框，输入如图 2-2-21 所示参数。



图 2-2-21 “函数参数”对话框

单击“确定”按钮，获得明细科目值，如图 2-2-22 所示。

继续输入摘要和科目编码，选择 C5 单元格，将光标指向右下方填充柄拖动至 C9 单元格，用同样方法，选择 D5 单元格，拖动填充柄至 D9 单元格，复制公式获得其他科目编码的总账科目和明细科目，如图 2-2-23 所示。

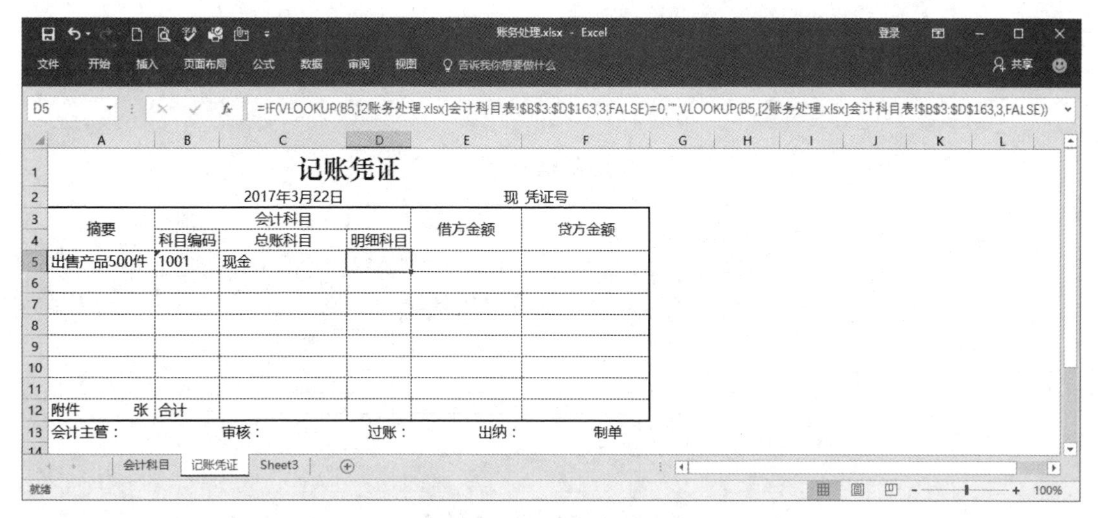


图 2-2-22 计算明细科目值

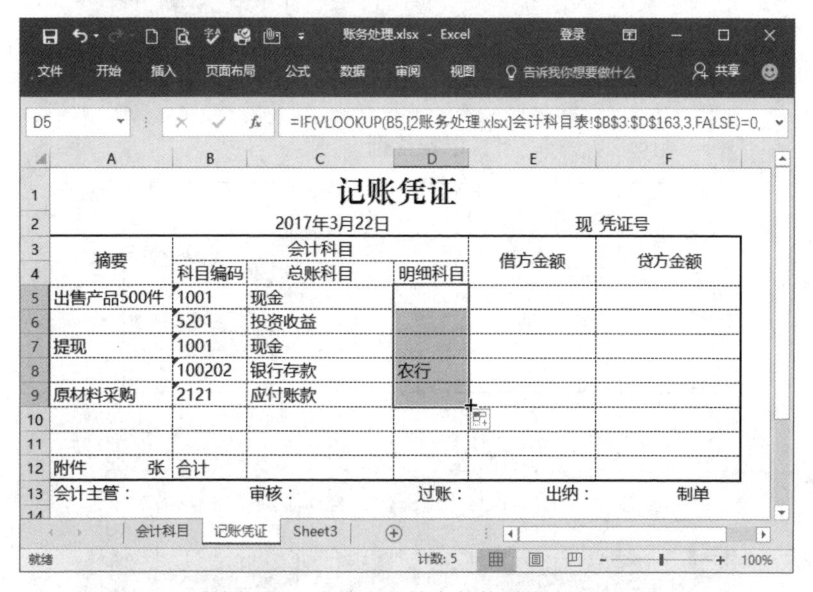


图 2-2-23 输入及填充其他科目内容

最后，选择 E5:F12 单元格区域，单击“开始”/“数字”组的“常规”后下三角，在弹出的下拉列表中选择“货币”，设置单元格货币显示格式，在 E 列和 F 列对应单元格中输入借方金额和贷方金额，如图 2-2-24 所示。

2. 计算借贷合计金额

通过对凭证数据的统计可以实现对数据的分析。选择 E12 单元格，单击“公式”/“函数库”组的“自动求和”按钮Σ，在弹出的列表中选择“求和”选项，框选 E5:E9 区域，如图 2-2-25 所示。

按“Enter”键获得借方合计金额。选择 E12 单元格，拖动填充柄至 F12 单元格，获得贷方合计金额，如图 2-2-26 所示。至此，记账凭证的制作和填充完成，按“Ctrl+C”快捷键保存该工作簿文件。

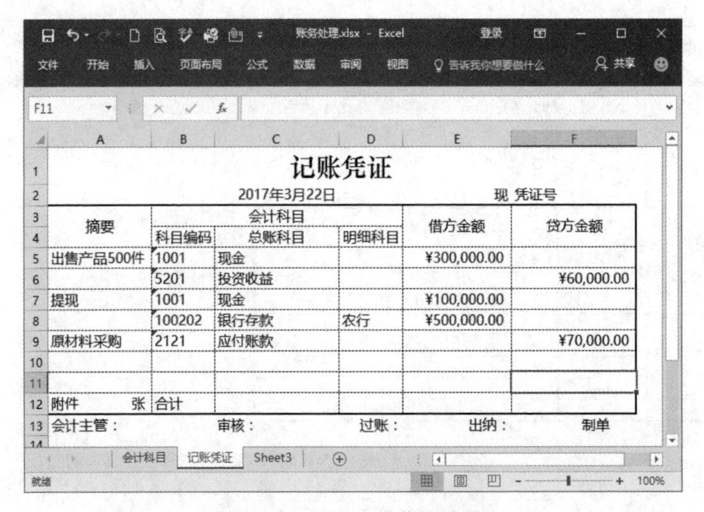

记账凭证

2017年3月22日　　现 凭证号

| 摘要 | 会计科目 | | | 借方金额 | 贷方金额 |
|---|---|---|---|---|---|
| | 科目编码 | 总账科目 | 明细科目 | | |
| 出售产品500件 | 1001 | 现金 | | ¥300,000.00 | |
| | 5201 | 投资收益 | | | ¥60,000.00 |
| 提现 | 1001 | 现金 | | ¥100,000.00 | |
| | 100202 | 银行存款 | 农行 | ¥500,000.00 | |
| 原材料采购 | 2121 | 应付账款 | | | ¥70,000.00 |
| | | | | | |
| | | | | | |
| 附件　张 | 合计 | | | | |
| 会计主管： | | 审核： | 过账： | 出纳： | 制单 |

图 2-2-24　输入借贷方金额

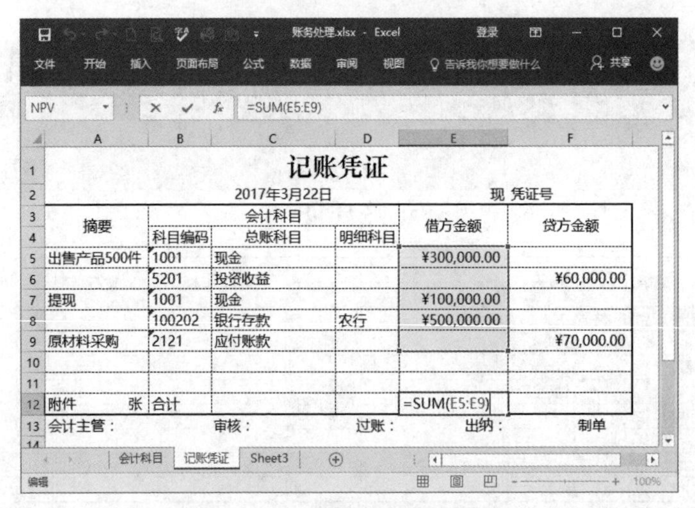

=SUM(E5:E9)

记账凭证

2017年3月22日　　现 凭证号

| 摘要 | 会计科目 | | | 借方金额 | 贷方金额 |
|---|---|---|---|---|---|
| | 科目编码 | 总账科目 | 明细科目 | | |
| 出售产品500件 | 1001 | 现金 | | ¥300,000.00 | |
| | 5201 | 投资收益 | | | ¥60,000.00 |
| 提现 | 1001 | 现金 | | ¥100,000.00 | |
| | 100202 | 银行存款 | 农行 | ¥500,000.00 | |
| 原材料采购 | 2121 | 应付账款 | | | ¥70,000.00 |
| | | | | | |
| | | | | | |
| 附件　张 | 合计 | | | =SUM(E5:E9) | |
| 会计主管： | | 审核： | 过账： | 出纳： | 制单 |

图 2-2-25　计算借方合计金额

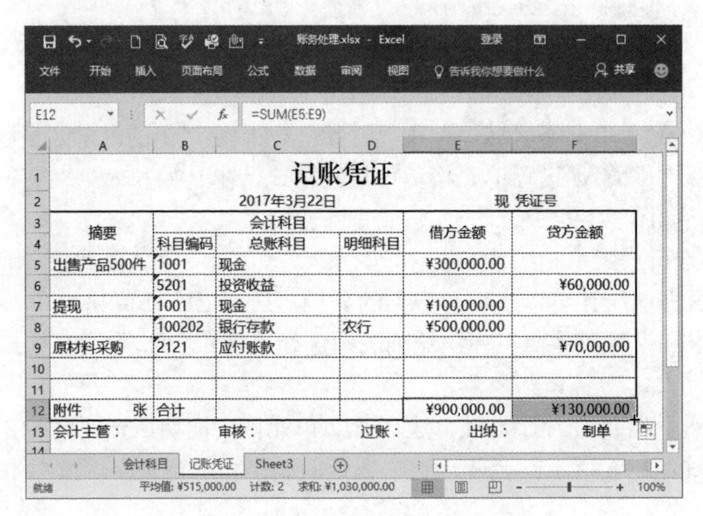

=SUM(E5:E9)

记账凭证

2017年3月22日　　现 凭证号

| 摘要 | 会计科目 | | | 借方金额 | 贷方金额 |
|---|---|---|---|---|---|
| | 科目编码 | 总账科目 | 明细科目 | | |
| 出售产品500件 | 1001 | 现金 | | ¥300,000.00 | |
| | 5201 | 投资收益 | | | ¥60,000.00 |
| 提现 | 1001 | 现金 | | ¥100,000.00 | |
| | 100202 | 银行存款 | 农行 | ¥500,000.00 | |
| 原材料采购 | 2121 | 应付账款 | | | ¥70,000.00 |
| | | | | | |
| | | | | | |
| 附件　张 | 合计 | | | ¥900,000.00 | ¥130,000.00 |
| 会计主管： | | 审核： | 过账： | 出纳： | 制单 |

平均值: ¥515,000.00　计数: 2　求和: ¥1,030,000.00

图 2-2-26　计算贷方合计金额

# 任务 3　建立现金日记账

## 相关知识

会计账簿处理是会计日常工作中经常面临的工作，譬如现金日记账。它是以会计分录的形式序时记录经济业务的簿籍，可以作为过往分类账的依据。虽然财务软件中可以很方便地查看现金明细账，但由于现金发生的即时性及某些特殊原因，现金的收入和支出可能会出现不及时入账的情况，所以，作为财务人员要及时登记现金日记备查账。

## 实例描述

现金管理在财务会计工作中占有重要地位，而现金日记账是专门为现金账户设置的，它专门用以序时记录现金收付业务，是反映现金增减变化及结果的一种日记账。现金日记账多采用三栏式，设置有借、贷、余三栏，对应账户栏则记录与现金相对应的账户，如图 2-2-27 所示。

**现金日记账**

| 2017年 | | 凭证号数 | 摘要 | 借 | 贷 | 借或贷 | 余额 |
|---|---|---|---|---|---|---|---|
| 月 | 日 | | | | | | |
| 3 | 1 | 期初余额 | | | | 借 | ¥69,800.00 |
| 3 | | 现收1 | 退回现金 | ¥220.00 | | | |
| | 3 | 现收2 | 退回现金 | ¥230.00 | | | |
| | | 现付1 | 职工报医辽费 | | ¥520.00 | | |
| | | 现收3 | 积压材料收入 | ¥1,850.00 | | | |
| | | 现付2 | 现金存入 | | ¥600.00 | | |
| | 7 | 现付3 | 邓欣借差旅费 | | ¥1,500.00 | | |
| | | 现收4 | 出售C产品15件 | ¥2,500.00 | | | |
| | 8 | 现付4 | 现金存入 | | ¥1,000.00 | | |
| | 9 | 现付5 | 刘娜借差旅费 | | ¥1,400.00 | | |
| | | 现付6 | 支付采购费 | | ¥1,100.00 | | |
| | 12 | 现付7 | 支付采购费 | | ¥2,100.00 | | |
| | | 现付8 | 补付现金 | | ¥1,600.00 | | |
| | 14 | 现付9 | 支付采购费 | | ¥2,700.00 | | |
| | | 现付10 | 发工资 | | ¥20,000.00 | | |
| | 17 | 现付11 | 王雨借差旅费 | | ¥1,800.00 | | |
| | | 现付12 | 支付采购费 | | ¥3,850.00 | | |
| | | 现付13 | 支付材料款 | | ¥1,660.00 | | |
| | 27 | 现收5 | 收到罚款 | ¥2,500.00 | | | |
| | 28 | 现付14 | 支付保险费 | | ¥1,200.00 | | |
| | | 现付15 | 支付职工住院费 | | ¥2,600.00 | | |
| 3 | 31 | 本月发生额及余额 | | ¥7,300.00 | ¥43,630.00 | | ¥33,470.00 |

图 2-2-27　现金日记账

## 操作步骤

### 一、自动生成凭证号数

在编制现金日记账时，用户可以根据会计凭证输入的数据来筛选出现金日记账所需的凭证号数，从而快速得到现金日记账相应的数据信息。

1. 创建现金日记账表格

打开“账务处理”工作簿，将工作表“Sheet3”改名为“现金日记账”，单击快速访问工具栏的“保存”按钮，保存工作簿。在 A1 单元格中输入标题“现金日记账”，然后，在其下方单元格中依次输入所需内容，如图 2-2-28 所示。

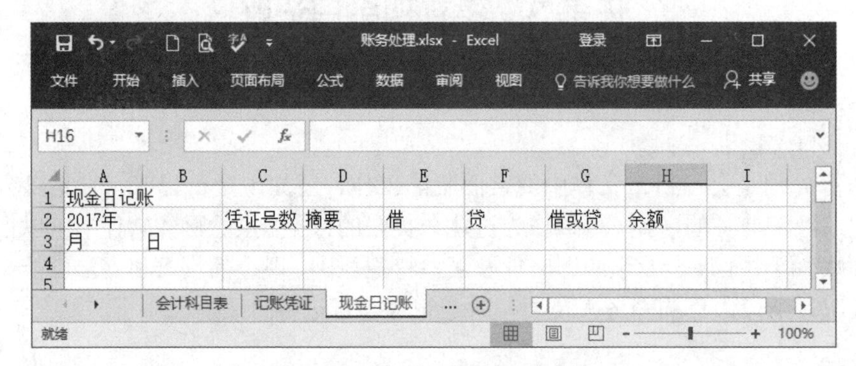

图 2-2-28　创建现金日记账表格

2. 合并单元格

选择 A1:H1 单元格区域，单击“开始”/“对齐方式”组的“合并后居中”按钮合并标题单元格，用同样方法合并 A2:B2 单元格、C2:C3 单元格、D2:D3 单元格、E2:E3 单元格、F2:F3 单元格、G2:G3 单元格、H2:H3 单元格，如图 2-2-29 所示。

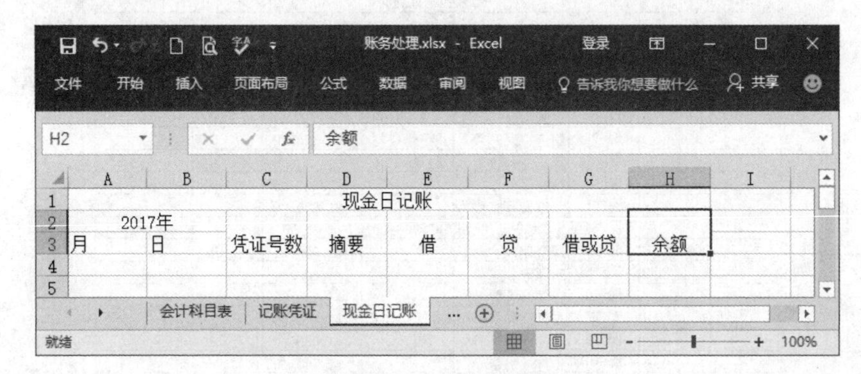

图 2-2-29　合并单元格

3. 格式化及对齐单元格

设置标题为华文中宋、18 磅，表中其他内容为华文雅黑、12 磅。选择 C2:H2 单元格，单击“开始”/“对齐方式”组的“垂直居中”按钮，将所选内容垂直居中；用同样方法，调整 A3:B3 单元格居中对齐，效果如图 2-2-30 所示。

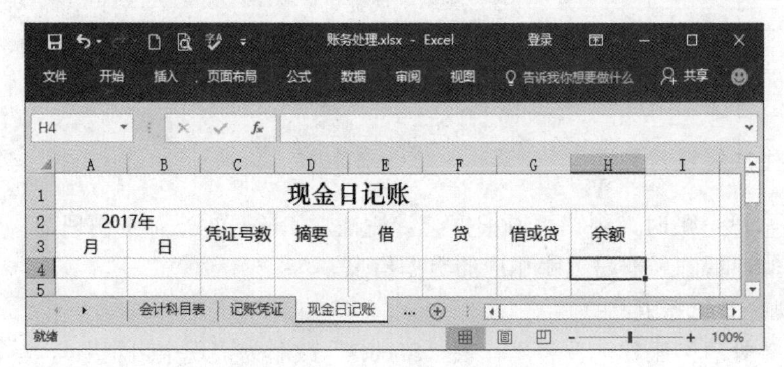

图 2-2-30　格式化及对齐单元格

4. 筛选凭证号数

切换到“本月会计凭证”工作表，选择 A2:J3 单元格区域，单击“数据”/“排序和筛选”组的“筛选”按钮，进入自动筛选状态，单击“凭证类别及编号”后下三角，在弹出的面板中选择“文本筛选”→“开头是”选项，弹出“自定义自动筛选方式”对话框，在右侧组合框中输入“现”，如图 2-2-31 所示。

图 2-2-31 “自定义自动筛选方式”对话框

单击“确定”按钮，“凭证类别及编号”列结果如图 2-2-32 所示。

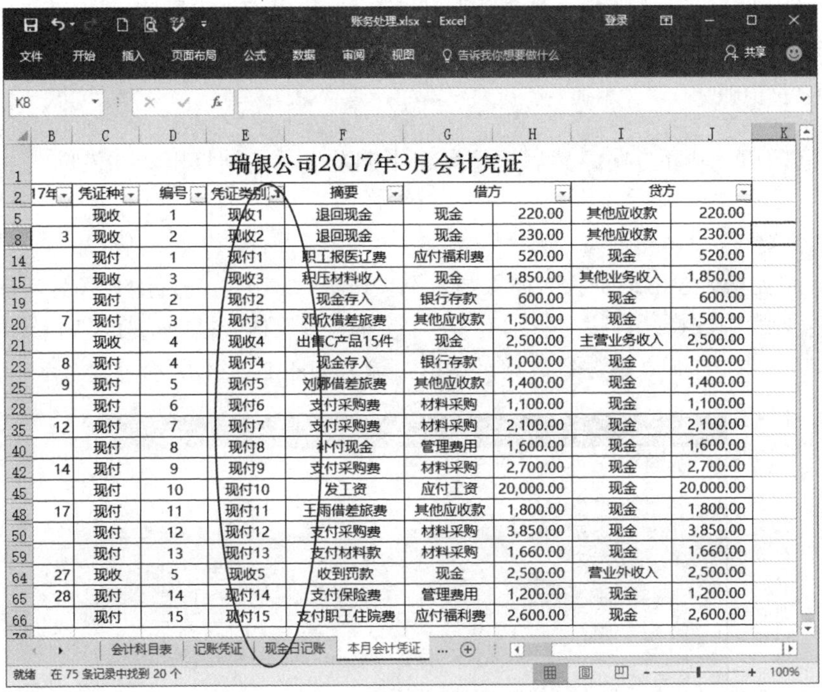

瑞银公司2017年3月会计凭证

| 17年 | 凭证种类 | 编号 | 凭证类别 | 摘要 | 借方 | | 贷方 | |
|---|---|---|---|---|---|---|---|---|
| | 现收 | 1 | 现收1 | 退回现金 | 现金 | 220.00 | 其他应收款 | 220.00 |
| 3 | 现收 | 2 | 现收2 | 退回现金 | 现金 | 230.00 | 其他应收款 | 230.00 |
| | 现付 | 1 | 现付1 | 职工报医辽费 | 应付福利费 | 520.00 | 现金 | 520.00 |
| | 现收 | 3 | 现收3 | 积压材料收入 | 现金 | 1,850.00 | 其他业务收入 | 1,850.00 |
| | 现付 | 2 | 现付2 | 现金存入 | 银行存款 | 600.00 | 现金 | 600.00 |
| 7 | 现付 | 3 | 现付3 | 邓欣借差旅费 | 其他应收款 | 1,500.00 | 现金 | 1,500.00 |
| | 现收 | 4 | 现收4 | 出售C产品15件 | 现金 | 2,500.00 | 主营业务收入 | 2,500.00 |
| 8 | 现付 | 4 | 现付4 | 现金存入 | 银行存款 | 1,000.00 | 现金 | 1,000.00 |
| 9 | 现付 | 5 | 现付5 | 刘娜借差旅费 | 其他应收款 | 1,400.00 | 现金 | 1,400.00 |
| | 现付 | 6 | 现付6 | 支付采购费 | 材料采购 | 1,100.00 | 现金 | 1,100.00 |
| 12 | 现付 | 7 | 现付7 | 支付采购费 | 材料采购 | 2,100.00 | 现金 | 2,100.00 |
| | 现付 | 8 | 现付8 | 补付现金 | 管理费用 | 1,600.00 | 现金 | 1,600.00 |
| 14 | 现付 | 9 | 现付9 | 支付采购费 | 材料采购 | 2,700.00 | 现金 | 2,700.00 |
| | 现付 | 10 | 现付10 | 发工资 | 应付工资 | 20,000.00 | 现金 | 20,000.00 |
| 17 | 现付 | 11 | 现付11 | 王雨借差旅费 | 其他应收款 | 1,800.00 | 现金 | 1,800.00 |
| | 现付 | 12 | 现付12 | 支付采购费 | 材料采购 | 3,850.00 | 现金 | 3,850.00 |
| | 现付 | 13 | 现付13 | 支付材料款 | 材料采购 | 1,660.00 | 现金 | 1,660.00 |
| 27 | 现收 | 5 | 现收5 | 收到罚款 | 现金 | 2,500.00 | 营业外收入 | 2,500.00 |
| 28 | 现付 | 14 | 现付14 | 支付保险费 | 管理费用 | 1,200.00 | 现金 | 1,200.00 |
| | 现付 | 15 | 现付15 | 支付职工住院费 | 应付福利费 | 2,600.00 | 现金 | 2,600.00 |

图 2-2-32 “凭证类别及编号”列结果

选择 A5:B66 单元格区域，按“Ctrl+C”快捷键复制所选内容，切换到“现金日记账”工作表，单击 A4 单元格，按“Ctrl+V”快捷键粘贴所选内容。用同样方法，将“本月会计凭证”工作表中“凭证类别及编号”列数据复制到“现金日记账”工作表的“凭证号数”列，如图 2-2-33 所示。

图 2-2-33 复制结果

## 二、登记日记账

首先登记期初余额和方向，然后逐笔登记本期发生额，结算出本期借贷发生额合计及期末余额。

### 1. 获取摘要

选择 D4 单元格，单击编辑栏“插入函数”按钮 $f_x$，弹出“插入函数”对话框，在“或选择类别”下拉列表中选择“查找与引用”，在“选择函数”列表框中选择“VLOOKUP”函数。单击“确定”按钮，打开“函数参数”对话框，输入如图 2-2-34 所示参数。

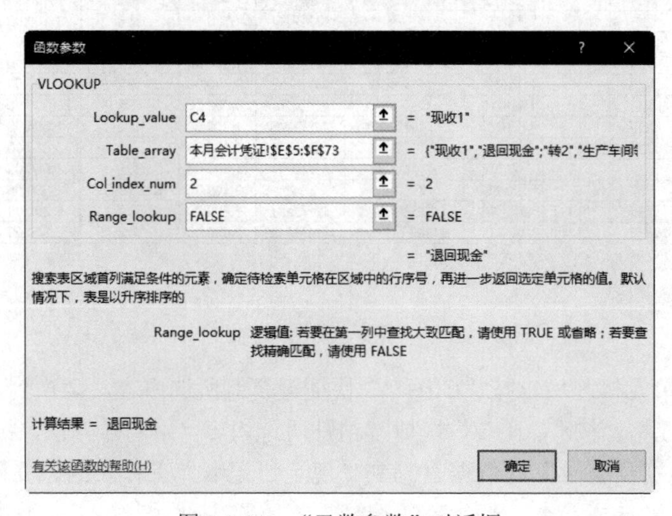


图 2-2-34 “函数参数”对话框

单击“确定”按钮，D4 单元格获得计算的摘要，双击 D4 单元格填充柄，快速复制填充得到其他计算的摘要，如图 2-2-35 所示。

D4 =VLOOKUP(C4,本月会计凭证!$E$5:$F$73,2,FALSE)

现金日记账

| 2017年 | | 凭证号数 | 摘要 | 借 | 贷 | 借或贷 | 余额 |
|---|---|---|---|---|---|---|---|
| 月 | 日 | | | | | | |
| 3 | | 现收1 | 退回现金 | | | | |
| | 3 | 现收2 | 退回现金 | | | | |
| | | 现付1 | 职工报医辽费 | | | | |
| | | 现收3 | 积压材料收入 | | | | |
| | | 现付2 | 现金存入 | | | | |
| | 7 | 现付3 | 邓欣借差旅费 | | | | |
| | | 现收4 | 出售C产品15件 | | | | |
| | 8 | 现付4 | 现金存入 | | | | |
| | 9 | 现付5 | 刘娜借差旅费 | | | | |
| | | 现付6 | 支付采购费 | | | | |
| | 12 | 现付7 | 支付采购费 | | | | |
| | | 现付8 | 补付现金 | | | | |
| | 14 | 现付9 | 支付采购费 | | | | |
| | | 现付10 | 发工资 | | | | |
| | 17 | 现付11 | 王雨借差旅费 | | | | |
| | | 现付12 | 支付采购费 | | | | |
| | | 现付13 | 支付材料款 | | | | |
| | 27 | 现收5 | 收到罚款 | | | | |
| | 28 | 现付14 | 支付保险费 | | | | |
| | | 现付15 | 支付职工住院费 | | | | |

图 2-2-35 获取摘要

2. 获取借方金额

选择 E4 单元格，单击“公式”选项卡，在“函数库”组单击“最近使用的函数”按钮，在弹出的下拉列表中选择“IF”函数，打开“函数参数”对话框，输入如图 2-2-36 所示参数。

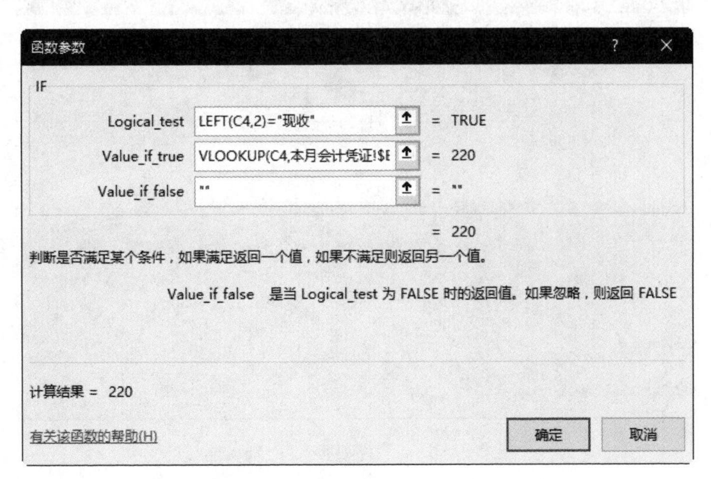


图 2-2-36 “函数参数”对话框

单击“确定”按钮，E4 单元格获得借方金额，双击 E4 单元格填充柄，快速复制填充得到其他借方金额。单击“开始”选项卡，在“数字”组单击“常规”下三角，在弹出的下拉列表中选择“货币”，按货币形式显示，如图2-2-37所示。

| 现金日记账 | | | | | | | |
|---|---|---|---|---|---|---|---|
| 2017年 | | 凭证号数 | 摘要 | 借 | 贷 | 借或贷 | 余额 |
| 月 | 日 | | | | | | |
| 3 | | 现收1 | 退回现金 | ¥220.00 | | | |
| | 3 | 现收2 | 退回现金 | ¥230.00 | | | |
| | | 现付1 | 职工报医辽费 | | | | |
| | | 现收3 | 积压材料收入 | ¥1, 850.00 | | | |
| | | 现付2 | 现金存入 | | | | |
| | 7 | 现付3 | 邓欣借差旅费 | | | | |
| | | 现收4 | 出售C产品15件 | ¥2, 500.00 | | | |
| | 8 | 现付4 | 现金存入 | | | | |
| | 9 | 现付5 | 刘娜借差旅费 | | | | |
| | | 现付6 | 支付采购费 | | | | |
| | 12 | 现付7 | 支付采购费 | | | | |
| | | 现付8 | 补付现金 | | | | |
| | 14 | 现付9 | 支付采购费 | | | | |
| | | 现付10 | 发工资 | | | | |
| | 17 | 现付11 | 王雨借差旅费 | | | | |
| | | 现付12 | 支付采购费 | | | | |
| | | 现付13 | 支付材料款 | | | | |
| | 27 | 现收5 | 收到罚款 | ¥2, 500.00 | | | |
| | 28 | 现付14 | 支付保险费 | | | | |
| | | 现付15 | 支付职工住院费 | | | | |

图2-2-37 获取借方金额

3. 获取贷方金额

选择F4单元格，单击“公式”选项卡，在“函数库”组单击“最近使用的函数”按钮，在弹出的下拉列表中选择“IF”函数，打开“函数参数”对话框，输入如图2-2-38所示参数。

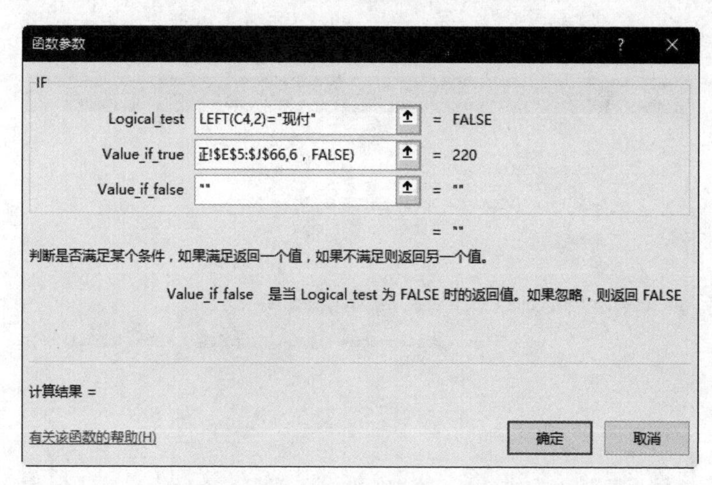


图2-2-38 “函数参数”对话框

单击“确定”按钮，F4单元格获得贷方金额，双击F4单元格填充柄，快速复制填充，得到其他贷方金额。单击“开始”选项卡，在“数字”组单击“常规”下三角，在弹出的下拉列表中选择“货币”，按货币形式显示，如图2-2-39所示。

| 2017年 | | 凭证号数 | 摘要 | 借 | 贷 | 借或贷 | 余额 |
|---|---|---|---|---|---|---|---|
| 月 | 日 | | | | | | |
| 3 | | 现收1 | 退回现金 | ¥220.00 | | | |
| | 3 | 现收2 | 退回现金 | ¥230.00 | | | |
| | | 现付1 | 职工报医辽费 | | ¥520.00 | | |
| | | 现收3 | 积压材料收入 | ¥1,850.00 | | | |
| | | 现付2 | 现金存入 | | ¥600.00 | | |
| | 7 | 现付3 | 邓欣借差旅费 | | ¥1,500.00 | | |
| | | 现收4 | 出售C产品15件 | ¥2,500.00 | | | |
| | 8 | 现付4 | 现金存入 | | ¥1,000.00 | | |
| | 9 | 现付5 | 刘娜借差旅费 | | ¥1,400.00 | | |
| | | 现付6 | 支付采购费 | | ¥1,100.00 | | |
| | 12 | 现付7 | 支付采购费 | | ¥2,100.00 | | |
| | | 现付8 | 补付现金 | | ¥1,600.00 | | |
| | 14 | 现付9 | 支付采购费 | | ¥2,700.00 | | |
| | | 现付10 | 发工资 | | ¥20,000.00 | | |
| | 17 | 现付11 | 王雨借差旅费 | | ¥1,800.00 | | |
| | | 现付12 | 支付采购费 | | ¥3,850.00 | | |
| | | 现付13 | 支付材料款 | | ¥1,660.00 | | |
| | 27 | 现收5 | 收到罚款 | ¥2,500.00 | | | |
| | 28 | 现付14 | 支付保险费 | | ¥1,200.00 | | |
| | | 现付15 | 支付职工住院费 | | ¥2,600.00 | | |

图 2-2-39 获取贷方金额

4. 获取余额

选择 A4 单元格，单击“开始”/“单元格”组的“插入”按钮，在弹出的下拉列表中选择“插入工作表行”选项，在当前行前面插入一行，输入日期，合并 D4:F4 单元格并输入“期初余额”。选择 G4 单元格，输入“借”，选择 H4 单元格，输入上月的余额，这里输入“69800”，设置其显示方式为“货币”，如图 2-2-40 所示。

| 2017年 | | 凭证号数 | 摘要 | 借 | 贷 | 借或贷 | 余额 |
|---|---|---|---|---|---|---|---|
| 月 | 日 | | | | | | |
| 3 | 1 | | 期初余额 | | | 借 | ¥69,800.00 |
| 3 | | 现收1 | 退回现金 | ¥220.00 | | | |
| | 3 | 现收2 | 退回现金 | ¥230.00 | | | |

图 2-2-40 获取期初余额

选择工作表最后一行，输入结算日期，合并 C25:D25 单元格并输入“本月发生额及余额”。选择 E25 单元格，单击“公式”选项卡，在“函数库”组单击“自动求和”按钮，对其上方数据求和，获得借方发生额。拖动 E25 单元格的填充柄，至 F25 单元格，复制公式获得贷方发生额。选择 H25 单元格，输入“=H4+E25-F25”，按“Enter”键得到本月余额，如图 2-2-41 所示。

| 2017年 | | 凭证号数 | 摘要 | 借 | 贷 | 借或贷 | 余额 |
|---|---|---|---|---|---|---|---|
| 月 | 日 | | | | | | |
| 3 | 1 | | 期初余额 | | | 借 | ¥69,800.00 |
| 3 | | 现收1 | 退回现金 | ¥220.00 | | | |
| | 3 | 现收2 | 退回现金 | ¥230.00 | | | |
| | | 现付1 | 职工报医辽费 | | ¥520.00 | | |
| | | 现收3 | 积压材料收入 | ¥1,850.00 | | | |
| | | 现付2 | 现金存入 | | ¥600.00 | | |
| | 7 | 现付3 | 邓欣借差旅费 | | ¥1,500.00 | | |
| | | 现收4 | 出售C产品15件 | ¥2,500.00 | | | |
| | 8 | 现付4 | 现金存入 | | ¥1,000.00 | | |
| | 9 | 现付5 | 刘娜借差旅费 | | ¥1,400.00 | | |
| | | 现付6 | 支付采购费 | | ¥1,100.00 | | |
| | 12 | 现付7 | 支付采购费 | | ¥2,100.00 | | |
| | | 现付8 | 补付现金 | | ¥1,600.00 | | |
| | 14 | 现付9 | 支付采购费 | | ¥2,700.00 | | |
| | | 现付10 | 发工资 | | ¥20,000.00 | | |
| | 17 | 现付11 | 王雨借差旅费 | | ¥1,800.00 | | |
| | | 现付12 | 支付采购费 | | ¥3,850.00 | | |
| | | 现付13 | 支付材料款 | | ¥1,660.00 | | |
| | 27 | 现收5 | 收到罚款 | ¥2,500.00 | | | |
| | 28 | 现付14 | 支付保险费 | | ¥1,200.00 | | |
| | | 现付15 | 支付职工住院费 | | ¥2,600.00 | | |
| 3 | 31 | 本月发生额及余额 | | ¥7,300.00 | ¥43,630.00 | | ¥33,470.00 |

图 2-2-41 获取本月余额

5. 添加边框线及隐藏网格线

选择 A2:H25 单元格，单击“开始”/“字体”组的“下框线”按钮，在弹出的列表中选择“所有框线”选项，为所选区域添加边框线，取消勾选“视图”/“显示”组的“网格线”复选框，隐藏网格线，效果如图 2-2-42 所示。保存工作簿，现金日记账处理完毕。

现金日记账

| 2017年 | | 凭证号数 | 摘要 | 借 | 贷 | 借或贷 | 余额 |
|---|---|---|---|---|---|---|---|
| 月 | 日 | | | | | | |
| 3 | 1 | | 期初余额 | | | 借 | ¥69,800.00 |
| 3 | | 现收1 | 退回现金 | ¥220.00 | | | |
| | 3 | 现收2 | 退回现金 | ¥230.00 | | | |
| | | 现付1 | 职工报医辽费 | | ¥520.00 | | |
| | | 现收3 | 积压材料收入 | ¥1,850.00 | | | |
| | | 现付2 | 现金存入 | | ¥600.00 | | |
| | 7 | 现付3 | 邓欣借差旅费 | | ¥1,500.00 | | |
| | | 现收4 | 出售C产品15件 | ¥2,500.00 | | | |
| | 8 | 现付4 | 现金存入 | | ¥1,000.00 | | |
| | 9 | 现付5 | 刘娜借差旅费 | | ¥1,400.00 | | |
| | | 现付6 | 支付采购费 | | ¥1,100.00 | | |
| | 12 | 现付7 | 支付采购费 | | ¥2,100.00 | | |
| | | 现付8 | 补付现金 | | ¥1,600.00 | | |
| | 14 | 现付9 | 支付采购费 | | ¥2,700.00 | | |
| | | 现付10 | 发工资 | | ¥20,000.00 | | |
| | 17 | 现付11 | 王雨借差旅费 | | ¥1,800.00 | | |
| | | 现付12 | 支付采购费 | | ¥3,850.00 | | |
| | | 现付13 | 支付材料款 | | ¥1,660.00 | | |
| | 27 | 现收5 | 收到罚款 | ¥2,500.00 | | | |
| | 28 | 现付14 | 支付保险费 | | ¥1,200.00 | | |
| | | 现付15 | 支付职工住院费 | | ¥2,600.00 | | |
| 3 | 31 | 本月发生额及余额 | | ¥7,300.00 | ¥43,630.00 | | ¥33,470.00 |

图 2-2-42 添加边框线及隐藏网格线

# 实例 3　会计科目余额表

## 相关知识

会计科目余额表是遵照资产负债表的格式编制的表格，是企业每期开始做账前必须要做的工作。创建时先创建企业本期所需的科目及录入期初余额，然后按照“资产+费用-负债+所有者权益”的原理进行试算平衡。

## 实例描述

创建如图 2-3-1 所示的工业企业会计科目余额表，当借方余额=贷方余额时试算平衡。

| 科目名称 | 明细科目 | 借方余额 | 贷方余额 |
|---|---|---|---|
| 现金 | | 30,000.00 | |
| 银行存款 | | 2,298,000.00 | |
| 应收账款 | | 150,000.00 | |
| 原材料 | A材料 | 20,000.00 | |
| | B材料 | 50,000.00 | |
| 其他应收款 | | 7,000.00 | |
| 坏账准备 | | | 5,000.00 |
| 固定资产 | | 5,600,000.00 | |
| 累计折旧 | | | 900,000.00 |
| 无形资产 | | | |
| 应付账款 | | | 300,000.00 |
| 短期借款 | | | 100,000.00 |
| 实收资本 | | | 6,850,000.00 |
| 资本公积 | | | |
| 盈余公积 | | | |
| 合计 | | 8,155,000.00 | 8,155,000.00 |

图 2-3-1　会计科目余额表

## 操作步骤

1．创建科目余额表

打开 Excel 2016，在新建的工作簿的工作表中录入科目名称、明细科目、借方余额、贷方余额，如图 2-3-2 所示。

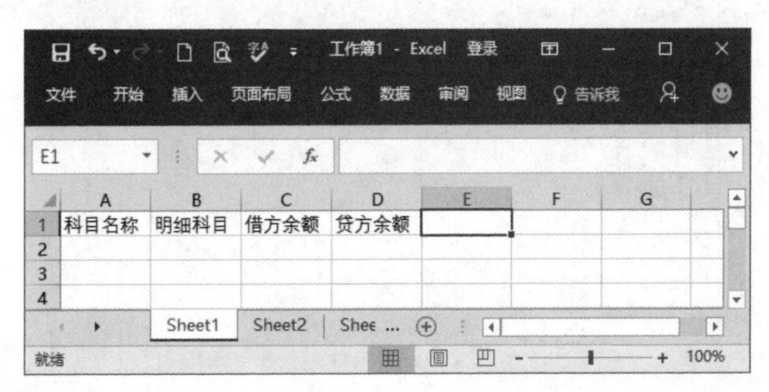


图 2-3-2　录入项目

2. 录入内容

单击“保存”按钮，将文件保存为“会计科目余额表”，然后录入科目名称及明细科目，如图 2-3-3 所示。

图 2-3-3　录入科目名称及明细科目

3. 对科目进行编辑

假如用户少输入了“累计折旧”这一科目，可以先单击“无形资产”所在单元格，再单击“开始”/“单元格”组的“插入”按钮，在弹出的下拉菜单中选择“插入工作表行”命令，即可以在选定行上方插入空白行，输入“累计折旧”，如图 2-3-4 所示。

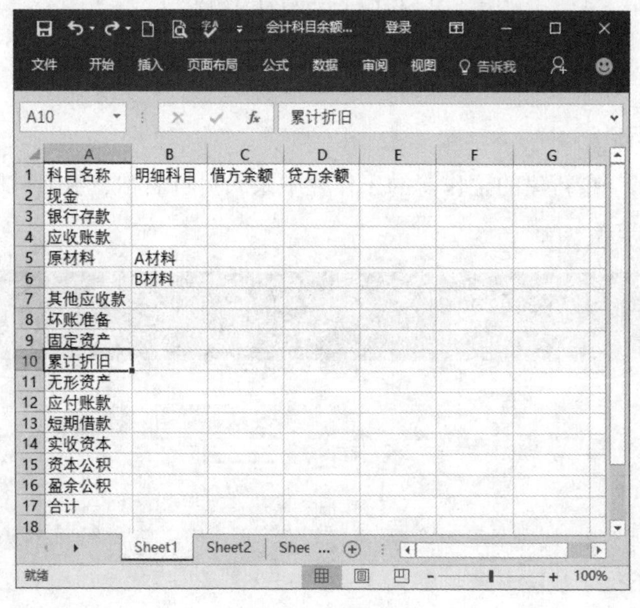


图 2-3-4　编辑科目

4. 录入期初余额

录入期初余额，可以直接在单元格中录入，也可以在编辑栏中录入，如图 2-3-5 所示。

D16

| | A | B | C | D | E | F | G |
|---|---|---|---|---|---|---|---|
| 1 | 科目名称 | 明细科目 | 借方余额 | 贷方余额 | | | |
| 2 | 现金 | | 30000 | | | | |
| 3 | 银行存款 | | 2298000 | | | | |
| 4 | 应收账款 | | 150000 | | | | |
| 5 | 原材料 | A材料 | 20000 | | | | |
| 6 | | B材料 | 50000 | | | | |
| 7 | 其他应收款 | | 7000 | | | | |
| 8 | 坏账准备 | | | 5000 | | | |
| 9 | 固定资产 | | 5600000 | | | | |
| 10 | 累计折旧 | | | 900000 | | | |
| 11 | 无形资产 | | | | | | |
| 12 | 应付账款 | | | 300000 | | | |
| 13 | 短期借款 | | | 100000 | | | |
| 14 | 实收资本 | | | 6850000 | | | |
| 15 | 资本公积 | | | | | | |
| 16 | 盈余公积 | | | | | | |
| 17 | 合计 | | | | | | |
| 18 | | | | | | | |

图 2-3-5　录入期初余额

5. 公式计算及试算平衡

选中借方余额合计栏 C17 单元格，单击“开始”/“编辑”组的“自动求和”按钮Σ，此时 C17 单元格中显示公式“=SUM(C9:C16)”，框选 C2:C16 计算区域，按“Enter”键，借方余额总和就显示在 C17 单元格中，如图 2-3-6 所示。

C17　=SUM(C2:C16)

| | A | B | C | D | E | F | G |
|---|---|---|---|---|---|---|---|
| 1 | 科目名称 | 明细科目 | 借方余额 | 贷方余额 | | | |
| 2 | 现金 | | 30000 | | | | |
| 3 | 银行存款 | | 2298000 | | | | |
| 4 | 应收账款 | | 150000 | | | | |
| 5 | 原材料 | A材料 | 20000 | | | | |
| 6 | | B材料 | 50000 | | | | |
| 7 | 其他应收款 | | 7000 | | | | |
| 8 | 坏账准备 | | | 5000 | | | |
| 9 | 固定资产 | | 5600000 | | | | |
| 10 | 累计折旧 | | | 900000 | | | |
| 11 | 无形资产 | | | | | | |
| 12 | 应付账款 | | | 300000 | | | |
| 13 | 短期借款 | | | 100000 | | | |
| 14 | 实收资本 | | | 6850000 | | | |
| 15 | 资本公积 | | | | | | |
| 16 | 盈余公积 | | | | | | |
| 17 | 合计 | | 8155000 | | | | |
| 18 | | | | | | | |
| 19 | | | | | | | |

图 2-3-6　计算借方余额总和

在地址栏里选择 C17，在编辑栏里直接输入“=SUM(C2:C16)”也可以完成求和计算。

用同样方法，单击 D17 单元格，直接输入公式“=SUM(D2:D16)”，单击编辑栏的“输入”按钮✓，贷方余额总和就会显示在 D17 单元格中，如图 2-3-7 所示。

D17 =SUM(D2:D16)

| | A | B | C | D |
|---|---|---|---|---|
| 1 | 科目名称 | 明细科目 | 借方余额 | 贷方余额 |
| 2 | 现金 | | 30000 | |
| 3 | 银行存款 | | 2298000 | |
| 4 | 应收账款 | | 150000 | |
| 5 | 原材料 | A材料 | 20000 | |
| 6 | | B材料 | 50000 | |
| 7 | 其他应收款 | | 7000 | |
| 8 | 坏账准备 | | | 5000 |
| 9 | 固定资产 | | 5600000 | |
| 10 | 累计折旧 | | | 900000 |
| 11 | 无形资产 | | | |
| 12 | 应付账款 | | | 300000 |
| 13 | 短期借款 | | | 100000 |
| 14 | 实收资本 | | | 6850000 |
| 15 | 资本公积 | | | |
| 16 | 盈余公积 | | | |
| 17 | 合计 | | 8155000 | 8155000 |

图 2-3-7　计算贷方余额总和

若 C17=D17，则试算平衡，即可得到用户所需要的会计科目余额表。

6. 修饰、保存并打印

首先对会计科目余额表进行适当的修饰，修改工作表名为“会计科目余额表”，如图 2-3-8 所示。单击快速访问工具栏的“保存”按钮，保存创建好的“会计科目余额表”，然后在“页面布局”选项卡下进行页面设置，最后单击“文件”/“打印”命令将余额表打印输出。

| | A | B | C | D |
|---|---|---|---|---|
| 1 | 科目名称 | 明细科目 | 借方余额 | 贷方余额 |
| 2 | 现金 | | 30,000.00 | |
| 3 | 银行存款 | | 2,298,000.00 | |
| 4 | 应收账款 | | 150,000.00 | |
| 5 | 原材料 | A材料 | 20,000.00 | |
| 6 | | B材料 | 50,000.00 | |
| 7 | 其他应收款 | | 7,000.00 | |
| 8 | 坏账准备 | | | 5,000.00 |
| 9 | 固定资产 | | 5,600,000.00 | |
| 10 | 累计折旧 | | | 900,000.00 |
| 11 | 无形资产 | | | |
| 12 | 应付账款 | | | 300,000.00 |
| 13 | 短期借款 | | | 100,000.00 |
| 14 | 实收资本 | | | 6,850,000.00 |
| 15 | 资本公积 | | | |
| 16 | 盈余公积 | | | |
| 17 | 合计 | | 8,155,000.00 | 8,155,000.00 |

图 2-3-8　会计科目余额表

## 牛刀小试

某企业 2016 年 1 月 1 日账户余额如图 2-3-9 所示，请运用本例方法制作该表并定义相关公式。

| 1 | 科目余额表 | | | | |
|---|---|---|---|---|---|
| 2 | 总账科目 | 明细科目 | 借方余额 | 贷方余额 | 备注 |
| 3 | 库存现金 | | 2500 | | |
| 4 | 银行存款 | | | | |
| 5 | | 建设银行 | 332,445.00 | | |
| 6 | 其他货币资金 | | | | |
| 7 | | 外埠存款 | 220,300.00 | | |
| 8 | 应收票据 | | | | |
| 9 | | 郑州裕达公司 | 100,000.00 | | |
| 10 | | 哈尔滨春来公司 | 200,000.00 | | |
| 11 | 应收账款 | | | | |
| 12 | | 丹尼斯百货 | 100,000.00 | | |
| 13 | | 家乐福超市 | 5,000.00 | | |
| 14 | 其他应收款 | | | | |
| 15 | | 张政 | 2,000.00 | | |
| 16 | | 销售一部 | 10,000.00 | | |
| 17 | 在途物资 | | | | |
| 18 | | 北京阳光 | 700,000.00 | | |
| 19 | 原材料 | | | | |
| 20 | | A材料 | 500,000.00 | | |
| 21 | | B材料 | 200,000.00 | | |
| 22 | | C材料 | 123,456.00 | | |
| 23 | | D材料 | 432,563.00 | | |
| 24 | | 辅助材料 | 189,476.00 | | |
| 25 | 周转材料 | | | | |
| 26 | | 纸箱 | 789,452.00 | | |
| 27 | 生产成本 | | | | |
| 28 | | 基本生产成本（甲） | 562,234.00 | | |
| 29 | | 基本生产成本（乙） | 778,996.00 | | |
| 30 | 库存商品 | | | | |
| 31 | | 甲产品 | 238,456.00 | | |
| 32 | | 乙产品 | 564,123.00 | | |
| 33 | 固定资产 | | | | |
| 34 | | 房屋 | 556,660.00 | | 年折旧率2% |
| 35 | | 设备 | 638,231.00 | | 年折旧率10% |
| 36 | | 空调 | 755,662.00 | | 年折旧率10% |
| 37 | | 汽车 | 668,889.00 | | 年折旧率10% |
| 38 | 累计折旧 | | | 886,663.00 | |
| 39 | 无形资产 | | | | |
| 40 | | 专利技术 | 238,680.00 | | |
| 41 | 累计摊销 | | | 50,000.00 | |
| 42 | 短期借款 | | | 500,000.00 | |
| 43 | 应付账款 | | | | |
| 44 | | 宇通公司 | | 896,663.00 | |
| 45 | | 美加公司 | | 800,000.00 | |
| 46 | | 天大公司 | | 900,000.00 | |
| 47 | 应付职工薪酬 | | | | |
| 48 | | 工资 | | 899,000.00 | |
| 49 | | 社会保险 | | 89,321.00 | |
| 50 | | 住房公积金 | | 6,668.00 | |
| 51 | | 工会经费 | | 50,000.00 | |
| 52 | | 福利费 | | 8,667.00 | |
| 53 | | 职工教育经费 | | 10,000.00 | |
| 54 | 应缴税费 | | | | |
| 55 | | 未缴增值税 | | 30,000.00 | |
| 56 | | 应缴城建税 | | 5,000.00 | |
| 57 | | 应缴教育费附加 | | 3,000.00 | |
| 58 | | 应缴所得税 | | 16,000.00 | |
| 59 | | 应缴个人所得税 | | 5,750.00 | |
| 60 | 应付利息 | | | 800.00 | |
| 61 | 实收资本 | | | 2,945,871.00 | |
| 62 | 盈余公积 | | | | |
| 63 | | 法定盈余公积 | | 150,000.00 | |
| 64 | 本年利润 | | | 600,000.00 | |
| 65 | 利润分配 | | | | |
| 66 | | 未分配利润 | | 55,720.00 | |
| 67 | 合计 | | | | |

图 2-3-9　科目余额表

# 实例 4　科目汇总表

### 相关知识

科目汇总表核算程序，是根据审核无误的记账凭证定期汇总编制的科目汇总表，然后根据科目汇总表登记总分类账的一种会计核算程序。

### 实例描述

科目汇总表的编制方法如下：根据一定时期内的全部记账凭证，按相同的会计科目进行归类，分借、贷方定期汇总每一会计科目的本期发生额，填写在科目汇总表的借方发生额和贷方发生额栏内并分别相加，以反映全部会计科目在一定期间借、贷方发生额，如图 2-4-1 所示。

| 科目汇总表 | | |
|---|---|---|
| | 年　月　日至　日 | 编号 |
| 科目名称 | 借方发生额 | 贷方发生额 |
| 现金 | 30,000.00 | |
| 银行存款 | 2,298,000.00 | |
| 应收账款 | 150,000.00 | |
| 原材料 | 70,000.00 | |
| 其他应收款 | 7,000.00 | |
| 坏账准备 | | 5,000.00 |
| 固定资产 | 5,600,000.00 | |
| 累计折旧 | | 900,000.00 |
| 无形资产 | | |
| 应付账款 | | 300,000.00 |
| 短期借款 | | 100,000.00 |
| 实收资本 | | 6,850,000.00 |
| 资本公积 | | |
| 盈余公积 | | |
| 合计 | 8,155,000.00 | 8,155,000.00 |

图 2-4-1　科目汇总表

### 操作步骤

1. 建立表格

在 Excel 中单击快速访问工具栏中的“新建”按钮，新建一张空白工作表，在 A1 单元格中输入“科目汇总表”，选中 A1:C1 单元格区域，单击“开始”/“对齐方式”组的“合并后居中”按钮，合并 A1:C1 单元格并将 A1 单元格内容居中对齐，然后在 B2、C2 和 A3:C3 单元格依次录入“年月日至日”、“编号”及“科目名称”、“借方发生额”、“贷方发生额”，如图 2-4-2 所示。

2. 录入科目

根据本期全部记账凭证中所涉及到的科目，录入科目名称，如图 2-4-3 所示。

3. 定义公式

选择借方余额合计栏 B18 单元格，单击“开始”/“编辑”组的“自动求和”按钮Σ，B18 单元格中显示求和公式“=SUM()”，使用鼠标框选计算区域 B4:B17，使公式变为“=SUM(B4:B17)”，如图 2-4-4 所示。

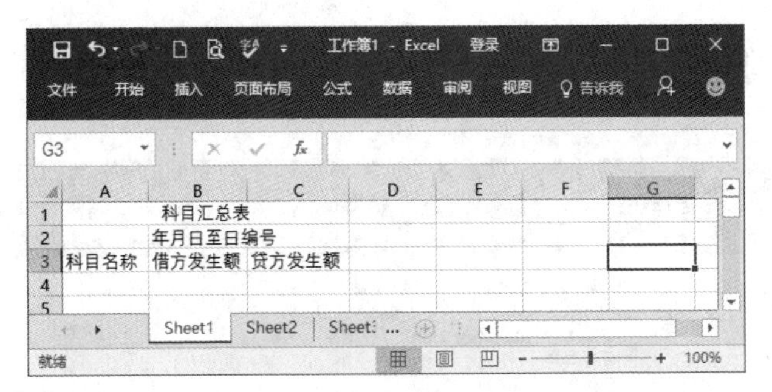


图 2-4-2　建立表格

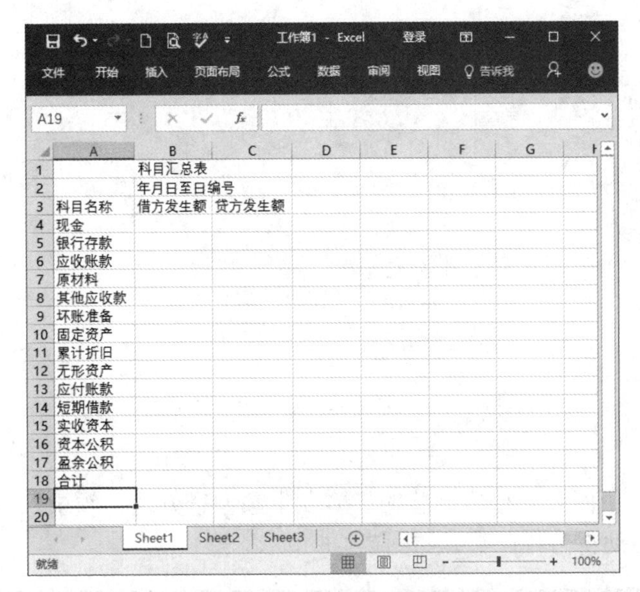


图 2-4-3　录入科目名称

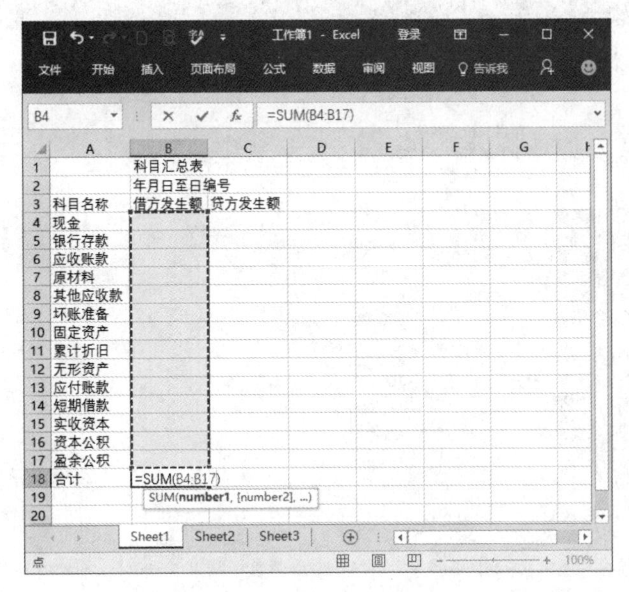


图 2-4-4　定义借方发生额合计公式

单击编辑栏的“输入”按钮✔，贷方发生额采用同样方法合计，如图 2-4-5 所示，按下“Enter”键确认。

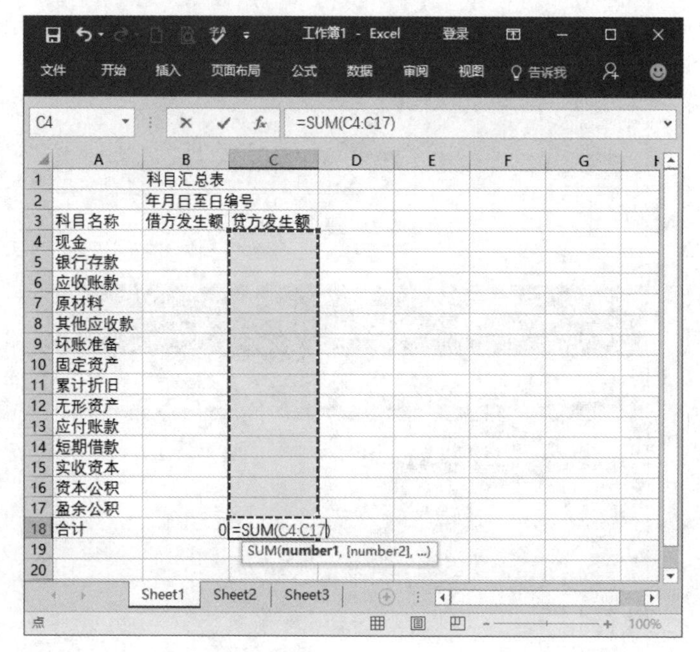

| | A | B | C |
|---|---|---|---|
| 1 | | 科目汇总表 | |
| 2 | | 年月日至日编号 | |
| 3 | 科目名称 | 借方发生额 | 贷方发生额 |
| 4 | 现金 | | |
| 5 | 银行存款 | | |
| 6 | 应收账款 | | |
| 7 | 原材料 | | |
| 8 | 其他应收款 | | |
| 9 | 坏账准备 | | |
| 10 | 固定资产 | | |
| 11 | 累计折旧 | | |
| 12 | 无形资产 | | |
| 13 | 应付账款 | | |
| 14 | 短期借款 | | |
| 15 | 实收资本 | | |
| 16 | 资本公积 | | |
| 17 | 盈余公积 | | |
| 18 | 合计 | 0 | =SUM(C4:C17) |

图 2-4-5 定义贷方发生额合计公式

4. 录入数据

将全部记账凭证相同会计科目汇总的借方发生额和贷方发生额录入科目汇总表中，汇总表会根据上述公式自动得出合计数，如图 2-4-6 所示。

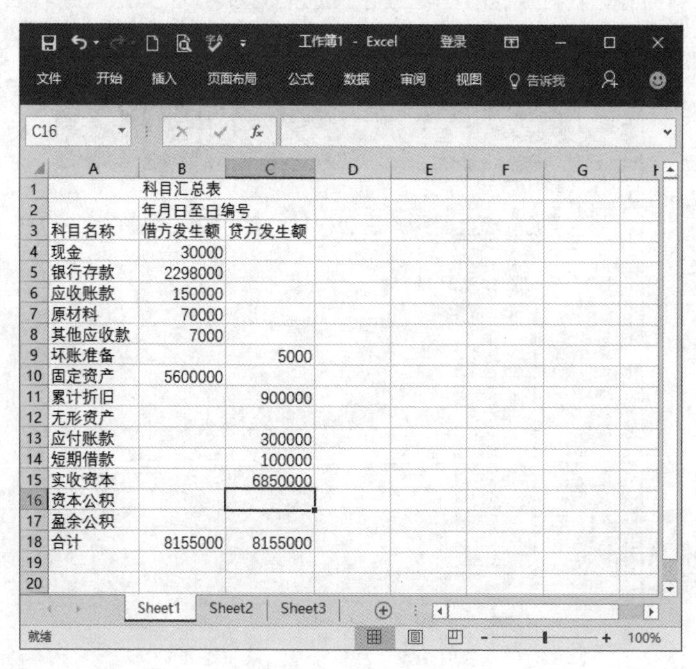

| | A | B | C |
|---|---|---|---|
| 1 | | 科目汇总表 | |
| 2 | | 年月日至日编号 | |
| 3 | 科目名称 | 借方发生额 | 贷方发生额 |
| 4 | 现金 | 30000 | |
| 5 | 银行存款 | 2298000 | |
| 6 | 应收账款 | 150000 | |
| 7 | 原材料 | 70000 | |
| 8 | 其他应收款 | 7000 | |
| 9 | 坏账准备 | | 5000 |
| 10 | 固定资产 | 5600000 | |
| 11 | 累计折旧 | | 900000 |
| 12 | 无形资产 | | |
| 13 | 应付账款 | | 300000 |
| 14 | 短期借款 | | 100000 |
| 15 | 实收资本 | | 6850000 |
| 16 | 资本公积 | | |
| 17 | 盈余公积 | | |
| 18 | 合计 | 8155000 | 8155000 |

图 2-4-6 录入数据

5. 修饰、保存并打印

首先对科目汇总表进行适当的修饰，修改工作表名为“科目汇总表”，如图 2-4-7 所示。单击快速访问工具栏的“保存”按钮，保存创建好的科目汇总表，然后在“页面布局”选项卡下进行页面设置，最后单击“文件”/“打印”命令打印科目汇总表。

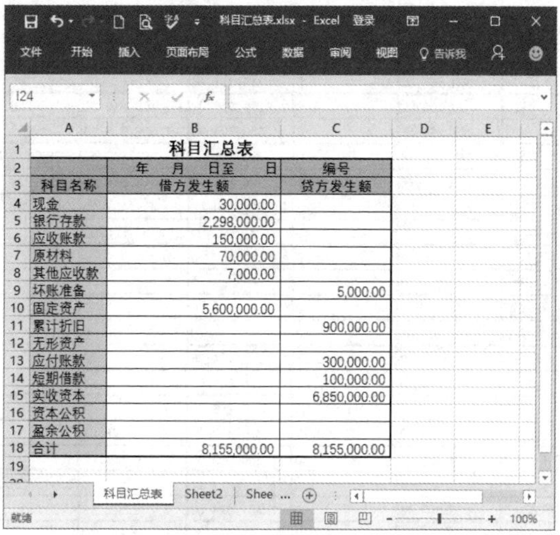


| | A | B | C |
|---|---|---|---|
| 1 | 科目汇总表 | | |
| 2 | | 年　月　日至　日 | 编号 |
| 3 | 科目名称 | 借方发生额 | 贷方发生额 |
| 4 | 现金 | 30,000.00 | |
| 5 | 银行存款 | 2,298,000.00 | |
| 6 | 应收账款 | 150,000.00 | |
| 7 | 原材料 | 70,000.00 | |
| 8 | 其他应收款 | 7,000.00 | |
| 9 | 坏账准备 | | 5,000.00 |
| 10 | 固定资产 | 5,600,000.00 | |
| 11 | 累计折旧 | | 900,000.00 |
| 12 | 无形资产 | | |
| 13 | 应付账款 | | 300,000.00 |
| 14 | 短期借款 | | 100,000.00 |
| 15 | 实收资本 | | 6,850,000.00 |
| 16 | 资本公积 | | |
| 17 | 盈余公积 | | |
| 18 | 合计 | 8,155,000.00 | 8,155,000.00 |
| 19 | | | |

图 2-4-7　修饰并命名

## 牛刀小试 1

请根据本实例内容定义相应公式并设计完成如图 2-4-8 所示的科目汇总表。

**科目汇总表**

| 总帐科目 | 期初余额借方 | 期初余额贷方 | 借方发生额 | 贷方发生额 | 期末借方 | 期末贷方 |
|---|---|---|---|---|---|---|
| 库存现金 | 30,000 | | 10,000.00 | | | |
| 银行存款 | 123,456.00 | | 23,100.00 | | | |
| 其他货币资金 | 50,000.00 | | 5,000.00 | | | |
| 应收票据 | 10,000.00 | | | 32,000.00 | | |
| 应收账款 | 320,000.00 | | | 100,000.00 | | |
| 坏账准备 | | 50,000 | | | | |
| 其他应收款 | 60,000.00 | | | 3,000.00 | | |
| 在途物资 | 45,000.00 | | | 45,000.00 | | |
| 原材料 | 320,000.00 | | | 2,000,560.00 | | |
| 周转材料 | 60,000.00 | | 56,000.00 | 5,000.00 | | |
| 生产成本 | 52,000.00 | | 10,000.00 | 52,000.00 | | |
| 库存商品 | 60,000.00 | | 32,000.00 | 55,000.00 | | |
| 固定资产 | 456,789.00 | | 2,164,080.00 | 3,000.00 | | |
| 累计折旧 | | 23,580.00 | | 1,000.00 | | |
| 无形资产 | 50,000.00 | | 5,000.00 | 3,200.00 | | |
| 累计摊销 | | 10,000.00 | | | | |
| 短期借款 | | 80,000.00 | 50,000.00 | 10,000.00 | | |
| 应付账款 | | 234,123.00 | 53,200.00 | 135,620.00 | | |
| 应付职工薪酬 | | 50,000.00 | 50,000.00 | 49,500.00 | | |
| 应缴税费 | | 23,000.00 | 23,000.00 | 32,000.00 | | |
| 应付利息 | | 2,000.00 | 2,000.00 | 1,500.00 | | |
| 实收资本 | | 1,077,542.00 | | | | |
| 盈余公积 | | 52,000.00 | | | | |
| 本年利润 | | 12,000.00 | | 5,000.00 | | |
| 利润分配 | | 23,000.00 | | | | |
| 主营业务收入 | | | | 60,000.00 | | |
| 其他业务收入 | | | | 10,000.00 | | |
| 主营业务成本 | | | 30,000.00 | | | |
| 其他业务成本 | | | 5,000.00 | | | |
| 营业税金及附加 | | | 20,000.00 | | | |
| 销售费用 | | | 30,000.00 | | | |
| 财务费用 | | | 62,000.00 | | | |
| 营业外收入 | | | | 62,000.00 | | |
| 营业外支出 | | | 23,000.00 | | | |
| 所得税费用 | | | 12,000.00 | | | |
| 合计 | | | | | | |

图 2-4-8　科目汇总表

## 牛刀小试 2

请利用 Excel 制作如图 2-4-9 所示的试算平衡表。

试算平衡表

| | | 期初余额 | | 本期发生 | | 期末余额 | |
|---|---|---|---|---|---|---|---|
| 科目编码 | 科目名称 | 借方 | 贷方 | 借方 | 贷方 | 借方 | 贷方 |
| 1001 | 现金 | 48,420.28 | 0 | 1,189,222.42 | 1,189,130.35 | 48,512.35 | 0 |
| 1131 | 应收账款 | 1,689,165.95 | 0 | 1,217,977.45 | -822.05 | 2,907,965.45 | 0 |
| 1133 | 其他应收款 | 80,000.00 | 0 | 177,200.00 | 89,000.00 | 168,200.00 | 0 |
| 1211 | 原材料 | 437,764.15 | 0 | 1,500,566.93 | 1,696,338.38 | 241,992.70 | 0 |
| 1241 | 自制半成品 | 233,380.18 | 0 | 303,376.32 | 283,638.43 | 253,118.07 | 0 |
| 1243 | 产成品 | 267,472.75 | 0 | 1,304,556.15 | 1,178,814.16 | 393,214.74 | 0 |
| 1251 | 委托加工物资 | 220,291.55 | 0 | 835,240.91 | 471,137.10 | 584,395.36 | 0 |
| 1501 | 固定资产 | 0 | 0 | 81,500.00 | 81,500.00 | 0 | 0 |
| 1502 | 累计折旧 | 0 | 0 | 0 | 0 | 0 | 0 |
| 1701 | 固定资产清理 | 0 | 0 | 0 | 0 | 0 | 0 |
| 1901 | 长期待摊费用 | 0 | 0 | 0 | 0 | 0 | 0 |
| 1911 | 待处理财产损 | 0 | 0 | 0 | 0 | 0 | 0 |
| 2121 | 应付账款 | 0 | 1,098,848.35 | 801,144.05 | 1,466,215.36 | 0 | 1,763,919.66 |
| 2151 | 应付工资 | 0 | 140,941.00 | 140,941.00 | 190,102.00 | 0 | 190,102.00 |
| 2181 | 其他应付款 | 0 | 3,504,827.51 | 5,175.00 | 1,100,171.74 | 0 | 4,599,824.25 |
| 3111 | 资本公积 | 0 | 13,060.76 | 0 | 178.62 | 0 | 13,239.38 |
| 3131 | 本年利润 | 1,595,582.30 | 0 | 1,285,022.36 | 2,880,604.66 | 0 | 0 |
| 3141 | 利润分配 | 0 | 0 | 1,662,627.21 | 0 | 1,662,627.21 | 0 |
| 4101 | 生产成本 | 185,600.46 | 0 | 1,407,974.07 | 1,286,515.12 | 307,059.41 | 0 |
| 4105 | 制造费用 | 0 | 0 | 73,828.39 | 73,828.39 | 0 | 0 |
| 5101 | 主营业务收入 | 0 | 0 | 1,217,977.45 | 1,217,977.45 | 0 | 0 |
| 5301 | 营业外收入 | 0 | 0 | 0 | 0 | 0 | 0 |
| 5401 | 主营业务成本 | 0 | 0 | 1,162,408.48 | 1,162,408.48 | 0 | 0 |
| 5501 | 营业费用 | 0 | 0 | 8,598.00 | 8,598.00 | 0 | 0 |
| 5502 | 管理费用 | 0 | 0 | 237,205.61 | 237,205.61 | 0 | 0 |
| 5503 | 财务费用 | 0 | 0 | 205.95 | 205.95 | 0 | 0 |
| 5601 | 营业外支出 | 0 | 0 | 81,500.00 | 81,500.00 | 0 | 0 |
| | 合计 | 4,757,677.62 | 4,757,677.62 | 14,694,247.75 | 14,694,247.75 | 6,567,085.29 | 6,567,085.29 |

输出日期：2017年01月22日

图 2-4-9 试算平衡表

# 实例 5　银行存款余额调节表

## 相关知识

在企业和开户银行之间，对于同一款项的收付业务，由于凭证传递时间和记账时间的不同，发生一方已经入账而另一方尚未入账的未达账项，包括以下四种情况：企业已经收款入账，而银行尚未收款入账；企业已经付款入账，而银行尚未付款入账；银行已经收款入账，而企业尚未收款入账；银行已经付款入账，而企业尚未付款入账。

上述任何一种未达账项的发生，都会使企业和银行之间产生未达账项，从而导致双方的账面金额不一致。在对账过程中如果发现存在未达账项，则应通过编制银行存款余额调节表来进行调节，以便检查账簿记录的正确性。

## 实例描述

某企业 2016 年 8 月 31 日银行存款日记账的账面余额为 54000 元，银行转来对账单的余额为 83000 元，经逐笔核对发现以下未达账项：

（1）企业送存转账支票 60000 元，并已登记银行存款增加，但银行尚未记账。

（2）企业开出转账支票 45000 元，但持票单位尚未到银行办理转账，银行尚未记账。

（3）银行代企业收某公司货款 48000 元，银行已收妥入账，但企业尚未收到收款通知，未入账。

（4）银行代企业支付电话费 4000 元，银行已登记入账，企业尚未收到通知，未入账。

所编制的银行存款余额调节表如图 2-5-1 所示。

**银行存款余额调节表**

单位：元

| 项目 | 金额 | 项目 | 金额 |
|---|---|---|---|
| 企业银行存款日记账余额 | 54000 | 银行对账单余额 | 83000 |
| 加：银行已收、企业未收 | 48000 | 加：企业已收、银行未收 | 60000 |
| 减：银行已付、企业未付 | 4000 | 减：企业已付、银行未付 | 45000 |
| 调节后的存款余额 | 98000 | 调节后的存款余额 | 98000 |

图 2-5-1　银行存款余额调节表

如果调整后的存款余额一致，说明双方记账无差错，如果调整后的余额仍不相等，说明银行或企业记账有误，应查明原因予以更正。

## 操作步骤

1．创建银行存款余额调节表结构

在 Excel 中新建一张空白工作表，分别录入工作表标题“银行存款余额调节表”及调节表结构内容，并进行适当的格式设置，如图 2-5-2 所示。

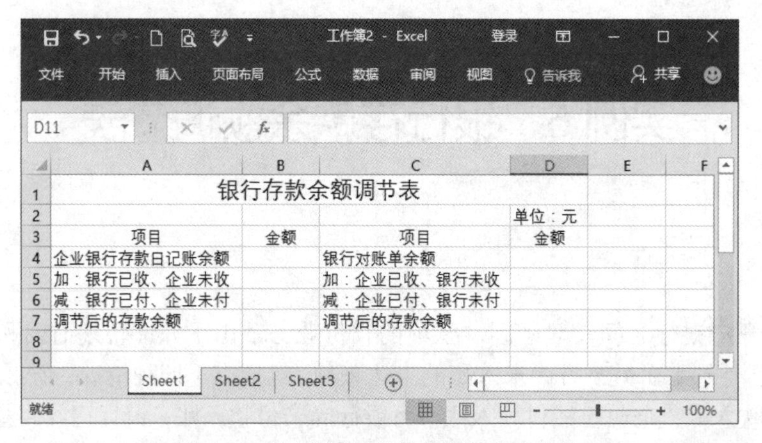


图 2-5-2　创建银行存款余额调节表结构

2. 定义公式

在调节后的存款余额金额栏，即 B7 单元格中输入公式“=B4+B5-B6”，如图 2-5-3 所示。

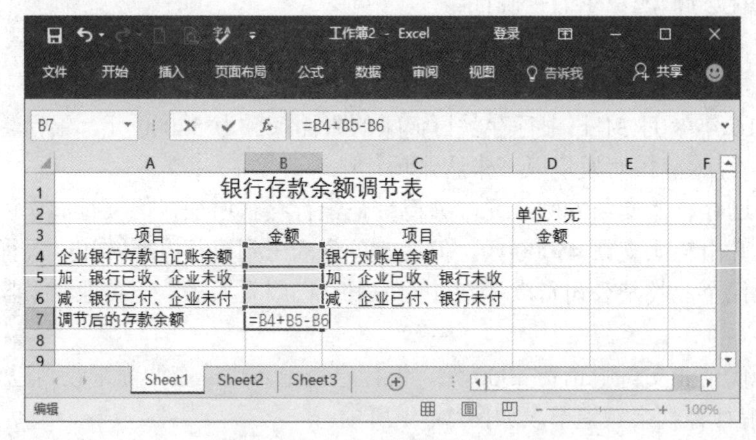


图 2-5-3　定义存款余额计算公式

单击编辑栏的“输入”按钮✔进行计算。同理，在 D7 单元格输入公式“=D4+D5-D6”，如图 2-5-4 所示，单击“Enter”键进行计算。

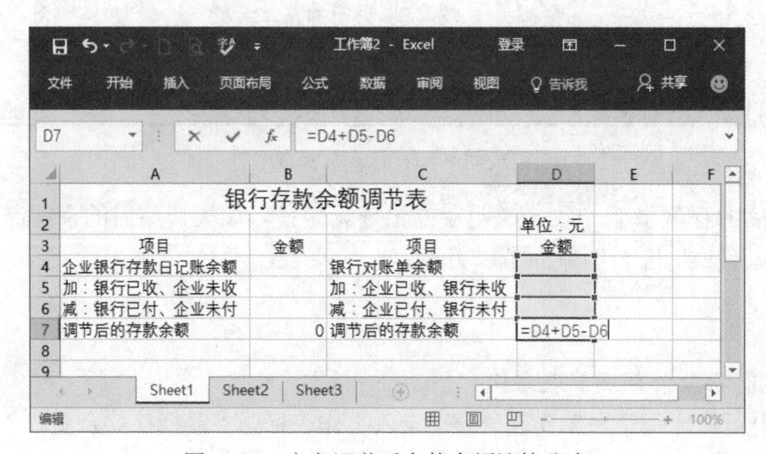


图 2-5-4　定义调节后存款余额计算公式

3. 录入数据

经过分析，将各未达账项分别填入表中，工作表将根据公式自动计算出调节后的余额，如图 2-5-5 所示。

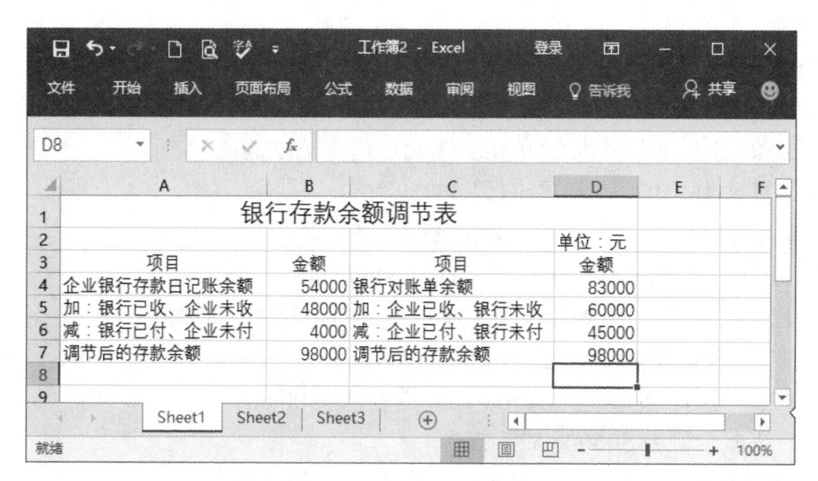


图 2-5-5　计算调节后存款余额

若调节后的余额相等则说明双方记账无差错，如果调整后的余额仍不相等，说明银行或企业记账有误，应查明原因予以更正。

4. 修饰、保存并打印

首先对余额调节表进行适当的修饰，修改工作表名为“银行存款余额调节表”，如图 2-5-6 所示。单击快速访问工具栏的“保存”按钮，保存工作簿为“银行存款余额调节表”，然后在“页面布局”选项卡下进行页面设置，最后单击“文件”/“打印”命令打印输出。

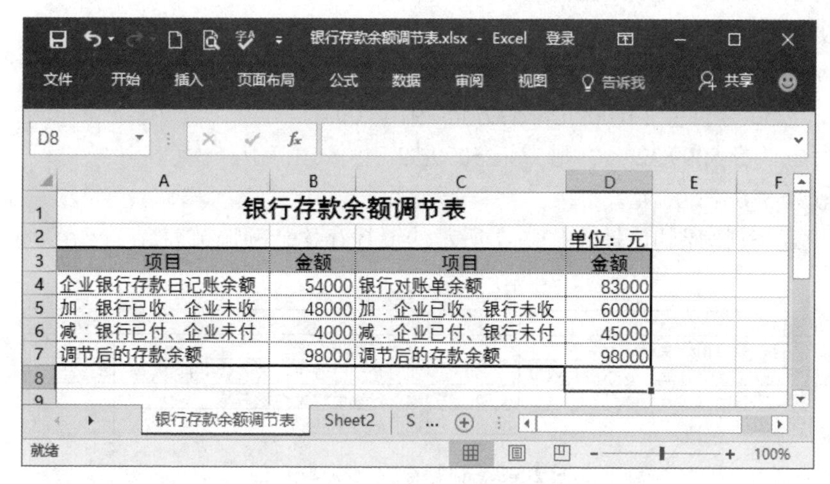


图 2-5-6　修饰并保存调节表

**牛刀小试 1**

某工厂 3 月 1 日到 3 月 5 日企业银行存款日记账账面记录与银行出具的 3 月 5 日对账单资料如下：

账面记录：

1 日转支 1246 号付料款 30000 元，贷方记 30000.00。

1 日转支 1247 号付料款 59360 元，借方记 59360.00。经查为登记时方向记错，立即更正并调整账面余额。

1 日存入销货款 43546.09 元，借方记 43546.09。

2 日存入销货款 36920.29 元，借方记 36920.29。

2 日转支 1248 号上交上月税金 76566.43 元，贷方记 76566.43。

3 日存入销货款 46959.06 元，借方记 46959.06。

3 日取现备用 20000 元，贷方记 20000.00。

4 日转支 1249 号付料款 64500 元，贷方记 64500.00。

4 日转支 1250 号付职工养老保险金 29100 元，贷方记 29100.00。

5 日存入销货款 64067.91 元，借方记 64067.91。

5 日转支 1251 号付汽车修理费 4500 元，贷方记 4500.00。

5 日自查后账面余额为 506000.52 元。

银行对账单记录：

2 日转支 1246 号付出 30000 元，借方记 30000.00。

2 日转支 1247 号付出 59360 元，借方记 59360.00。

2 日收入存款 43546.09 元，贷方记 43546.09。

3 日收入存款 36920.29 元，贷方记 36920.29。

3 日转支 1248 号付出 76566.43 元，借方记 76566.43。

4 日收入存款 46959.06 元，贷方记 46959.06。

4 日付出 20000 元，借方记 20000.00。

4 日代交电费 12210.24 元，借方记 12210.24。

5 日收存货款 43000 元，贷方记 43000.00。

5 日转支 1250 号付出 29100 元，借方记 29100.00。

5 日代付电话费 5099.32 元，借方记 5099.32。

5 日余额为 536623.05 元。

请根据上述资料编制填写如图 2-5-7 所示的银行存款余额调节表。

银行存款余额调节表

| 项目 | 余额 | 项目 | 余额 |
|---|---|---|---|
| 银行存款日记账余额 | | 银行对账单余额 | |
| 加：银行已收企业未收款委托收款 | | 加：企业已收银行未收款5日存入款 | |
| 减：银行已付企业未收款 | | 减：企业已付银行未付款 | |
| 调节后存款余额 | | 调节后存款余额 | |

图 2-5-7　银行存款余额调节表

### 牛刀小试 2

根据以下两笔记账记录，代华天公司完成如图 2-5-8 所示的银行存款余额调节表的编制。

（1）华天公司银行存款日记账的记录，如图 2-5-9 所示。

（2）银行对账单的记录（假定银行记录无误），如图 2-5-10 所示。

**银 行 存 款 余 额 调 节 表**

单位：　　　　　　　　　　　　银行帐号：　　　　　　　　　　　　自　　年　月　日　至　　年　月　日

| 银行对帐单余额 | | | | | 调整后存款余额 | | 单位银行存款帐余额 | | | | | 调整后存款余额 | |
|---|---|---|---|---|---|---|---|---|---|---|---|---|---|
| 年 | | 记帐凭证号 | 摘要 | 支票号 | 加：单位已收帐银行未收帐的款项 | 减：单位已付帐银行未付帐的款项 | 年 | | 记帐凭证号 | 摘要 | 支票号 | 加：银行已收帐单位未记帐的款 | 减：银行已付帐 单位未记帐的 |
| 月 | 日 | | | | | | 月 | 日 | | | | | |
| | | | | | | | | | | | | | |
| | | | | | | | | | | | | | |
| | | | | | | | | | | | | | |
| | | | | | | | | | | | | | |
| | | | | | | | | | | | | | |
| | | | | | | | | | | | | | |
| | | | | | | | | | | | | | |
| | | | | | | | | | | | | | |
| | | | | | | | | | | | | | |
| | | | | | | | | | | | | | |
| | | | | | | | | | | | | | |
| | | | | | | | | | | | | | |
| | | | | | | | | | | | | | |
| | | | 合计 | | | | | | | 合计 | | | |

复核：　　　　　　　　　　　　　　　　　　　　　　　　　制表：

图 2-5-8　银行存款余额调节表

| 日期 | 摘　要 | 金额 |
|---|---|---|
| 12月29日 | 因销售商品收到98＃转账支票一张 | 15,000.00 |
| 12月29日 | 开出78＃现金支票一张 | 1,000.00 |
| 12月30日 | 收到A公司交来的355＃转账支票一张 | 3,800.00 |
| 12月30日 | 开出105＃转账支票以支付货款 | 11,700.00 |
| 12月31日 | 开出106＃转账支票支付明年报刊订阅费 | 500.00 |
| | 月末余额 | 153,200.00 |

图 2-5-9　银行存款日记账

| 日期 | 摘　要 | 金额 |
|---|---|---|
| 12月29日 | 支付78#现金支票 | 1,000.00 |
| 12月30日 | 收到98#转账支票 | 15,000.00 |
| 12月30日 | 收到托收的货款 | 25,000.00 |
| 12月30日 | 支付105#转账支票 | 11,700.00 |
| 12月31日 | 结转银行结算手续费 | 100.00 |
| | 月末余额 | 174,800.00 |

图 2-5-10　银行对账单

Ⅰ．企业银行存款日记账余额

153200

（1）加：银行已收企业未收的款项合计

12 月 30 日　　　收到托收的货款　　　25000

（2）减：银行已付企业未付的款项合计

12 月 31 日　　　结转银行结算手续费　　　100

（3）调节后余额

178100

Ⅱ．银行对账单余额

174800

（1）加：企业已收银行未收的款项合计

12 月 30 日　　　收到 A 公司交来的 355#转账支票一张　　　3800

（2）减：企业已付银行未付的款项合计

12 月 31 日　　　开出 106#转账支票支付明年报刊订阅费　　　500

（3）调节后余额

178100

经调节后，Ⅰ．（3）=Ⅱ．（3）=178100，调节平衡。

# 实例 6 原材料收发存明细账

## 相关知识

对于原材料不仅要求核算其金额还要核算其数量，所以，在会计上常采用数量金额式的明细账来核算原材料。

## 实例描述

江城公司 3 月份甲材料收发结存的有关资料如下：

3 月 1 日　　期初结存　2000 件　　单价 2.00 元

3 月 7 日　　　　购入　5000 件　　单价 2.00 元

3 月 12 日　　　发出　4000 件

公司明细账结果如图 2-6-1 所示。

原材料明细分类账

计量单位：　　　　　　　　金额单位：元

| 年 | | 记账凭证 | | 摘要 | 收入 | | | 发出 | | | 结存 | | |
|---|---|---|---|---|---|---|---|---|---|---|---|---|---|
| 月 | 日 | 类别 | 号数 | | 数量 | 单价 | 金额 | 数量 | 单价 | 金额 | 数量 | 单价 | 金额 |
| | | | | 期初余额 | | | | | | | 2000 | 2 | 4000 |
| | | | | 购入 | 5000 | 2 | 10000 | | | 0 | 7000 | 2 | 14000 |
| | | | | 发出 | | | 0 | 4000 | 2 | 8000 | 3000 | 2 | 6000 |

图 2-6-1　原材料明细账

## 操作步骤

1．创建原材料明细账

在 Excel 中单击“文件”/“新建”命令，在右侧的“新建”栏中单击“空白工作簿”选项，新建一张空白工作簿，通过合并单元格等操作录入如图 2-6-2 所示原材料明细账。

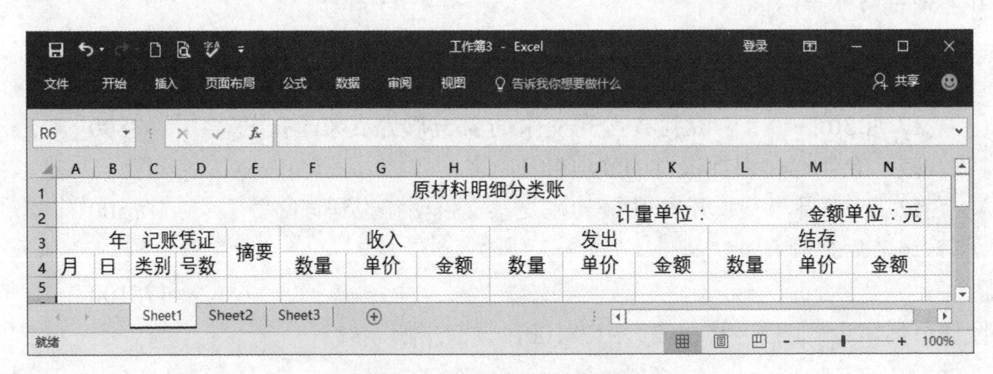


图 2-6-2　创建原材料明细账

2．定义期初余额公式及输入数据

在“结存”栏“金额”处单击 N5 单元格，输入公式“= L5*M5”，如图 2-6-3 所示。

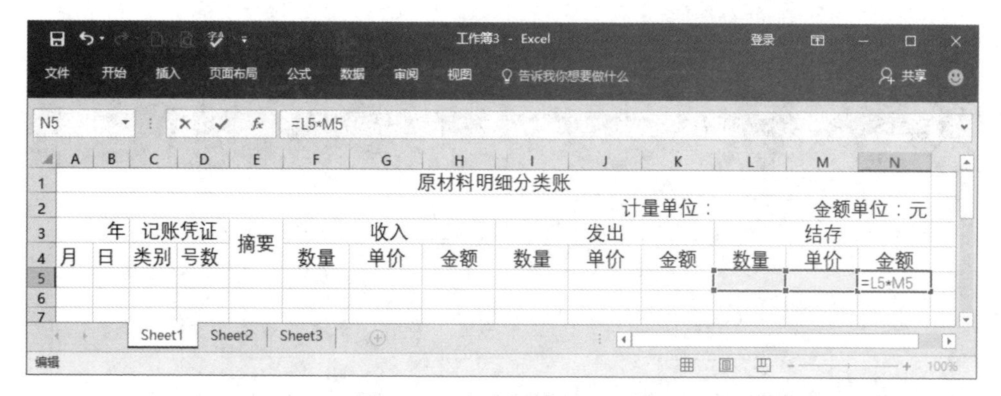


图 2-6-3　定义期初余额公式

选择 E5 单元格，输入“期初余额”及结存的各项数据（年、月、日凭证号数省略，下同），如图 2-6-4 所示。

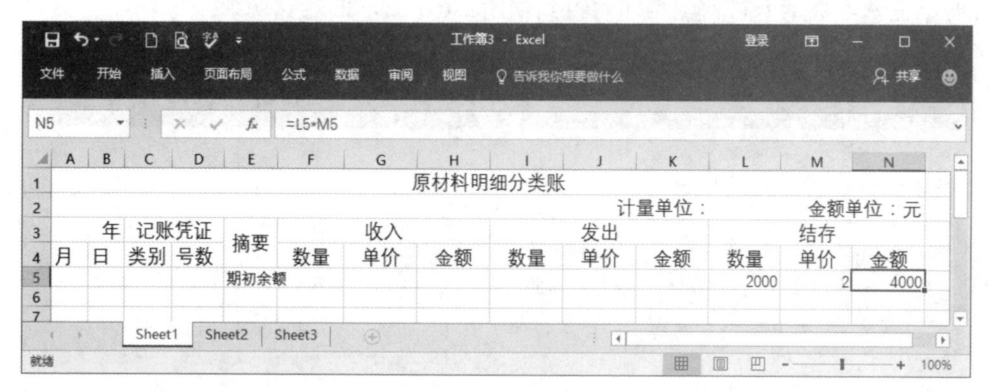


图 2-6-4　输入期初余额

3. 定义本期购入公式及输入数据

选择 E6 单元格，输入“购入”，在“收入”栏“金额”处单击 H6 单元格，输入公式“= F6*G6”，如图 2-6-5 所示。

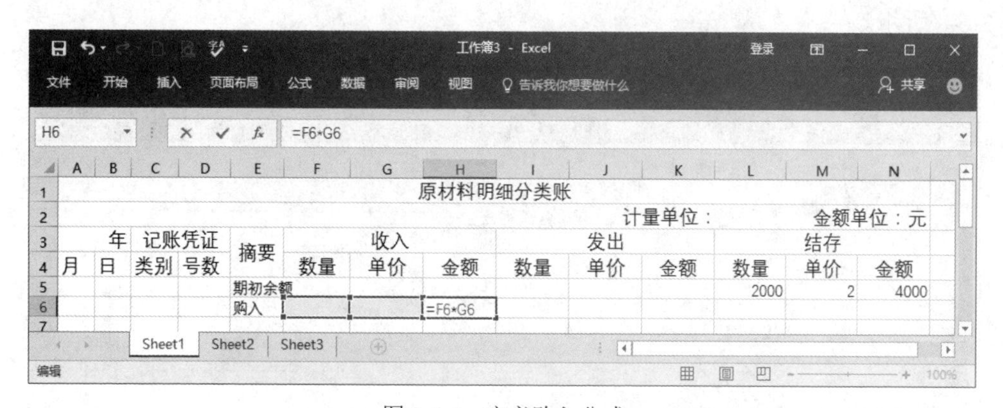


图 2-6-5　定义购入公式

同理，在“发出”栏“金额”处单击 K6 单元格，输入公式“=I6*J6”（也可通过复制 H6 单元格即收入金额公式，粘贴到 K6 单元格）。

另外，在“结存”栏“数量”处单击 L6 单元格，输入公式“=L5+F6-I6”，如图 2-6-6 所示。

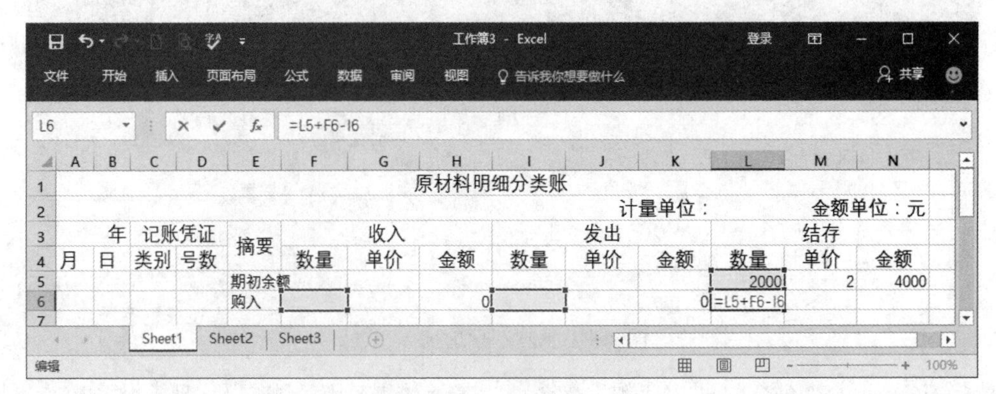


图 2-6-6 定义结存公式

此时，输入本期购入材料数据即可得到如图 2-6-7 所示的购存明细账。

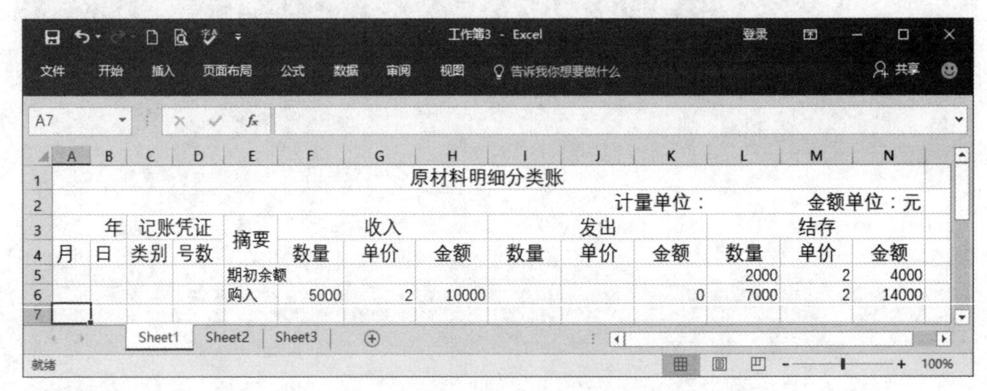


图 2-6-7 购存明细账

4. 定义本期购入公式及录入数据

利用单元格填充柄，拖动复制公式得到：H= F7*G7，K7=I7*J7，N7=L7*M7，L7=L6+F7-I7，如图 2-6-8 所示。

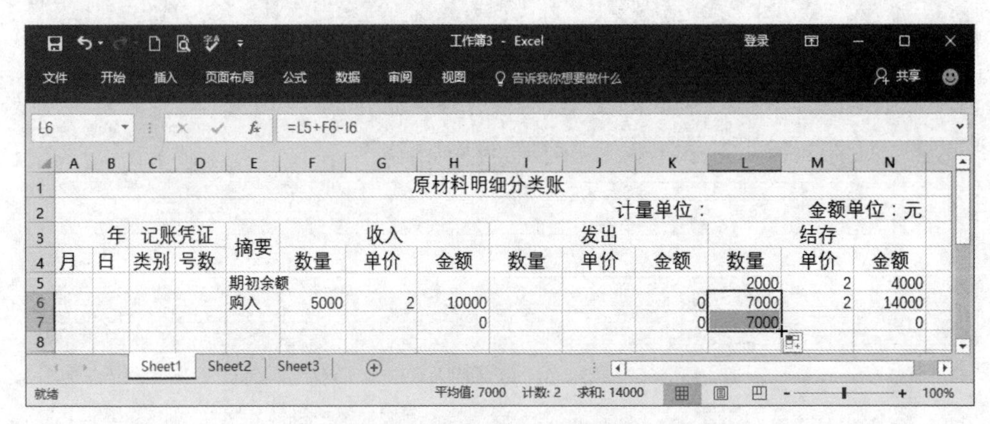


图 2-6-8 购入公式定义及数据录入

最后，录入有关“发出”栏的数据即可得到发出存货和结存的明细分类账，如图 2-6-9 所示。

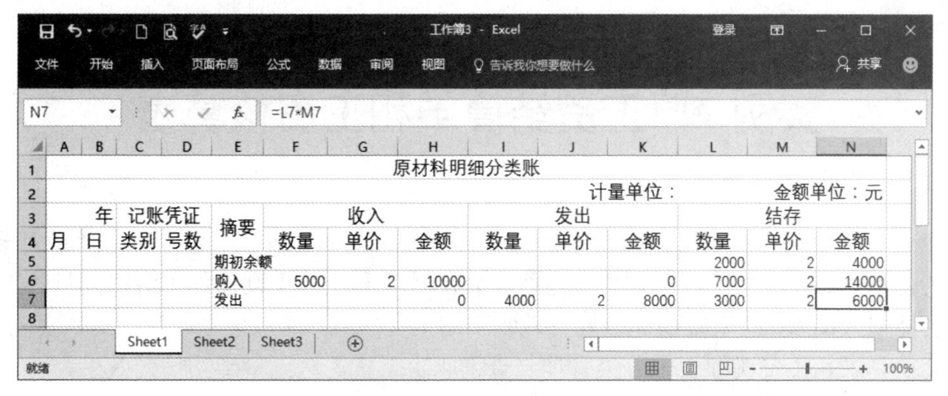

| | 原材料明细分类账 | | | | | | | | | | | | |
|---|---|---|---|---|---|---|---|---|---|---|---|---|---|
| | | | | | | | | 计量单位： | | | 金额单位：元 | | |
| 年 | | 记账凭证 | | 摘要 | 收入 | | | 发出 | | | 结存 | | |
| 月 | 日 | 类别 | 号数 | | 数量 | 单价 | 金额 | 数量 | 单价 | 金额 | 数量 | 单价 | 金额 |
| | | | | 期初余额 | | | | | | | 2000 | 2 | 4000 |
| | | | | 购入 | 5000 | 2 | 10000 | | | 0 | 7000 | 2 | 14000 |
| | | | | 发出 | | | 0 | 4000 | 2 | 8000 | 3000 | 2 | 6000 |

图 2-6-9　收发存明细分类账

依此类推，均可根据上述操作进行存货收发存明细账的处理。

5. 修饰及输出

首先对明细账目表进行适当的修饰，修改工作表名为“原材料明细分类账”。单击快速访问工具栏的“保存”按钮，保存工作簿为“原材料明细分类账”，如图 2-6-10 所示。在“页面布局”选项卡下进行页面设置，最后单击“文件”/“打印”命令打印输出。

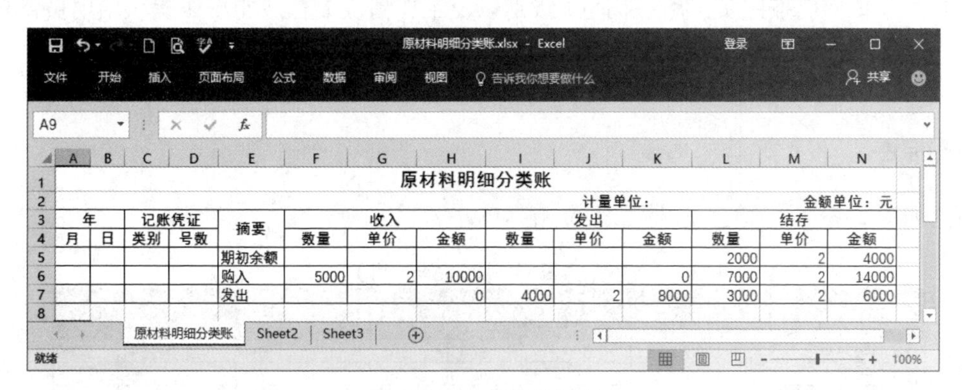

| | 原材料明细分类账 | | | | | | | | | | | | |
|---|---|---|---|---|---|---|---|---|---|---|---|---|---|
| | | | | | | | | 计量单位： | | | 金额单位：元 | | |
| 年 | | 记账凭证 | | 摘要 | 收入 | | | 发出 | | | 结存 | | |
| 月 | 日 | 类别 | 号数 | | 数量 | 单价 | 金额 | 数量 | 单价 | 金额 | 数量 | 单价 | 金额 |
| | | | | 期初余额 | | | | | | | 2000 | 2 | 4000 |
| | | | | 购入 | 5000 | 2 | 10000 | | | 0 | 7000 | 2 | 14000 |
| | | | | 发出 | | | 0 | 4000 | 2 | 8000 | 3000 | 2 | 6000 |

图 2-6-10　修饰并保存

## 牛刀小试

请用本实例的知识，对发出和存货分别采用先进先出法、全月一次加权平均法来完成如图 2-6-11 所示的原材料明细账。

原材料明细账

计量单位：件　金额单位：元

| 年 | | 凭证号 | 摘要 | 收入 | | | 发出 | | | 结存 | | |
|---|---|---|---|---|---|---|---|---|---|---|---|---|
| 月 | 日 | | | 数量 | 单价 | 金额 | 数量 | 单价 | 金额 | 数量 | 单价 | 金额 |
| 12 | 1 | | 期初余额 | | | | | | | | | |
| 12 | 2 | 1 | 购入材料 | 3000 | 2.1 | | | | | | | |
| 12 | 3 | 2 | 购入材料 | 5000 | 1.9 | | | | | | | |
| 12 | 5 | 3 | 车间领用 | | | | 2500 | | | | | |
| 12 | 6 | 4 | 购入材料 | 10000 | 2 | | | | | | | |
| 12 | 10 | 5 | 管理部门领用 | | | | 50 | | | | | |
| 12 | 12 | 6 | 一车间领用 | | | | 1200 | | | | | |
| 12 | 13 | | 二车间领用 | | | | 1230 | | | | | |
| 12 | 13 | | 三车间领用 | | | | 2000 | | | | | |
| 12 | 14 | | 工程领用 | | | | 5000 | | | | | |
| 12 | 20 | | 购入材料 | 2000 | 2.1 | | | | | | | |
| 12 | 30 | | 合计 | | | | | | | | | |

图 2-6-11　原材料明细账

# 实例 7　工资结算单和工资核算表

当企业员工变动较频繁时，工资管理是一件非常麻烦的工作，再加上不断有人事部门考核制度的调整，或是工资的浮动，手工进行工资的核算和结算无疑增加了劳资人员的工作量。而运用功能强大的 Excel 来方便高效地管理职工的工资信息，通过建立职工工资档案表、考勤表、奖金核算表及工资明细表来分类管理与查询职工工资，达到事半功倍的效果。

## 任务 1　工资结算单

### 相关知识

计算应付工资和个人所得税是企业工资核算的主要内容。在工资结算中，应付工资的资料一般是由人事部门按照员工所在岗位、级别以及工作情况制作成工资表提供给财务部门，然后由财务部门根据工资表扣减相关项目，计算每一位员工的实发工资，制作出工资条和会计部门的工资结算单。

### 实例描述

创建如图 2-7-1 所示的企业职工工资结算单。

工资结算单（2016年6月）

| 编号 | 姓名 | 基本工资 | 岗位工资 | 奖金 | 加班工资 | 病事假 | 应发工资 | 所得税 | 养老保险金 | 住房公积金 | 医疗保险金 | 扣款合计 | 实发工资 |
|---|---|---|---|---|---|---|---|---|---|---|---|---|---|
| 1001 | 张三丰 | 6300 | 1500 | 800 | 0 |  | 8600 | 645 | 172 | 688 | 86 | 1591 | 7009 |
| 1002 | 于康 | 4600 | 1300 | 600 | 0 | 150 | 6350 | 260 | 127 | 508 | 63.5 | 959 | 5391.5 |
| 1003 | 王劳武 | 3300 | 1300 | 600 | 0 |  | 5200 | 145 | 104 | 416 | 52 | 717 | 4483 |
| 小计 |  | 14200 | 4100 | 2000 | 0 | 150 | 20150 | 1050 | 403 | 1612 | 201.5 | 3267 | 16884 |
| 2001 | 赵班德 | 3780 | 1400 | 700 | 100 |  | 5980 | 223 | 119.6 | 478.4 | 59.8 | 881 | 5099.2 |
| 2002 | 刘芳 | 2650 | 1300 | 600 | 0 |  | 4550 | 31.5 | 91 | 364 | 45.5 | 532 | 4018 |
| 2003 | 李四光 | 5500 | 1300 | 600 | 0 | 300 | 7100 | 335 | 142 | 568 | 71 | 1116 | 5984 |
| 2004 | 钱钢 | 3800 | 1400 | 700 | 150 |  | 6050 | 230 | 121 | 484 | 60.5 | 896 | 5154.5 |
| 小计 |  | 15730 | 5400 | 2600 | 250 | 300 | 23680 | 819.5 | 473.6 | 1894.4 | 236.8 | 3424 | 20256 |
| 3001 | 孙质强 | 2860 | 1280 | 580 | 150 | 150 | 4720 | 36.6 | 94.4 | 377.6 | 47.2 | 556 | 4164.2 |
| 3002 | 杨明亮 | 2560 | 1280 | 580 | 150 |  | 4570 | 32.1 | 91.4 | 365.6 | 45.7 | 535 | 4035.2 |
| 3003 | 李秋菊 | 2600 | 1250 | 550 | 150 |  | 4550 | 31.5 | 91 | 364 | 45.5 | 532 | 4018 |
| 3004 | 何向蓝 | 2300 | 1200 | 500 | 100 |  | 4100 | 18 | 82 | 328 | 41 | 469 | 3631 |
| 3005 | 段兰之 | 2600 | 1250 | 550 | 100 |  | 4500 | 30 | 90 | 360 | 45 | 525 | 3975 |
| 3006 | 卢静静 | 1900 | 1180 | 500 | 200 | 200 | 3580 | 2.4 | 71.6 | 286.4 | 35.8 | 396 | 3183.8 |
| 小计 |  | 14820 | 7440 | 3260 | 850 | 350 | 26020 | 150.6 | 520.4 | 2081.6 | 260.2 | 3013 | 23007 |
| 合计 |  | 44750 | 16940 | 7860 | 1100 | 800 | 69850 | 2020.1 | 1397 | 5588 | 698.5 | 9704 | 60146 |

图 2-7-1　工资结算单

### 操作步骤

1. 创建工资结算单

启动 Excel，在空白工作表中录入工资结算单的基本内容，录入过程中，标题进行了合并后居中处理，表头内容通过按“Alt+Enter”组合键换行，效果如图 2-7-2 所示。

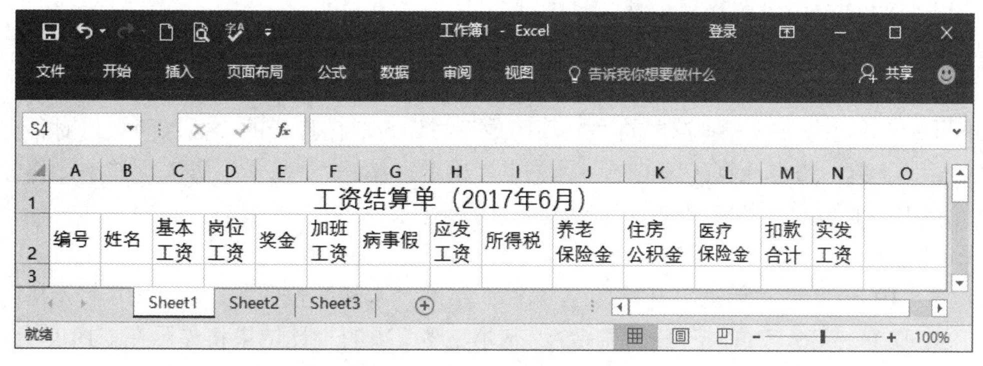

| 工资结算单（2017年6月） | | | | | | | | | | | | | |
|---|---|---|---|---|---|---|---|---|---|---|---|---|---|
| 编号 | 姓名 | 基本工资 | 岗位工资 | 奖金 | 加班工资 | 病事假 | 应发工资 | 所得税 | 养老保险金 | 住房公积金 | 医疗保险金 | 扣款合计 | 实发工资 |

图 2-7-2　创建工资结算单

2. 录入工资信息

录入编号、姓名和工资等内容，如图 2-7-3 所示。

| 工资结算单（2016年6月） | | | | | | | | | | | | | |
|---|---|---|---|---|---|---|---|---|---|---|---|---|---|
| 编号 | 姓名 | 基本工资 | 岗位工资 | 奖金 | 加班工资 | 病事假 | 应发工资 | 所得税 | 养老保险金 | 住房公积金 | 医疗保险金 | 扣款合计 | 实发工资 |
| 1001 | 张三丰 | 6300 | 1500 | 800 | 0 | | | | | | | | |
| 1002 | 于康 | 4600 | 1300 | 600 | 0 | 150 | | | | | | | |
| 1003 | 王劳武 | 3300 | 1300 | 600 | 0 | | | | | | | | |
| 小计 | | | | | | | | | | | | | |
| 2001 | 赵班德 | 3780 | 1400 | 700 | 100 | | | | | | | | |
| 2002 | 刘芳 | 2650 | 1300 | 600 | 0 | | | | | | | | |
| 2003 | 李四光 | 5500 | 1300 | 600 | 0 | 300 | | | | | | | |
| 2004 | 钱钢 | 3800 | 1400 | 700 | 150 | | | | | | | | |
| 小计 | | | | | | | | | | | | | |
| 3001 | 孙质强 | 2860 | 1280 | 580 | 150 | 150 | | | | | | | |
| 3002 | 杨明亮 | 2560 | 1280 | 580 | 150 | | | | | | | | |
| 3003 | 李秋菊 | 2600 | 1250 | 550 | 150 | | | | | | | | |
| 3004 | 何向蓝 | 2300 | 1200 | 500 | 100 | | | | | | | | |
| 3005 | 段兰之 | 2600 | 1250 | 550 | 100 | | | | | | | | |
| 3006 | 卢静静 | 1900 | 1180 | 500 | 200 | 200 | | | | | | | |
| 小计 | | | | | | | | | | | | | |
| 合计 | | | | | | | | | | | | | |

图 2-7-3　录入工资信息

3. 计算工资各项

表中各个栏目之间的关系如下：

应发工资=基本工资+岗位工资+奖金+加班工资-病事假

所得税=（应发工资-3500）×税率-速算扣除数

养老保险金=应发工资×2%

住房公积金=应发工资×8%

医疗保险金=应发工资×1%

扣款合计=所得税+养老保险金+住房公积金+医疗保险金

实发工资=应发工资-扣款合计

基本数据录入之后，根据以上公式计算各项的值。

（1）计算应发工资及各项小计、合计。

单击 H3 单元格，输入公式“=C3+D3+E3+F3-G3”，按编辑栏的“输入”按钮✔，结果显示在 H3 单元格内，利用自动填充功能计算其他职工的应发工资。

单击 C6 单元格，单击编辑栏的“插入函数”按钮$f_x$，在打开的“插入函数”对话框中选择“SUM”函数，选定计算区域 C3:C5，单击“确定”按钮，“基本工资”项的小计将显示在 C6 单元格中，利用自动填充功能计算其他项目的小计。

采用同样方法计算其他组的小计。

单击 C19 单元格，单击“开始”/“编辑”组的“求和”按钮Σ，在 C19 单元格将显示“=SUM(C18,C10,C6)”，单击“Enter”键，“基本工资”项的合计结果将显示在 C19 单元格中，利用自动填充功能完成其他项目的合计计算。最后的计算结果如图 2-7-4 所示。

C19 =SUM(C18,C11,C6)

工资结算单（2016年6月）

| 编号 | 姓名 | 基本工资 | 岗位工资 | 奖金 | 加班工资 | 病事假 | 应发工资 | 所得税 | 养老保险金 | 住房公积金 | 医疗保险金 | 扣款合计 | 实发工资 |
|---|---|---|---|---|---|---|---|---|---|---|---|---|---|
| 1001 | 张三丰 | 6300 | 1500 | 800 | 0 | | 8600 | | | | | | |
| 1002 | 于康 | 4600 | 1300 | 600 | 0 | 150 | 6350 | | | | | | |
| 1003 | 王劳武 | 3300 | 1300 | 600 | 0 | | 5200 | | | | | | |
| 小计 | | 14200 | 4100 | 2000 | 0 | 150 | 20150 | | | | | | |
| 2001 | 赵班德 | 3780 | 1400 | 700 | 100 | | 5980 | | | | | | |
| 2002 | 刘芳 | 2650 | 1300 | 600 | 0 | | 4550 | | | | | | |
| 2003 | 李四光 | 5500 | 1300 | 600 | 0 | 300 | 7100 | | | | | | |
| 2004 | 钱钢 | 3800 | 1400 | 700 | 150 | | 6050 | | | | | | |
| 小计 | | 15730 | 5400 | 2600 | 250 | 300 | 23680 | | | | | | |
| 3001 | 孙质强 | 2860 | 1280 | 580 | 150 | 150 | 4720 | | | | | | |
| 3002 | 杨明亮 | 2560 | 1280 | 580 | 150 | | 4570 | | | | | | |
| 3003 | 李秋菊 | 2600 | 1250 | 550 | 150 | | 4550 | | | | | | |
| 3004 | 何向蓝 | 2300 | 1200 | 500 | 100 | | 4100 | | | | | | |
| 3005 | 段兰之 | 2600 | 1250 | 550 | 100 | | 4500 | | | | | | |
| 3006 | 卢静静 | 1900 | 1180 | 500 | 200 | 200 | 3580 | | | | | | |
| 小计 | | 14820 | 7440 | 3260 | 850 | 350 | 26020 | | | | | | |
| 合计 | | 44750 | 16940 | 7860 | 1100 | 800 | 69850 | | | | | | |

平均值: 23550 计数: 6 求和: 141300

图 2-7-4 应发小计和合计

（2）计算所得税。

国务院 2011 年 9 月颁布的新的个人所得税税率表如图 2-7-5 所示。

工资薪金所得适用的速算扣除数表

| 级数 | 全月应纳所得税（每月收入额-3500） | 税率(%) | 速算扣除数 |
|---|---|---|---|
| 1 | 不超过1500元的部分 | 3 | 0 |
| 2 | 超过1500元至4500元的部分 | 10 | 25 |
| 3 | 超过4500元至9000元的部分 | 20 | 375 |
| 4 | 超过9000元至35000元的部分 | 25 | 1375 |
| 5 | 超过35000元至55000元的部分 | 30 | 3375 |
| 6 | 超过55000元至80000元的部分 | 35 | 6375 |
| 7 | 超过80000元的部分 | 45 | 15375 |

图 2-7-5 个人所得税税率表

“所得税”一列，可用 IF 函数进行计算。

选中 I3 单元格，单击“插入函数”按钮 $f_x$，打开“插入函数”对话框，在“选择函数”栏中选择“IF”函数，如图 2-7-6 所示。

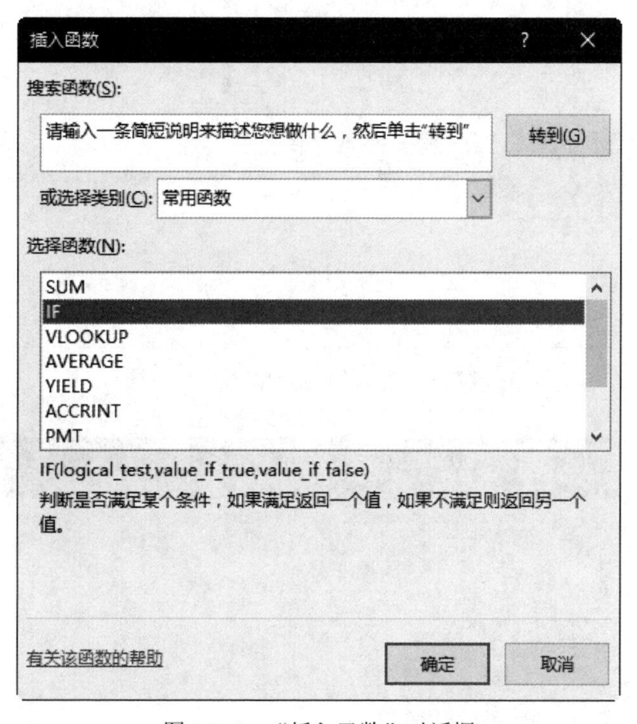


图 2-7-6　“插入函数”对话框

单击“确定”按钮，弹出“函数参数”对话框，由于该公司最高应发工资与 3500 元的差均不超过 9000 元，因此，可以第三个条件进行区分，输入如图 2-7-7 所示参数。

函数参数

IF

Logical_test　H3-3500>4500　= TRUE

Value_if_true　(H3-3500)*0.2-375　= 645

Value_if_false　　= 任意

= 645

判断是否满足某个条件，如果满足返回一个值，如果不满足则返回另一个值。

Value_if_false　是当 Logical_test 为 FALSE 时的返回值。如果忽略，则返回 FALSE

计算结果 = 645

有关该函数的帮助(H)　确定　取消

图 2-7-7　“函数参数”对话框

接着，输入“IF()”，弹出嵌套的 IF 函数的“函数参数”对话框，输入如图 2-7-8 所示参数。

单击“确定”按钮，计算 I3 的结果，利用单元格自动填充功能计算其他职工的所得税的值，结果如图 2-7-9 所示。

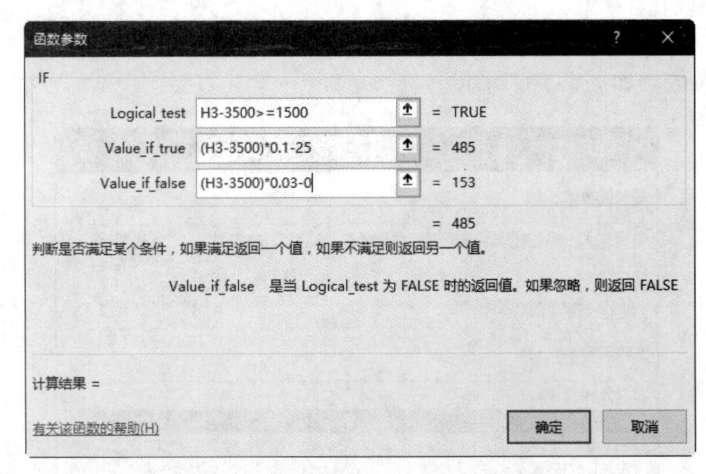


图 2-7-8　嵌套的“函数参数”对话框

I12 =IF(H12-3500>=4500,(H12-3500)*0.2-375,IF(H12-3500>=1500,(H12-3500)*0.1-25,(H12-3500)*0.03-0))

工资结算单（2016年6月）

| 编号 | 姓名 | 基本工资 | 岗位工资 | 奖金 | 加班工资 | 病事假 | 应发工资 | 所得税 | 养老保险金 | 住房公积金 | 医疗保险金 | 扣款合计 | 实发工资 |
|---|---|---|---|---|---|---|---|---|---|---|---|---|---|
| 1001 | 张三丰 | 6300 | 1500 | 800 | 0 | | 8600 | 645 | | | | | |
| 1002 | 于康 | 4600 | 1300 | 600 | 0 | 150 | 6350 | 260 | | | | | |
| 1003 | 王劳武 | 3300 | 1300 | 600 | 0 | | 5200 | 145 | | | | | |
| 小计 | | 14200 | 4100 | 2000 | 0 | 150 | 20150 | | | | | | |
| 2001 | 赵班德 | 3780 | 1400 | 700 | 100 | | 5980 | 223 | | | | | |
| 2002 | 刘芳 | 2650 | 1300 | 600 | 0 | | 4550 | 31.5 | | | | | |
| 2003 | 李四光 | 5500 | 1300 | 600 | 0 | 300 | 7100 | 335 | | | | | |
| 2004 | 钱钢 | 3800 | 1400 | 700 | 150 | | 6050 | 230 | | | | | |
| 小计 | | 15730 | 5400 | 2600 | 250 | 300 | 23680 | | | | | | |
| 3001 | 孙质强 | 2860 | 1280 | 580 | 150 | 150 | 4720 | 36.6 | | | | | |
| 3002 | 杨明亮 | 2560 | 1280 | 580 | 150 | | 4570 | 32.1 | | | | | |
| 3003 | 李秋菊 | 2600 | 1250 | 550 | 150 | | 4550 | 31.5 | | | | | |
| 3004 | 何向蓝 | 2300 | 1200 | 500 | 100 | | 4100 | 18 | | | | | |
| 3005 | 段兰之 | 2600 | 1250 | 550 | 100 | | 4500 | 30 | | | | | |
| 3006 | 卢静静 | 1900 | 1180 | 500 | 200 | 200 | 3580 | 2.4 | | | | | |
| 小计 | | 14820 | 7440 | 3260 | 850 | 350 | 26020 | | | | | | |
| 合计 | | 44750 | 16940 | 7860 | 1100 | 800 | 69850 | | | | | | |

平均值: 25.1　计数: 6　求和: 150.6

图 2-7-9　计算所得税

（3）计算养老保险金。

选中 J3 单元格，输入公式“=H3*2%”，单击编辑栏“输入”按钮✔即可，其他单元格可以利用单元格的自动填充功能完成。

（4）计算住房公积金。

选中 K3 单元格，输入公式“=H3*8%”，单击编辑栏“输入”按钮✔即可，其他单元格可以利用单元格的自动填充功能完成。

（5）计算医疗保险金。

选中 L3 单元格，输入公式“=H3*1%”，单击编辑栏“输入”按钮✔即可，其他单元格可以利用单元格的自动填充功能完成。

（6）计算扣款合计。

选中 M3 单元格，输入公式“=I3+J3+K3+L3”，单击编辑栏“输入”按钮✔即可，其他单元格可以根据自动填充功能完成。

（7）计算实发工资。

选中 N3 单元格，输入公式“=H3-M3”，单击“输入”按钮✔即可，其他单元格的输入采用自动填充进行。

最终计算结果如图 2-7-10 所示。

工资结算单（2016年6月）

| 编号 | 姓名 | 基本工资 | 岗位工资 | 奖金 | 加班工资 | 病事假 | 应发工资 | 所得税 | 养老保险金 | 住房公积金 | 医疗保险金 | 扣款合计 | 实发工资 |
|---|---|---|---|---|---|---|---|---|---|---|---|---|---|
| 1001 | 张三丰 | 6300 | 1500 | 800 | 0 | | 8600 | 645 | 172 | 688 | 86 | 1591 | 7009 |
| 1002 | 于康 | 4600 | 1300 | 600 | 0 | 150 | 6350 | 260 | 127 | 508 | 63.5 | 959 | 5391.5 |
| 1003 | 王劳武 | 3300 | 1300 | 600 | 0 | | 5200 | 145 | 104 | 416 | 52 | 717 | 4483 |
| 小计 | | 14200 | 4100 | 2000 | 0 | 150 | 20150 | 1050 | 403 | 1612 | 201.5 | 3267 | 16884 |
| 2001 | 赵班德 | 3780 | 1400 | 700 | 100 | | 5980 | 223 | 119.6 | 478.4 | 59.8 | 881 | 5099.2 |
| 2002 | 刘芳 | 2650 | 1300 | 600 | 0 | | 4550 | 31.5 | 91 | 364 | 45.5 | 532 | 4018 |
| 2003 | 李四光 | 5500 | 1300 | 600 | 0 | 300 | 7100 | 335 | 142 | 568 | 71 | 1116 | 5984 |
| 2004 | 钱钢 | 3800 | 1400 | 700 | 150 | | 6050 | 230 | 121 | 484 | 60.5 | 896 | 5154.5 |
| 小计 | | 15730 | 5400 | 2600 | 250 | 300 | 23680 | 819.5 | 473.6 | 1894.4 | 236.8 | 3424 | 20256 |
| 3001 | 孙质强 | 2860 | 1280 | 580 | 150 | 150 | 4720 | 36.6 | 94.4 | 377.6 | 47.2 | 556 | 4164.2 |
| 3002 | 杨明亮 | 2560 | 1280 | 580 | 150 | | 4570 | 32.1 | 91.4 | 365.6 | 45.7 | 535 | 4035.2 |
| 3003 | 李秋菊 | 2600 | 1250 | 550 | 150 | | 4550 | 31.5 | 91 | 364 | 45.5 | 532 | 4018 |
| 3004 | 何向蓝 | 2300 | 1200 | 500 | 100 | | 4100 | 18 | 82 | 328 | 41 | 469 | 3631 |
| 3005 | 段兰之 | 2600 | 1250 | 550 | 100 | | 4500 | 30 | 90 | 360 | 45 | 525 | 3975 |
| 3006 | 卢静静 | 1900 | 1180 | 500 | 200 | 200 | 3580 | 2.4 | 71.6 | 286.4 | 35.8 | 396 | 3183.8 |
| 小计 | | 14820 | 7440 | 3260 | 850 | 350 | 26020 | 150.6 | 520.4 | 2081.6 | 260.2 | 3013 | 23007 |
| 合计 | | 44750 | 16940 | 7860 | 1100 | 800 | 69850 | 2020.1 | 1397 | 5588 | 698.5 | 9704 | 60146 |

Sheet1　个人所得税税率表　Sheet3

图 2-7-10　最终计算结果

4. 修饰及输出

首先对工资结算单进行适当的修饰，修改工作表名为“工资结算单”。单击快速访问工具栏的“保存”按钮，保存工作簿为“工资结算与核算”，如图 2-7-11 所示。在“页面布局”选项卡下进行页面设置，最后单击“文件”/“打印”命令打印输出。

工资结算单（2016年6月）

| 编号 | 姓名 | 基本工资 | 岗位工资 | 奖金 | 加班工资 | 病事假 | 应发工资 | 所得税 | 养老保险金 | 住房公积金 | 医疗保险金 | 扣款合计 | 实发工资 |
|---|---|---|---|---|---|---|---|---|---|---|---|---|---|
| 1001 | 张三丰 | 6300 | 1500 | 800 | 0 | | 8600 | 645 | 172 | 688 | 86 | 1591 | 7009 |
| 1002 | 于康 | 4600 | 1300 | 600 | 0 | 150 | 6350 | 260 | 127 | 508 | 63.5 | 959 | 5391.5 |
| 1003 | 王劳武 | 3300 | 1300 | 600 | 0 | | 5200 | 145 | 104 | 416 | 52 | 717 | 4483 |
| 小计 | | 14200 | 4100 | 2000 | 0 | 150 | 20150 | 1050 | 403 | 1612 | 201.5 | 3267 | 16884 |
| 2001 | 赵班德 | 3780 | 1400 | 700 | 100 | | 5980 | 223 | 119.6 | 478.4 | 59.8 | 881 | 5099.2 |
| 2002 | 刘芳 | 2650 | 1300 | 600 | 0 | | 4550 | 31.5 | 91 | 364 | 45.5 | 532 | 4018 |
| 2003 | 李四光 | 5500 | 1300 | 600 | 0 | 300 | 7100 | 335 | 142 | 568 | 71 | 1116 | 5984 |
| 2004 | 钱钢 | 3800 | 1400 | 700 | 150 | | 6050 | 230 | 121 | 484 | 60.5 | 896 | 5154.5 |
| 小计 | | 15730 | 5400 | 2600 | 250 | 300 | 23680 | 819.5 | 473.6 | 1894.4 | 236.8 | 3424 | 20256 |
| 3001 | 孙质强 | 2860 | 1280 | 580 | 150 | 150 | 4720 | 36.6 | 94.4 | 377.6 | 47.2 | 556 | 4164.2 |
| 3002 | 杨明亮 | 2560 | 1280 | 580 | 150 | | 4570 | 32.1 | 91.4 | 365.6 | 45.7 | 535 | 4035.2 |
| 3003 | 李秋菊 | 2600 | 1250 | 550 | 150 | | 4550 | 31.5 | 91 | 364 | 45.5 | 532 | 4018 |
| 3004 | 何向蓝 | 2300 | 1200 | 500 | 100 | | 4100 | 18 | 82 | 328 | 41 | 469 | 3631 |
| 3005 | 段兰之 | 2600 | 1250 | 550 | 100 | | 4500 | 30 | 90 | 360 | 45 | 525 | 3975 |
| 3006 | 卢静静 | 1900 | 1180 | 500 | 200 | 200 | 3580 | 2.4 | 71.6 | 286.4 | 35.8 | 396 | 3183.8 |
| 小计 | | 14820 | 7440 | 3260 | 850 | 350 | 26020 | 150.6 | 520.4 | 2081.6 | 260.2 | 3013 | 23007 |
| 合计 | | 44750 | 16940 | 7860 | 1100 | 800 | 69850 | 2020.1 | 1397 | 5588 | 698.5 | 9704 | 60146 |

工资结算单　个人所得税税率表　Sheet3

图 2-7-11　修饰及保存

5. 填制“工资结算汇总表”

（1）新建工作表，修改工作表名称为“工资结算汇总表”。单击 A1 单元格，输入“工资表 1（2016 年 6 月）”，选中 A1:N1 单元格区域，合并单元格并居中。

（2）单击 A2 单元格，输入“=工资结算单！A2”，单击编辑栏“输入”按钮✔，得到“编号”一值。拖动 A2 单元格填充柄，获得工资表 1 的内容，如图 2-7-12 所示。

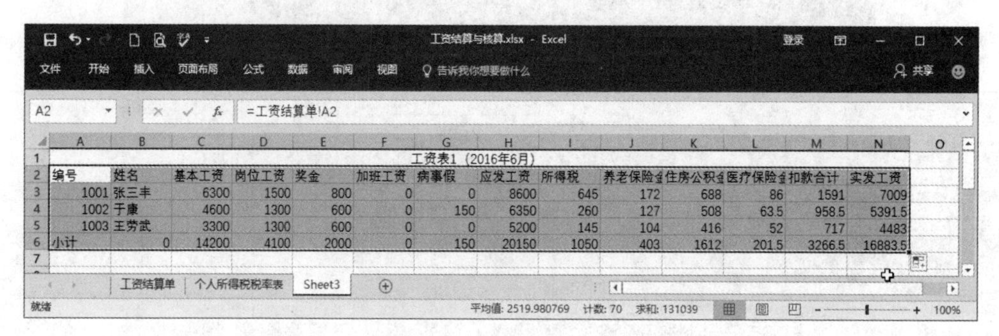

| | A | B | C | D | E | F | G | H | I | J | K | L | M | N |
|---|---|---|---|---|---|---|---|---|---|---|---|---|---|---|
| 1 | 工资表1（2016年6月） | | | | | | | | | | | | | |
| 2 | 编号 | 姓名 | 基本工资 | 岗位工资 | 奖金 | 加班工资 | 病事假 | 应发工资 | 所得税 | 养老保险 | 住房公积 | 医疗保险 | 扣款合计 | 实发工资 |
| 3 | 1001 | 张三丰 | 6300 | 1500 | 800 | 0 | 0 | 8600 | 645 | 172 | 688 | 86 | 1591 | 7009 |
| 4 | 1002 | 于康 | 4600 | 1300 | 600 | 0 | 150 | 6350 | 260 | 127 | 508 | 63.5 | 958.5 | 5391.5 |
| 5 | 1003 | 王劳武 | 3300 | 1300 | 600 | 0 | 0 | 5200 | 145 | 104 | 416 | 52 | 717 | 4483 |
| 6 | 小计 | 0 | 14200 | 4100 | 2000 | 0 | 150 | 20150 | 1050 | 403 | 1612 | 201.5 | 3266.5 | 16883.5 |

图 2-7-12　制作工资表 1

（3）复制 A1 单元格内容至 A7 单元格，并修改为“工资表 2（2016 年 6 月）”。单击 A8 单元格，输入“=工资结算单！A2”，单击编辑栏“输入”按钮✔，拖动 A8 单元格填充柄，横向填充至 N8。单击 A9 单元格，输入“=工资结算单！A7”，单击编辑栏“输入”按钮✔，得到“编号”一值。拖动 A9 单元格填充柄，获得工资表 2 的内容。用同样方法，获得工资表 3 的内容，如图 2-7-13 所示。

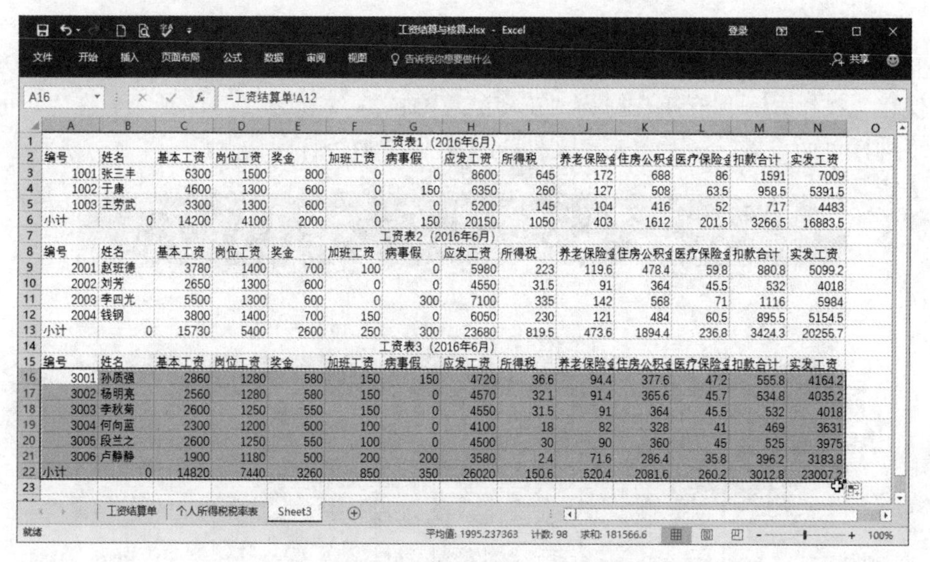

| | A | B | C | D | E | F | G | H | I | J | K | L | M | N |
|---|---|---|---|---|---|---|---|---|---|---|---|---|---|---|
| 1 | 工资表1（2016年6月） | | | | | | | | | | | | | |
| 2 | 编号 | 姓名 | 基本工资 | 岗位工资 | 奖金 | 加班工资 | 病事假 | 应发工资 | 所得税 | 养老保险 | 住房公积 | 医疗保险 | 扣款合计 | 实发工资 |
| 3 | 1001 | 张三丰 | 6300 | 1500 | 800 | 0 | 0 | 8600 | 645 | 172 | 688 | 86 | 1591 | 7009 |
| 4 | 1002 | 于康 | 4600 | 1300 | 600 | 0 | 150 | 6350 | 260 | 127 | 508 | 63.5 | 958.5 | 5391.5 |
| 5 | 1003 | 王劳武 | 3300 | 1300 | 600 | 0 | 0 | 5200 | 145 | 104 | 416 | 52 | 717 | 4483 |
| 6 | 小计 | 0 | 14200 | 4100 | 2000 | 0 | 150 | 20150 | 1050 | 403 | 1612 | 201.5 | 3266.5 | 16883.5 |
| 7 | 工资表2（2016年6月） | | | | | | | | | | | | | |
| 8 | 编号 | 姓名 | 基本工资 | 岗位工资 | 奖金 | 加班工资 | 病事假 | 应发工资 | 所得税 | 养老保险 | 住房公积 | 医疗保险 | 扣款合计 | 实发工资 |
| 9 | 2001 | 赵班德 | 3780 | 1400 | 700 | 100 | 0 | 5980 | 223 | 119.6 | 478.4 | 59.8 | 880.8 | 5099.2 |
| 10 | 2002 | 刘芳 | 2650 | 1300 | 600 | 0 | 0 | 4550 | 31.5 | 91 | 364 | 45.5 | 532 | 4018 |
| 11 | 2003 | 李四光 | 5500 | 1300 | 600 | 0 | 300 | 7100 | 335 | 142 | 568 | 71 | 1116 | 5984 |
| 12 | 2004 | 钱钢 | 3800 | 1400 | 700 | 150 | 0 | 6050 | 230 | 121 | 484 | 60.5 | 895.5 | 5154.5 |
| 13 | 小计 | 0 | 15730 | 5400 | 2600 | 250 | 300 | 23680 | 819.5 | 473.6 | 1894.4 | 236.8 | 3424.3 | 20255.7 |
| 14 | 工资表3（2016年6月） | | | | | | | | | | | | | |
| 15 | 编号 | 姓名 | 基本工资 | 岗位工资 | 奖金 | 加班工资 | 病事假 | 应发工资 | 所得税 | 养老保险 | 住房公积 | 医疗保险 | 扣款合计 | 实发工资 |
| 16 | 3001 | 孙质强 | 2860 | 1280 | 580 | 150 | 150 | 4720 | 36.6 | 94.4 | 377.6 | 47.2 | 555.8 | 4164.2 |
| 17 | 3002 | 杨明亮 | 2560 | 1280 | 580 | 150 | 0 | 4570 | 32.1 | 91.4 | 365.6 | 45.7 | 534.8 | 4035.2 |
| 18 | 3003 | 李秋菊 | 2600 | 1250 | 550 | 150 | 0 | 4550 | 31.5 | 91 | 364 | 45.5 | 532 | 4018 |
| 19 | 3004 | 何向蓝 | 2300 | 1200 | 500 | 100 | 0 | 4100 | 18 | 82 | 328 | 41 | 469 | 3631 |
| 20 | 3005 | 段兰之 | 2600 | 1250 | 550 | 100 | 0 | 4500 | 30 | 90 | 360 | 45 | 525 | 3975 |
| 21 | 3006 | 卢静静 | 1900 | 1180 | 500 | 200 | 200 | 3580 | 2.4 | 71.6 | 286.4 | 35.8 | 396.2 | 3183.8 |
| 22 | 小计 | 0 | 14820 | 7440 | 3260 | 850 | 350 | 26020 | 150.6 | 520.4 | 2081.6 | 260.2 | 3012.8 | 23007.2 |

图 2-7-13　制作工资表 1～工资表 3

（4）单击 A23 单元格，输入“工资结算单汇总表（2016 年 6 月）”，选中 A23:N23 单元格区域，合并单元格并居中。

（5）单击 A24 单元格，输入“=工资结算单！A2”，单击编辑栏“输入”按钮✔，拖动 A24 单元格填充柄，横向填充至 N24，获得表头。

（6）单击 A25 单元格，输入“表 1”，拖动 A25 单元格填充柄至 A27 单元格。选中 C25

单元格，输入“=C6”，单击“输入”按钮✓，则 C25 单元格中即可显示出 C6 的数据。拖动 C25 填充柄至 N25，获得工资表 1 的小计数据。

（7）选中 C26 单元格，输入“=C13”，单击“输入”按钮✓，则 C26 单元格中即可显示出 C12 的数据。拖动 C26 单元格填充柄至 N26 单元格，获得工资表 2 的小计数据。

（8）选中 C27 单元格，输入“=C22”，单击“输入”按钮✓，则 C27 单元格中即可显示出 C22 的数据。拖动 C27 单元格填充柄至 N27 单元格，获得工资表 3 的小计数据。

（9）单击 A28 单元格，输入“合计”。单击 C28 单元格，单击“公式”/“函数库”组的“自动求和”按钮∑，C28 单元格将显示“SUM(C25:C27)”，单击“输入”按钮✓，C28 单元格中将显示 C25+C26+C27 的值。拖动 C28 单元格填充柄至 N28 单元格。填制的工资结算汇总表如图 2-7-14 所示。

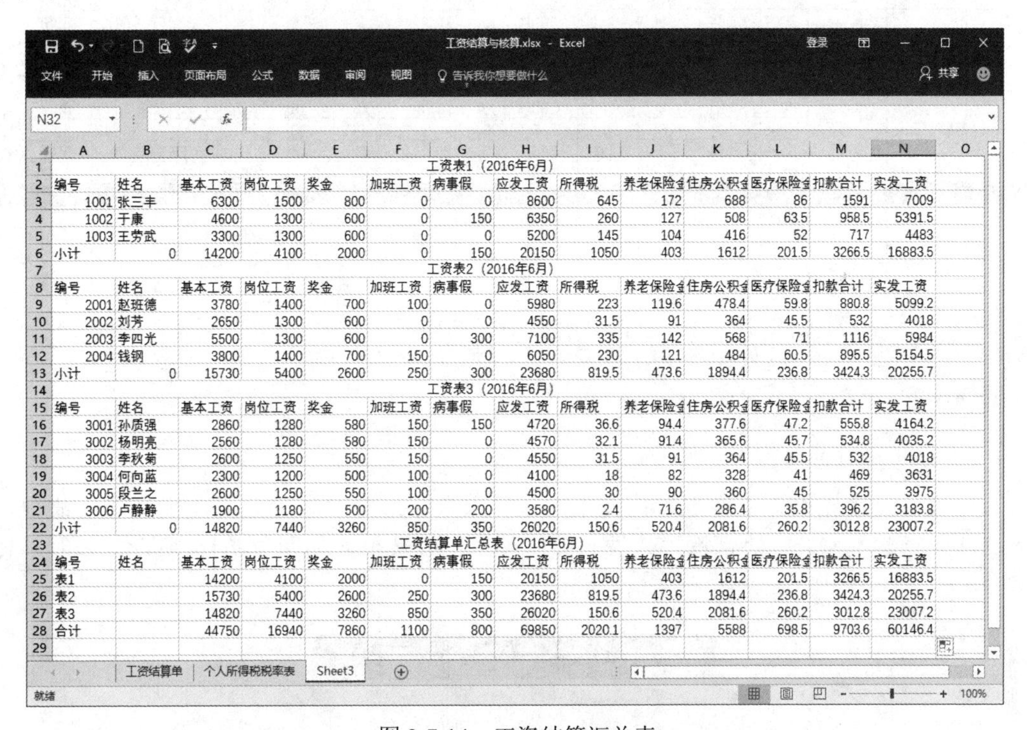

| | A | B | C | D | E | F | G | H | I | J | K | L | M | N |
|---|---|---|---|---|---|---|---|---|---|---|---|---|---|---|
| 1 | 工资表1（2016年6月） | | | | | | | | | | | | | |
| 2 | 编号 | 姓名 | 基本工资 | 岗位工资 | 奖金 | 加班工资 | 病事假 | 应发工资 | 所得税 | 养老保险金 | 住房公积金 | 医疗保险金 | 扣款合计 | 实发工资 |
| 3 | 1001 | 张三丰 | 6300 | 1500 | 800 | 0 | 0 | 8600 | 645 | 172 | 688 | 86 | 1591 | 7009 |
| 4 | 1002 | 于康 | 4600 | 1300 | 600 | 0 | 150 | 6350 | 260 | 127 | 508 | 63.5 | 958.5 | 5391.5 |
| 5 | 1003 | 王劳武 | 3300 | 1300 | 600 | 0 | 0 | 5200 | 145 | 104 | 416 | 52 | 717 | 4483 |
| 6 | 小计 | 0 | 14200 | 4100 | 2000 | 0 | 150 | 20150 | 1050 | 403 | 1612 | 201.5 | 3266.5 | 16883.5 |
| 7 | 工资表2（2016年6月） | | | | | | | | | | | | | |
| 8 | 编号 | 姓名 | 基本工资 | 岗位工资 | 奖金 | 加班工资 | 病事假 | 应发工资 | 所得税 | 养老保险金 | 住房公积金 | 医疗保险金 | 扣款合计 | 实发工资 |
| 9 | 2001 | 赵班德 | 3780 | 1400 | 700 | 100 | 0 | 5980 | 223 | 119.6 | 478.4 | 59.8 | 880.8 | 5099.2 |
| 10 | 2002 | 刘芳 | 2650 | 1300 | 600 | 0 | 0 | 4550 | 31.5 | 91 | 364 | 45.5 | 532 | 4018 |
| 11 | 2003 | 李四光 | 5500 | 1300 | 600 | 0 | 300 | 7100 | 335 | 142 | 568 | 71 | 1116 | 5984 |
| 12 | 2004 | 钱钢 | 3800 | 1400 | 700 | 150 | 0 | 6050 | 230 | 121 | 484 | 60.5 | 895.5 | 5154.5 |
| 13 | 小计 | 0 | 15730 | 5400 | 2600 | 250 | 300 | 23680 | 819.5 | 473.6 | 1894.4 | 236.8 | 3424.3 | 20255.7 |
| 14 | 工资表3（2016年6月） | | | | | | | | | | | | | |
| 15 | 编号 | 姓名 | 基本工资 | 岗位工资 | 奖金 | 加班工资 | 病事假 | 应发工资 | 所得税 | 养老保险金 | 住房公积金 | 医疗保险金 | 扣款合计 | 实发工资 |
| 16 | 3001 | 孙质强 | 2860 | 1280 | 580 | 150 | 150 | 4720 | 36.6 | 94.4 | 377.6 | 47.2 | 555.8 | 4164.2 |
| 17 | 3002 | 杨明亮 | 2560 | 1280 | 580 | 150 | 0 | 4570 | 32.1 | 91.4 | 365.6 | 45.7 | 534.8 | 4035.2 |
| 18 | 3003 | 李秋菊 | 2600 | 1250 | 550 | 150 | 0 | 4550 | 31.5 | 91 | 364 | 45.5 | 532 | 4018 |
| 19 | 3004 | 何向蓝 | 2300 | 1200 | 500 | 100 | 0 | 4100 | 18 | 82 | 328 | 41 | 469 | 3631 |
| 20 | 3005 | 段兰之 | 2600 | 1250 | 550 | 100 | 0 | 4500 | 30 | 90 | 360 | 45 | 525 | 3975 |
| 21 | 3006 | 卢静静 | 1900 | 1180 | 500 | 200 | 200 | 3580 | 2.4 | 71.6 | 286.4 | 35.8 | 396.2 | 3183.8 |
| 22 | 小计 | 0 | 14820 | 7440 | 3260 | 850 | 350 | 26020 | 150.6 | 520.4 | 2081.6 | 260.2 | 3012.8 | 23007.2 |
| 23 | 工资结算单汇总表（2016年6月） | | | | | | | | | | | | | |
| 24 | 编号 | 姓名 | 基本工资 | 岗位工资 | 奖金 | 加班工资 | 病事假 | 应发工资 | 所得税 | 养老保险金 | 住房公积金 | 医疗保险金 | 扣款合计 | 实发工资 |
| 25 | 表1 | | 14200 | 4100 | 2000 | 0 | 150 | 20150 | 1050 | 403 | 1612 | 201.5 | 3266.5 | 16883.5 |
| 26 | 表2 | | 15730 | 5400 | 2600 | 250 | 300 | 23680 | 819.5 | 473.6 | 1894.4 | 236.8 | 3424.3 | 20255.7 |
| 27 | 表3 | | 14820 | 7440 | 3260 | 850 | 350 | 26020 | 150.6 | 520.4 | 2081.6 | 260.2 | 3012.8 | 23007.2 |
| 28 | 合计 | | 44750 | 16940 | 7860 | 1100 | 800 | 69850 | 2020.1 | 1397 | 5588 | 698.5 | 9703.6 | 60146.4 |
| 29 | | | | | | | | | | | | | | |

图 2-7-14　工资结算汇总表

6. 保存并输出

修改工作表名为“工资结算汇总表”。单击快速访问工具栏的“保存”按钮，保存“工资结算与核算”工作簿，然后进行页面设置，最后单击快速访问工具栏的“快速打印”按钮进行打印。

# 任务 2　工资核算单

## 相关知识

企业中，根据工资结算单制作工资核算单表，据以记账。

## 实例描述

在工资结算单的基础之上，创建如图 2-7-15 所示的企业工资核算表。

**工资核算单**

| 部门 | | 会计科目 | 编号 | 姓名 | 基本工资 | 岗位工资 | 奖金 | 加班工资 | 病事假 | 应发工资 | 所得税 | 养老保险金 | 住房公积金 | 医疗保险金 | 扣款合计 | 实发工资 |
|---|---|---|---|---|---|---|---|---|---|---|---|---|---|---|---|---|
| 管理部门 | | 管理费用 | 1001 | 张三丰 | 6300 | 1500 | 800 | 0 | | 8600 | 645 | 172 | 688 | 86 | 1591 | 7009 |
| | | | 1002 | 于康 | 4600 | 1300 | 600 | 0 | 150 | 6350 | 260 | 127 | 508 | 63.5 | 959 | 5391.5 |
| | | | 1003 | 王劳武 | 3300 | 1300 | 600 | 0 | | 5200 | 145 | 104 | 416 | 52 | 717 | 4483 |
| | | | 小计 | | 14200 | 4100 | 2000 | 0 | 150 | 20150 | 1050 | 403 | 1612 | 201.5 | 3267 | 16884 |
| 销售部门 | | 销售费用 | 2001 | 赵班德 | 3780 | 1400 | 700 | 100 | | 5980 | 223 | 119.6 | 478.4 | 59.8 | 881 | 5099.2 |
| | | | 2002 | 刘芳 | 2650 | 1300 | 600 | 0 | | 4550 | 31.5 | 91 | 364 | 45.5 | 532 | 4018 |
| | | | 2003 | 李四光 | 5500 | 1300 | 600 | 0 | 300 | 7100 | 335 | 142 | 568 | 71 | 1116 | 5984 |
| | | | 2004 | 钱钢 | 3800 | 1400 | 700 | 150 | | 6050 | 230 | 121 | 484 | 60.5 | 896 | 5154.5 |
| | | | 小计 | | 15730 | 5400 | 2600 | 250 | 300 | 23680 | 819.5 | 473.6 | 1894.4 | 236.8 | 3424 | 20256 |
| 生产部门 | 管理人员 | 制造费用 | 3001 | 孙质强 | 2860 | 1280 | 580 | 150 | 150 | 4720 | 36.6 | 94.4 | 377.6 | 47.2 | 556 | 4164.2 |
| | | | 3002 | 杨明亮 | 2560 | 1280 | 580 | 150 | | 4570 | 32.1 | 91.4 | 365.6 | 45.7 | 535 | 4035.2 |
| | | | 小计 | | 5420 | 2560 | 1160 | 300 | 150 | 9290 | 68.7 | 185.8 | 743.2 | 92.9 | 1091 | 8199.4 |
| | 生产工人 | 生产成本 | 3003 | 李秋菊 | 2600 | 1250 | 550 | 150 | | 4550 | 31.5 | 91 | 364 | 45.5 | 532 | 4018 |
| | | | 3004 | 何向蓝 | 2300 | 1200 | 500 | 100 | | 4100 | 18 | 82 | 328 | 41 | 469 | 3631 |
| | | | 3005 | 段兰之 | 2600 | 1250 | 550 | 100 | | 4500 | 30 | 90 | 360 | 45 | 525 | 3975 |
| | | | 3006 | 卢静静 | 1900 | 1180 | 500 | 200 | 200 | 3580 | 2.4 | 71.6 | 286.4 | 35.8 | 396 | 3183.8 |
| | | | 小计 | | 9400 | 4880 | 2100 | 550 | 200 | 16730 | 81.9 | 334.6 | 1338.4 | 167.3 | 1922 | 14808 |
| | | 合计 | | | 44750 | 16940 | 7860 | 1100 | 800 | 69850 | 2020.1 | 1397 | 5588 | 698.5 | 9704 | 60146 |
| | | | | | | | | | | 应付职工薪酬 | 应交税费-应交个人所得税 | 其他应交款 | 其他应交款 | | | |

图 2-7-15　工资核算表

## 操作步骤

1. 复制工资结算单

右击“工资结算单”工作表，在弹出的快捷菜单中选择“移动或复制工作表”命令，打开“移动或复制工作表”对话框，勾选“建立副本”复选框，如图 2-7-16 所示，复制工资结算单。

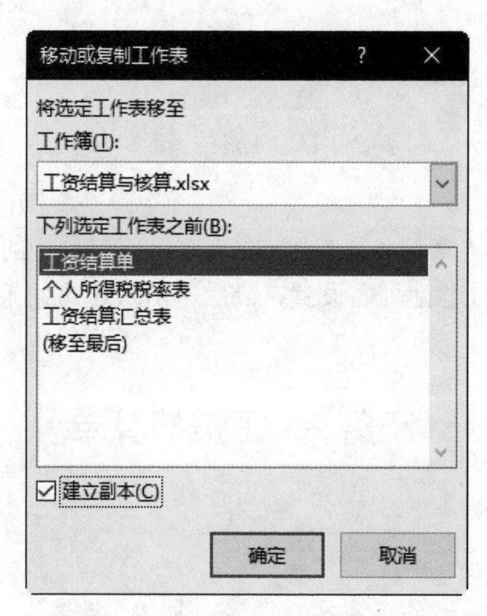


图 2-7-16　“移动或复制工作表”对话框

将复制的工作表移至最后并命名为“工资核算单”。

2. 创建工资核算单

修改 A1 单元格内容为“工资核算单”，合并 A1:Q1 单元格并居中。选择 A2 单元格，单击“开始”/“单元格”组的“插入”按钮，在弹出的下拉列表中选择“插入工作表列”选项，在 A 列前插入一列，用同样方法，在其前再插入两列，结果如图 2-7-17 所示。

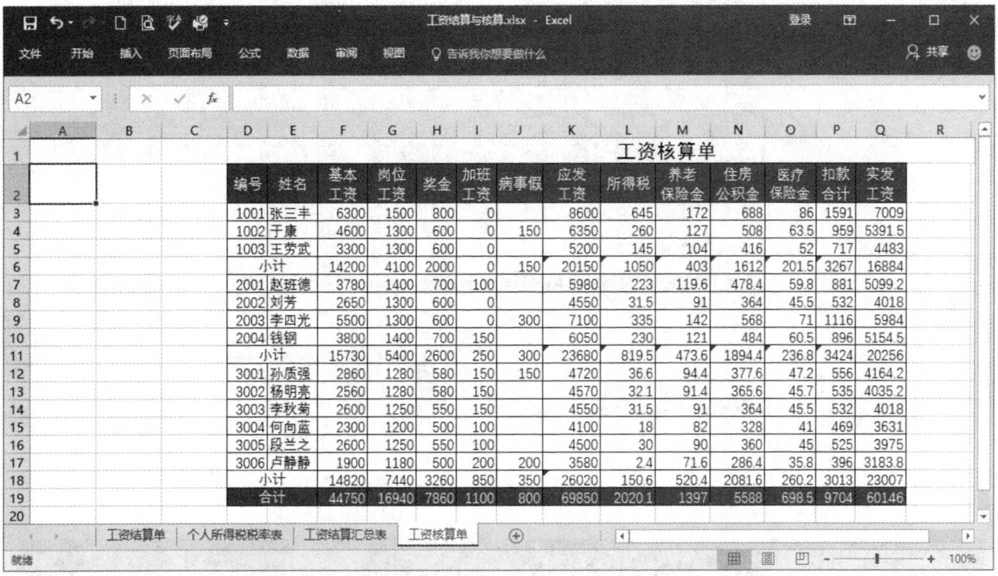

工资核算单

| 编号 | 姓名 | 基本工资 | 岗位工资 | 奖金 | 加班工资 | 病事假 | 应发工资 | 所得税 | 养老保险金 | 住房公积金 | 医疗保险金 | 扣款合计 | 实发工资 |
|---|---|---|---|---|---|---|---|---|---|---|---|---|---|
| 1001 | 张三丰 | 6300 | 1500 | 800 | 0 | | 8600 | 645 | 172 | 688 | 86 | 1591 | 7009 |
| 1002 | 于康 | 4600 | 1300 | 600 | 0 | 150 | 6350 | 260 | 127 | 508 | 63.5 | 959 | 5391.5 |
| 1003 | 王劳武 | 3300 | 1300 | 600 | 0 | | 5200 | 145 | 104 | 416 | 52 | 717 | 4483 |
| 小计 | | 14200 | 4100 | 2000 | 0 | 150 | 20150 | 1050 | 403 | 1612 | 201.5 | 3267 | 16884 |
| 2001 | 赵班德 | 3780 | 1400 | 700 | 100 | | 5980 | 223 | 119.6 | 478.4 | 59.8 | 881 | 5099.2 |
| 2002 | 刘芳 | 2650 | 1300 | 600 | 0 | | 4550 | 31.5 | 91 | 364 | 45.5 | 532 | 4018 |
| 2003 | 李四光 | 5500 | 1300 | 600 | 0 | 300 | 7100 | 335 | 142 | 568 | 71 | 1116 | 5984 |
| 2004 | 钱钢 | 3800 | 1400 | 700 | 150 | | 6050 | 230 | 121 | 484 | 60.5 | 896 | 5154.5 |
| 小计 | | 15730 | 5400 | 2600 | 250 | 300 | 23680 | 819.5 | 473.6 | 1894.4 | 236.8 | 3424 | 20256 |
| 3001 | 孙质强 | 2860 | 1280 | 580 | 150 | 150 | 4720 | 36.6 | 94.4 | 377.6 | 47.2 | 556 | 4164.2 |
| 3002 | 杨明亮 | 2560 | 1280 | 580 | 150 | | 4570 | 32.1 | 91.4 | 365.6 | 45.7 | 535 | 4035.2 |
| 3003 | 李秋菊 | 2600 | 1250 | 550 | 150 | | 4550 | 31.5 | 91 | 364 | 45.5 | 532 | 4018 |
| 3004 | 何向蓝 | 2300 | 1200 | 500 | 100 | | 4100 | 18 | 82 | 328 | 41 | 469 | 3631 |
| 3005 | 段兰之 | 2600 | 1250 | 550 | 100 | | 4500 | 30 | 90 | 360 | 45 | 525 | 3975 |
| 3006 | 卢静静 | 1900 | 1180 | 500 | 200 | 200 | 3580 | 2.4 | 71.6 | 286.4 | 35.8 | 396 | 3183.8 |
| 小计 | | 14820 | 7440 | 3260 | 850 | 350 | 26020 | 150.6 | 520.4 | 2081.6 | 260.2 | 3013 | 23007 |
| 合计 | | 44750 | 16940 | 7860 | 1100 | 800 | 69850 | 2020.1 | 1397 | 5588 | 698.5 | 9704 | 60146 |

图 2-7-17 插入三列

输入部门、会计科目等内容，如图 2-7-18 所示，其中：

- 由于编号开头为 1 的是管理部门，开头为 2 的是销售部门，开头为 3 的是生产部门，因此，根据部门中各位员工的岗位确定的“应发工资”是属于“管理费用”、“销售费用”、“生产成本”或者“制造费用”科目借方应记金额，同时对应的应发工资合计数为“应付职工薪酬”科目贷方应记金额。
- 当发放工资时，“应发工资”合计数则为“应付职工薪酬”科目借方应记金额，而“所得税”合计数是“应交税费-应交个人所得税”科目贷方应记金额，“养老保险金”合计数是“其他应交款-养老保险金”科目贷方应记金额（其他保险以此类推），“其他扣款”合计数，则是单位代垫款项应从工资中扣回的数额，所以是记入“其他应收款”的贷方的金额。

将工资核算表中，“部门”和“会计科目”下面的栏目使用“开始”/“对齐方式”组的“合并后居中”按钮完成单元格的合并。

图 2-7-18 中，F14=F12+F13，F19=F15+F16+F17+F18，F20=F6+F11+F14+F19，其右侧各个单元格可以用自动填充功能完成填写。

3. 修饰及输出

首先对工资核算单进行适当的修饰，单击快速访问工具栏的“保存”按钮，保存“工资结算与核算”工作簿，如图 2-7-19 所示。在“页面布局”选项卡下进行页面设置，最后单击“文件”/“打印”命令打印输出。

| A | B | C | D | E | F | G | H | I | J | K | L | M | N | O | P | Q |
|---|---|---|---|---|---|---|---|---|---|---|---|---|---|---|---|---|
| | | | | | | | | | | | 工资核算单 | | | | | |
| 部门 | | 会计科目 | 编号 | 姓名 | 基本工资 | 岗位工资 | 奖金 | 加班工资 | 病事假 | 应发工资 | 所得税 | 养老保险金 | 住房公积金 | 医疗保险金 | 扣款合计 | 实发工资 |
| 管理部门 | | 管理费用 | 1001 | 张三丰 | 6300 | 1500 | 800 | 0 | | 8600 | 645 | 172 | 688 | 86 | 1591 | 7009 |
| | | | 1002 | 于康 | 4600 | 1300 | 600 | 0 | 150 | 6350 | 260 | 127 | 508 | 63.5 | 959 | 5391.5 |
| | | | 1003 | 王劳武 | 3300 | 1300 | 600 | 0 | | 5200 | 145 | 104 | 416 | 52 | 717 | 4483 |
| | | | 小计 | | 14200 | 4100 | 2000 | 0 | 150 | 20150 | 1050 | 403 | 1612 | 201.5 | 3267 | 16884 |
| 销售部门 | | 销售费用 | 2001 | 赵班德 | 3780 | 1400 | 700 | 100 | | 5980 | 223 | 119.6 | 478.4 | 59.8 | 881 | 5099.2 |
| | | | 2002 | 刘芳 | 2650 | 1300 | 600 | 0 | | 4550 | 31.5 | 91 | 364 | 45.5 | 532 | 4018 |
| | | | 2003 | 李四光 | 5500 | 1300 | 600 | 0 | 300 | 7100 | 335 | 142 | 568 | 71 | 1116 | 5984 |
| | | | 2004 | 钱钢 | 3800 | 1400 | 700 | 150 | | 6050 | 230 | 121 | 484 | 60.5 | 896 | 5154.5 |
| 生产部门 | 管理人员 | 制造费用 | 小计 | | 15730 | 5400 | 2600 | 250 | 300 | 23680 | 819.5 | 473.6 | 1894.4 | 236.8 | 3424 | 20256 |
| | | | 3001 | 孙质强 | 2860 | 1280 | 580 | 150 | 150 | 4720 | 36.6 | 94.4 | 377.6 | 47.2 | 556 | 4164.2 |
| | | | 3002 | 杨明亮 | 2560 | 1280 | 580 | 150 | | 4570 | 32.1 | 91.4 | 365.6 | 45.7 | 535 | 4035.2 |
| | 生产工人 | 生产成本 | 3003 | 李秋菊 | 2600 | 1250 | 550 | 150 | | 4550 | 31.5 | 91 | 364 | 45.5 | 532 | 4018 |
| | | | 3004 | 何向蓝 | 2300 | 1200 | 500 | 100 | | 4100 | 18 | 82 | 328 | 41 | 469 | 3631 |
| | | | 3005 | 段兰之 | 2600 | 1250 | 550 | 100 | | 4500 | 30 | 90 | 360 | 45 | 525 | 3975 |
| | | | 3006 | 卢静静 | 1900 | 1180 | 500 | 200 | 200 | 3580 | 2.4 | 71.6 | 286.4 | 35.8 | 396 | 3183.8 |
| | | | 小计 | | 14820 | 7440 | 3260 | 850 | 350 | 26020 | 150.6 | 520.4 | 2081.6 | 260.2 | 3013 | 23007 |
| | | | 合计 | | 44750 | 16940 | 7860 | 1100 | 800 | 69850 | 2020.1 | 1397 | 5588 | 698.5 | 9704 | 60146 |
| 合计 | | | | | | | | | | | | | | | | |
| | | | | | | | | | | 应付职工薪酬 | 应交税费-应交个人所得税 | 其他应交款 | 其他应交款 | | | |

图 2-7-18　输入核算表内容

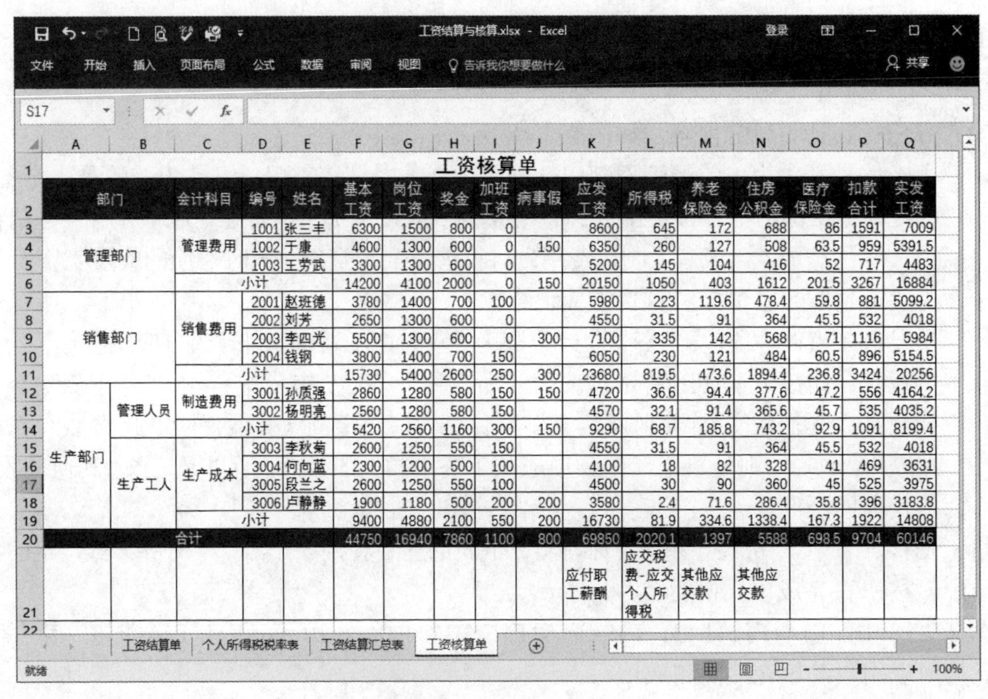

| 部门 | | 会计科目 | 编号 | 姓名 | 基本工资 | 岗位工资 | 奖金 | 加班工资 | 病事假 | 应发工资 | 所得税 | 养老保险金 | 住房公积金 | 医疗保险金 | 扣款合计 | 实发工资 |
|---|---|---|---|---|---|---|---|---|---|---|---|---|---|---|---|---|
| 管理部门 | | 管理费用 | 1001 | 张三丰 | 6300 | 1500 | 800 | 0 | | 8600 | 645 | 172 | 688 | 86 | 1591 | 7009 |
| | | | 1002 | 于康 | 4600 | 1300 | 600 | 0 | 150 | 6350 | 260 | 127 | 508 | 63.5 | 959 | 5391.5 |
| | | | 1003 | 王劳武 | 3300 | 1300 | 600 | 0 | | 5200 | 145 | 104 | 416 | 52 | 717 | 4483 |
| | | 小计 | | | 14200 | 4100 | 2000 | 0 | 150 | 20150 | 1050 | 403 | 1612 | 201.5 | 3267 | 16884 |
| 销售部门 | | 销售费用 | 2001 | 赵班德 | 3780 | 1400 | 700 | 100 | | 5980 | 223 | 119.6 | 478.4 | 59.8 | 881 | 5099.2 |
| | | | 2002 | 刘芳 | 2650 | 1300 | 600 | 0 | | 4550 | 31.5 | 91 | 364 | 45.5 | 532 | 4018 |
| | | | 2003 | 李四光 | 5500 | 1300 | 600 | 0 | 300 | 7100 | 335 | 142 | 568 | 71 | 1116 | 5984 |
| | | | 2004 | 钱钢 | 3800 | 1400 | 700 | 150 | | 6050 | 230 | 121 | 484 | 60.5 | 896 | 5154.5 |
| | | 小计 | | | 15730 | 5400 | 2600 | 250 | 300 | 23680 | 819.5 | 473.6 | 1894.4 | 236.8 | 3424 | 20256 |
| 生产部门 | 管理人员 | 制造费用 | 3001 | 孙质强 | 2860 | 1280 | 580 | 150 | 150 | 4720 | 36.6 | 94.4 | 377.6 | 47.2 | 556 | 4164.2 |
| | | | 3002 | 杨明亮 | 2560 | 1280 | 580 | 150 | | 4570 | 32.1 | 91.4 | 365.6 | 45.7 | 535 | 4035.2 |
| | | 小计 | | | 5420 | 2560 | 1160 | 300 | 150 | 9290 | 68.7 | 185.8 | 743.2 | 92.9 | 1091 | 8199.4 |
| | 生产工人 | 生产成本 | 3003 | 李秋菊 | 2600 | 1250 | 550 | 150 | | 4550 | 31.5 | 91 | 364 | 45.5 | 532 | 4018 |
| | | | 3004 | 何向蓝 | 2300 | 1200 | 500 | 100 | | 4100 | 18 | 82 | 328 | 41 | 469 | 3631 |
| | | | 3005 | 段兰之 | 2600 | 1250 | 550 | 100 | | 4500 | 30 | 90 | 360 | 45 | 525 | 3975 |
| | | | 3006 | 卢静静 | 1900 | 1180 | 500 | 200 | 200 | 3580 | 2.4 | 71.6 | 286.4 | 35.8 | 396 | 3183.8 |
| | | 小计 | | | 9400 | 4880 | 2100 | 550 | 200 | 16730 | 81.9 | 334.6 | 1338.4 | 167.3 | 1922 | 14808 |
| 合计 | | | | | 44750 | 16940 | 7860 | 1100 | 800 | 69850 | 2020.1 | 1397 | 5588 | 698.5 | 9704 | 60146 |
| | | | | | | | | | | 应付职工薪酬 | 应交税费-应交个人所得税 | 其他应交款 | 其他应交款 | | | |

图 2-7-19　修饰并保存

## 小试牛刀 1

请结合本实例内容，将如图 2-7-20 所示的天明公司 2016 年 12 月工资结算单填写完整。

**天明公司十二月份工资结算单**

| 车间 | 姓名 | 人员类别 | 基本工资 | 岗位工资 | 奖金 | 请假扣款 | 应发工资 | 失业保险 | 养老保险 | 医疗保险 | 住房公积金 | 应纳所得税 | 应纳税所得额 | 扣发额 | 请假天数 | 实发工资 |
|---|---|---|---|---|---|---|---|---|---|---|---|---|---|---|---|---|
| 一车间 | 王金牌 | 车工 | 3500 | 350 | 200 | | | | | | | | | | | |
| 一车间 | 何炎坤 | 车工 | 3500 | 350 | 201 | | | | | | | | | | 1 | |
| 一车间 | 成伟强 | 车工 | 3800 | 380 | 204 | | | | | | | | | | | |
| 二车间 | 康佳 | 车工 | 3500 | 350 | 210 | | | | | | | | | | | |
| 二车间 | 韩春秋 | 车工 | 3600 | 350 | 211 | | | | | | | | | | | |
| 二车间 | 周飞燕 | 车工 | 3700 | 360 | 212 | | | | | | | | | | | |
| 三车间 | 景娟 | 车工 | 3300 | 330 | 205 | | | | | | | | | | 1 | |
| 三车间 | 水丽娟 | 车工 | 3300 | 330 | 206 | | | | | | | | | | | |
| 三车间 | 李晓晓 | 车工 | 3500 | 350 | 207 | | | | | | | | | | | |
| 一车间 | 陈雪娜 | 电工 | 2800 | 280 | 212 | | | | | | | | | | | |
| 一车间 | 孙奇 | 电工 | 3000 | 300 | 213 | | | | | | | | | | | |
| 一车间 | 杜欢欢 | 电工 | 3000 | 300 | 214 | | | | | | | | | | 1 | |
| 二车间 | 陈新 | 电工 | 3200 | 320 | 220 | | | | | | | | | | | |
| 二车间 | 付娟 | 电工 | 3200 | 320 | 221 | | | | | | | | | | | |
| 二车间 | 牛晓兰 | 电工 | 3500 | 350 | 222 | | | | | | | | | | | |
| 三车间 | 李珍 | 电工 | 3900 | 390 | 217 | | | | | | | | | | | |
| 三车间 | 李盼盼 | 电工 | 4000 | 400 | 218 | | | | | | | | | | | |
| 三车间 | 刘宁 | 电工 | 4000 | 400 | 219 | | | | | | | | | | | |
| 一车间 | 赵锦秀 | 电焊工 | 2400 | 240 | 215 | | | | | | | | | | | |
| 一车间 | 张烨 | 电焊工 | 2600 | 260 | 216 | | | | | | | | | | | |
| 一车间 | 务豪 | 电焊工 | 2800 | 280 | 217 | | | | | | | | | | 0.5 | |
| 二车间 | 魏菲 | 电焊工 | 4200 | 420 | 227 | | | | | | | | | | | |
| 二车间 | 郭飒 | 电焊工 | 4200 | 420 | 228 | | | | | | | | | | | |
| 二车间 | 佘茹茹 | 电焊工 | 4500 | 450 | 229 | | | | | | | | | | | |
| 三车间 | 王璐 | 电焊工 | 4200 | 420 | 220 | | | | | | | | | | 0.5 | |
| 三车间 | 谷婷婷 | 电焊工 | 4200 | 420 | 221 | | | | | | | | | | | |
| 三车间 | 李岩 | 电焊工 | 4500 | 450 | 222 | | | | | | | | | | | |
| 一车间 | 张天征 | 钳工 | 2600 | 260 | 205 | | | | | | | | | | | |
| 一车间 | 杨铭 | 钳工 | 2600 | 260 | 206 | | | | | | | | | | 2 | |
| 一车间 | 苗帅奇 | 钳工 | 2800 | 280 | 207 | | | | | | | | | | | |
| 二车间 | 陈惠子 | 钳工 | 2900 | 290 | 217 | | | | | | | | | | | |
| 二车间 | 孟楠 | 钳工 | 2900 | 290 | 218 | | | | | | | | | | | |
| 二车间 | 王飞飞 | 钳工 | 3000 | 300 | 219 | | | | | | | | | | 1 | |
| 三车间 | 李梦飞 | 钳工 | 2200 | 220 | 210 | | | | | | | | | | | |
| 三车间 | 孟林 | 钳工 | 2200 | 220 | 211 | | | | | | | | | | | |
| 三车间 | 魏若若 | 钳工 | 2400 | 240 | 212 | | | | | | | | | | 1 | |
| 平均工资 | 车工 | | | | 电工 | | | | 电焊工 | | | | 钳工 | | | |
| 合计： | 一车间 | | | | 二车 | | | | 三车间 | | | | | | | |

图 2-7-20 天明公司 12 月工资结算单

（1）工资结算计算公式。

请假扣款=请假天数×50

住房公积金=应发工资×12%

应发工资=基本工资+岗位工资+奖金-请假扣款

医疗保险金=应发工资×2%

失业保险金=应发工资×1%

养老保险金=应发工资×4%

应纳税所得额=应发工资-3500

扣发额=社会保险+住房公积金+应纳所得税

实发工资=应发工资-扣发额

（2）个人所得税税率表。

个人所得税税率表如图 2-7-21 所示。

**个人所得税税率表（一）**

（工资、薪金所得适用）

| 级数 | 全年应纳税所得额 | 税率（%） |
|---|---|---|
| 一 | 不超过1500元的 | 3 |
| 二 | 超过1500元至4500元的部分 | 10 |
| 三 | 超过4500元至9000元的部分 | 20 |
| 四 | 超过9000元至35000元的部分 | 25 |
| 五 | 超过35000元至55000元的部分 | 30 |
| 六 | 超过55000元至80000元的部分 | 35 |
| 七 | 超过80000元的部分 | 45 |

图 2-7-21　个人所得税税率表

## 小试牛刀 2

请利用 Excel 制作如图 2-7-22～图 2-7-24 所示的工资表。

一车间工资表

| 姓名 | 人员类别 | 基本工资 | 岗位工资 | 奖金 | 请假扣款 | 应发工资 | 养老保险 | 失业保险 | 医疗保险 | 扣发额 | 请假天数 | 应纳税所得额 | 应纳所得税额 | 实发合计 |
|---|---|---|---|---|---|---|---|---|---|---|---|---|---|---|
| 韩豫雪 | 干部 | 3460 | 300 | 300 | | | | | | | | | | |
| 白刘颖 | 干部 | 3956 | 400 | 600 | | | | | | | | | | |
| 王珊 | 干部 | 3483 | 400 | 600 | | | | | | | 2 | | | |
| 代莎莎 | 干部 | 3000 | 400 | 600 | | | | | | | 4 | | | |
| | 干部 汇总 | | | | | | | | | | | | | |
| 卢景枝 | 管理人员 | 3687 | 200 | 345 | | | | | | | 4 | | | |
| 白娇娇 | 管理人员 | 3648 | 300 | 400 | | | | | | | | | | |
| 任真 | 管理人员 | 3975 | 300 | 400 | | | | | | | 5 | | | |
| 张敬贤 | 管理人员 | 3953 | 300 | 345 | | | | | | | | | | |
| 肖梦 | 管理人员 | 3005 | 300 | 400 | | | | | | | | | | |
| 龙易杰 | 管理人员 | 3690 | 300 | 400 | | | | | | | | | | |
| | 管理人员 汇总 | | | | | | | | | | | | | |
| 王钦 | 职员 | 4520 | 200 | 350 | | | | | | | 0.5 | | | |
| 王雅艺 | 职员 | 4456 | 200 | 320 | | | | | | | | | | |
| 章思思 | 职员 | 3257 | 200 | 330 | | | | | | | 2 | | | |
| 刘芳 | 职员 | 3656 | 200 | 360 | | | | | | | | | | |
| 刘韩洋 | 职员 | 3126 | 200 | 315 | | | | | | | | | | |
| 孙楠 | 职员 | 3258 | 200 | 300 | | | | | | | | | | |
| 郝昊 | 职员 | 3981 | 200 | 350 | | | | | | | 3.5 | | | |
| | 职员 汇总 | | | | | | | | | | | | | |
| | 总计 | | | | | | | | | | | | | |
| 平均工资 | | | | | | | | | | | | | | |

图 2-7-22　一车间工资表

二车间工资表

| 姓名 | 人员类别 | 基本工资 | 岗位工资 | 奖金 | 请假扣款 | 应发工资 | 养老保险 | 失业保险 | 医疗保险 | 扣发额 | 请假天数 | 应纳税所得额 | 应纳所得税额 | 实发合计 |
|---|---|---|---|---|---|---|---|---|---|---|---|---|---|---|
| 李嫣然 | 干部 | 3680 | 520 | 421 | | | | | | | 1 | | | |
| 张少鹏 | 干部 | 2500 | 520 | 419 | | | | | | | 2.5 | | | |
| | 干部 汇总 | | | | | | | | | | | | | |
| 孙肖萌 | 管理人员 | 2987 | 348 | 432 | | | | | | | 2 | | | |
| 李佳 | 管理人员 | 3950 | 336 | 444 | | | | | | | 6 | | | |
| 王月 | 管理人员 | 3336 | 326 | 476 | | | | | | | | | | |
| 张娇 | 管理人员 | 4920 | 395 | 465 | | | | | | | | | | |
| 王晓丽 | 管理人员 | 3649 | 420 | 444 | | | | | | | 2.5 | | | |
| 芮梦露 | 管理人员 | 3622 | 350 | 444 | | | | | | | 1 | | | |
| 徐涛 | 管理人员 | 2600 | 350 | 437 | | | | | | | 2 | | | |
| | 管理人员 汇总 | | | | | | | | | | | | | |
| 曹倩 | 职员 | 3640 | 360 | 450 | | | | | | | | | | |
| 梁贝贝 | 职员 | 3649 | 369 | 456 | | | | | | | | | | |
| 李聪 | 职员 | 3640 | 315 | 420 | | | | | | | | | | |
| 郭煜明 | 职员 | 2950 | 369 | 430 | | | | | | | 1 | | | |
| 张帆 | 职员 | 3194 | 350 | 425 | | | | | | | 4 | | | |
| 姚垚 | 职员 | 1500 | 350 | 487 | | | | | | | 1.5 | | | |
| 景岗山 | 职员 | 1500 | 350 | 498 | | | | | | | | | | |
| | 职员 汇总 | | | | | | | | | | | | | |
| | 总计 | | | | | | | | | | | | | |
| 平均工资 | | | | | | | | | | | | | | |

图 2-7-23　二车间工资表

| 二车间工资表 | | | | | | | | | | | | | | |
|---|---|---|---|---|---|---|---|---|---|---|---|---|---|---|
| 姓名 | 人员类别 | 基本工资 | 岗位工资 | 奖金 | 请假扣款 | 应发工资 | 养老保险 | 失业保险 | 医疗保险 | 扣发额 | 请假天数 | 应纳税所得额 | 应纳所得税额 | 实发合计 |
| 童瑞影 | 干部 | 5630 | 600 | 800 | | | | | | | 1 | | | |
| 徐梦琪 | 干部 | 4760 | 650 | 700 | | | | | | | | | | |
| 严菁菁 | 干部 | 4980 | 650 | 700 | | | | | | | | | | |
| 邵慧敏 | 干部 | 3500 | 650 | 500 | | | | | | | 4 | | | |
| | 干部 汇总 | | | | | | | | | | | | | |
| 苗璐 | 管理人员 | 5690 | 550 | 850 | | | | | | | 0.5 | | | |
| 苗圃 | 管理人员 | 4698 | 450 | 700 | | | | | | | | | | |
| 侯晓燕 | 管理人员 | 4469 | 550 | 650 | | | | | | | 3 | | | |
| 刘琦 | 管理人员 | 4463 | 580 | 650 | | | | | | | 5 | | | |
| 李宗盛 | 管理人员 | 4321 | 580 | 650 | | | | | | | 3 | | | |
| | 管理人员 汇总 | | | | | | | | | | | | | |
| 裴璐 | 职员 | 5879 | 350 | 880 | | | | | | | 3.5 | | | |
| 张佩玉 | 职员 | 5566 | 380 | 830 | | | | | | | | | | |
| 郭俊杰 | 职员 | 4890 | 380 | 730 | | | | | | | 2 | | | |
| 段金丽 | 职员 | 4700 | 350 | 705 | | | | | | | | | | |
| 董俊婷 | 职员 | 4980 | 350 | 750 | | | | | | | | | | |
| 张俊陪 | 职员 | 3469 | 350 | 550 | | | | | | | 1.5 | | | |
| 于丽娜 | 职员 | 2659 | 300 | 370 | | | | | | | 1.5 | | | |
| | 职员 汇总 | | | | | | | | | | | | | |
| | 总计 | | | | | | | | | | | | | |
| 平均工资 | | | | | | | | | | | | | | |

图 2-7-24　三车间工资表

并填写如图 2-7-25 所示的平均工资比较表。

| 平均工资比较表 | | |
|---|---|---|
| 车间 | 平均工资 | 取整 |
| 一车间 | | |
| 二车间 | | |
| 三车间 | | |

图 2-7-25　平均工资比较

最后，根据上述资料分别制作一、二、三车间的平均工资柱状图和各类人员工资比重图。

# 实例 8　固定资产折旧计算表和核算表

固定资产是指同时具有以下特征的有形资产：

（1）为生产产品、提供劳务、出租或经营管理的需要而持有的；

（2）使用寿命超过一个会计年度。

根据历史成本计价基础的要求，固定资产一般按照取得时候的成本入账。但是，固定资产在使用过程中是会磨损的，而且为购买固定资产而付出的资金也要收回。固定资产在使用过程中价值的磨损，会计上称为折旧。折旧其实就是固定资产的价值逐步转移到产品成本或者期间费用中的方式，同时也反映了企业投入到固定资产上的资金收回的状况。因此计算固定资产折旧是企业会计工作中必不可少的一项。

固定资产计提折旧的方法有：平均年限法、工作量法、年数总和法和双倍余额递减法，企业可以根据自己的固定资产特点和有关规定选择使用。

会计人员除了需要会使用这些折旧方法，日常工作中关于固定资产核算最重要的工作是汇总固定资产折旧额，编制固定资产折旧汇总表，并且根据它编制后面的记账凭证。

以下将介绍这几种计提折旧方法的表格的制作和固定资产折旧汇总表的编制。

## 任务 1　平均年限法

### 相关知识

平均年限法，也称年限平均法，是根据固定资产的应计提折旧总额和规定的预计使用年限来平均的计算折旧的方法。计算公式如下：

年折旧额＝（原值-（预计残值-预计清理费用））÷预计使用年限

预计净残值＝预计残值-预计清理费用

预计净残值率＝（预计残值-预计清理费用）÷原值

年折旧额＝原值×（1-预计净残值率）÷预计使用年限

预计净残值率根据有关规定应该不超过 5%。

### 实例描述

创建如图 2-8-1 所示的企业平均年限法计提折旧的固定资产折旧表。

固定资产折旧计算表

| 编号 | 名称 | 原值 | 1-残值率 | 折旧年限 | 年折旧额 | 月折旧额 | 折旧月数 | 实际年折旧额 |
|---|---|---|---|---|---|---|---|---|
| 3001 | | 250000 | 95% | 10 | 23750.00 | 1979.17 | 12 | 23750 |
| 3001 | | 45000 | 95% | 15 | 2850.00 | 237.50 | 11 | 2612.5 |
| 2003 | | 10000 | 95% | 12 | 791.67 | 65.97 | 9 | 593.75 |
| 1004 | | 30000 | 90% | 12 | 2250.00 | 187.50 | 9 | 1687.5 |
| 合计 | | 335000 | | | 29641.67 | 2470.14 | | 28643.75 |

图 2-8-1　固定资产折旧表（平均年限法）

## 操作步骤

### 1. 创建固定资产折旧表

打开 Excel，在空白工作表中录入固定资产折旧表的基本内容，如图 2-8-2 所示。

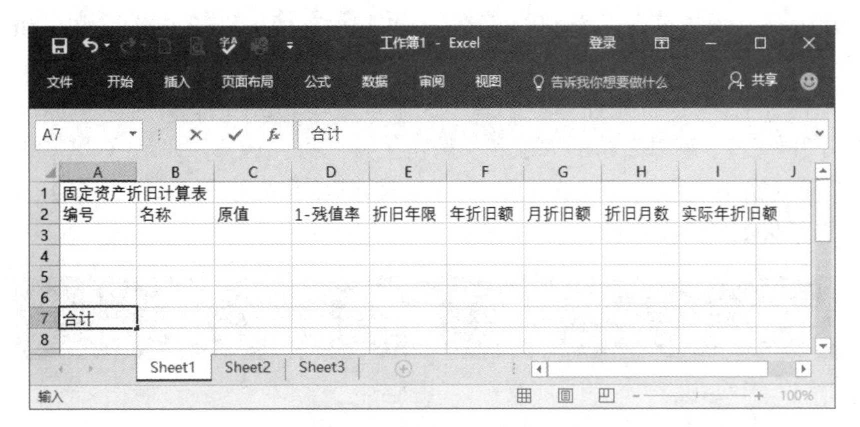

| | A | B | C | D | E | F | G | H | I |
|---|---|---|---|---|---|---|---|---|---|
| 1 | 固定资产折旧计算表 | | | | | | | | |
| 2 | 编号 | 名称 | 原值 | 1-残值率 | 折旧年限 | 年折旧额 | 月折旧额 | 折旧月数 | 实际年折旧额 |
| 3 | | | | | | | | | |
| 4 | | | | | | | | | |
| 5 | | | | | | | | | |
| 6 | | | | | | | | | |
| 7 | 合计 | | | | | | | | |
| 8 | | | | | | | | | |

图 2-8-2　创建固定资产折旧表

### 2. 录入表格内容

依次输入编号、名称、原值等基本数据，如图 2-8-3 所示。

| | A | B | C | D | E | F | G | H | I |
|---|---|---|---|---|---|---|---|---|---|
| 1 | 固定资产折旧计算表 | | | | | | | | |
| 2 | 编号 | 名称 | 原值 | 1-残值率 | 折旧年限 | 年折旧额 | 月折旧额 | 折旧月数 | 实际年折旧额 |
| 3 | 3001 | | 250000 | 95% | 10 | | | 12 | |
| 4 | 3001 | | 45000 | 95% | 15 | | | 11 | |
| 5 | 2003 | | 10000 | 95% | 12 | | | 9 | |
| 6 | 1004 | | 30000 | 90% | 12 | | | 9 | |
| 7 | 合计 | | | | | | | | |
| 8 | | | | | | | | | |

图 2-8-3　录入表格内容

### 3. 输入公式

基本数据录入完成后，输入公式，计算结果将自动显示，如图 2-8-4 所示。

表中各个栏目之间的关系如下：

年折旧额＝原值×（1-预计净残值率）÷预计使用年限

月折旧额＝年折旧额÷12

实际年折旧额＝月折旧额×折旧月数

（1）年折旧额的计算：单击 F3 单元格，输入“＝”，然后单击 C3 单元格，输入“*”，单击 D3 单元格，输入“/”，单击 E3 单元格，最后单击编辑栏的“输入”按钮✓，结果将显示在 F3 单元格内。利用自动填充功能，即将鼠标指针移至 F3 单元格右下角，当鼠标指针变化为“✚”时，拖动鼠标至 F6 单元格，自动完成计算 F4:F6 单元格的值。

（2）月折旧额的计算：单击 G3 单元格，输入“＝”，然后单击 F3 单元格，输入“/12”，最后单击“输入”按钮✓，此时计算结果将显示在 G3 单元格内，同样利用自动填充功能计算 G4:G6 单元格的值。

（3）实际年折旧额的计算：单击 I3 单元格，输入“＝”，然后单击 G3 单元格，输入“*”，再单击 H3 单元格，最后单击“输入”按钮✓，此时计算结果将显示在 I3 单元格内，同样，利用自动填充功能计算 I4:I6 单元格的值。

（4）合计栏的计算：首先计算“原值”合计即 C7 单元格的值，拖动鼠标框选 C3:C6 单元格，单击“开始”/“编辑”组的“求和”按钮Σ，即可完成 C7=SUM(C3:C6)的计算，合计值显示在 C7 单元格中。用同样方法计算 F7 单元格、G7 单元格和 I7 单元格的值。

最后计算结果如图 2-8-4 所示。

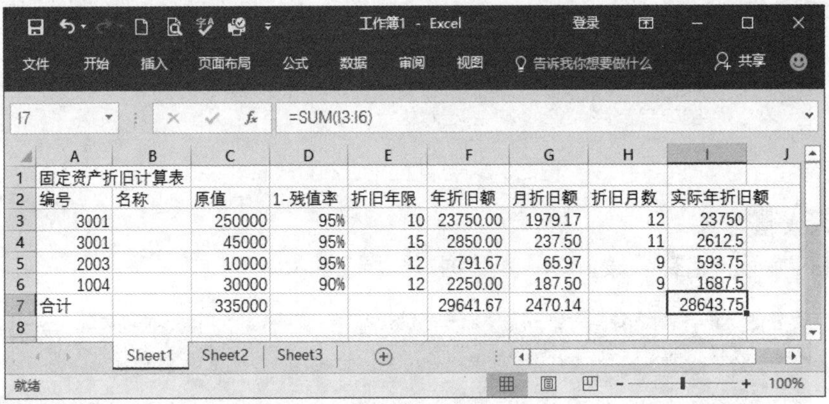

工作簿1 - Excel

I7 =SUM(I3:I6)

| | A | B | C | D | E | F | G | H | I |
|---|---|---|---|---|---|---|---|---|---|
| 1 | 固定资产折旧计算表 | | | | | | | | |
| 2 | 编号 | 名称 | 原值 | 1-残值率 | 折旧年限 | 年折旧额 | 月折旧额 | 折旧月数 | 实际年折旧额 |
| 3 | 3001 | | 250000 | 95% | 10 | 23750.00 | 1979.17 | 12 | 23750 |
| 4 | 3001 | | 45000 | 95% | 15 | 2850.00 | 237.50 | 11 | 2612.5 |
| 5 | 2003 | | 10000 | 95% | 12 | 791.67 | 65.97 | 9 | 593.75 |
| 6 | 1004 | | 30000 | 90% | 12 | 2250.00 | 187.50 | 9 | 1687.5 |
| 7 | 合计 | | 335000 | | | 29641.67 | 2470.14 | | 28643.75 |

图 2-8-4 计算各项的值

4. 美化及保存输出

选择 A1:I1 单元格，单击“开始”/“对齐方式”组的“合并后居中”按钮，合并单元格，用同样方法，合并 A7:B7 单元格。表中文本居中对齐，数字右对齐，适当设置字体、字号、填充和边框。双击工作表标签，改名为“平均年限”，单击快速访问工具栏的“保存”按钮，保存工作簿文件名为“固定资产折旧表”，如图 2-8-5 所示。最后，进行页面设置，满意后单击快速访问工具栏的“快速打印”按钮进行打印。

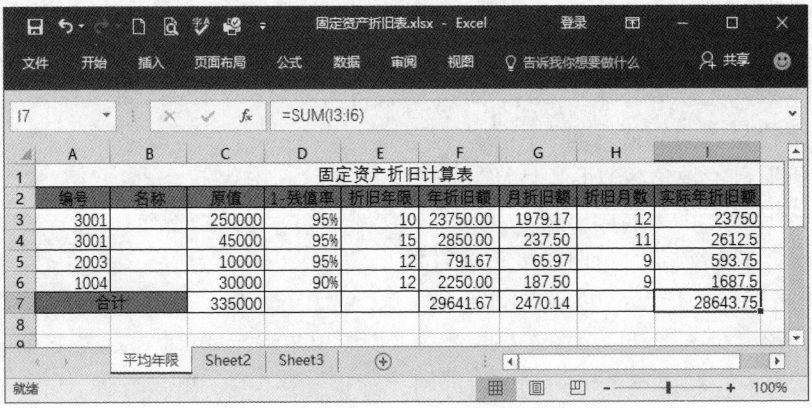

固定资产折旧表.xlsx - Excel

I7 =SUM(I3:I6)

| | A | B | C | D | E | F | G | H | I |
|---|---|---|---|---|---|---|---|---|---|
| 1 | 固定资产折旧计算表 | | | | | | | | |
| 2 | 编号 | 名称 | 原值 | 1-残值率 | 折旧年限 | 年折旧额 | 月折旧额 | 折旧月数 | 实际年折旧额 |
| 3 | 3001 | | 250000 | 95% | 10 | 23750.00 | 1979.17 | 12 | 23750 |
| 4 | 3001 | | 45000 | 95% | 15 | 2850.00 | 237.50 | 11 | 2612.5 |
| 5 | 2003 | | 10000 | 95% | 12 | 791.67 | 65.97 | 9 | 593.75 |
| 6 | 1004 | | 30000 | 90% | 12 | 2250.00 | 187.50 | 9 | 1687.5 |
| 7 | 合计 | | 335000 | | | 29641.67 | 2470.14 | | 28643.75 |

平均年限 Sheet2 Sheet3

图 2-8-5 美化及保存

# 任务 2　工作量法

## 相关知识

工作量法是根据固定资产的应计折旧额和预计其在使用期间的工作量（行驶里程、工作小时）来计算折旧的方法。

## 实例描述

创建如图 2-8-6 所示的企业工作量法计提折旧的固定资产折旧表。

固定资产折旧计算表（工作量法）

| 编号 | 名称 | 原值（元） | 1-残值率 | 预计总工作量 | | 单位工作量折旧额 | 本月工作量 | | 本月折旧额 |
|---|---|---|---|---|---|---|---|---|---|
| | | | | 数量 | 单位 | | 数量 | 单位 | |
| 2001 | | 100000 | 95% | 500000 | 公里 | 0.19 | 5000 | 公里 | 950 |
| 3003 | | 600000 | 95% | 80000 | 小时 | 7.125 | 720 | 小时 | 5130 |
| 合计 | | 700000 | | | | | | | 6080 |

图 2-8-6　固定资产折旧表（工作量法）

## 操作步骤

1．创建固定资产折旧表

在 Excel 中，单击空白工作表，在工作表中录入如图 2-8-7 所示固定资产折旧表的基本内容。

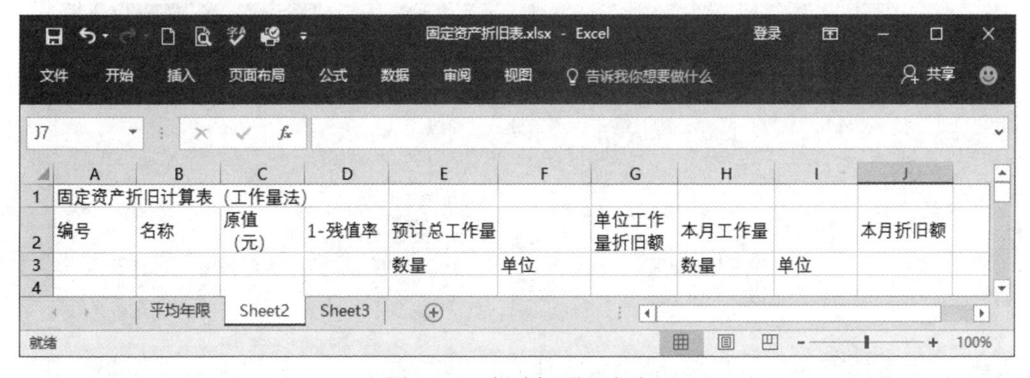


图 2-8-7　创建标题及表头

2．录入基本资料

录入编号等基本数据，如图 2-8-8 所示。

3．计算各项的值

基本数据录入之后，开始使用公式计算各项的值。

表中各栏之间的关系如下：

单位工作量折旧额＝固定资产原值×（1-预计净残值率）÷预计总工作量

本月折旧额＝本月工作量×单位工作量折旧额

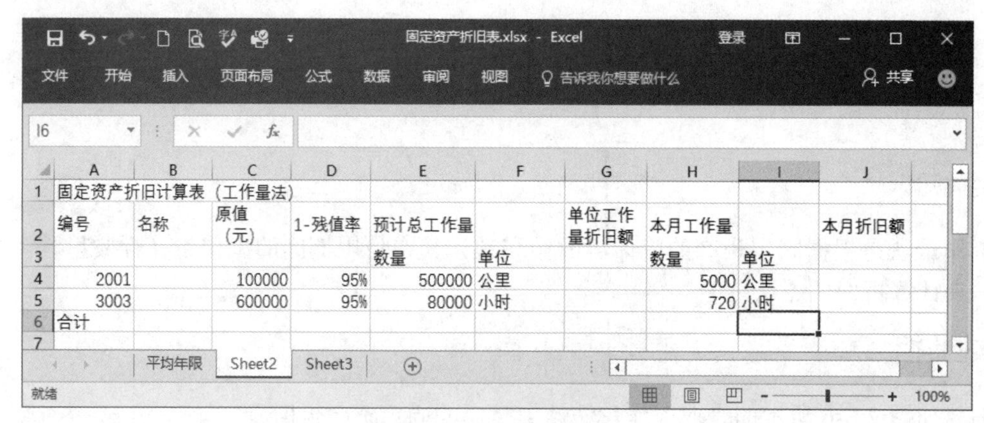

| | A | B | C | D | E | F | G | H | I | J |
|---|---|---|---|---|---|---|---|---|---|---|
| 1 | 固定资产折旧计算表（工作量法） | | | | | | | | | |
| 2 | 编号 | 名称 | 原值（元） | 1-残值率 | 预计总工作量 | | 单位工作量折旧额 | 本月工作量 | | 本月折旧额 |
| 3 | | | | | 数量 | 单位 | | 数量 | 单位 | |
| 4 | 2001 | | 100000 | 95% | 500000 | 公里 | | 5000 | 公里 | |
| 5 | 3003 | | 600000 | 95% | 80000 | 小时 | | 720 | 小时 | |
| 6 | 合计 | | | | | | | | | |
| 7 | | | | | | | | | | |

图 2-8-8 录入基本资料

（1）单位工作量折旧额的计算：单击 G4 单元格，输入“＝”，然后单击 C4 单元格，输入“*”，单击 D4 单元格，输入“/”，单击 E4 单元格，最后单击“输入”按钮✔，计算结果将显示在 G4 单元格内。利用自动填充功能计算 G5 的值。

（2）本月折旧额的计算：单击 J4 单元格，输入“＝”，单击 G4 单元格，输入“*”，单击 H4 单元格，最后单击“输入”按钮✔，计算结果将显示在 J4 单元格内。利用自动填充功能计算 J5 的值。

（3）合计栏中值的计算：拖动鼠标并框选 C4 和 C5 单元格，单击“开始”/“编辑”组的“求和”按钮∑，即可完成 C6=SUM(C4:C5)的计算，合计值显示在 C6 单元格中。用同样方法计算 J6 单元格的值。计算结果如图 2-8-9 所示。

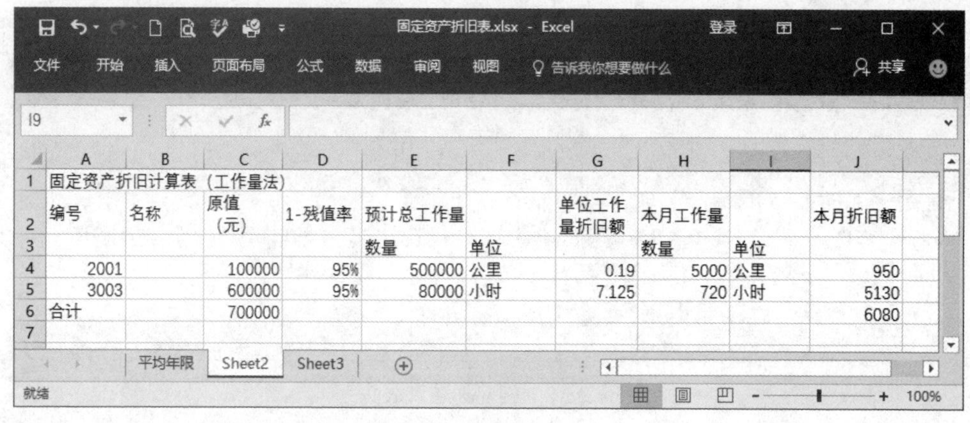

| | A | B | C | D | E | F | G | H | I | J |
|---|---|---|---|---|---|---|---|---|---|---|
| 1 | 固定资产折旧计算表（工作量法） | | | | | | | | | |
| 2 | 编号 | 名称 | 原值（元） | 1-残值率 | 预计总工作量 | | 单位工作量折旧额 | 本月工作量 | | 本月折旧额 |
| 3 | | | | | 数量 | 单位 | | 数量 | 单位 | |
| 4 | 2001 | | 100000 | 95% | 500000 | 公里 | 0.19 | 5000 | 公里 | 950 |
| 5 | 3003 | | 600000 | 95% | 80000 | 小时 | 7.125 | 720 | 小时 | 5130 |
| 6 | 合计 | | 700000 | | | | | | | 6080 |
| 7 | | | | | | | | | | |

图 2-8-9 计算各项值

4. 美化及保存输出

选择 A1:J1 单元格，单击“开始”/“对齐方式”组的“合并后居中”按钮，合并单元格。用同样方法，合并 A2:A3 单元格、B2:B3 单元格、C2:C3 单元格、E2:F2 单元格、H2:I2 单元格、J2:J3 单元格。表中文本居中对齐，数字右对齐，适当设置字体、字号、填充和边框。双击工作表标签，改名为“工作量法”，单击快速访问工具栏的“保存”按钮，保存工作簿文件名为“固定资产折旧表”，如图 2-8-10 所示。最后，进行页面设置，满意后单击访问工具栏的“快速打印”按钮进行打印。

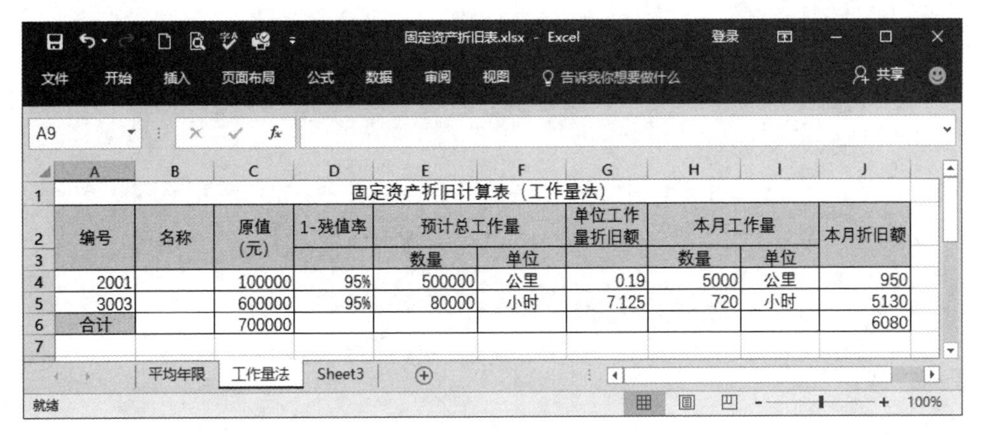

| 固定资产折旧计算表（工作量法） | | | | | | | | | |
|---|---|---|---|---|---|---|---|---|---|
| 编号 | 名称 | 原值（元） | 1-残值率 | 预计总工作量 | | 单位工作量折旧额 | 本月工作量 | | 本月折旧额 |
| | | | | 数量 | 单位 | | 数量 | 单位 | |
| 2001 | | 100000 | 95% | 500000 | 公里 | 0.19 | 5000 | 公里 | 950 |
| 3003 | | 600000 | 95% | 80000 | 小时 | 7.125 | 720 | 小时 | 5130 |
| 合计 | | 700000 | | | | | | | 6080 |

图 2-8-10　美化及保存

# 任务 3　双倍余额递减法

## 相关知识

双倍余额递减法，是指在不考虑固定资产净残值的情况下，按每期期初固定资产净值和该固定资产预计使用年限的倒数的双倍为折旧率来计算折旧的一种方法。

采用双倍余额递减法计提折旧的固定资产，应当在固定资产折旧年限到期以前的两年内，将固定资产净值扣除预计净残值后的余额平均摊销。

## 实例描述

创建如图 2-8-11 所示的企业平均年限法计提折旧的固定资产折旧表。

固定资产折旧表

| 年次 | 年初固定资产净值 | 月折旧率 | 月折旧额 | 年度折旧 | 累计折旧 | 年末固定资产净值 |
|---|---|---|---|---|---|---|
| 第一年 | 12000.00 | 0.03 | 400.00 | 4800.00 | 4800.00 | 7200.00 |
| 第二年 | 7200.00 | 0.03 | 240.00 | 2880.00 | 7680.00 | 4320.00 |
| 第三年 | 4320.00 | 0.03 | 144.00 | 1728.00 | 9408.00 | 2592.00 |
| 第四年 | 2592.00 | | 91.33 | 1095.96 | 10503.96 | 1496.04 |
| 第五年 | 1496.04 | | 91.33 | 1095.96 | 11599.92 | 400.00 |

图 2-8-11　固定资产折旧表（双倍余额递减法）

## 操作步骤

1. 创建固定资产折旧表

在 Excel 中，单击空白工作表，在工作表中录入如图 2-8-12 所示固定资产折旧表的基本内容。

2. 录入基本资料

录入采用双倍余额递减法计提折旧的固定资产的各项数据，如图 2-8-13 所示。

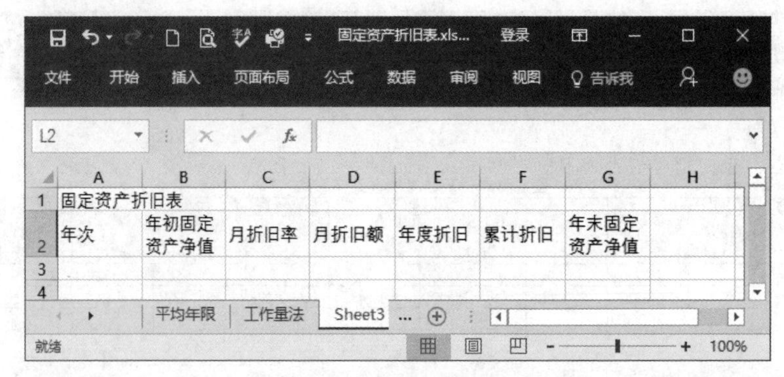


图 2-8-12　录入基本内容

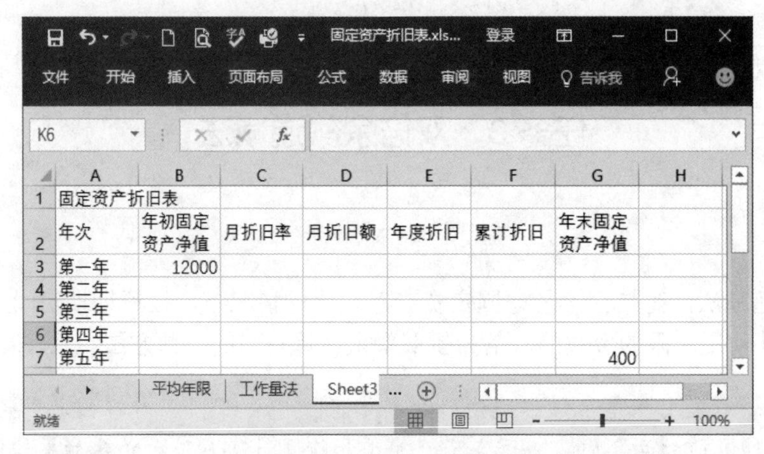


图 2-8-13　录入基本资料

3. 利用公式计算各项

基本数据录入完成后，使用公式计算各项的值，计算结果将自动显示在各自单元格中。各项目之间的关系如下：

年度折旧＝2÷预计使用年限×100%

月折旧率＝年度折旧÷12

月折旧额＝固定资产年初账面净值×月折旧率

年折旧额＝月折旧额 ×12

累计折旧＝上年折旧＋本年年度折旧

年末固定资产净值＝年初固定资产净值-年度折旧

（1）月折旧率的计算：单击 C3 单元格，输入“=2/5*100%/12”，按下“Enter”键，结果显示在 C3 单元格中。使用自动填充功能计算 C4:C5 单元格区域。

（2）月折旧额的计算：单击 D3 单元格，输入“=”，单击 B3 单元格，输入“*”，单击 C3，按下“Enter”键，结果显示在 D3 单元格内，单元格 D4 和 D5 可以复制粘贴该公式，B4 和 B5 不需填数字或者公式。

（3）年初固定资产净值中，有 B4＝G3，B5=G4，B6=G5，B7=G6。

（4）年度折旧的计算：单击 E3 单元格，输入“＝”，单击 D3 单元格，输入“*12”，按下“Enter”键，结果将显示在 E3 单元格中。利用自动填充功能将公式复制到 E4:E7 单元格中。

或者，利用 DDB 函数计算：单击 E3 单元格，单击“插入函数”按钮 $f_x$，打开“插入函数”对话框，选择类别为“财务”，选择函数为“DDB”函数，如图 2-8-14 所示。

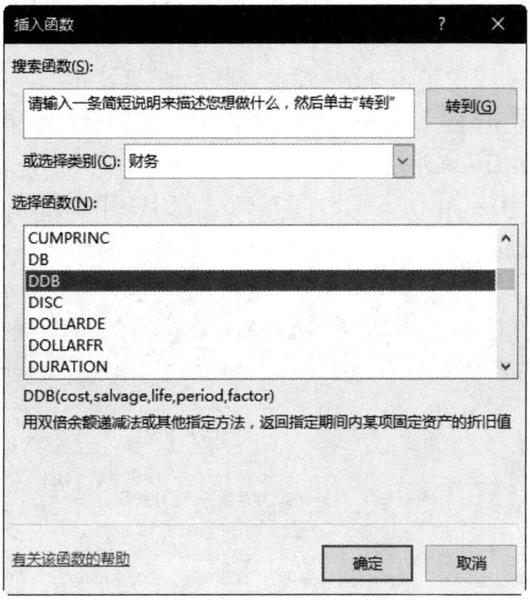

图 2-8-14　“插入函数”对话框

单击“确定”按钮，打开“函数参数”对话框，输入各项参数，如图 2-8-15 所示。

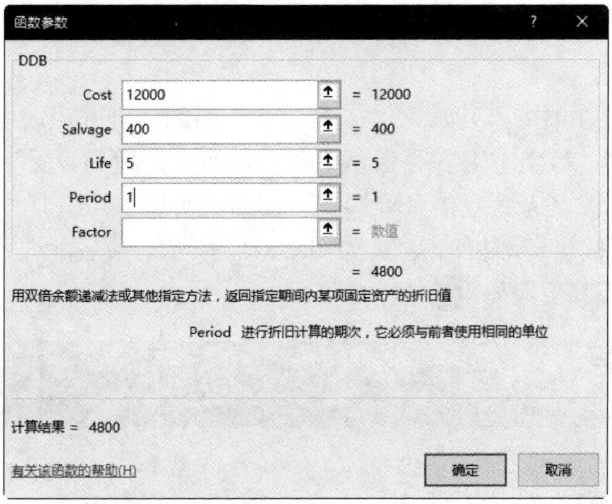

图 2-8-15　“函数参数”对话框

单击“确定”按钮，结果显示在 E3 单元格中。

计算 E4:E6 的值时，将 Period 参数依次设置为 2、3、4（即第几年的折旧）即可，其他参数不变。

（5）累计折旧的计算：根据公式，有 F3=E3+0，F4=F3+E4，F5=F4+E5，F6=F5+E6，F7=F6+E7。单击 F3 单元格，输入“=”，再单击 E3 单元格，按“Enter”键即可得出其结果。选中 F4 单元格，输入“=”，单击 F3 单元格，输入“+”，单击 E4 单元格，单击“输入”按钮

✓即可完成计算。利用自动填充功能将 F4 单元格的公式复制到 F5:F7 单元格中。

（6）年末固定资产净值的计算：选中 G3 单元格，输入“=”，单击 B3 单元格，输入“-”，单击 E3 单元格，单击“输入”按钮✓，结果将显示在 G3 单元格中。利用自动填充功能计算 G4:G6 单元格的值。

或者，利用公式：年末固定资产净值=固定资产原值-累计折旧，来计算获取。选中 G3 单元格，输入“=12000-”，单击 F3 单元格，单击“输入”按钮✓，结果将显示在 G3 单元格中。利用自动填充功能计算 G4:G6 单元格的值。

（7）利用 B4＝G3，B5=G4，B6=G5，B7=G6，在 B4 单元格输入 G3 的值，在 B5 单元格输入 G4 的值，依次类推，后续结果将自动显示。最终结果如图 2-8-16 所示。

固定资产折旧表

| 年次 | 年初固定资产净值 | 月折旧率 | 月折旧额 | 年度折旧 | 累计折旧 | 年末固定资产净值 |
|---|---|---|---|---|---|---|
| 第一年 | 12000.00 | 0.03 | 400.00 | 4800.00 | 4800.00 | 7200.00 |
| 第二年 | 7200.00 | 0.03 | 240.00 | 2880.00 | 7680.00 | 4320.00 |
| 第三年 | 4320.00 | 0.03 | 144.00 | 1728.00 | 9408.00 | 2592.00 |
| 第四年 | 2592.00 | | 91.33 | 1095.96 | 10503.96 | 1496.04 |
| 第五年 | 1496.04 | | 91.33 | 1095.96 | 11599.92 | 400.00 |

图 2-8-16 计算各项的值

4. 美化及保存输出

选择 A1:G1 单元格，单击“开始”/“对齐方式”组的“合并后居中”按钮，合并单元格，表中文本居中对齐，数字右对齐并保留小数点后两位，适当设置字体、字号、填充和边框。双击工作表标签，改名为“双倍余额递减”，单击快速访问工具栏的“保存”按钮，保存工作簿文件名为“固定资产折旧表”，如图 2-8-17 所示。最后，进行页面设置，满意后单击访问工具栏的“快速打印”按钮进行打印。

固定资产折旧表

| 年次 | 年初固定资产净值 | 月折旧率 | 月折旧额 | 年度折旧 | 累计折旧 | 年末固定资产净值 |
|---|---|---|---|---|---|---|
| 第一年 | 12000.00 | 0.03 | 400.00 | 4800.00 | 4800.00 | 7200.00 |
| 第二年 | 7200.00 | 0.03 | 240.00 | 2880.00 | 7680.00 | 4320.00 |
| 第三年 | 4320.00 | 0.03 | 144.00 | 1728.00 | 9408.00 | 2592.00 |
| 第四年 | 2592.00 | | 91.33 | 1095.96 | 10503.96 | 1496.04 |
| 第五年 | 1496.04 | | 91.33 | 1095.96 | 11599.92 | 400.00 |

图 2-8-17 美化及保存

# 任务 4　年数总和法

## 相关知识

年数总和法，也称使用年限积数法，是根据应计提折旧的固定资产总额乘以一个逐年递减的分数折旧率计算折旧的方法。该折旧率是年初时固定资产尚可使用年限与使用年数数字总和的比值。这种方法的特点是计算折旧的基数不变，折旧率随使用年数增加逐年下降。其计算公式为：

年折旧率=尚可使用年限÷预计使用年限总和

=（折旧年限－已使用年限）÷[折旧年限×（折旧年限＋1）÷2]

年度折旧额=应计提折旧总额×年折旧率

月折旧率=年折旧率÷12

月度折旧额=固定资产年应计提折旧总额×月折旧率－（固定资产原值－预计净残值）

×月折旧率=年度折旧额÷12

累计折旧=上年的累计折旧＋本年度折旧额

年末固定资产净值=30000－累计折旧额

## 实例描述

创建如图 2-8-18 所示的企业年数总和法计提折旧的固定资产折旧表。

固定资产折旧表

| 年次 | 应计提折旧总额 | 尚可使用年限 | 使用年限总数 | 年折旧率 | 年度折旧额 | 月折旧率 | 月度折旧额 | 累计折旧 | 年末固定资产净值 |
|---|---|---|---|---|---|---|---|---|---|
| 1 | 27000.00 | 5 | 15 | 0.33 | 9000.00 | 0.03 | 750.00 | 9000.00 | 21000.00 |
| 2 | 27000.00 | 4 | 15 | 0.27 | 7200.00 | 0.02 | 600.00 | 16200.00 | 13800.00 |
| 3 | 27000.00 | 3 | 15 | 0.20 | 5400.00 | 0.02 | 450.00 | 21600.00 | 8400.00 |
| 4 | 27000.00 | 2 | 15 | 0.13 | 3600.00 | 0.01 | 300.00 | 25200.00 | 4800.00 |
| 5 | 27000.00 | 1 | 15 | 0.07 | 1800.00 | 0.01 | 150.00 | 27000.00 | 3000.00 |

图 2-8-18　固定资产折旧表（年数总和法）

## 操作步骤

1. 创建固定资产折旧表

在 Excel 中，单击空白工作表，在工作表中录入如图 2-8-19 所示固定资产折旧表的基本内容。

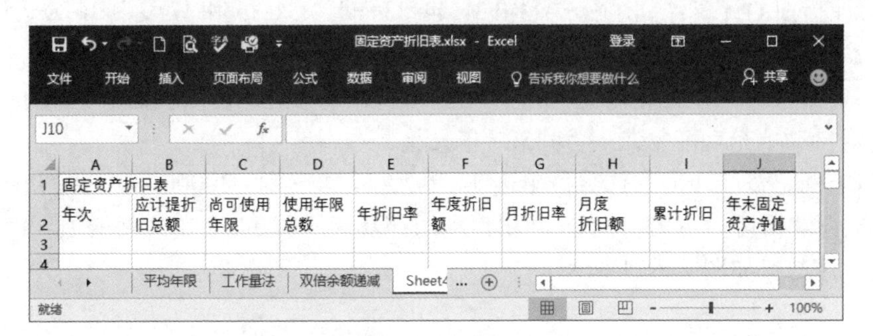


图 2-8-19　创建固定资产折旧表（年数总和法）

2. 录入基本资料

录入采用年数总和法计提折旧的固定资产折旧表的基本数据，如图 2-8-20 所示。

固定资产折旧表

| 年次 | 应计提折旧总额 | 尚可使用年限 | 使用年限总数 | 年折旧率 | 年度折旧额 | 月折旧率 | 月度折旧额 | 累计折旧 | 年末固定资产净值 |
|---|---|---|---|---|---|---|---|---|---|
| 1 | 27000 | 5 | 15 | | | | | | |
| 2 | 27000 | 4 | 15 | | | | | | |
| 3 | 27000 | 3 | 15 | | | | | | |
| 4 | 27000 | 2 | 15 | | | | | | |
| 5 | 27000 | 1 | 15 | | | | | | |

图 2-8-20　录入基本数据

3. 输入公式进行计算

基本数据录入之后，开始录入公式，计算各项结果。

（1）年折旧率的计算：单击 E3 单元格，输入“=”，单击 C3 单元格，输入“/”，再单击 D3 单元格，按“输入”按钮✓，结果显示在 E3 单元格中；利用自动填充功能计算 E4:E7 单元格的值。

（2）年度折旧额的计算：单击 F3 单元格，输入“=”，单击 B3 单元格，输入“*”，再单击 E3 单元格，按“输入”按钮✓，结果显示在 F3 单元格中。利用自动填充功能计算 F4:F7 单元格的值。

（3）月折旧率的计算：单击 G3 单元格，输入“=”，单击 E3 单元格，输入“/12”，单击“输入”按钮✓，结果显示在 G3 单元格中。利用自动填充功能计算 G4:G7 单元格的值。

（4）月度折旧额：单击 H3 单元格，输入“=”，单击 F3 单元格，输入“/12”，单击“输入”按钮✓，结果显示在 H3 单元格中。

或者单击 H3 单元格，输入“=”，单击 B3 单元格，输入“*”，再单击 G3 单元格，最后单击“输入”按钮✓，结果同样显示在 H3 单元格中。

利用自动填充功能计算 H4:H7 单元格的值。

（5）累计折旧的计算：利用公式 I3=F3，I4=I3+F4，I5、I6 和 I7 复制 I4 公式进行。单击 I3 单元格，输入“=”，单击 F3 单元格，单击“输入”按钮✓即可获得 I3 的值。单击 I4 单元格，输入“=”，单击 I3 单元格，输入“+”，单击 F4 单元格，单击“输入”按钮✓即可获得 I4 的值，利用自动填充功能复制 I4 到 I5:I7 单元格。

（6）年末固定资产净值的计算：单击 J3 单元格，输入“=30000-”，单击 I3 单元格，单击“输入”按钮✓即可显示 J3 的值。利用自动填充功能计算 J4:J7 单元格的值。

最后的计算结果如图 2-8-21 所示。

固定资产折旧表

| 年次 | 应计提折旧总额 | 尚可使用年限 | 使用年限总数 | 年折旧率 | 年度折旧额 | 月折旧率 | 月度折旧额 | 累计折旧 | 年末固定资产净值 |
|---|---|---|---|---|---|---|---|---|---|
| 1 | 27000 | 5 | 15 | 0.333333 | 9000 | 0.027778 | 750 | 9000 | 21000 |
| 2 | 27000 | 4 | 15 | 0.266667 | 7200 | 0.022222 | 600 | 16200 | 13800 |
| 3 | 27000 | 3 | 15 | 0.2 | 5400 | 0.016667 | 450 | 21600 | 8400 |
| 4 | 27000 | 2 | 15 | 0.133333 | 3600 | 0.011111 | 300 | 25200 | 4800 |
| 5 | 27000 | 1 | 15 | 0.066667 | 1800 | 0.005556 | 150 | 27000 | 3000 |

图 2-8-21　各项的计算结果

4. 美化及保存输出

选择 A1:J1 单元格，单击“开始”/“对齐方式”组的“合并后居中”按钮，合并单元格，表中文本及年次、年限、使用年限总数居中对齐，其余右对齐并保留小数点后两位，适当设置字体、字号、填充和边框。双击工作表标签，改名为“年数总和”，单击快速访问工具栏的“保存”按钮，保存工作簿文件名为“固定资产折旧表”，如图 2-8-22 所示。最后，进行页面设置，满意后单击快速访问工具栏的“快速打印”按钮进行打印。

固定资产折旧表

| 年次 | 应计提折旧总额 | 尚可使用年限 | 使用年限总数 | 年折旧率 | 年度折旧额 | 月折旧率 | 月度折旧额 | 累计折旧 | 年末固定资产净值 |
|---|---|---|---|---|---|---|---|---|---|
| 1 | 27000.00 | 5 | 15 | 0.33 | 9000.00 | 0.03 | 750.00 | 9000.00 | 21000.00 |
| 2 | 27000.00 | 4 | 15 | 0.27 | 7200.00 | 0.02 | 600.00 | 16200.00 | 13800.00 |
| 3 | 27000.00 | 3 | 15 | 0.20 | 5400.00 | 0.02 | 450.00 | 21600.00 | 8400.00 |
| 4 | 27000.00 | 2 | 15 | 0.13 | 3600.00 | 0.01 | 300.00 | 25200.00 | 4800.00 |
| 5 | 27000.00 | 1 | 15 | 0.07 | 1800.00 | 0.01 | 150.00 | 27000.00 | 3000.00 |

图 2-8-22　美化及保存

# 任务 5　固定资产折旧计算汇总表

## 相关知识

固定资产折旧汇总表是根据固定资产的折旧方法计算出固定资产的月折旧额编制的表格，是会计实务中计提固定资产折旧的业务的原始凭证。

## 实例描述

创建如图 2-8-23 所示的企业的固定资产折旧计算汇总表。

| 固定资产折旧计算汇总表（2017年6月30日） | | | | | | | |
|---|---|---|---|---|---|---|---|
| 使用部门 | 编号和名称 | 原值 | 预计净残值率 | 开始使用时间 | 折旧方法 | 月折旧率 | 月折旧额 |
| 生产车间 | 3001厂房 | 250,000.00 | 5% | 2014-06-22 | 平均年限法 | 0.79% | 1,979.17 |
| | 3002办公设备 | 45,000.00 | 5% | 2014-07-24 | 平均年限法 | 0.53% | 237.50 |
| | 3003生产线 | 600,000.00 | 5% | 2014-06-26 | 工作量法 | | 5,130.00 |
| 小计 | | 895,000.00 | | | | | 7,346.67 |
| 销售部门 | 2001运输设备 | 100,000.00 | 5% | 2015-07-28 | 工作量法 | | 950.00 |
| | 2002办公设备 | 12,000.00 | 5% | 2015-07-16 | 双倍余额递减法 | 0.0333 | 240.00 |
| | 2003房屋 | 100,000.00 | 5% | 2014-03-20 | 平均年限法 | 0.66% | 659.72 |
| 小计 | | 212,000.00 | | | | | 1,849.72 |
| 管理部门 | 1001房屋 | 150,000.00 | 5% | 2014-10-29 | 平均年限法 | 0.63% | 937.50 |
| | 1002办公设备 | 30,000.00 | 5% | 2015-06-27 | 年数总和法 | 0.0222 | 600.00 |
| 小计 | | 180,000.00 | | | | | 1,537.50 |
| 合计 | | 1,287,000.00 | | | | | 10,733.89 |

图 2-8-23　固定资产折旧汇总表

## 操作提示

表中数据均可以从前面几个表格中得到，可以直接在 Excel 中建立相关单元格之间相等的关系。采用双倍余额递减法和年数总和法计提折旧的固定资产在“开始使用时间”相同月份时，需要调整其月折旧额。

实际工作中，企业可以在开始计提折旧的第一个月，按照每一固定资产计算其应计提的折旧额，编制固定资产折旧计算汇总表，在随后的月份可以编制如图 2-8-24 所示的固定资产折旧计算核算表。

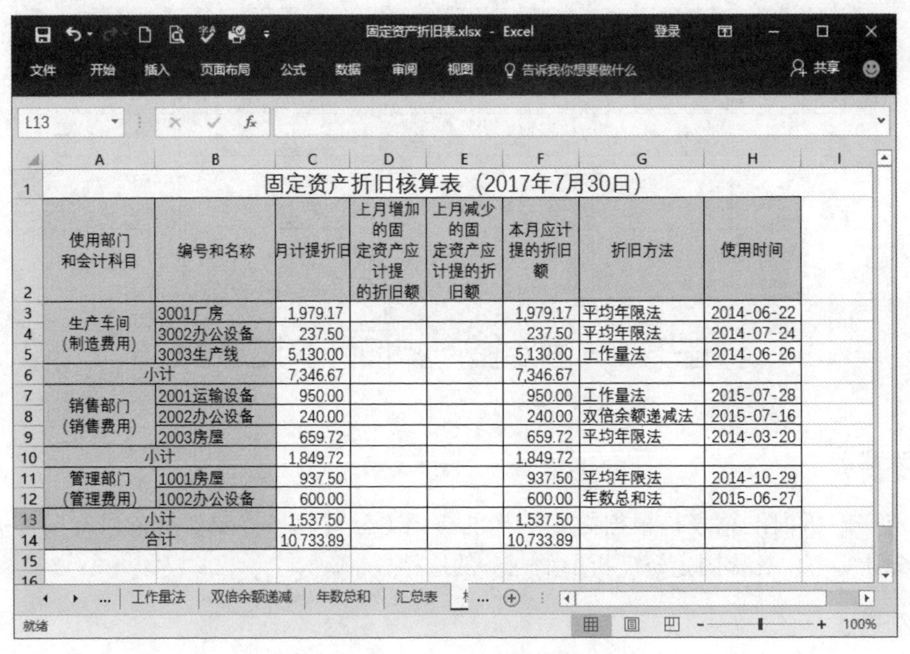

| 固定资产折旧核算表（2017年7月30日） | | | | | | | |
|---|---|---|---|---|---|---|---|
| 使用部门和会计科目 | 编号和名称 | 月计提折旧 | 上月增加的固定资产应计提的折旧额 | 上月减少的固定资产应计提的折旧额 | 本月应计提的折旧额 | 折旧方法 | 使用时间 |
| 生产车间（制造费用） | 3001厂房 | 1,979.17 | | | 1,979.17 | 平均年限法 | 2014-06-22 |
| | 3002办公设备 | 237.50 | | | 237.50 | 平均年限法 | 2014-07-24 |
| | 3003生产线 | 5,130.00 | | | 5,130.00 | 工作量法 | 2014-06-26 |
| 小计 | | 7,346.67 | | | 7,346.67 | | |
| 销售部门（销售费用） | 2001运输设备 | 950.00 | | | 950.00 | 工作量法 | 2015-07-28 |
| | 2002办公设备 | 240.00 | | | 240.00 | 双倍余额递减法 | 2015-07-16 |
| | 2003房屋 | 659.72 | | | 659.72 | 平均年限法 | 2014-03-20 |
| 小计 | | 1,849.72 | | | 1,849.72 | | |
| 管理部门（管理费用） | 1001房屋 | 937.50 | | | 937.50 | 平均年限法 | 2014-10-29 |
| | 1002办公设备 | 600.00 | | | 600.00 | 年数总和法 | 2015-06-27 |
| 小计 | | 1,537.50 | | | 1,537.50 | | |
| 合计 | | 10,733.89 | | | 10,733.89 | | |

图 2-8-24　固定资产折旧核算表

本月应计提的折旧额 F3=C3+D3-E3，其他项可以利用自动填充功能复制。

表中“上月计提折旧额”：编号“3001 厂房”的数值 1979.17、编号“3002 办公设备”的数值 237.50、编号“2003 房屋”的数值 659.72 和编号“1001 房屋”的数值 937.5 都是从图 2-8-1 所示的平均年限折旧计算表获得；编号“3003 生产线”的数值 5130.00 和编号“2001 原属设备”的数值 950.00 都是从图 2-8-6 所示的工作量法折旧计算表获得；编号“2002 办公设备”的数值 240.0 是从图 2-8-11 所示的双倍余额递减法折旧计算表获得；而编号“1002 办公设备”的数值 600.00 从图 2-8-18 所示的年数总和法折旧计算表获得。

使用部门为“生产车间”的固定资产“本月应计提的折旧额”小计数 7346.67，应该记入“制造费用”账户借方的折旧额；使用部门为“销售部门”的固定资产“本月应计提的折旧额”小计数 1848.72，应该记入“销售费用”账户借方的折旧额；使用部门为“管理部门”的固定资产“本月应计提的折旧额”小计数 1537.50，应该记入“管理费用”账户借方的折旧额；而“本月应计提的折旧额”合计数 10733.89，应该记入“累计折旧”账户贷方的折旧额。

## 小试牛刀

请根据本实例的内容利用 Excel 制作如图 2-8-25 所示的固定资产折旧明细表。

固定资产折旧明细表

2017.9.30

| 序号 | 名称 | 型号 | 单位 | 数量 | 类别 | 入账日期 | 单价 | 原值 | 使用年限 | 残值率 | 净残值 | 月折旧率 | 月折旧额 | 已提期间 | 已提折旧 | 本年减少折旧 | 累计折旧 | 净值 | 剩余可提折旧 |
|---|---|---|---|---|---|---|---|---|---|---|---|---|---|---|---|---|---|---|---|
| 1 | 空压机 | | 台 | 1 | 生产 | 2016-8-31 | 5800.00 | 5,800.00 | 10 | 10% | 580.00 | 0.75% | 43.50 | 9 | 391.50 | | | 5800.00 | 5,220.00 |
| 2 | 干燥机 | | 台 | 1 | 生产 | 2016-8-31 | 2800.00 | 2,800.00 | 10 | 10% | 280.00 | 0.75% | 21.00 | 9 | 189.00 | | | 2800.00 | 2,520.00 |
| 3 | 家具 | | 批 | 1 | 办公 | 2016-8-31 | 17316.00 | 17,316.00 | 5 | 10% | 1,731.60 | 1.50% | 259.74 | 9 | 2337.66 | | | 17316.00 | 15,584.40 |
| 4 | 电脑 | | 套 | 1 | 办公 | 2016-8-31 | 21897.00 | | 5 | 10% | | 1.50% | | | | | | | |
| 5 | 冷热饮水机 | VW-03I | 台 | 2 | 办公 | 2016-8-31 | 1900.00 | | 5 | 10% | | 1.50% | | | | | | | |
| 6 | 热水炉 | | 台 | 2 | 办公 | 2016-8-31 | 9400.00 | | 5 | 10% | | 1.50% | | | | | | | |
| 7 | 美的KF-LW | | 套 | 1 | 办公 | 2016-8-31 | 4250.00 | | 5 | 10% | | 1.50% | | | | | | | |
| 8 | 电话 | | 台 | 1 | 办公 | 2016-8-31 | 13420.00 | | 5 | 10% | | 1.50% | | | | | | | |
| 9 | 剥线机 | 50L | 台 | 2 | 生产 | 2016-8-31 | 36040.00 | | 10 | 10% | | 0.75% | | | | | | | |
| 10 | 芯线剥皮机 | 3F | 台 | 2 | 生产 | 2016-8-31 | 2332.00 | | 10 | 10% | | 0.75% | | | | | | | |
| 11 | 剥皮机 | 310 | 台 | 2 | 生产 | 2016-8-31 | 2544.00 | | 10 | 10% | | 0.75% | | | | | | | |
| 12 | 端子机 | XO-820 | 台 | 12 | 生产 | 2016-8-31 | 4982.00 | | 10 | 10% | | 0.75% | | | | | | | |
| 13 | 端子机 | 1500 | 台 | 4 | 生产 | 2016-8-31 | 7314.00 | | 10 | 10% | | 0.75% | | | | | | | |
| 14 | 电动机 | | 台 | 1 | 生产 | 2016-8-31 | 4028.00 | | 10 | 10% | | 0.75% | | | | | | | |
| 15 | 家具 | | 台 | 1 | 办公 | 2016-8-31 | 5750.00 | | 5 | 10% | | 1.50% | | | | | | | |
| 16 | 电脑 | | 台 | 1 | 办公 | 2016-9-30 | 4699.00 | | 5 | 10% | | 1.50% | | | | | | | |
| 17 | 端子机 | XO820 | 台 | 4 | 生产 | 2016-10-31 | 4982.00 | | 10 | 10% | | 0.75% | | | | | | | |
| 18 | 测试机 | L200HV | 台 | 3 | 生产 | 2016-10-31 | 7000.00 | | 10 | 10% | | 0.75% | | | | | | | |
| 19 | 电脑 | E1060 | 台 | 1 | 办公 | 2016-12-31 | 4218.00 | | 5 | 10% | | 1.50% | | | | | | | |
| 20 | 芯线剥皮机 | | 台 | 1 | 生产 | 2017-1-31 | 4664.00 | | 10 | 10% | | 0.75% | | | | | | | |
| 21 | 电脑 | | 台 | 2 | 办公 | 2017-3-29 | 4190.00 | | 5 | 10% | | 1.50% | | | | | | | |
| 22 | 空调 | KF-50LW | 台 | 1 | 办公 | 2017-4-5 | 3780.00 | | 5 | 10% | | 1.50% | | | | | | | |
| 23 | 照相机 | VPC-J4 | 台 | 1 | 办公 | 2017-6-30 | 2290.00 | | 5 | 10% | | 1.50% | | | | | | | |
| 24 | 电脑 | | 台 | 1 | 办公 | 2017-6-30 | 6200.00 | | 5 | 10% | | 1.50% | | | | | | | |
| | | | | | | | | | | | | | | | | | | | |
| | 合计 | | | | | | | | | | | | | | | | | | |
| | 其中：生产设备 | | | | | | | | | | | | | | | | | | |
| | 办公设备 | | | | | | | | | | | | | | | | | | |

图 2-8-25　固定资产折旧明细表

# 实例 9　产品成本计算

产品的生产成本是指企业在一定时期内为生产一定数量产品所支出的全部费用的总和。企业的生产按照工艺过程的特点分类，可以分为单步骤生产和多步骤生产两种类型。按照生产组织的特点划分，可以分为大量生产、成批生产和单件生产。

## 任务 1　品种法的成本计算

### 相关知识

企业按照管理上要求不同分为要求计算半成品成本和不要求计算半成品成本两种类型。企业的生产类型和管理上的要求不同，决定了成本计算方法的不同，表现在成本计算对象、成本计算期和生产费用在完工产品和在产品之间的分配不同上。一般来说，大批大量的单步骤生产应采用品种法计算成本，小批单件的单步骤生产应采用分批法计算成本，多步骤生产应采用分步法计算成本。

下面介绍使用 Excel 进行品种法的成本计算。

### 实例描述

某企业属于大批大量单步骤生产，只生产一种产品。工厂设有四个基本生产车间和一个辅助生产车间——机修车间，企业在 2017 年 3 月发生下列经济业务。

（1）根据不同生产车间各种用途的领退料凭证汇总表，编制材料费用分配表，如表 2-9-1 所示。

表 2-9-1　材料费用分配表

| 车间 | 材料名称 | 数量（kg） | 单价（元） | 金额 |
|---|---|---|---|---|
| 一车间 | A 材料 | 1000 | 20 | 20000 |
| 二车间 | B 材料 | 2000 | 30 | 60000 |
| 三车间 | C 材料 | 3000 | 40 | 120000 |
| 四车间 | D 材料 | 4000 | 50 | 200000 |
| 机修车间 | E 材料 | 1000 | 60 | 60000 |
| 合计 | | | | 460000 |

（2）根据各生产车间工资结算凭证汇总表，编制工资及福利费分配表，如表 2-9-2 所示。

表 2-9-2 工资及福利费用分配表

| 车间 | 工资 | 福利费 | 合计 |
|---|---|---|---|
| 一车间 | 20000 | 2800 | 22800 |
| 二车间 | 30000 | 4200 | 34200 |
| 三车间 | 40000 | 5600 | 45600 |
| 四车间 | 30000 | 4200 | 34200 |
| 机修车间 | 10000 | 1400 | 11400 |
| 合计 | 140000 | 18200 | 158200 |

（3）本月应付水费为 30000 元，其中生产用水费 20000 元，各车间公共用水费 10000 元。

（4）根据固定资产折旧计算表，各车间本月计提折旧费 50000 元。

（5）按规定提取本月修理费 30000 元。

（6）结转本月生产负担的低值易耗品摊销 2000 元。

（7）结转本月产品负担的保险费 3000 元。

## 操作步骤

### 1. 创建材料费用及工资福利分配表

（1）打开 Excel 应用程序，系统将自动建立一个新的工作簿。

（2）单击快速访问工具栏上的“保存”按钮，在弹出的“另存为”对话框中将其命名为“产品成本计算”并选择保存的位置，单击“确定”按钮，保存工作簿。

（3）双击工作表标签“Sheet1”，将其命名为“品种法”。

（4）录入相应数据信息，结果如图 2-9-1 所示。

| | A | B | C | D | E |
|---|---|---|---|---|---|
| 1 | | 材料费用分配表 | | | |
| 2 | 车间 | 材料名称 | 数量（KG） | 单价（元 | 金额 |
| 3 | 一车间 | A材料 | 1000 | 20 | 20000 |
| 4 | 二车间 | B材料 | 2000 | 30 | 60000 |
| 5 | 三车间 | C材料 | 3000 | 40 | 120000 |
| 6 | 四车间 | D材料 | 4000 | 50 | 200000 |
| 7 | 机修车间 | E材料 | 1000 | 60 | 60000 |
| 8 | 合计 | | | | 460000 |
| 9 | | | | | |
| 10 | | 工资及福利费用分配表 | | | |
| 11 | 车间 | 工资 | 福利费 | 合计 | |
| 12 | 一车间 | 20000 | 2800 | 22800 | |
| 13 | 二车间 | 30000 | 4200 | 34200 | |
| 14 | 三车间 | 40000 | 5600 | 45600 | |
| 15 | 四车间 | 30000 | 4200 | 34200 | |
| 16 | 机修车间 | 10000 | 1400 | 11400 | |
| 17 | 合计 | 140000 | 18200 | 158200 | |
| 18 | | | | | |

图 2-9-1 创建材料费用及工资福利分配表

2. 创建生产成本明细账

（1）在资料表的下方根据题意录入生产成本明细账的表头，录入完成后，对表中的数据进行适当的格式化，结果如图 2-9-2 所示。

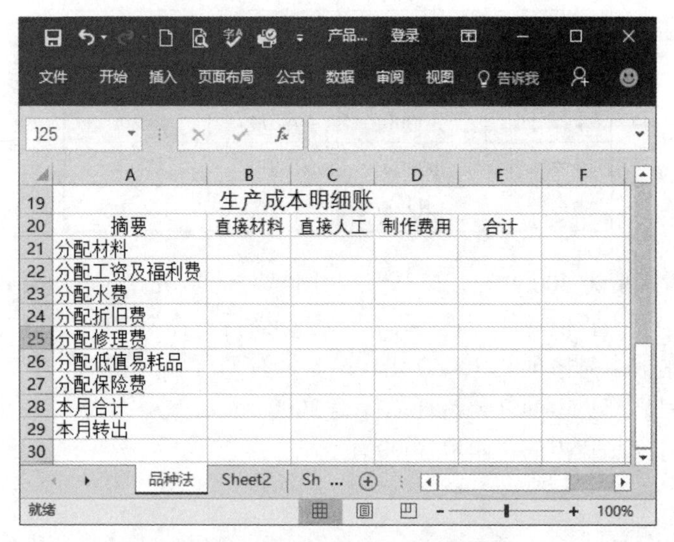

| 生产成本明细账 | | | | |
|---|---|---|---|---|
| 摘要 | 直接材料 | 直接人工 | 制作费用 | 合计 |
| 分配材料 | | | | |
| 分配工资及福利费 | | | | |
| 分配水费 | | | | |
| 分配折旧费 | | | | |
| 分配修理费 | | | | |
| 分配低值易耗品 | | | | |
| 分配保险费 | | | | |
| 本月合计 | | | | |
| 本月转出 | | | | |

图 2-9-2　创建生产成本明细账结构

（2）在单元格 B21 中输入公式“=E8”，直接引入 E8 单元格中的数据；在单元格 C22 中输入公式“=D17”，直接引入 D17 单元格中的数据。

（3）在其他的单元格中输入相应的数据，输入完成后对合计栏进行求和，计算结果如图 2-9-3 所示。

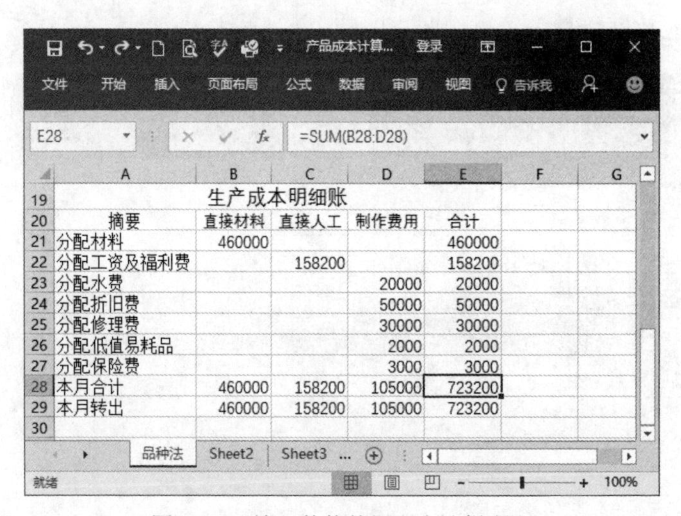

| 生产成本明细账 | | | | |
|---|---|---|---|---|
| 摘要 | 直接材料 | 直接人工 | 制作费用 | 合计 |
| 分配材料 | 460000 | | | 460000 |
| 分配工资及福利费 | | 158200 | | 158200 |
| 分配水费 | | | 20000 | 20000 |
| 分配折旧费 | | | 50000 | 50000 |
| 分配修理费 | | | 30000 | 30000 |
| 分配低值易耗品 | | | 2000 | 2000 |
| 分配保险费 | | | 3000 | 3000 |
| 本月合计 | 460000 | 158200 | 105000 | 723200 |
| 本月转出 | 460000 | 158200 | 105000 | 723200 |

图 2-9-3　输入其他数据和合计栏求和

3. 创建产品成本表

（1）在生产成本明细账的下方创建产品成本表的表头，如图 2-9-4 所示。

（2）在 C33 单元格中输入公式“=B29”，在 C34 单元格中输入公式“=C29”，在 C35 单元格中输入公式“=D29”，最后进行合计计算，完成后结果如图 2-9-5 所示。

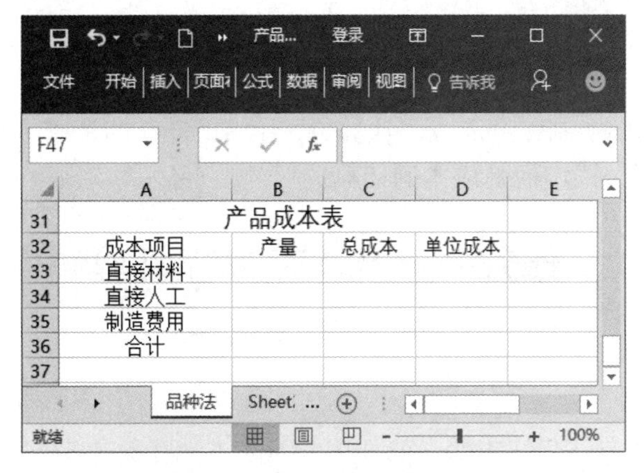

| | A | B | C | D | E |
|---|---|---|---|---|---|
| 31 | 产品成本表 | | | | |
| 32 | 成本项目 | 产量 | 总成本 | 单位成本 | |
| 33 | 直接材料 | | | | |
| 34 | 直接人工 | | | | |
| 35 | 制造费用 | | | | |
| 36 | 合计 | | | | |
| 37 | | | | | |

图 2-9-4　创建产品成本表结构

C36　=SUM(C33:C35)

| | A | B | C | D |
|---|---|---|---|---|
| 31 | 产品成本表 | | | |
| 32 | 成本项目 | 产量 | 总成本 | 单位成本 |
| 33 | 直接材料 | | 460000 | |
| 34 | 直接人工 | | 158200 | |
| 35 | 制造费用 | | 105000 | |
| 36 | 合计 | | 723200 | |
| 37 | | | | |

图 2-9-5　计算总成本

（3）输入产量并计算单位成本。在 B33:B35 单元格输入产量值“50000”，在 D33 单元格中输入公式“=C33/B33”，按“Enter”键计算产品的单位成本，利用自动填充功能计算 D34 单元格和 D35 单元格的值并计算单位成本合计，结果如图 2-9-6 所示。

D36　=SUM(D33:D35)

| | A | B | C | D |
|---|---|---|---|---|
| 31 | 产品成本表 | | | |
| 32 | 成本项目 | 产量 | 总成本 | 单位成本 |
| 33 | 直接材料 | 50000 | 460000 | 9.20 |
| 34 | 直接人工 | 50000 | 158200 | 3.16 |
| 35 | 制造费用 | 50000 | 105000 | 2.10 |
| 36 | 合计 | 50000 | 723200 | 14.46 |
| 37 | | | | |

图 2-9-6　计算产品单位成本

通过品种法的成本计算实例，介绍了品种法成本计算的操作流程。品种法计算成本，首先需要确定是否采用品种法，其次需要输入相关资料，在这些资料的基础上编制生产成本明细账，最后在明细账的基础上制作产品成本计算单，计算出产品的总成本和单位成本。在本实例中的操作难点不是编写公式，而是成本的计算过程。

## 任务 2　分批法的成本计算

### 相关知识

分批法的成本计算是以产品的批别或订单作为成本计算对象来归集生产费用并计算产品成本的方法。它一般适用于小批单件的多步骤生产和某些按小批单件组织生产、而管理上又要求分批计算成本的单步骤生产，前者如重型机械、船舶、精密仪器和专用设备的制造，后者如某些特殊或精密铸件的熔铸。另外，某些主要生产之外的新产品试制、来料加工、辅助生产的工具模具制造、修理作业等，也可采用分批法。

在小批单件生产的情况下，企业的生产活动通常是按照订货单位的订单签发生产任务通知单组织生产的。每张订单所定产品往往种类不同或规格不一，一批产品一般不重复生产，因此企业需要按照购货单位订单的要求分批组织生产，也就需要分别计算各批产品的成本。

按照分批法计算产品成本，往往也就是按照订单计算产品成本，因此，分批法也叫订单法。

### 实例描述

某公司是单件小批生产企业，投产产品批次较多，但完工批次较少，采用分批法计算产品成本，该企业 2016 年 5 月份从事生产加工，分别是 101#、102#、103#、104#，成本包括直接材料、直接人工、制造费用 3 项，本月完工 101#和 102#。本例应设置 4 张成本计算单，如表 2-9-3 所示。

**表 2-9-3　产品成本计算单**

产品成本计算单（101#）

批量：20 台　　完工：20 台　投产日期：2016 年 4 月　完工日期：2016 年 5 月

| 摘要 | 工时 | 直接材料 | 直接人工 | 制造费用 | 合计 |
|---|---|---|---|---|---|
| 月初在产品成本 | 1000 | 60000 | 40000 | 20000 | 120000 |
| 5 月发生费用 | 4000 | 40000 | 30000 | 20000 | 90000 |

产品成本计算单（102#）

批量：5 台　　完工：5 台　投产日期：2016 年 5 月　完工日期：2016 年 5 月

| 摘要 | 工时 | 直接材料 | 直接人工 | 制造费用 | 合计 |
|---|---|---|---|---|---|
| 本月发生费用 | 3000 | 20000 | 10000 | 10000 | 40000 |

**续表**

产品成本计算单（103#）

批量：13 台　　完工:10 台　投产日期：2016 年 4 月　完工日期：2016 年 5 月

| 摘要 | 工时 | 直接材料 | 直接人工 | 制造费用 | 合计 |
|---|---|---|---|---|---|
| 月初在产品成本 | 500 | 8000 | 4000 | 4000 | 16000 |
| 5 月发生费用 | 4000 | 30000 | 20000 | 20000 | 70000 |

103#单台计划单位成本为 7000 元，其中直接材料 4000 元，直接人工 2000 元，制造费用 1000 元。

产品成本计算单（104#）

批量：3 台　　完工：0 台　投产日期：2016 年 5 月

| 摘要 | 工时 | 直接材料 | 直接人工 | 制造费用 | 合计 |
|---|---|---|---|---|---|
| 月初在产品成本 | | | | | |
| 发生费用 | 3000 | 10000 | 5000 | | |

要求：根据以上资料制作产品成本计算单。

## 操作步骤

1．生成分批法下的产品成本计算单

（1）打开“产品成本计算”工作簿。

（2）双击工作表标签“Sheet2”，将其重命名为“分批法”。

（3）根据题意，在“分批法”工作表中录入实例中所给数据资料，录入完成后结果如图 2-9-7 所示。

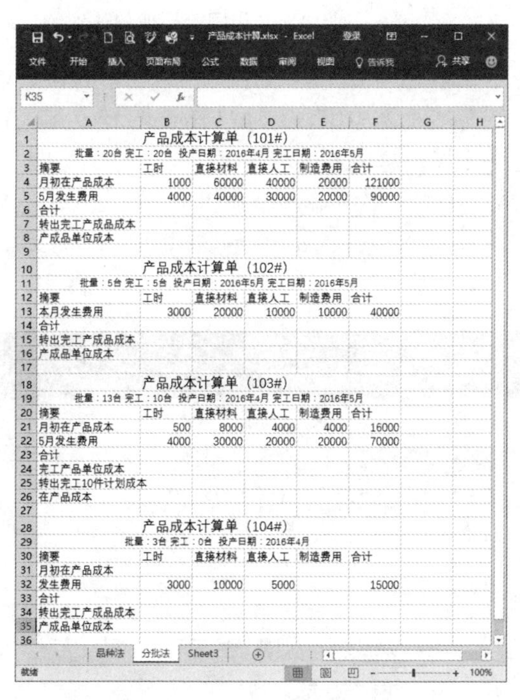


图 2-9-7　录入已知数据资料

2. 定义计算公式

（1）选中单元格 B6，输入公式“=SUM(B4:B5)”，然后按下“Enter”键，用鼠标拖动 B6 单元格填充柄向右复制公式到 F6 单元格，计算出合计数。

（2）因为当月 101#产品已经全部完成生产，所以在单元格 B7 中输入公式“=B6”，将公式向右复制到 F7，计算出转出数额。

（3）选定单元格 B8，在单元格中输入公式“=B7/20”后按“Enter”键，用鼠标拖动 B8 单元格填充柄向右复制公式到 F8 单元格计算出单位成本。

（4）对产品成本计算单中的 102#作相同的处理，不同之处是，B16=B15/5，处理完成后如图 2-9-8 所示。

产品成本计算单（101#）

批量：20台 完工：20台 投产日期：2016年4月 完工日期：2016年5月

| 摘要 | 工时 | 直接材料 | 直接人工 | 制造费用 | 合计 |
|---|---|---|---|---|---|
| 月初在产品成本 | 1000 | 60000 | 40000 | 20000 | 121000 |
| 5月发生费用 | 4000 | 40000 | 30000 | 20000 | 90000 |
| 合计 | 5000 | 100000 | 70000 | 40000 | 211000 |
| 转出完工产成品成本 | 5000 | 100000 | 70000 | 40000 | 211000 |
| 产成品单位成本 | 250 | 5000 | 3500 | 2000 | 10550 |

产品成本计算单（102#）

批量：5台 完工：5台 投产日期：2016年5月 完工日期：2016年5月

| 摘要 | 工时 | 直接材料 | 直接人工 | 制造费用 | 合计 |
|---|---|---|---|---|---|
| 本月发生费用 | 3000 | 20000 | 10000 | 10000 | 40000 |
| 合计 | 3000 | 20000 | 10000 | 10000 | 40000 |
| 转出完工产成品成本 | 3000 | 20000 | 10000 | 10000 | 40000 |
| 产成品单位成本 | 600 | 4000 | 2000 | 2000 | 8000 |

图 2-9-8 对 102#作相同的处理的结果

（5）在计算 103#产品成本时，需先输入完工产品成本的计划单位成本，然后选中 C25 单元格，在单元格中输入公式“=C24*10”，按下“Enter”键，用鼠标拖动 C25 单元格填充柄向右复制公式到 F25 单元格计算出总成本。

（6）选中单元格 C26，在单元格中输入公式“=C23-C25”，然后按“Enter”键，用鼠标拖动 C26 单元格填充柄向右复制公式到 F26 单元格计算出单位成本。

处理完成后结果如图 2-9-9 所示。

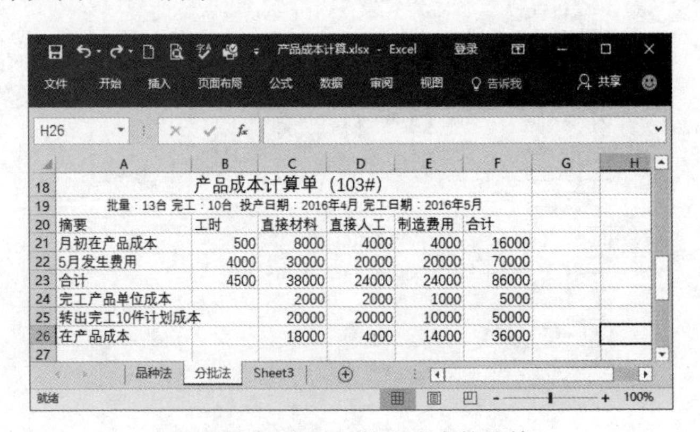

产品成本计算单（103#）

批量：13台 完工：10台 投产日期：2016年4月 完工日期：2016年5月

| 摘要 | 工时 | 直接材料 | 直接人工 | 制造费用 | 合计 |
|---|---|---|---|---|---|
| 月初在产品成本 | 500 | 8000 | 4000 | 4000 | 16000 |
| 5月发生费用 | 4000 | 30000 | 20000 | 20000 | 70000 |
| 合计 | 4500 | 38000 | 24000 | 24000 | 86000 |
| 完工产品单位成本 | | 2000 | 2000 | 1000 | 5000 |
| 转出完工10件计划成本 | | 20000 | 20000 | 10000 | 50000 |
| 在产品成本 | | 18000 | 4000 | 14000 | 36000 |

图 2-9-9 对 103#单位成本的计算

（7）因 104#产品本月投产全部未完工，所以不需计算成本，只把本月发生的费用进行合计处理即可，处理完成后结果如图 2-9-10 所示。

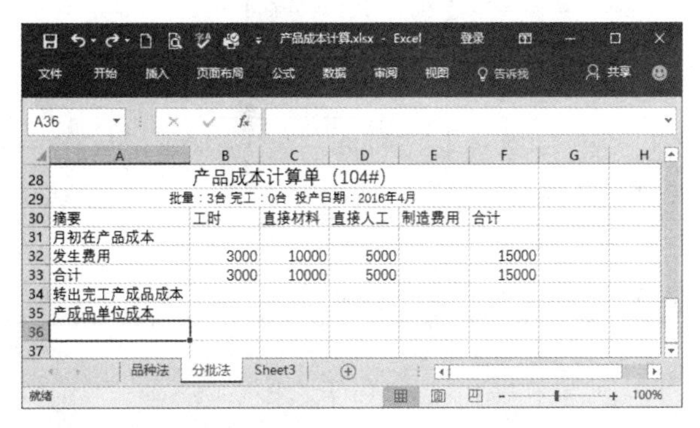


图 2-9-10　对 104#的处理结果

通过分批法的制作实例，可以看出成本计算在函数上并不是特别复杂，其难点主要是理解计算过程中各部分之间的关系。

## 任务 3　分步法的成本计算

### 相关知识

在实际工作中，由于成本管理的要求不同，分步法按照是否要求计算每一步骤半成品为标志，分为逐步结转分步法和平行结转分步法两种方法。

逐步结转分步法：也称为计算半成品成本法，这种方法是指按照产品加工步骤的顺序，逐步计算并结转半成品成本，直到最后步骤计算出产成品成本的一种方法。逐步结转分步法按照半成品在上下步骤之间的转移方式不同又可以分为综合结转分步法和分项结转分步法，其中综合结转分步法需要进行成本还原。

平行结转分步法：也称为不计算半成品成本法，这种方法只核算本步骤由产品负担的份额，然后平行汇总，即可计算出完工产成品的成本。

### 实例描述

某企业生产甲产品，经过 3 个生产步骤，原材料在生产开始时一次投入。月末在产品按约当产量法计算。有关数据资料如表 2-9-4、表 2-9-5 所示。

表 2-9-4　产量数据资料

| 项目 | 一步骤 | 二步骤 | 三步骤 |
|---|---|---|---|
| 月初在产品数量 | 60 | 60 | 60 |
| 本月投产数量 | 80 | 100 | 130 |
| 本月完工产品数量 | 100 | 130 | 150 |
| 月末在产品数量 | 40 | 30 | 40 |
| 在产品完工程度 | 50% | 50% | 50% |

表 2-9-5 生产费用数据资料

| 成本项目 | 月初在产品成本 | | | 本月发生费用 | | |
|---|---|---|---|---|---|---|
| | 一步骤 | 二步骤 | 三步骤 | 一步骤 | 二步骤 | 三步骤 |
| 直接材料 | 1000 | 2000 | 1500 | 20000 | | |
| 燃料 | 500 | 1000 | 600 | 10000 | 7000 | 8000 |
| 直接人工 | 2000 | 2500 | 1400 | 15000 | 13000 | 12000 |
| 制造费用 | 1500 | 3500 | 2500 | 15000 | 20000 | 30000 |
| 合计 | 5000 | 9000 | 6000 | 60000 | 40000 | 50000 |

要求：采用综合结转分步法计算完工产品的成本。

## 操作步骤

### 1. 生成分步法下的产量数据资料及生产费用数据资料

（1）打开“产品成本计算”工作簿。

（2）双击工作表标签“Sheet3”，将其重命名为“分步法”。

（3）输入实例数据资料后结果如图 2-9-11 所示。

产量资料

| 项目 | 一步骤 | 二步骤 | 三步骤 |
|---|---|---|---|
| 月初在产品数量 | 60 | 60 | 60 |
| 本月投产数量 | 80 | 100 | 130 |
| 本月完工产品数量 | 100 | 130 | 150 |
| 月末在产品数量 | 40 | 30 | 40 |
| 在产品完工程度 | 50% | 50% | 50% |

生产费用资料

| 成本项目 | 月初在产品成本 | | | 本月发生费用 | | |
|---|---|---|---|---|---|---|
| | 一步骤 | 二步骤 | 三步骤 | 一步骤 | 二步骤 | 三步骤 |
| 直接材料 | 1000 | 2000 | 1500 | 20000 | | |
| 燃料 | 500 | 1000 | 600 | 10000 | 7000 | 8000 |
| 直接人工 | 2000 | 2500 | 1400 | 15000 | 13000 | 12000 |
| 制造费用 | 1500 | 3500 | 2500 | 15000 | 20000 | 30000 |
| 合计 | 5000 | 9000 | 6000 | 60000 | 40000 | 50000 |

图 2-9-11 输入数据资料

### 2. 制作第一步骤产品成本计算单

（1）输入第一步骤产品成本计算单的表头，以及各项目名称，如图 2-9-12 所示。

（2）在 B22 单元格中输入公式“=B14”，在 C22 单元格中输入公式“=B15”，在 D22 单元格中输入公式“=B16”，在 E22 单元格中输入公式“=B17”，引入第一步骤期初在产品的成本。

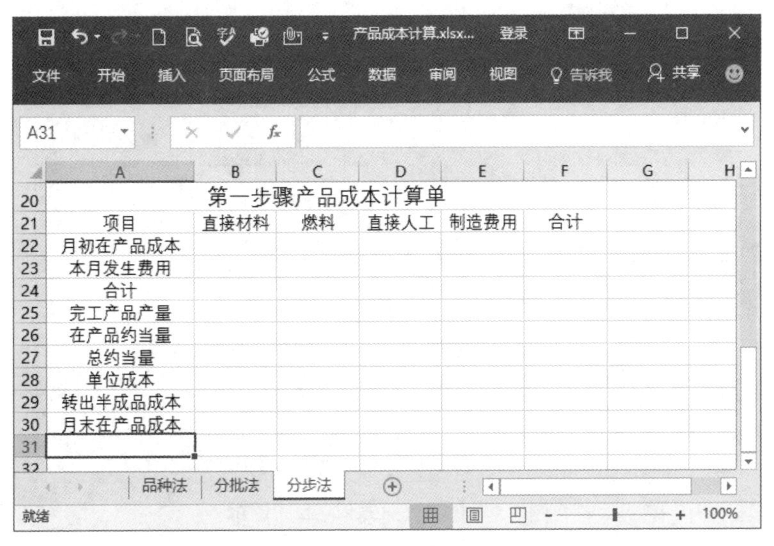


图 2-9-12　制作第一步骤产品成本计算单

（3）在 B23 单元格中输入公式“=E14”，在 C23 单元格中输入公式“=E15”，在 D23 单元格中输入公式“=E16”，在 E23 单元格中输入公式“=E17”，引入第一步骤的本期发生额。

（4）选定 B24 单元格，单击“开始”/“编辑”组的“求和”按钮Σ，对 B22:B23 单元格求和。

（5）选定 B24 单元格，用鼠标拖动 B24 单元格填充柄向右复制公式到 E24，计算出本月费用总额。

（6）在 B25 单元格中输入公式“=$B$5”，用鼠标拖动填充柄复制公式到 E25，引入完工产品的值。

（7）在 B26 单元格中输入数值“40”后，选定单元格 C26，在单元格中输入公式“=PRODUCT($B$6:$B$7)，用鼠标拖动填充柄复制公式到 E26，计算出在产品的约当量。

（8）在单元格 B27 中输入公式“=SUM(B25:B26)”，再将公式向右复制至 E27，计算出产量合计数。

（9）在单元格 B28 中输入公式“=B24/B27”后，再将公式向右复制至 E28，计算出单位产品成本。

（10）在 B29 单元格中输入公式“=PRODUCT(B25,B28)”，再将公式复制至 E29，计算出转出半成品成本。

（11）在 B30 单元格中输入公式“=B24-B29”，再将公式复制至 E30，计算出转出的月末在产品成本。

（12）选定 F22 单元格，单击“开始”/“编辑”组的“求和”按钮Σ，对 B22:E22 单元格区域进行自动求和，将公式复制至 F30 后，再将表示产量的项目删除，对费用类的项目进行求和，完成后的第一步骤成本计算单如图 2-9-13 所示。

3. 制作第二步骤产品成本计算单

（1）选中第一步骤产品成本计算单的全部内容，单击“开始”/“剪贴板”组的“复制”按钮，再将光标定位于计算单下面的 A32 单元格中，再单击该组的“粘贴”按钮，将新粘贴的计算表标题修改为“第二步骤产品成本计算单”。

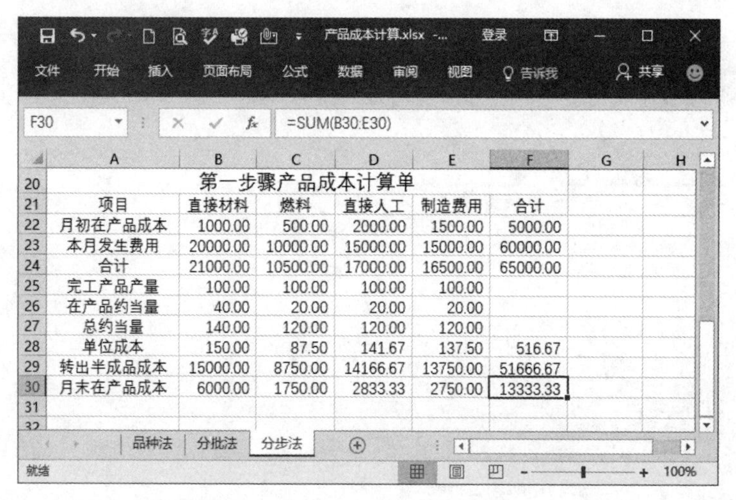


| 第一步骤产品成本计算单 | | | | | |
|---|---|---|---|---|---|
| 项目 | 直接材料 | 燃料 | 直接人工 | 制造费用 | 合计 |
| 月初在产品成本 | 1000.00 | 500.00 | 2000.00 | 1500.00 | 5000.00 |
| 本月发生费用 | 20000.00 | 10000.00 | 15000.00 | 15000.00 | 60000.00 |
| 合计 | 21000.00 | 10500.00 | 17000.00 | 16500.00 | 65000.00 |
| 完工产品产量 | 100.00 | 100.00 | 100.00 | 100.00 | |
| 在产品约当量 | 40.00 | 20.00 | 20.00 | 20.00 | |
| 总约当量 | 140.00 | 120.00 | 120.00 | 120.00 | |
| 单位成本 | 150.00 | 87.50 | 141.67 | 137.50 | 516.67 |
| 转出半成品成本 | 15000.00 | 8750.00 | 14166.67 | 13750.00 | 51666.67 |
| 月末在产品成本 | 6000.00 | 1750.00 | 2833.33 | 2750.00 | 13333.33 |

图 2-9-13　第一步骤成本计算单

（2）对第二步骤成本计算单的部分单元格中的公式进行修改，B34 为“=C14”，C34 为“=C15”，D34 为“=C16”，E34 为“=C17”。

（3）在 B35 单元格中输入公式“=F28*C5”，C35 单元格中输入公式“=F15”，D35 单元格中输入公式“=F16”，E35 单元格中输入公式“=F17”。

（4）在 B37 中输入公式“=$C$5”，将公式依次复制到 C37、D37 和 E37 单元格中。在 B38 中输入公式“=C6”，在 C38 中输入公式“=PRODUCT($C$6,$C$7)”，将公式复制到 D38 和 E38 单元格中。

（5）在单元格 B40 中输入公式“=B36/B39”，再将公式复制到其后的单元格 C40、D40 和 E40 中，计算出单位成本值。

（6）在单元格 B41 中输入公式“=PRODUCT(B37,B40)”后，再拖动控制柄将公式向右复制至 E41 单元格。

（7）保存第二步骤产品成本计算单，制作完成后结果如图 2-9-14 所示。

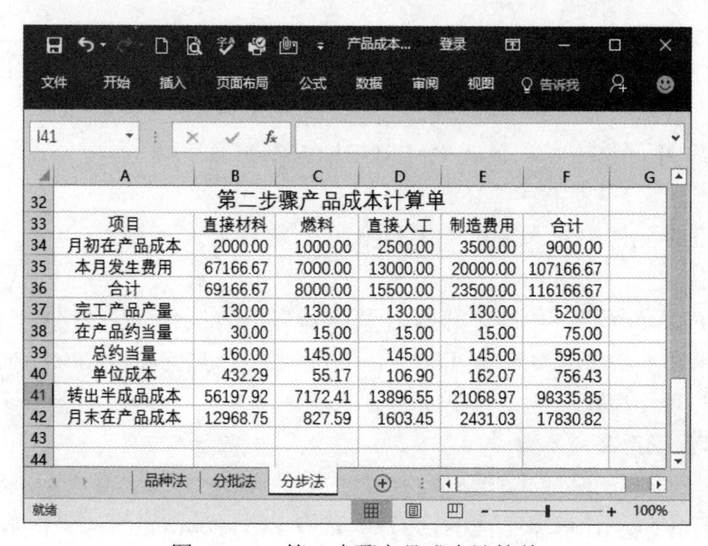

| 第二步骤产品成本计算单 | | | | | |
|---|---|---|---|---|---|
| 项目 | 直接材料 | 燃料 | 直接人工 | 制造费用 | 合计 |
| 月初在产品成本 | 2000.00 | 1000.00 | 2500.00 | 3500.00 | 9000.00 |
| 本月发生费用 | 67166.67 | 7000.00 | 13000.00 | 20000.00 | 107166.67 |
| 合计 | 69166.67 | 8000.00 | 15500.00 | 23500.00 | 116166.67 |
| 完工产品产量 | 130.00 | 130.00 | 130.00 | 130.00 | 520.00 |
| 在产品约当量 | 30.00 | 15.00 | 15.00 | 15.00 | 75.00 |
| 总约当量 | 160.00 | 145.00 | 145.00 | 145.00 | 595.00 |
| 单位成本 | 432.29 | 55.17 | 106.90 | 162.07 | 756.43 |
| 转出半成品成本 | 56197.92 | 7172.41 | 13896.55 | 21068.97 | 98335.85 |
| 月末在产品成本 | 12968.75 | 827.59 | 1603.45 | 2431.03 | 17830.82 |

图 2-9-14　第二步骤产品成本计算单

4. 制作第三步骤产品成本计算单

（1）选定第一步骤产品成本计算单，将该数据列表复制到 A44 单元格，将新复制的计算表标题修改为“第三步骤产品成本计算单”。

（2）对第三步骤成本计算单的部分单元格中的公式进行修改，B46 单元格为“=D14”，C46 为“=D15”，D6 为“=D16”，E46 为“=D17”。

（3）在 B47 中输入公式“=F40*D4”，C47 中输入公式“=G15”，D47 中输入公式“=G16”，E47 中输入公式“=G17”。

（4）在 B49 中输入公式“=$D$5”，将公式复制到 C49、D49 和 E49 单元格中。在 B50 中输入公式“=D7”，在 C50 中输入公式“=PRODUCT($D$6:$D$7)，将公式复制到 D50 和 E50 单元格中。

（5）在单元格 B52 中输入公式“=B48/B51”，再将公式复制到其后的单元格 C52、D53、E54 中，计算出单位成本值。

（6）在单元格 B53 中输入公式“=PRODUCT(B49,B52)”后，再将公式向右复制至 F53 单元格中。

（7）保存第三步骤产品成本计算单，制作完成的成本计算单如图 2-9-15 所示。

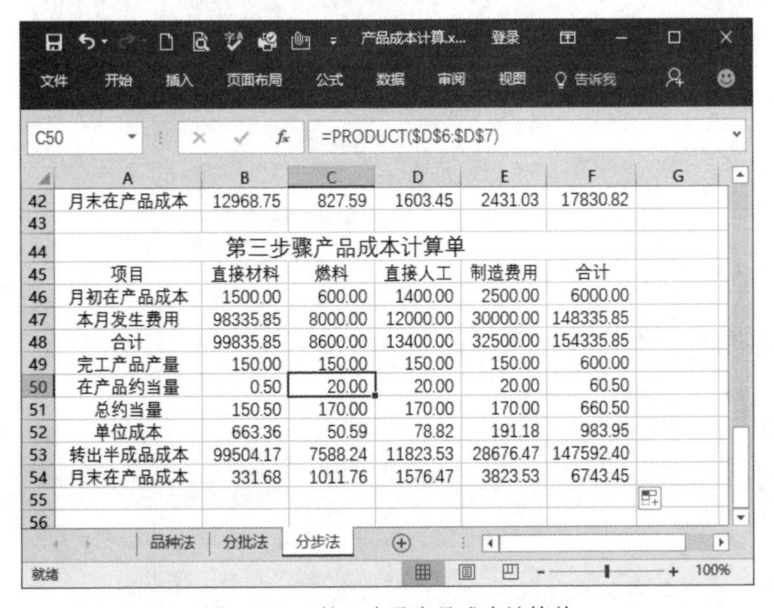

C50　=PRODUCT($D$6:$D$7)

| | A | B | C | D | E | F | G |
|---|---|---|---|---|---|---|---|
| 42 | 月末在产品成本 | 12968.75 | 827.59 | 1603.45 | 2431.03 | 17830.82 | |
| 43 | | | | | | | |
| 44 | 第三步骤产品成本计算单 | | | | | | |
| 45 | 项目 | 直接材料 | 燃料 | 直接人工 | 制造费用 | 合计 | |
| 46 | 月初在产品成本 | 1500.00 | 600.00 | 1400.00 | 2500.00 | 6000.00 | |
| 47 | 本月发生费用 | 98335.85 | 8000.00 | 12000.00 | 30000.00 | 148335.85 | |
| 48 | 合计 | 99835.85 | 8600.00 | 13400.00 | 32500.00 | 154335.85 | |
| 49 | 完工产品产量 | 150.00 | 150.00 | 150.00 | 150.00 | 600.00 | |
| 50 | 在产品约当量 | 0.50 | 20.00 | 20.00 | 20.00 | 60.50 | |
| 51 | 总约当量 | 150.50 | 170.00 | 170.00 | 170.00 | 660.50 | |
| 52 | 单位成本 | 663.36 | 50.59 | 78.82 | 191.18 | 983.95 | |
| 53 | 转出半成品成本 | 99504.17 | 7588.24 | 11823.53 | 28676.47 | 147592.40 | |
| 54 | 月末在产品成本 | 331.68 | 1011.76 | 1576.47 | 3823.53 | 6743.45 | |



图 2-9-15　第三步骤产品成本计算单

# 任务 4　综合结转分步法的成本还原

## 相关知识

所谓的成本还原，是指在综合结转分步法下将产成品中的综合成本项目分解还原为原始的成本项目的过程。因为采用综合结转分步法在最后步骤计算出来的完工产成品成本中，燃料、人工、制造费用等加工费用只是最后步骤发生的数额，而直接材料却包含了以前各步骤发生的材料、燃料、人工和制造费用，这样，在最后一步成本计算单上的半成品成本在产品成本中的比重就太大，不能反映原始的成本构成，所以需要进行成本还原。

### 实例描述

根据任务 3 的资料，采用按各步骤耗用半成品成本占上一步骤完工半成品总成本的比重还原。

### 操作步骤

1. 创建产品成本还原计算表的结构

（1）打开“产品成本计算”工作簿。

（2）在工作表标签栏中单击“新工作表”按钮⊕，在当前工作表之后插入一张新的空白工作表。

（3）双击新插入的工作表标签，将其重命名为“成本还原表”，在工作表中录入表头及各项目内容，录入完成后的结果如图 2-9-16 所示。

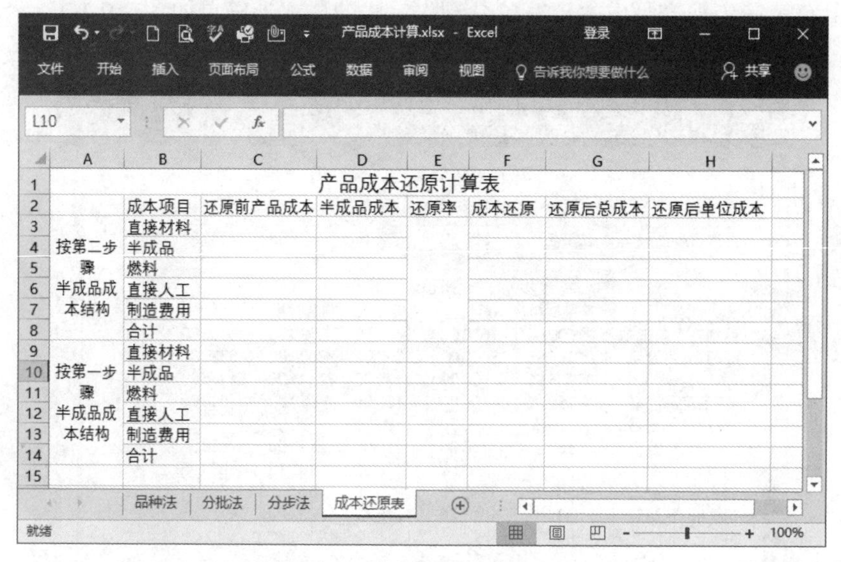


图 2-9-16 创建成本还原计算表结构

2. 定义按第二步骤半成品成本还原的计算公式

（1）选定单元格 C4，在单元格中输入公式“=分步法！B53”，在 D4 单元格中输入公式“=分步法!B41”。

（2）用同样的方法分别在单元格 C5、D5、C6、D6、C7、D7 中输入公式“=分步法!C53”、“=分步法!C41”、“=分步法!D53”、“=分步法!D41”、“=分步法!E53”和“=分步法!E41”。

（3）选中单元格 C8，在单元格中输入公式“=SUM(C3:C7)”后按“Enter”键，将公式复制到 D8 单元格中。

（4）选定单元格区域 E3:E8，单击“开始”/“对齐方式”组的“合并后居中”按钮，合并为一个单元格。

（5）选定 E3 单元格，在单元格中输入公式“=C4/D8”，然后按“Enter”键，计算出还原分配率。

（6）分别在单元格 F3、G3、H3、F5、G5、H5 内输入公式“=E3*D4”、“=F3”、“=G3/分步法!D6”、“=$E$3*D5”、“=F5+C5”和“=G5/分步法!$D$6”。

（7）鼠标框选 F5:H5 单元格区域，再拖动选定区域的填充柄向下拖动复制公式至 F7:H7 单元格区域。

（8）选定单元格 F8，利用“开始”/“编辑”组的“求和”按钮Σ，对 F3:F7 单元格区域求和。再选定单元格 F8，向右拖动填充柄复制公式至 H8。完成第二步骤半成品成本还原，结果如图 2-9-17 所示。

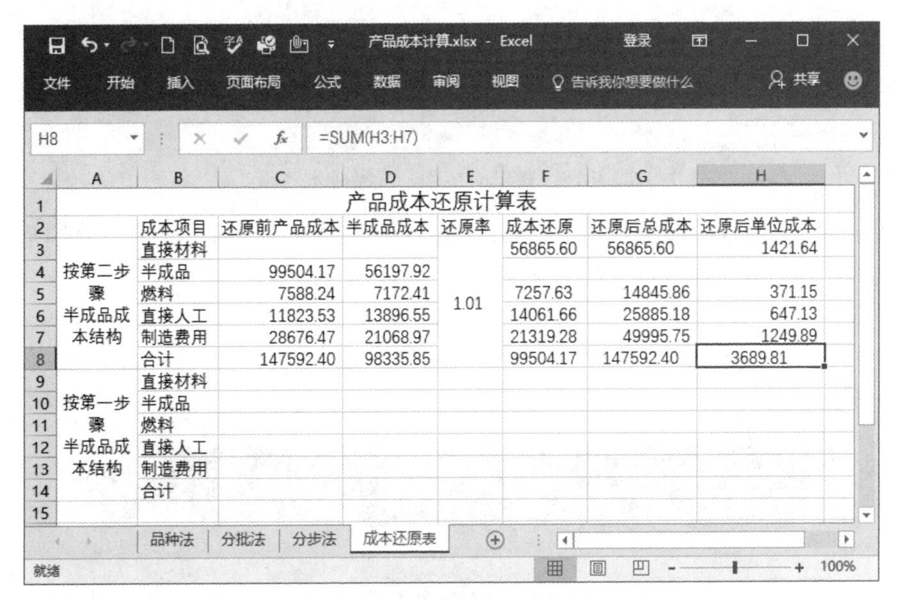

| 产品成本还原计算表 | | | | | | | |
|---|---|---|---|---|---|---|---|
| | 成本项目 | 还原前产品成本 | 半成品成本 | 还原率 | 成本还原 | 还原后总成本 | 还原后单位成本 |
| 按第二步骤半成品成本结构 | 直接材料 | | | | 56865.60 | 56865.60 | 1421.64 |
| | 半成品 | 99504.17 | 56197.92 | | | | |
| | 燃料 | 7588.24 | 7172.41 | 1.01 | 7257.63 | 14845.86 | 371.15 |
| | 直接人工 | 11823.53 | 13896.55 | | 14061.66 | 25885.18 | 647.13 |
| | 制造费用 | 28676.47 | 21068.97 | | 21319.28 | 49995.75 | 1249.89 |
| | 合计 | 147592.40 | 98335.85 | | 99504.17 | 147592.40 | 3689.81 |
| 按第一步骤半成品成本结构 | 直接材料 | | | | | | |
| | 半成品 | | | | | | |
| | 燃料 | | | | | | |
| | 直接人工 | | | | | | |
| | 制造费用 | | | | | | |
| | 合计 | | | | | | |

图 2-9-17　按第二步骤半成品成本还原

### 3. 定义按第一步骤半成品成本还原的计算公式

（1）在 D9 单元格中输入公式“=分步法!B29”，引入第一步骤的直接材料。

（2）在 C10 单元格中输入公式“=G3”，直接从第二步还原后的总成本中引入半成品成本。

（3）在 C11 单元格中输入公式“=G5”，直接从第二步还原后的总成本中引入燃料成本。

（4）选定 C11 单元格，用鼠标拖动其填充柄向下复制公式至 C13。

（5）分别在 D11、D12、D13 单元格中输入公式“=分步法!C29”、“=分步法!D29”和“=分步法!E29”，导入其在第一步骤成本计算单中的值。

（6）选中 C14 单元格，利用“开始”/“编辑”组的“求和”按钮Σ，对 C9:C13 区域求和。选定 C14 单元格，向右拖动填充柄复制公式至 D14。完成第一步骤半成品成本还原，结果如图 2-9-18 所示。

（7）在单元格 E9 中输入公式“=C10/D14”，计算还原率。

（8）选中单元格 F9，在单元格中输入公式“=E9*D9”，在 G9 单元格中输入公式“=F9”。

（9）在单元格 H9 中输入公式“=G9/分步法!D6”。

（10）在单元格 F11 中输入公式“=$E$9*D11”后，将公式向下复制至 F13 单元格。

（11）在单元格 G11 中输入公式“=F11+C11”后，将公式向下复制至 G13 单元格。

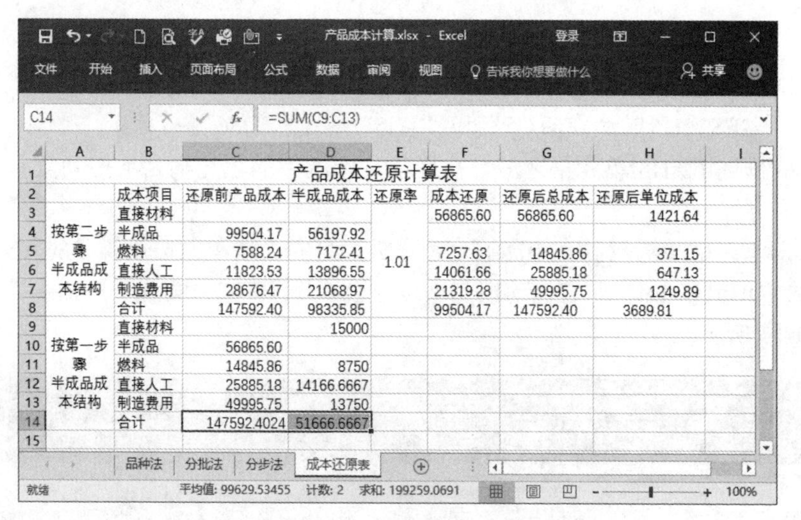

C14 =SUM(C9:C13)

| A | B | C | D | E | F | G | H |
|---|---|---|---|---|---|---|---|
| 产品成本还原计算表 | | | | | | | |
| | 成本项目 | 还原前产品成本 | 半成品成本 | 还原率 | 成本还原 | 还原后总成本 | 还原后单位成本 |
| 按第二步骤半成品成本结构 | 直接材料 | | | 1.01 | 56865.60 | 56865.60 | 1421.64 |
| | 半成品 | 99504.17 | 56197.92 | | | | |
| | 燃料 | 7588.24 | 7172.41 | | 7257.63 | 14845.86 | 371.15 |
| | 直接人工 | 11823.53 | 13896.55 | | 14061.66 | 25885.18 | 647.13 |
| | 制造费用 | 28676.47 | 21068.97 | | 21319.28 | 49995.75 | 1249.89 |
| | 合计 | 147592.40 | 98335.85 | | 99504.17 | 147592.40 | 3689.81 |
| 按第一步骤半成品成本结构 | 直接材料 | | 15000 | | | | |
| | 半成品 | 56865.60 | | | | | |
| | 燃料 | 14845.86 | 8750 | | | | |
| | 直接人工 | 25885.18 | 14166.6667 | | | | |
| | 制造费用 | 49995.75 | 13750 | | | | |
| | 合计 | 147592.4024 | 51666.6667 | | | | |

平均值: 99629.53455 计数: 2 求和: 199259.0691

图 2-9-18 按第一步骤半成品成本还原

（12）在单元格 H11 中输入公式“=G11/分步法!$D$6”后，将公式向下复制至 H13 单元格。

（13）选中单元格 F14，利用“开始”/“编辑”组的“求和”按钮Σ，对 F9:F13 单元格区域求和。再选定单元格 F14，向右拖动填充柄复制公式至 H14 完成成本还原，如图 2-9-19 所示。

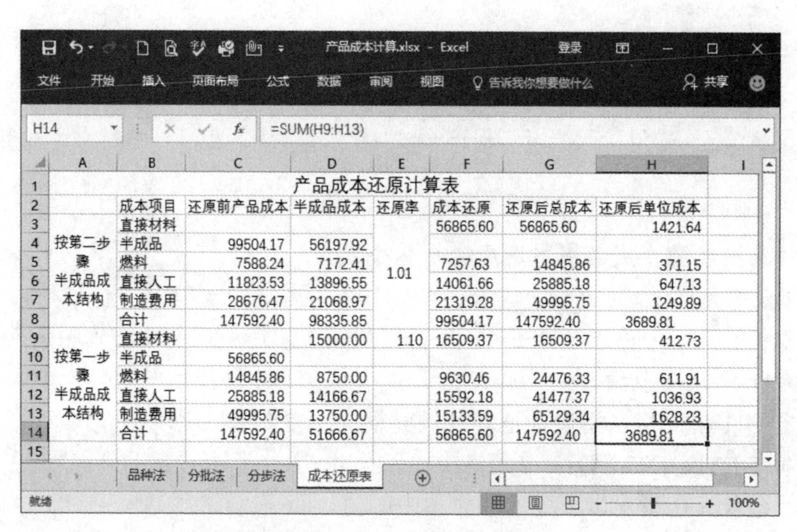

H14 =SUM(H9:H13)

| A | B | C | D | E | F | G | H |
|---|---|---|---|---|---|---|---|
| 产品成本还原计算表 | | | | | | | |
| | 成本项目 | 还原前产品成本 | 半成品成本 | 还原率 | 成本还原 | 还原后总成本 | 还原后单位成本 |
| 按第二步骤半成品成本结构 | 直接材料 | | | 1.01 | 56865.60 | 56865.60 | 1421.64 |
| | 半成品 | 99504.17 | 56197.92 | | | | |
| | 燃料 | 7588.24 | 7172.41 | | 7257.63 | 14845.86 | 371.15 |
| | 直接人工 | 11823.53 | 13896.55 | | 14061.66 | 25885.18 | 647.13 |
| | 制造费用 | 28676.47 | 21068.97 | | 21319.28 | 49995.75 | 1249.89 |
| | 合计 | 147592.40 | 98335.85 | | 99504.17 | 147592.40 | 3689.81 |
| 按第一步骤半成品成本结构 | 直接材料 | | 15000.00 | 1.10 | 16509.37 | 16509.37 | 412.73 |
| | 半成品 | 56865.60 | | | | | |
| | 燃料 | 14845.86 | 8750.00 | | 9630.46 | 24476.33 | 611.91 |
| | 直接人工 | 25885.18 | 14166.67 | | 15592.18 | 41477.37 | 1036.93 |
| | 制造费用 | 49995.75 | 13750.00 | | 15133.59 | 65129.34 | 1628.23 |
| | 合计 | 147592.40 | 51666.67 | | 56865.60 | 147592.40 | 3689.81 |

图 2-9-19 产品成本还原计算表

# 任务 5 平行结转分步法

## 相关知识

平行结转分步法也称不计算半成品成本法，这种方法是各步骤不计算半成品成本，而只归集各步骤本身所发生的费用及各步骤应计入产品成本的份额，将该步骤应计入产品成本的份额平行汇总，即可计算出完工产品成本的一种方法。采用平行结转分步法，各步骤不计算所耗上步骤半成品的成本，而只计算本步骤所发生的费用中应计入产成品成本中的份额，将这一份额平行汇总即可计算出产成品成本。

### 实例描述

某企业生产 C 产品需经过三个车间连续加工而成，原材料在生产开始时一次性投入，月末在产品按照约当产量法计算，在产品的完工程度为 50%，有关数据资料如表 2-9-6、表 2-9-7 所示。

表 2-9-6　产量资料

| 项目 | 第一车间 | 第二车间 | 第三车间 |
| --- | --- | --- | --- |
| 期初在产品数量 | 60 | 180 | 300 |
| 本期投入产品数量 | 1500 | 1320 | 1200 |
| 本期完工产品数量 | 1320 | 1200 | 1380 |
| 期末在产品数量 | 240 | 300 | 120 |
| 完工程度 | 50% | 50% | 50% |
| 总约当量 | 1920 | 1650 | 1440 |

表 2-9-7　费用资料

| 项目 | | 直接材料 | 燃料 | 直接人工 | 制造费用 | 合计 |
| --- | --- | --- | --- | --- | --- | --- |
| 一车间 | 月初在产品成本 | 405000 | 63000 | 90000 | 90000 | 648000 |
| | 本月发生费用 | 972000 | 225000 | 255600 | 255600 | 1708200 |
| 二车间 | 月初在产品成本 | | 76500 | 99000 | 99000 | 274500 |
| | 本月发生费用 | | 27000 | 272250 | 272250 | 571500 |
| 三车间 | 月初在产品成本 | | 36000 | 54000 | 54000 | 144000 |
| | 本月发生费用 | | 352800 | 378000 | 378000 | 1108800 |

要求：采用平行结转分步法计算产品成本。

### 操作步骤

1. 输入产量资料和费用资料等原始数据

（1）打开“产品成本计算”工作簿。

（2）在工作表标签栏中单击“新工作表”按钮⊕，在当前工作表之后插入一张新的空白工作表。

（3）双击新插入的工作表标签，将其重命名为“平行结转”，在工作表中录入相应数据资料，结果如图 2-9-20 所示。

（4）在产量资料的右方制作费用资料，如图 2-9-21 所示。

2. 制作第一车间成本计算单

（1）创建第一车间成本计算单的结构，如图 2-9-22 所示。

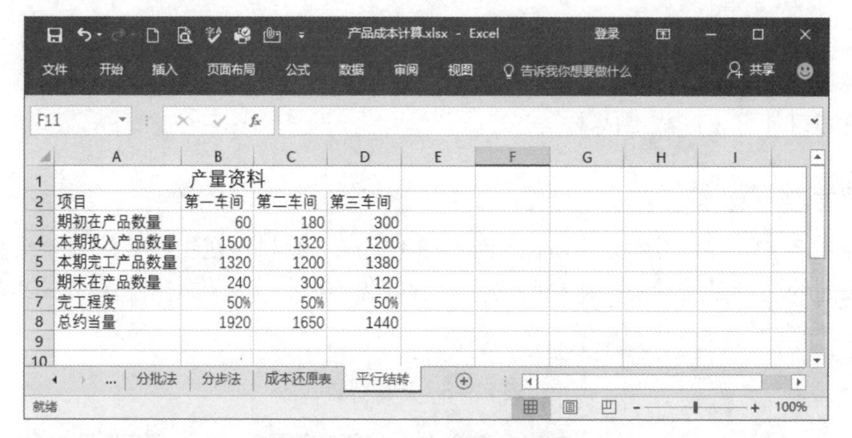

| | A | B | C | D |
|---|---|---|---|---|
| 1 | | 产量资料 | | |
| 2 | 项目 | 第一车间 | 第二车间 | 第三车间 |
| 3 | 期初在产品数量 | 60 | 180 | 300 |
| 4 | 本期投入产品数量 | 1500 | 1320 | 1200 |
| 5 | 本期完工产品数量 | 1320 | 1200 | 1380 |
| 6 | 期末在产品数量 | 240 | 300 | 120 |
| 7 | 完工程度 | 50% | 50% | 50% |
| 8 | 总约当量 | 1920 | 1650 | 1440 |

图 2-9-20　输入产量资料的数据

| | F | G | H | I | J | K | L |
|---|---|---|---|---|---|---|---|
| 1 | | | | 费用资料 | | | |
| 2 | | 项目 | 直接材料 | 燃料 | 直接人工 | 制造费用 | 合计 |
| 3 | 一车间 | 月初在产品成本 | 405000 | 63000 | 90000 | 90000 | 648000 |
| 4 | | 本月发生费用 | 972000 | 225000 | 255600 | 225600 | 1678200 |
| 5 | 二车间 | 月初在产品成本 | | 76500 | 99000 | 99000 | 274500 |
| 6 | | 本月发生费用 | | 27000 | 272250 | 272250 | 571500 |
| 7 | 三车间 | 月初在产品成本 | | 36000 | 54000 | 54000 | 144000 |
| 8 | | 本月发生费用 | | 352800 | 378000 | 378000 | 1108800 |

图 2-9-21　输入费用资料的数据

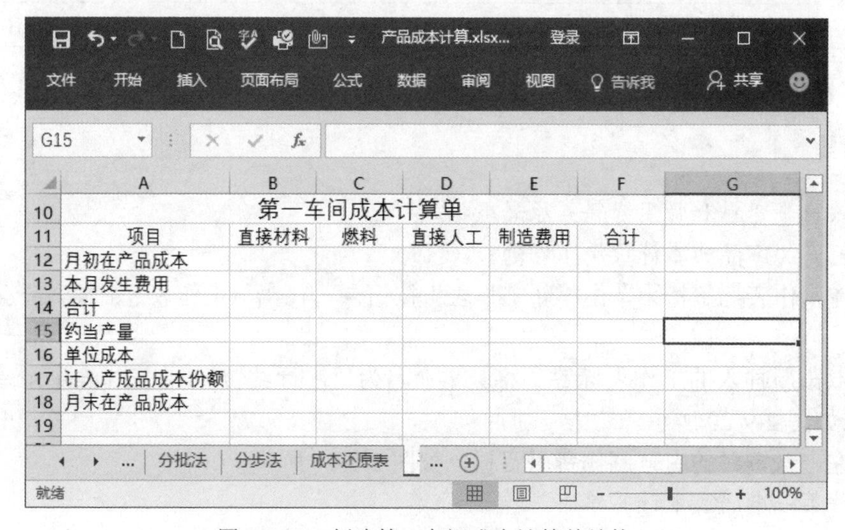

| | A | B | C | D | E | F |
|---|---|---|---|---|---|---|
| 10 | | | 第一车间成本计算单 | | | |
| 11 | 项目 | 直接材料 | 燃料 | 直接人工 | 制造费用 | 合计 |
| 12 | 月初在产品成本 | | | | | |
| 13 | 本月发生费用 | | | | | |
| 14 | 合计 | | | | | |
| 15 | 约当产量 | | | | | |
| 16 | 单位成本 | | | | | |
| 17 | 计入产成品成本份额 | | | | | |
| 18 | 月末在产品成本 | | | | | |

图 2-9-22　创建第一车间成本计算单结构

（2）在单元格 B12 中输入公式“=H3”，向右复制公式至 E12 单元格，再将公式复制到 B13，从 B13 又将公式复制至 E13 单元格。

（3）在单元格 B14 中输入公式“=SUM(B12:B13)”，再将公式复制至 E14，计算出费用合计数。

（4）在单元格 B15 中输入公式“=D5+D6+C6+B6”，单元格 C15 中输入公式“=$B$8”，选中 C15 单元格，将公式复制至 E15，计算出约当产量。

（5）在单元格 B16 中输入公式“=B14/B15”，再将公式复制至 E16 单元格，计算出单位成本。

（6）在单元格 B17 中输入公式“=B16*$D$5”，再将公式复制至 E17，计算应计入产成品成本的份额。

（7）在单元格 B18 中输入公式“=B14-B17”，再将公式复制至 E18，计算出月末在产品成本。

（8）单击 F12 单元格，单击“开始”/“编辑”组的“求和”按钮Σ，计算 SUM(B12:E12) 的值，再拖动填充柄，向下拖至 F18 复制合计公式，计算每个项目的合计。

完成后的第一车间的成本计算单如图 2-9-23 所示。

F18　=SUM(B18:E18)

| 第一车间成本计算单 | | | | | |
|---|---|---|---|---|---|
| 项目 | 直接材料 | 燃料 | 直接人工 | 制造费用 | 合计 |
| 月初在产品成本 | 405000.00 | 63000.00 | 90000.00 | 90000.00 | 648000.00 |
| 本月发生费用 | 972000.00 | 225000.00 | 255600.00 | 225600.00 | 1678200.00 |
| 合计 | 1377000.00 | 288000.00 | 345600.00 | 315600.00 | 2326200.00 |
| 约当产量 | 2040.00 | 1920.00 | 1920.00 | 1920.00 | 7800.00 |
| 单位成本 | 675.00 | 150.00 | 180.00 | 164.38 | 1169.38 |
| 计入产成品成本份额 | 931500.00 | 207000.00 | 248400.00 | 226837.50 | 1613737.50 |
| 月末在产品成本 | 445500.00 | 81000.00 | 97200.00 | 88762.50 | 712462.50 |



图 2-9-23　完成第一车间成本计算单的计算

3. 制作第二车间成本计算单

（1）创建第二车间成本计算单的结构，完成后结果如图 2-9-24 所示。

（2）在单元格 C23 中输入公式“=I5”，再将 C23 中的公式复制到单元格区域 D23:F24 中，引入二车间的期初数。

（3）在单元格 C25 中输入公式“=SUM(C23:C24)”，再将公式复制至 F25，计算出成本费用合计数。

（4）在单元格 C26 中输入公式“=$C$8”，选中单元格 C26，将公式复制至 E26，计算出约当产量。

（5）在单元格 C27 中输入公式“=C25/C26”，再将公式复制至 E27，计算出单位成本。

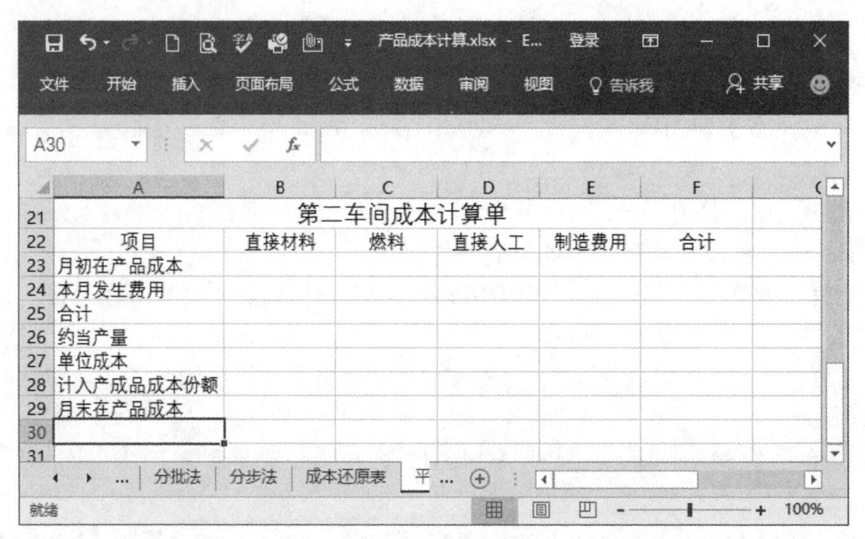

| | A | B | C | D | E | F |
|---|---|---|---|---|---|---|
| 21 | 第二车间成本计算单 | | | | | |
| 22 | 项目 | 直接材料 | 燃料 | 直接人工 | 制造费用 | 合计 |
| 23 | 月初在产品成本 | | | | | |
| 24 | 本月发生费用 | | | | | |
| 25 | 合计 | | | | | |
| 26 | 约当产量 | | | | | |
| 27 | 单位成本 | | | | | |
| 28 | 计入产成品成本份额 | | | | | |
| 29 | 月末在产品成本 | | | | | |

图 2-9-24　创建第一车间成本计算单的结构

（6）在单元格 C28 中输入公式“=C27*$D$5”，再将公式复制至 E28，计算出应计入产成品成本的份额。

（7）在单元格 C29 中输入公式“=C25-C28”，再将公式复制至 E29，计算出月末在产品成本。

（8）单击 F27 单元格，单击“开始”/“编辑”组的“求和”按钮Σ，计算 SUM(C27:E27)的值，再拖动填充柄，向下拖至 F29 复制合计公式，计算每个项目的合计。

完成第二车间成本计算单，结果如图 2-9-25 所示。

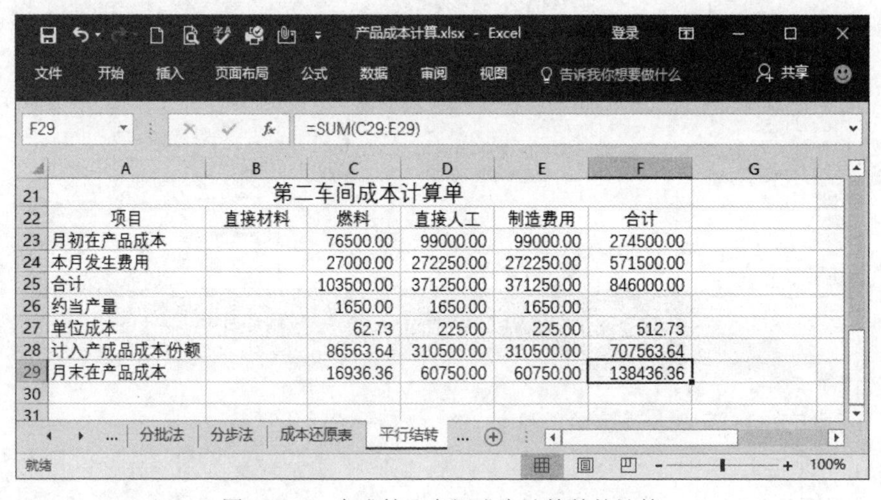

F29　=SUM(C29:E29)

| | A | B | C | D | E | F |
|---|---|---|---|---|---|---|
| 21 | 第二车间成本计算单 | | | | | |
| 22 | 项目 | 直接材料 | 燃料 | 直接人工 | 制造费用 | 合计 |
| 23 | 月初在产品成本 | | 76500.00 | 99000.00 | 99000.00 | 274500.00 |
| 24 | 本月发生费用 | | 27000.00 | 272250.00 | 272250.00 | 571500.00 |
| 25 | 合计 | | 103500.00 | 371250.00 | 371250.00 | 846000.00 |
| 26 | 约当产量 | | 1650.00 | 1650.00 | 1650.00 | |
| 27 | 单位成本 | | 62.73 | 225.00 | 225.00 | 512.73 |
| 28 | 计入产成品成本份额 | | 86563.64 | 310500.00 | 310500.00 | 707563.64 |
| 29 | 月末在产品成本 | | 16936.36 | 60750.00 | 60750.00 | 138436.36 |

图 2-9-25　完成第二车间成本计算单的计算

4. 制作第三车间成本计算单

（1）将第二车间成本计算单复制到其下面的单元格中，修改标题及公式，制作第三车间成本计算单。

（2）在单元格 C33 中输入公式“=I7”，再将 C33 中的公式复制到 D33:F34 中，引入第三车间的期初数。

（3）在单元格 C35 中输入公式“=SUM(C33:C34)”，再将公式复制至 F35，计算出成本费用合计数。

（4）在单元格 C36 中输入公式“=$D$8”，选中单元格 C36，将公式复制至 E36，计算出约当产量。

（5）在单元格 C37 中输入公式“=C35/C36”，再将公式复制至 E37，计算出单位成本。

（6）在单元格 C38 中输入公式“=C37*$D$5”，再将公式复制至 E38，计算出应计入产成品成本的份额。

（7）在单元格 C39 中输入公式“=C35-C38”，再将公式复制至 E39，计算出月末在产品成本。

（8）单击 F37 单元格，单击“开始”/“编辑”组的“求和”按钮Σ，计算 SUM(C37:E37) 的值，再拖动填充柄，向下拖至 F39 复制合计公式，计算每个项目的合计。

完成第三车间成本计算单，结果如图 2-9-26 所示。

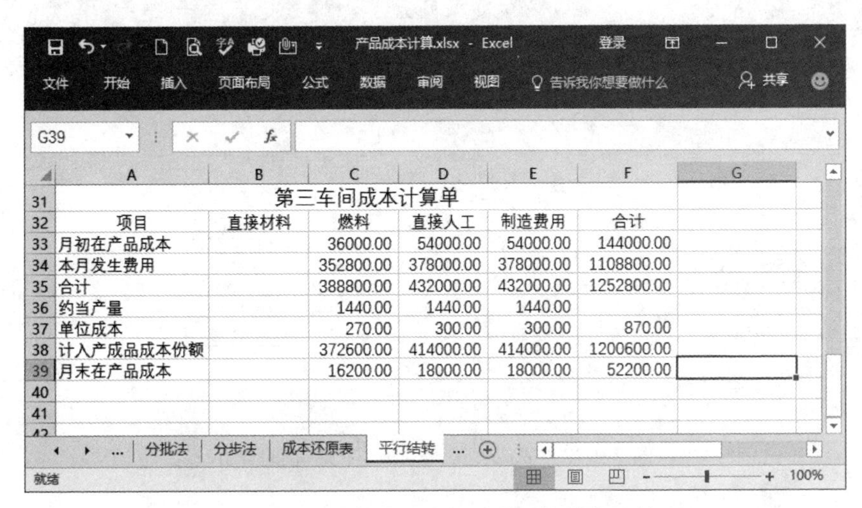

第三车间成本计算单

| 项目 | 直接材料 | 燃料 | 直接人工 | 制造费用 | 合计 |
|---|---|---|---|---|---|
| 月初在产品成本 | | 36000.00 | 54000.00 | 54000.00 | 144000.00 |
| 本月发生费用 | | 352800.00 | 378000.00 | 378000.00 | 1108800.00 |
| 合计 | | 388800.00 | 432000.00 | 432000.00 | 1252800.00 |
| 约当产量 | | 1440.00 | 1440.00 | 1440.00 | |
| 单位成本 | | 270.00 | 300.00 | 300.00 | 870.00 |
| 计入产成品成本份额 | | 372600.00 | 414000.00 | 414000.00 | 1200600.00 |
| 月末在产品成本 | | 16200.00 | 18000.00 | 18000.00 | 52200.00 |

图 2-9-26　完成第三车间成本计算单的计算

5. 制作完工产品成本汇总表

（1）在成本计算单下面建立完工产品成本汇总表的结构，如图 2-9-27 所示。

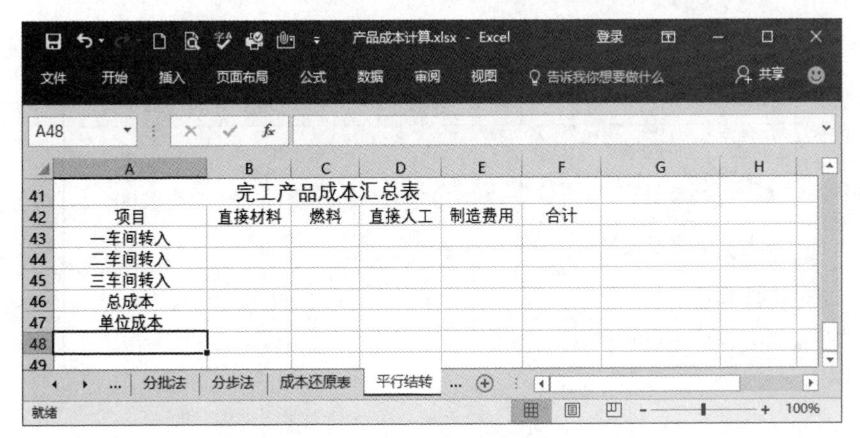

完工产品成本汇总表

| 项目 | 直接材料 | 燃料 | 直接人工 | 制造费用 | 合计 |
|---|---|---|---|---|---|
| 一车间转入 | | | | | |
| 二车间转入 | | | | | |
| 三车间转入 | | | | | |
| 总成本 | | | | | |
| 单位成本 | | | | | |

图 2-9-27　创建完工产品成本汇总表的结构

（2）在单元格 B43 中输入公式“=B17”，单击“输入”按钮✔，然后拖动填充柄向右复制公式至 F43，导入第一车间的成本资料。

（3）在单元格 B44 中输入公式“=B28”，单击“输入”按钮✔，然后拖动填充柄向右复制公式至 F44，导入第二车间的成本资料。

（4）在单元格 B45 中输入公式“=B38”，单击“输入”按钮✔，然后拖动填充柄向右复制公式至 F45，导入第三车间的成本资料。

（5）在单元格 B46 中输入公式“=SUM(B43:B45)”，单击“输入”按钮✔，然后拖动填充柄向右复制公式至 F46，计算出总成本。

（6）在单元格 B47 中输入公式“=B46/$D$5”，单击“输入”按钮✔，然后拖动填充柄向右复制公式至 F47，计算出单位成本，完成完工产品成本汇总表，结果如图 2-9-28 所示。

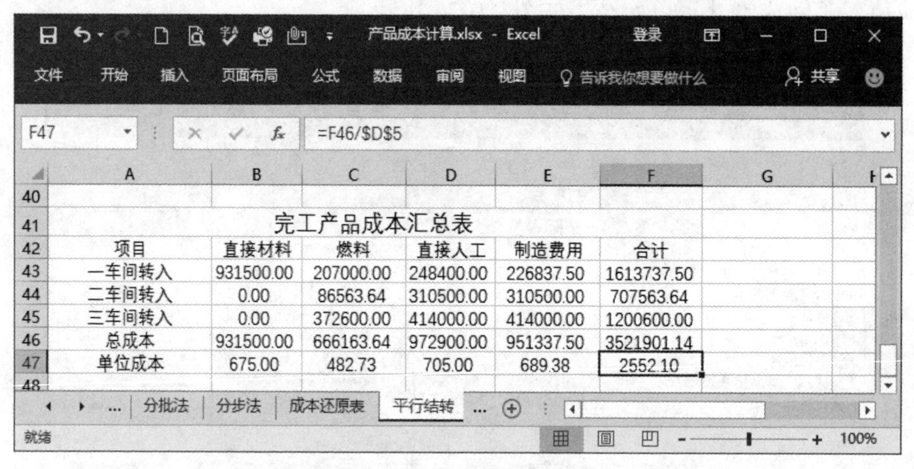

完工产品成本汇总表

| 项目 | 直接材料 | 燃料 | 直接人工 | 制造费用 | 合计 |
|---|---|---|---|---|---|
| 一车间转入 | 931500.00 | 207000.00 | 248400.00 | 226837.50 | 1613737.50 |
| 二车间转入 | 0.00 | 86563.64 | 310500.00 | 310500.00 | 707563.64 |
| 三车间转入 | 0.00 | 372600.00 | 414000.00 | 414000.00 | 1200600.00 |
| 总成本 | 931500.00 | 666163.64 | 972900.00 | 951337.50 | 3521901.14 |
| 单位成本 | 675.00 | 482.73 | 705.00 | 689.38 | 2552.10 |

图 2-9-28 完成完工产品成本汇总表的计算

**小试牛刀**

某企业采用逐步结转分步法综合结转计算产品成本，资料如下，请使用 Excel 完成下列成本计算。

**产量资料**

| 项目 | 一步骤 | 二步骤 | 三步骤 |
|---|---|---|---|
| 月初在产品数量 | 20 | 20 | 50 |
| 本月投产数量 | 200 | 180 | 200 |
| 本月完工产品数量 | 180 | 200 | 150 |
| 月末在产品数量 | 40 | 0 | 100 |
| 在产品完工程度 | 50% | — | 50% |

生产费用资料

| 成本项目 | 月初在产品成本 | | | 本月发生费用 | | |
|---|---|---|---|---|---|---|
| | 一步骤 | 二步骤 | 三步骤 | 一步骤 | 二步骤 | 三步骤 |
| 直接材料 | 160,000 | 200,000 | 650,000 | 173,000 | | |
| 直接工资 | 80,000 | 10,000 | 10,000 | 172,000 | 208,000 | 90,000 |
| 制造费用 | 12,000 | 20,000 | 15,000 | 208,000 | 154,000 | 125,000 |
| 合计 | | | | | | |

第一步骤产品成本计算单

| 项目 | 直接材料 | 直接工资 | 制造费用 | 合计 |
|---|---|---|---|---|
| 月初在产品成本 | | | | |
| 本月发生费用 | | | | |
| 合计 | | | | |
| 产品产量 | | | | |
| 在产品约当产量 | | | | |
| 合计 | | | | |
| 单位成本 | | | | |
| 转出半成品成本 | | | | |
| 在产品成本 | | | | |

第二步骤产品成本计算单

| 项目 | 直接材料 | 直接工资 | 制造费用 | 合计 |
|---|---|---|---|---|
| 月初在产品成本 | | | | |
| 本月发生费用 | | | | |
| 合计 | | | | |
| 产品产量 | | | | |
| 在产品约当产量 | | | | |
| 合计 | | | | |
| 单位成本 | | | | |
| 转出半成品成本 | | | | |
| 在产品成本 | | | | |

**第三步骤产品成本计算单**

| 项目 | 直接材料 | 直接工资 | 制造费用 | 合计 |
|---|---|---|---|---|
| 月初在产品成本 | | | | |
| 本月发生费用 | | | | |
| 合计 | | | | |
| 产品产量 | | | | |
| 在产品约当产量 | | | | |
| 合计 | | | | |
| 单位成本 | | | | |
| 完工产品成本 | | | | |
| 在产品成本 | | | | |

# 实例 10　会计报表

## 任务 1　资产负债表

### 相关知识

资产负债表是企业常用的一种报表，是反映企业在某一特定日期的财务状况的报表，主要反映资产、负债和所有者权益三方面的内容，并满足“资产=负债+所有者权益”平衡式。我国企业的资产负债表采用账户式结构，分左右两方。左方为资产项目按流动性排列，右方为负债及所有者权益项目，一般按要求清偿时间排列。资产各项目的合计等于负债和所有者权益各项目的合计，即“资产=负债+所有者权益”。

### 实例描述

某企业期末余额如下：货币资金 2328000 元，其他应收款 7000 元，应收账款 145000 元，存货 70000 元，固定资产 4700000 元，应付账款 300000 元，短期借款 100000 元，实收资本 685000 元。要求编制资产负债表，如图 2-10-1 所示。

资产负债表

| 资产负债表 | 期末数 | 负债及所有者权益 | 期末数 |
|---|---|---|---|
| 流动资产 | | 负债 | |
| 货币资金 | 2328000 | 应付账款 | 300000 |
| 其他应收款 | 7000 | 短期借款 | 100000 |
| 应收账款 | 145000 | 负债合计 | 400000 |
| 存货 | 7000 | 所有者权益 | |
| 流动资产合计 | 2487000 | 实收资本 | 6850000 |
| 长期资产 | | 资本公积 | |
| 固定资产 | 4700000 | 盈余公积 | |
| 无形资产 | | 所有者权益合计 | 6850000 |
| 长期资产合计 | 4700000 | | |
| 资产合计 | 7187000 | 负债及所有者权益合计 | 7250000 |

图 2-10-1　资产负债表

### 操作步骤

1．创建资产负债表结构

启动 Excel 后，在空白工作表中分别录入工作表标题“资产负债表”及表结构内容，如图 2-10-2 所示。

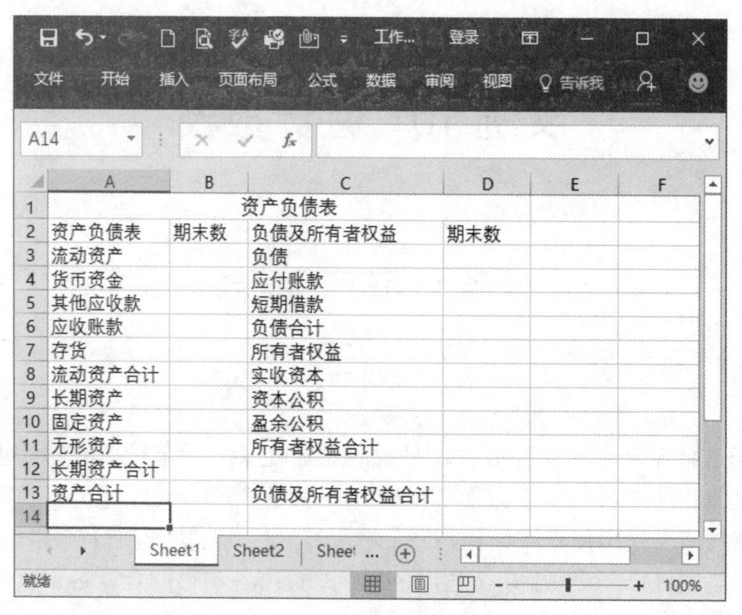


图 2-10-2 创建资产负债表结构

2. 定义公式

（1）定义流动资产合计的公式。在流动资产合计期末数一栏即 B8 单元格输入公式“=SUM(B4:B7)”，如图 2-10-3 所示。

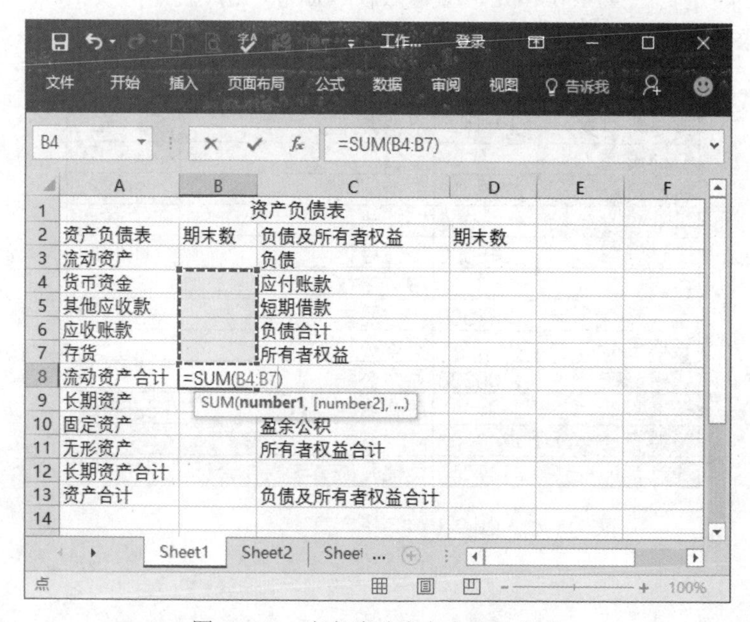


图 2-10-3 定义流动资产合计的公式

同理，用户可以分别在长期资产合计、负债合计及所有者权益合计期末数栏里分别输入求和公式。

（2）定义资产合计的公式。在资产合计期末数一栏，即 B13 单元格中输入公式“=B8+B12”，如图 2-10-4 所示。

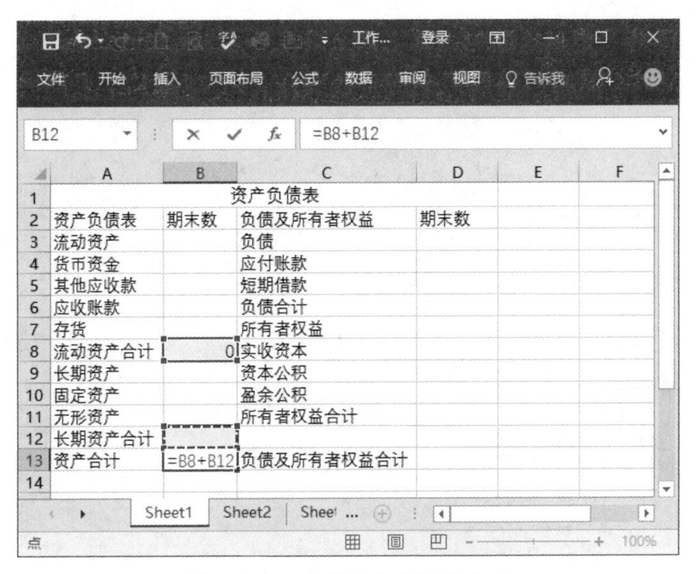

B12　=B8+B12

| | A | B | C | D |
|---|---|---|---|---|
| 1 | | | 资产负债表 | |
| 2 | 资产负债表 | 期末数 | 负债及所有者权益 | 期末数 |
| 3 | 流动资产 | | 负债 | |
| 4 | 货币资金 | | 应付账款 | |
| 5 | 其他应收款 | | 短期借款 | |
| 6 | 应收账款 | | 负债合计 | |
| 7 | 存货 | | 所有者权益 | |
| 8 | 流动资产合计 | 0 | 实收资本 | |
| 9 | 长期资产 | | 资本公积 | |
| 10 | 固定资产 | | 盈余公积 | |
| 11 | 无形资产 | | 所有者权益合计 | |
| 12 | 长期资产合计 | | | |
| 13 | 资产合计 | =B8+B12 | 负债及所有者权益合计 | |
| 14 | | | | |

图 2-10-4　定义资产合计的公式

（3）定义负债及所有者权益合计的公式。在 D13 单元格一栏输入公式“=D6+D11”，如图 2-10-5 所示。

D11　=D6+D11

| | A | B | C | D |
|---|---|---|---|---|
| 1 | | | 资产负债表 | |
| 2 | 资产负债表 | 期末数 | 负债及所有者权益 | 期末数 |
| 3 | 流动资产 | | 负债 | |
| 4 | 货币资金 | | 应付账款 | |
| 5 | 其他应收款 | | 短期借款 | |
| 6 | 应收账款 | | 负债合计 | |
| 7 | 存货 | | 所有者权益 | |
| 8 | 流动资产合计 | 0 | 实收资本 | |
| 9 | 长期资产 | | 资本公积 | |
| 10 | 固定资产 | | 盈余公积 | |
| 11 | 无形资产 | | 所有者权益合计 | |
| 12 | 长期资产合计 | | | |
| 13 | 资产合计 | 0 | 负债及所有者权益合计 | =D6+D11 |
| 14 | | | | |

图 2-10-5　定义负债及所有者权益合计的公式

3. 录入数据

根据资料在工作表中相应位置录入数据，工作表则根据录入的数据和公式进行计算，生成资产负债表，结果如图 2-10-6 所示。

4. 保存并打印输出

双击工作表标签，改名为“资产负债表”，对工作表进行适当的美化，保存工作簿为“会计报表”，如图 2-10-7 所示。最后进行页面设置，单击“文件”/“打印”命令将“资产负债表”打印输出。

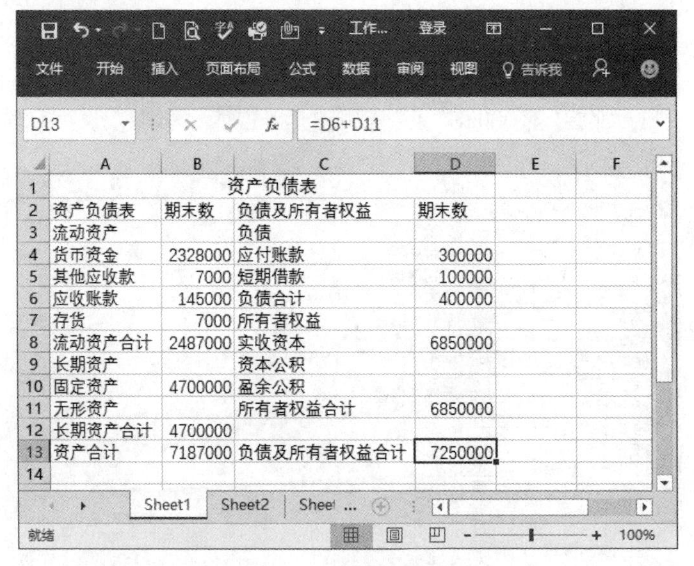


| | A | B | C | D |
|---|---|---|---|---|
| 1 | | | 资产负债表 | |
| 2 | 资产负债表 | 期末数 | 负债及所有者权益 | 期末数 |
| 3 | 流动资产 | | 负债 | |
| 4 | 货币资金 | 2328000 | 应付账款 | 300000 |
| 5 | 其他应收款 | 7000 | 短期借款 | 100000 |
| 6 | 应收账款 | 145000 | 负债合计 | 400000 |
| 7 | 存货 | 7000 | 所有者权益 | |
| 8 | 流动资产合计 | 2487000 | 实收资本 | 6850000 |
| 9 | 长期资产 | | 资本公积 | |
| 10 | 固定资产 | 4700000 | 盈余公积 | |
| 11 | 无形资产 | | 所有者权益合计 | 6850000 |
| 12 | 长期资产合计 | 4700000 | | |
| 13 | 资产合计 | 7187000 | 负债及所有者权益合计 | 7250000 |

图 2-10-6　录入数据并计算

| | A | B | C | D |
|---|---|---|---|---|
| 1 | | | 资产负债表 | |
| 2 | 资产负债表 | 期末数 | 负债及所有者权益 | 期末数 |
| 3 | 流动资产 | | 负债 | |
| 4 | 货币资金 | 2328000 | 应付账款 | 300000 |
| 5 | 其他应收款 | 7000 | 短期借款 | 100000 |
| 6 | 应收账款 | 145000 | 负债合计 | 400000 |
| 7 | 存货 | 7000 | 所有者权益 | |
| 8 | 流动资产合计 | 2487000 | 实收资本 | 6850000 |
| 9 | 长期资产 | | 资本公积 | |
| 10 | 固定资产 | 4700000 | 盈余公积 | |
| 11 | 无形资产 | | 所有者权益合计 | 6850000 |
| 12 | 长期资产合计 | 4700000 | | |
| 13 | 资产合计 | 7187000 | 负债及所有者权益合计 | 7250000 |

图 2-10-7　美化及保存

# 任务 2　利润表

### 相关知识

利润表是反映企业在一定会计期间的经营成果的报表，通过提供利润表，可以反映企业在一定期间收入、费用及利润（或亏损）的数额、构成情况，帮助财务报表使用者全面了解企业的经营成果，分析企业的获利能力及盈利增长趋势，从而为经济决策提供依据。我国企业的利润表采用多步式格式。

## 实例描述

某企业本期主营业务收入 1000000 元，主营业务成本 600000 元，管理费用 60000 元，财务费用 40000 元，营业外收入 20000 元，所得税率 33%，要求编制如图 2-10-8 所示的利润表。

利润表

| 项目 | 本期金额 |
|---|---|
| 一、营业收入 | 1000000 |
| 减：营业成本 | 600000 |
| 营业税金及附加 | |
| 销售费用 | |
| 管理费用 | |
| 财务费用 | 60000 |
| 资产减值损失 | 40000 |
| 加：公允价值变动收益 | |
| 投资收益 | |
| 二、营业利润 | 300000 |
| 加：营业外收入 | 20000 |
| 减：营业外支出 | |
| 三、利润总额 | 320000 |
| 减：所得税费用 | 105600 |
| 四、净利润 | 214400 |

图 2-10-8　利润表

## 操作步骤

1. 创建利润表结构

Excel 中双击空白工作表标签，输入工作表名称为“利润表”，分别录入工作表标题“利润表”及表结构，如图 2-10-9 所示。

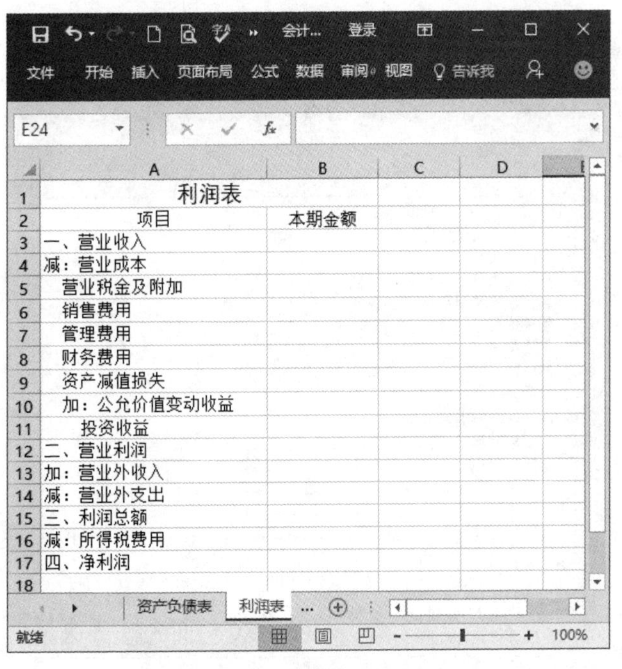

| | A | B |
|---|---|---|
| 1 | 利润表 | |
| 2 | 项目 | 本期金额 |
| 3 | 一、营业收入 | |
| 4 | 减：营业成本 | |
| 5 | 营业税金及附加 | |
| 6 | 销售费用 | |
| 7 | 管理费用 | |
| 8 | 财务费用 | |
| 9 | 资产减值损失 | |
| 10 | 加：公允价值变动收益 | |
| 11 | 投资收益 | |
| 12 | 二、营业利润 | |
| 13 | 加：营业外收入 | |
| 14 | 减：营业外支出 | |
| 15 | 三、利润总额 | |
| 16 | 减：所得税费用 | |
| 17 | 四、净利润 | |
| 18 | | |

图 2-10-9　创建利润表结构

2．定义公式

（1）在营业利润本期金额（即 B12 单元格）一栏输入公式“=B3-SUM(B4:B9)+B10+B11”，如图 2-10-10 所示。

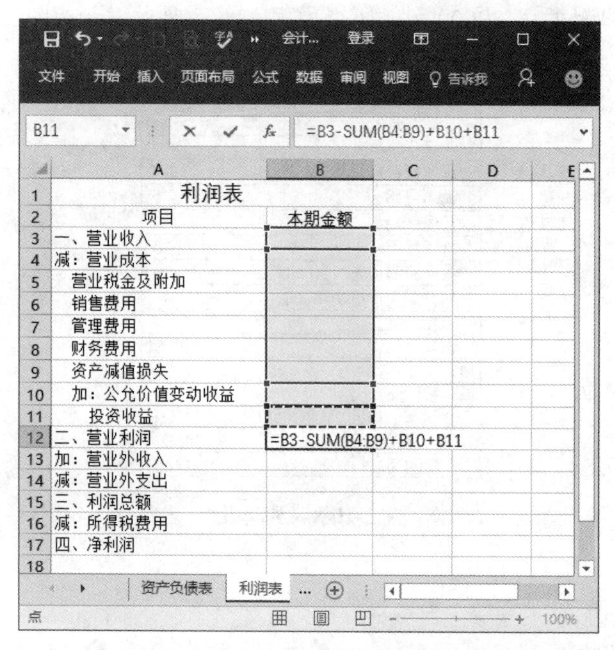


图 2-10-10　定义营业利润本期金额计算公式

（2）在利润总额本期金额栏（即 B15 单元格）里输入公式“=B12+B13-B14”，如图 2-10-11 所示。

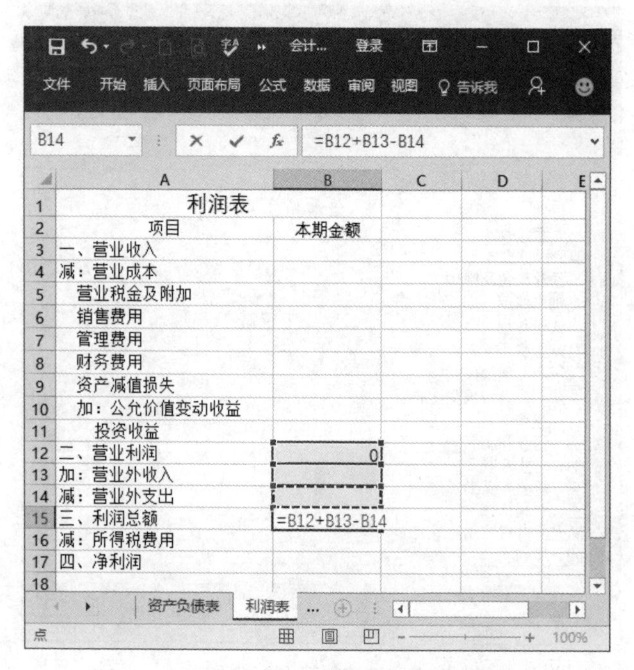


图 2-10-11　定义利润总额本期金额计算公式

（3）在所得税费用栏里输入公式“=B15*0.33”，如图 2-10-12 所示。

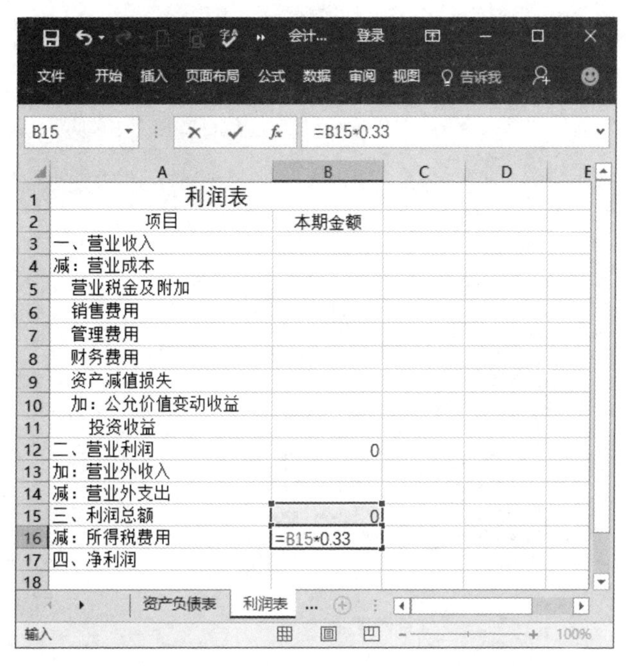


图 2-10-12　定义所得税费用计算公式

（4）在净利润的本期金额栏里输入公式“=B15-B16”，如图 2-10-13 所示。

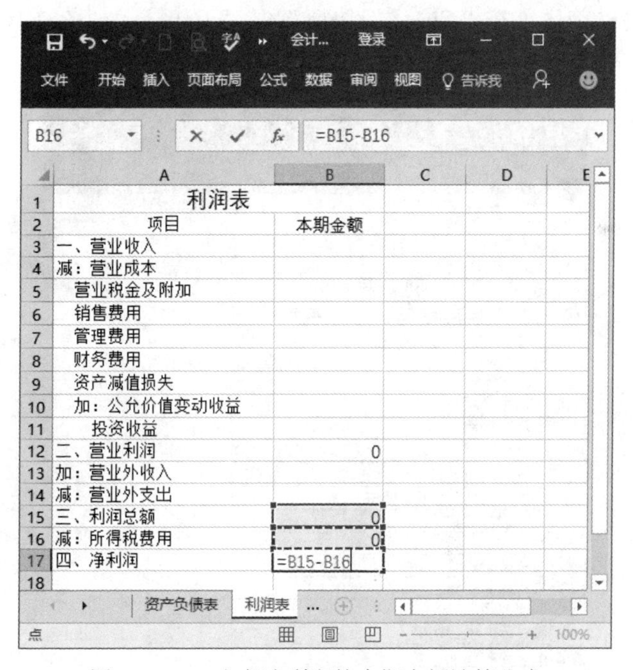


图 2-10-13　定义净利润的本期金额计算公式

3. 录入数据

根据资料在表格的相应位置上录入有关数据，表格将自动完成计算并生成利润表，结果如图 2-10-14 所示。如果数据有变动，表格将自动根据公式重新计算并编出相应的利润表。

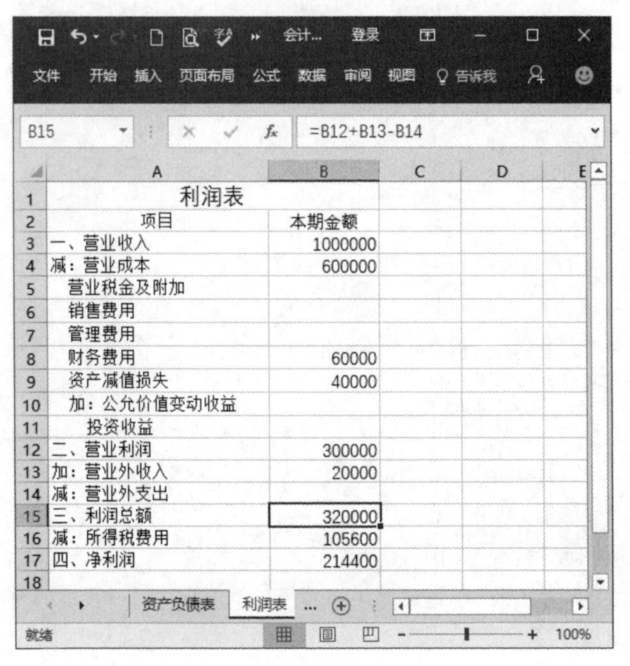

B15 =B12+B13-B14

| 利润表 | |
|---|---|
| 项目 | 本期金额 |
| 一、营业收入 | 1000000 |
| 减：营业成本 | 600000 |
| 营业税金及附加 | |
| 销售费用 | |
| 管理费用 | |
| 财务费用 | 60000 |
| 资产减值损失 | 40000 |
| 加：公允价值变动收益 | |
| 投资收益 | |
| 二、营业利润 | 300000 |
| 加：营业外收入 | 20000 |
| 减：营业外支出 | |
| 三、利润总额 | 320000 |
| 减：所得税费用 | 105600 |
| 四、净利润 | 214400 |

图 2-10-14　录入数据

4. 美化、保存和输出

适当对利润表进行美化，按“Ctrl+S”快捷键保存工作簿，如图 2-10-15 所示，然后进行页面设置，单击“文件”/“打印”命令将利润表打印输出。

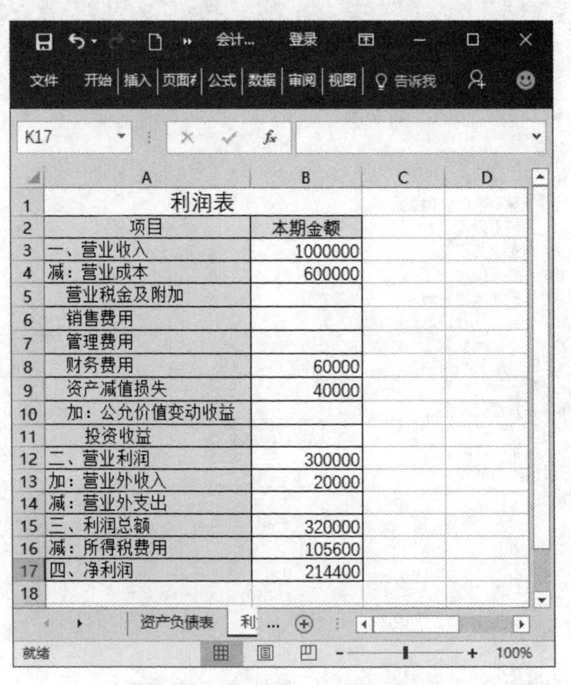

| 利润表 | |
|---|---|
| 项目 | 本期金额 |
| 一、营业收入 | 1000000 |
| 减：营业成本 | 600000 |
| 营业税金及附加 | |
| 销售费用 | |
| 管理费用 | |
| 财务费用 | 60000 |
| 资产减值损失 | 40000 |
| 加：公允价值变动收益 | |
| 投资收益 | |
| 二、营业利润 | 300000 |
| 加：营业外收入 | 20000 |
| 减：营业外支出 | |
| 三、利润总额 | 320000 |
| 减：所得税费用 | 105600 |
| 四、净利润 | 214400 |

图 2-10-15　美化、保存及输出

# 任务 3　现金流量表

## 相关知识

现金流量表是综合反映企业一定时期内现金来源和运用及增减变动情况的会计报表。在现金流量表中的现金与一般所指的现金不同，通常包括现金和现金等价物。

现金是指企业的库存现金以及可以随时用于支付的存款。

会计上所说的现金通常指企业的库存现金。而现金流量表中的“现金”不仅包括“现金”账户核算的库存现金，还包括企业“银行存款”账户核算的存入金融企业、随时可以用于支付的存款，也包括“其他货币资金”账户核算的外埠存款、银行汇票存款、银行本票存款和在途货币资金等其他货币资金。应注意的是，银行存款和其他货币资金中有些不能随时用于支付的存款，如不能随时支取的定期存款等，不应作为现金，而应列作投资；提前通知金融企业便可支取的定期存款，则应包括在现金范围内。

现金等价物是指企业持有的期限短、流动性强、易于转换为已知金额现金、价值变动风险很小的投资。现金等价物虽然不是现金，但其支付能力与现金的差别不大，可视为现金。如企业为保证支付能力，手持必要的现金，为了不使现金闲置，可以购买短期债券，在需要现金时，随时可以变现。

一项投资被确认为现金等价物必须同时具备四个条件：期限短、流动性强、易于转换为已知金额现金、价值变动风险很小。其中，期限较短，一般是指从购买日起，三个月内到期。例如可在证券市场上流通的三个月内到期的短期债券投资等。

现金流量是某一段时期内企业现金流入和流出的数量。如企业销售商品、提供劳务、出售固定资产、向银行借款等取得现金，形成企业的现金流入；购买原材料、接受劳务、购建固定资产、对外投资、偿还债务等而支付现金，形成企业的现金流出。现金流量信息能够表明企业经营状况是否良好，资金是否紧缺，企业偿付能力大小，从而为投资者、债权人、企业管理者提供非常有用的信息。应该注意的是，企业现金形式的转换不会产生现金的流入和流出，如企业从银行提取现金，是企业现金存放形式的转换，并未流出企业，不构成现金流量；同样，现金与现金等价物之间的转换也不属于现金流量，比如，企业用现金购买将于 3 个月内到期的国库券。

现金流量表的编制方法有直接法和间接法两种。直接法是通过现金收入和支出的主要类别反映来自企业经营活动的现金流量。间接法是以本期净利润为起算点，调整不涉及现金的收入、费用、营业外收支以及有关项目的增减变动，据此计算出经营活动的现金流量。现行会计准则规定采用直接法，同时要求在现金流量表附注中披露将净利润调节为经营活动现金流量的信息，也就是用间接法来计算经营活动的现金流量。

现金流量表分正表和补充资料两部分。现金流量表是以“现金流入-现金流出=现金流量净额”为基础，采取多步式，分为经营活动、投资活动和筹资活动，分项报告企业的现金流入量和流出量。现金流量表补充资料部分又细分为三部分，第一部分是不涉及现金收支的投资和筹资活动；第二部分是将净利润调节为经营活动的现金流量，即所谓现金流量表编制的净额法；第三部分是现金及现金等价物净增加情况。

## 实例描述

由于现金流量表编制的工作量非常大，在此只介绍模型的制作过程。

## 操作步骤

1. 建立现金流量表

Excel 中双击空白工作表标签“Sheet3”，将其重命名为“现金流量表”。

2. 录入数据

在“现金流量表”工作表中按照会计制度的要求录入数据，如图 2-10-16 所示。

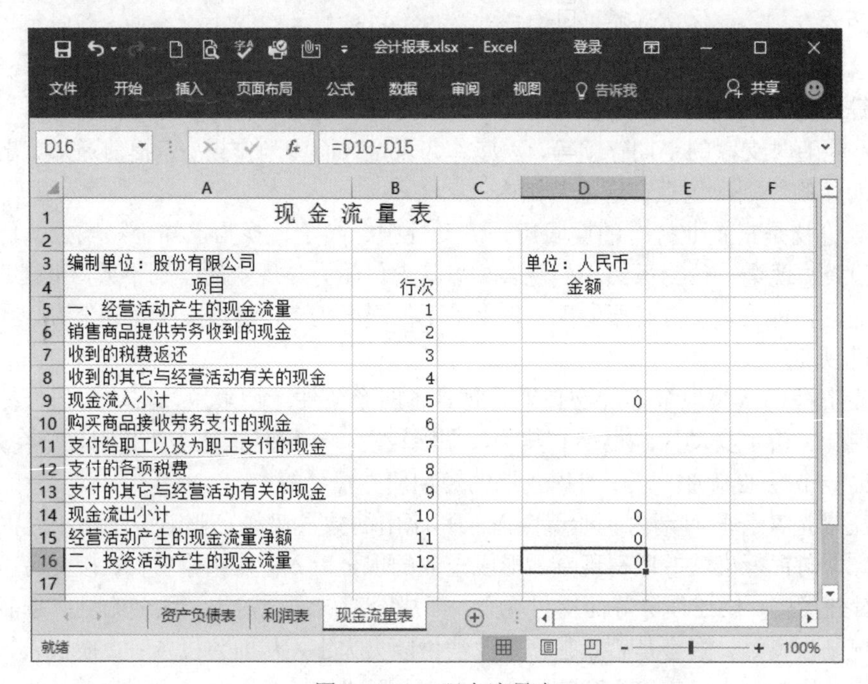

| | A | B | C | D | E | F |
|---|---|---|---|---|---|---|
| 1 | 现 金 流 量 表 | | | | | |
| 2 | | | | | | |
| 3 | 编制单位：股份有限公司 | | | 单位：人民币 | | |
| 4 | 项目 | 行次 | | 金额 | | |
| 5 | 一、经营活动产生的现金流量 | 1 | | | | |
| 6 | 销售商品提供劳务收到的现金 | 2 | | | | |
| 7 | 收到的税费返还 | 3 | | | | |
| 8 | 收到的其它与经营活动有关的现金 | 4 | | | | |
| 9 | 现金流入小计 | 5 | | 0 | | |
| 10 | 购买商品接收劳务支付的现金 | 6 | | | | |
| 11 | 支付给职工以及为职工支付的现金 | 7 | | | | |
| 12 | 支付的各项税费 | 8 | | | | |
| 13 | 支付的其它与经营活动有关的现金 | 9 | | | | |
| 14 | 现金流出小计 | 10 | | 0 | | |
| 15 | 经营活动产生的现金流量净额 | 11 | | 0 | | |
| 16 | 二、投资活动产生的现金流量 | 12 | | 0 | | |
| 17 | | | | | | |



图 2-10-16　现金流量表

这里：

（1）选中单元格 D10，输入公式“=SUM(D7:D9)”，然后按“Enter”键。

（2）选定单元格 D15，输入公式“=SUM(D11:D14)”，然后按“Enter”键。

（3）选定单元格 D16，输入公式“=D10-D15”，然后按“Enter”键。

（4）其他单元格的公式录入参照以上步骤即可。

（5）根据其他会计资料中的数据表，将数据录入到现金流量表中，再对其进行适当的格式化处理。

3. 保护工作表

（1）单击“审阅”/“更改”组的“保护工作表”按钮，打开“保护工作表”对话框，如图 2-10-17 所示。

（2）在“取消工作表保护时使用的密码”文本框中输入设定的保护密码，单击“确定”按钮，将工作表保护起来，至此现金流量表模型制作完成。

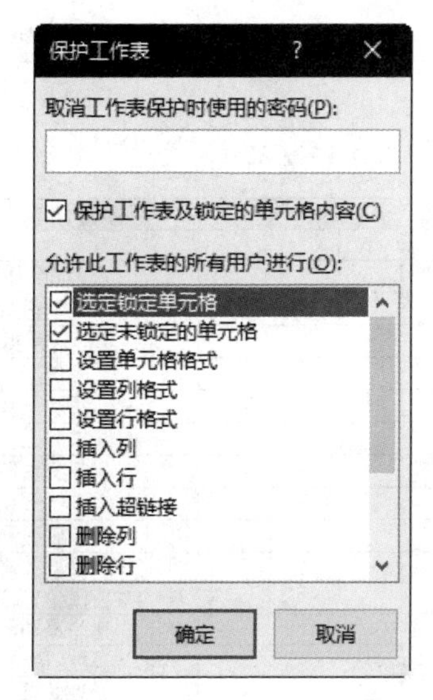


图 2-10-17　“保护工作表”对话框

### 4. 保存现金流量表

按“Ctrl+S”快捷键保存现金流量表，然后再进行页面设置，最后单击“文件”/“打印”命令将现金流量表打印输出。

### 小试牛刀 1

北方石化公司 201×年 12 月 31 日有关账户科目余额表如图 2-10-18 所示（单位：万元）。

科目余额表

| 科目名称 | 借方余额 | 科目名称 | 贷方余额 |
| --- | --- | --- | --- |
| 库存现金 | 4 000 | 短期借款 | 16 124 |
| 银行存款 | 10 000 | 应付票据 | 23 243 |
| 其他货币资金 | 747 | 应付账款 | 52 967 |
| 应收票据 | 7 143 | 预收账款 | 14 086 |
| 应收账款 | 15 296 | 应付职工薪酬 | 4 488 |
| 坏账准备 | —764 | 应交税费 | 5 262 |
| 其他应收款 | 11 487 | 其他应付款 | 25 991 |
| 预付账款 | 5 051 | 预计负债 | 512 |
| 材料采购 | 400 | 长期借款 | 118 690 |
| 原材料 | 80 000 | 注：一年内到期的长期借款 | 15 198 |
| 材料成本差异 | 6 | 应付债券 | 14 187 |
| 库存商品 | 8 000 | 递延所得税负债 | 16 |
| 发出商品 | 10 | 实收资本 | 86 702 |
| 委托加工物资 | 120 | 资本公积 | 37 121 |
| 周转材料 | 500 | 盈余公积 | 33 434 |
| 存货跌价准备 | -100 | 利润分配 | 58 366 |
| 长期股权投资 | 15 000 | | |
| 长期股权投资减值准备 | -854 | | |
| 固定资产 | 543 082 | | |
| 累计折旧 | -265 611 | | |
| 固定资产减值准备 | -6 234 | | |
| 工程物资 | 555 | | |
| 在建工程 | 48 073 | | |
| 无形资产 | 6 000 | | |
| 累计摊销 | -76 | | |
| 长期待摊费用 | 3 657 | | |
| 递延所得税资产 | 5 701 | | |
| 合计 | 491 189 | 合计 | 491 189 |

图 2-10-18　科目余额表

试根据上述余额资料编制如图 2-10-19 所示的北方石化公司资产负债表。

资产负债表

编制单位:北方石化公司 201×年12月31日 企会01表

单位：万元

| 资　产 | 期末金额 | 负债及所有者权益 | 期末金额 |
|---|---|---|---|
| | | | |
| 流动资产 | | 流动负债 | |
| 货币资金 | | 短期借款 | |
| 交易性金融资产 | | 应付票据 | |
| 应收票据 | | 应付账款 | |
| 应收账款 | | 预收账款 | |
| 预付账款 | | 应付职工薪酬 | |
| 应收利息 | | 应交税费 | |
| 应收股利 | | 应付利息 | |
| 其他应收款 | | 应付股利 | |
| 存货 | | 其他应付款 | |
| 一年内到期的非流动资产 | | 一年内到期的非流动负债 | |
| 其他流动资产 | | 其他流动负债 | |
| 流动资产合计 | | 流动负债合计 | |
| 非流动资产： | | 长期负债： | |
| 可供出售金融资产 | | 长期借款 | |
| 持有至到期投资 | | 应付债券 | |
| 长期应收款 | | 长期应付款 | |
| 长期股权投资 | | 专项应付款 | |
| 投资性房地产 | | 预计负债 | |
| 固定资产 | | 递延所得税负债 | |
| 在建工程 | | 其他非流动负债 | |
| 工程物资 | | 非流动负债合计 | |
| 固定资产清理 | | 负债合计 | |
| 生产性生物资产 | | 所有者权益： | |
| 油气资产 | | 实收资本 | |
| 无形资产 | | 资本公积 | |
| 开发支出 | | 减：库存股 | |
| 商誉 | | 盈余公积 | |
| 长期待摊费用 | | 未分配利润 | |
| 递延所得税资产 | | 所有者权益合计 | |
| 其他非流动资产 | | | |
| 非流动资产合计 | | | |
| 资　产　总　计 | | 负债及所有者权益总计 | |

图 2-10-19　资产负债表

表中数据的填写依据如下：

应收票据、其他应收款、应收股利、应收利息、长期股权投资、工程物资、在建工程、长期待摊费用、递延所得税资产、短期借款、应付票据、应付职工薪酬、应交税费、应付利息、应付股利、其他应付款按照其总分类账的余额列示。

货币资金=库存现金+银行存款+其他货币资金

=4000+10000+747=14747

应收账款=应收账款明细账借方余额+预收账款明细账借方余额-坏账准备

=15296-764=14532

预付账款=应付账款明细账借方余额+预付账款明细账借方余额=5051

存货=材料采购（或者在途物资）+原材料+材料成本差异+生产成本+库存商品+发出商品+周转材料+委托加工物资-存货跌价准备

=400+80000+6+8000+10+120+500-100=88936

固定资产=固定资产-累计折旧-固定资产减值准备

=543082-265611-6234=271237

无形资产=无形资产-累计摊销-无形资产减值准备

=6000-76=5924

应付账款=应付账款明细账贷方余额+预付账款明细账贷方余额=52967

预收账款=应收账款明细账贷方余额+预收账款明细账贷方余额=14086

一年内到期的非流动负债，分析长期借款、长期应付款、应付债券具体内容，将其中必须自资产负债表日起一年内偿还的金额单独列示于此。

长期借款、长期应付款、应付债券按照其总账余额扣除一年内要偿还的剩余金额列示。

长期借款=长期借款-一年内到期的长期借款

=118690-15198=103492

预计负债、递延所得税负债按照其总账余额列示。

实收资本、资本公积、库存股、盈余公积均按照总分类账账户余额填列。

未分配利润需分析利润分配和本年利润账户余额填列。资产负债表和利润表在此处有衔接。期末的未分配利润金额=期初未分配利润金额+本会计年度利润表里列示的税后净利润。

**小试牛刀 2**

利用 Excel 制作如图 2-10-20 所示的利润表。

利 润 表

企会02表

编制单位：北方石化公司　　　　2 0 1×年 1 2 月　　　　单位：元

| 项目 | 本期金额 | 上期金额 |
|---|---|---|
| 一、营业收入 | 800 954 | |
| 减：营业成本 | 669 249 | |
| 营业税金及附加 | 17 152 | |
| 销售费用 | 29 101 | |
| 管理费用 | 23 330 | |
| 财务费用 | 5 266 | |
| 资产减值损失 | 5 000 | |
| 加：公允价值变动收益（损失以"－"号填列） | | |
| 投资收益（损失以"－"号填列） | 813 | |
| 其中：对联营企业和合营企业的投资收益 | | |
| 二、营业利润（亏损以"－"号填列） | | |
| 加：营业外收入 | 9 782 | |
| 减：营业外支出 | 969 | |
| 其中：非流动资产处置损失 | | |
| 三、利润总额（亏损总额以"－"号填列） | | |
| 减：所得税费用 | 18 903 | |
| 四、净利润（净亏损以"－"号填列） | | |
| 五、每股收益： | | |
| （一）基本每股收益 | | |
| （二）稀释每股收益 | | |

图 2-10-20　利润表

## 小试牛刀 3

利用 Excel 制作如图 2-10-21 所示的有者权益变动表。

有者权益变动表

04表

编制单位: 恒生电子有限公司 单位：元

| 项目 | 2009年 | 2008年 | 变动额 | 变动率（%） |
|---|---|---|---|---|
| 一、上年年末余额 | 660899184.8 | 626872384.3 | | |
| 加：会计政策变更 | | | | |
| 前期差错更正 | | | | |
| 二、本年年初余额 | 660899184.8 | 626872384.3 | | |
| 三、本期增减变动金额（减少以"—"填列） | 263823080.9 | 34026800.5 | | |
| （一）净利润 | 209957136.6 | 132593289.3 | | |
| （二）其他综合收益 | 1099927.55 | -80438774.51 | | |
| 上述（一）和（二）小计 | 211057064.1 | 52154514.77 | | |
| （三）所有者投入和减少资本 | 82468416.77 | 140000 | | |
| 1.所有者投入资本 | 82182702.5 | 140000 | | |
| 2.股份支付计入所有者权益的金额 | | | | |
| 3.其他 | 285714.27 | | | |
| （四）利润分配 | -29702400 | -18267714.27 | | |
| 1.提取盈余公积 | | | | |
| 2.提取一般风险准备 | | | | |
| 3.对所有者（或股东）的分配 | -29702400 | -12994800 | | |
| 4.其他 | | -5272914.27 | | |
| （五）所有者权益内部结转 | | | | |
| 1.资本公积转增资本（或股本） | | | | |
| 2.盈余公积转增资本（或股本 | | | | |
| 3.盈余公积弥补亏损 | | | | |
| 4.其他 | | | | |
| （六）专项储备 | | | | |
| 1.本期提取 | | | | |
| 2.本期使用 | | | | |
| 四．本年年末余额 | 924722265.7 | 660899184.8 | | |

图 2-10-21　有者权益变动表

# 实例 11　投资决策可行性评估

企业为了扩大经营规模，往往会制定投资决策。正确的投资决策是高效地投入和运用现金的关键，它将直接影响企业未来的经营状况，对提高企业利润，降低企业风险至关重要，因此，投资决策是企业财务管理的一项重要内容。

## 任务 1　投资项目可行性的静态指标决策

### 相关知识

制定投资决策需要合理地预计投资方案的收益和风险，做好可行性分析。投资静态指标评价也称非贴现指标评价，是指不考虑资金的时间价值，贴现率为零的评价方法。

投资静态指标评价包括投资回收期与平均收益率两部分。如果实际的投资回收期小于预计投资回收期，则项目可行，否则不可行；如果实际的投资收益率大于预计投资收益率，则项目可行，否则不可行。

### 实例描述

某企业计划购买新厂房扩大生产，需要一次性投资人民币 330 万元，预计年平均净现金流量为 70 万元，该项目的基准投资回收期预计为 6 年，基准投资收益率为 19%，现在需要确认该投资项目是否可行。

### 操作步骤

根据题意，本实例首先根据投资回收期来判定项目的可行性，若实际的投资回收期小于预计投资回收期，项目可行，否则，项目不可行。

1. 输入原始数据

启动 Excel，在空白工作表中输入投资项目的原始数据，如图 2-11-1 所示。

2. 计算实际投资回收期

选择 B7 单元格，单击“公式”/“函数库”组的“数学和三角函数”按钮θ，在弹出的下拉列表中选择“CEILING.MATH”函数，打开“函数参数”对话框，输入如图 2-11-2 所示参数。

单击“确定”按钮，B7 单元格获得实际投资回收期为 5 年。

3. 判断项目可行性

选择 D7 单元格，单击“公式”/“函数库”组的“逻辑”按钮?，在弹出的下拉列表中选择“IF”函数，打开“函数参数”对话框，输入如图 2-11-3 所示参数。

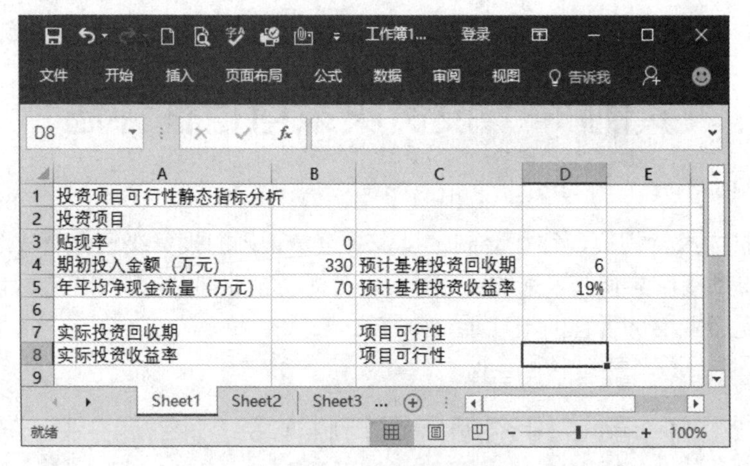


图 2-11-1　输入原始数据

函数参数

CEILING.MATH

Number　B4/B5　= 4.714285714

Significance　1　= 1

Mode　= 数值

= 5

将数字向上舍入到最接近的整数或最接近的指定基数的倍数

Significance　是要舍入到的倍数

计算结果 = 5

有关该函数的帮助(H)　确定　取消

图 2-11-2　“函数参数”对话框

函数参数

IF

Logical_test　B7<=D4　= TRUE

Value_if_true　"可行"　= "可行"

Value_if_false　"不可行"　= "不可行"

= "可行"

判断是否满足某个条件，如果满足返回一个值，如果不满足则返回另一个值。

Value_if_false　是当 Logical_test 为 FALSE 时的返回值。如果忽略，则返回 FALSE

计算结果 = 可行

有关该函数的帮助(H)　确定　取消

图 2-11-3　“函数参数”对话框

单击“确定”按钮，D7 单元格获得项目可行性为“可行”，如图 2-11-4 所示。

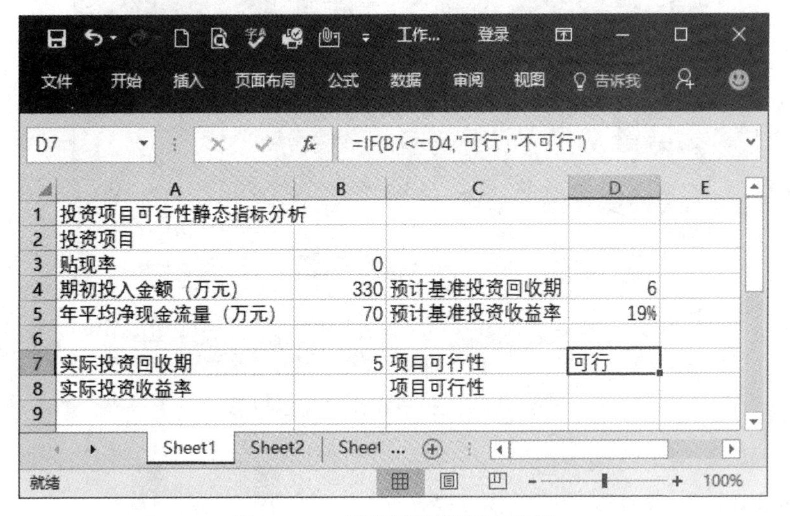


图 2-11-4　投资回收期判定结果

其次根据另一个投资静态评价指标，即投资收益率来判定项目的可行性，若实际的投资收益率大于预计投资收益率，项目可行，否则，项目不可行。

4. 计算实际投资收益率

选择 B8 单元格，输入“=B5/B4”，按“Enter”键计算购买新厂房的实际投资收益率为“21%”。

5. 判断项目可行性

选择 D8 单元格，单击“公式”/“函数库”组的“逻辑”按钮❓，在弹出的下拉列表中选择“IF”函数，打开“函数参数”对话框，输入如图 2-11-5 所示参数。

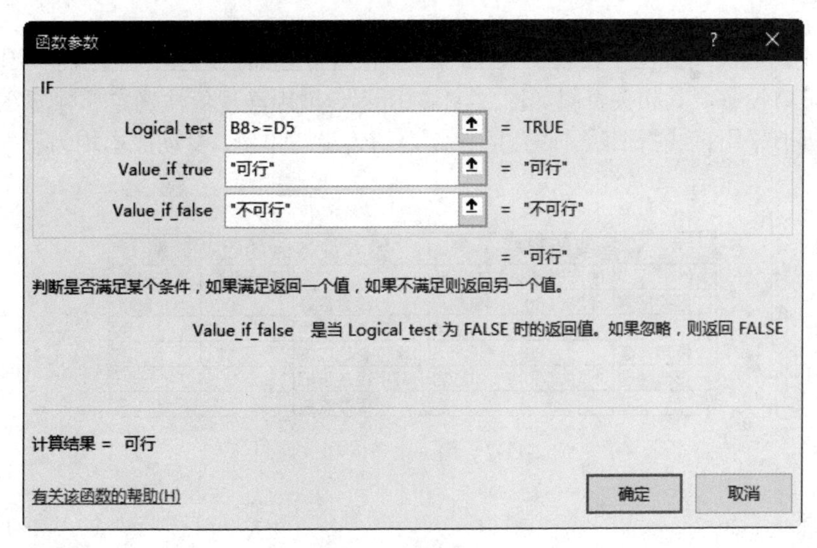


图 2-11-5　“函数参数”对话框

单击“确定”按钮，D5 单元格获得项目可行性为“可行”，如图 2-11-6 所示。

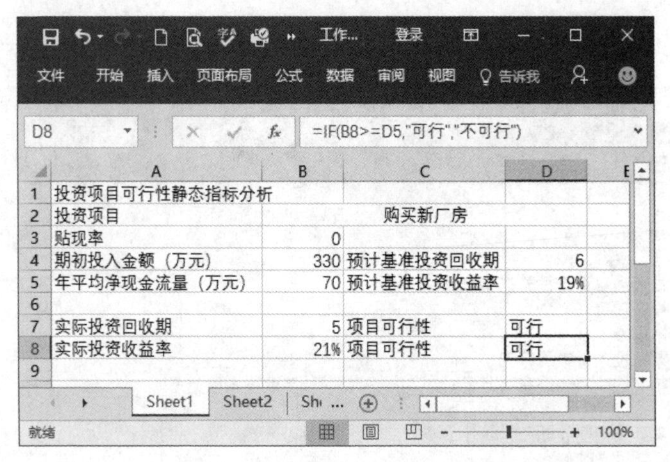


图 2-11-6 投资收益率判定结果

结论：根据以上判定结果，由于实际的投资回收期 5 年小于预计投资回收期 6 年，实际的投资收益率 21%大于预计投资收益率 19%，所以，本次购买新厂房项目是可行的。

# 任务 2 净现值法评估投资方案

## 相关知识

在净现值法评估投资方案中，若净现值为正数，则贴现后现金流入大于贴现后现金流出，该投资项目的报酬率大于预定的贴现率，项目可行；若净现值为负数，则贴现后现金流入小于贴现后现金流出，该投资项目的报酬率小于预定的贴现率，项目不可行。

## 实例描述

某公司计划购买一批生产设备扩大生产，现有两种方案供选择：一是购买国产设备，另一个是购买进口设备，其相关资料如图 2-11-7 所示。请用净现值法确定哪种方案最优？（这里对设备的折旧采用直线折旧法，收益的 5 年内销售量与单价、变动成本均为已知，不考虑其他成本。）

| 设备原始资料 | | | 投入设备后的收益预测 | | |
|---|---|---|---|---|---|
| | 国产设备 | 进口设备 | | 国产设备 | 进口设备 |
| 购买成本 | 260000 | 450000 | 销售数量 | 3000 | 5000 |
| 安装费 | 2000 | 4000 | 单价 | 90 | 90 |
| 使用年限 | 5 | 5 | 单位变动成本 | 21 | 23 |
| 资产残值 | 20000 | 40000 | 每年设备折旧 | | |
| | | | 年净收益 | | |

图 2-11-7 购买设备的相关资料

## 操作步骤

1．输入原始数据

启动 Excel，在空白工作表中输入购买设备的相关数据资料，如图 2-11-8 所示。

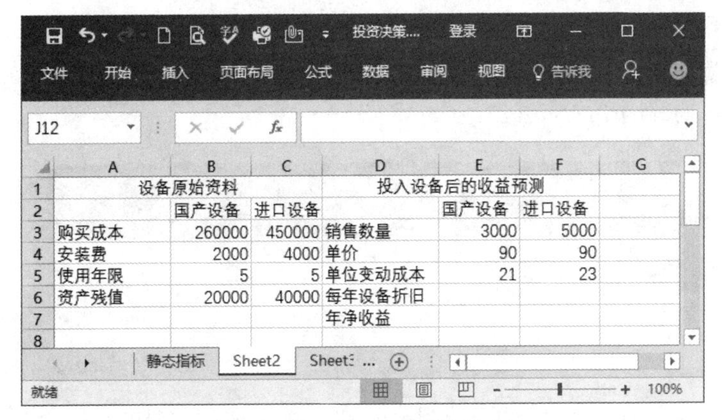

| | A | B | C | D | E | F | G |
|---|---|---|---|---|---|---|---|
| 1 | 设备原始资料 | | | 投入设备后的收益预测 | | | |
| 2 | | 国产设备 | 进口设备 | | 国产设备 | 进口设备 | |
| 3 | 购买成本 | 260000 | 450000 | 销售数量 | 3000 | 5000 | |
| 4 | 安装费 | 2000 | 4000 | 单价 | 90 | 90 | |
| 5 | 使用年限 | 5 | 5 | 单位变动成本 | 21 | 23 | |
| 6 | 资产残值 | 20000 | 40000 | 每年设备折旧 | | | |
| 7 | | | | 年净收益 | | | |
| 8 | | | | | | | |

图 2-11-8　输入相关数据资料

2. 计算每年设备折旧额

选择 E6:F6 单元格，单击“公式”/“函数库”组的“财务”按钮，在弹出的下拉列表中选择“SLN”函数，打开“函数参数”对话框，输入如图 2-11-9 所示参数。

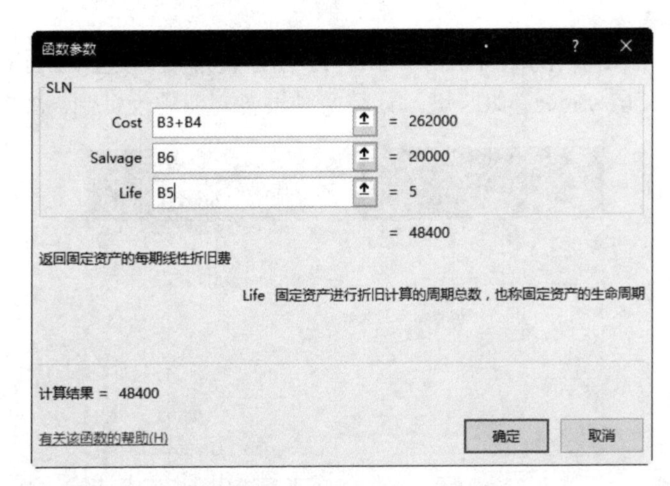


图 2-11-9　“函数参数”对话框

单击“确定”按钮，计算国产设备和进口设备每年折旧额，如图 2-11-10 所示。

E6　=SLN(B3+B4,B6,B5)

| | A | B | C | D | E | F | G |
|---|---|---|---|---|---|---|---|
| 1 | 设备原始资料 | | | 投入设备后的收益预测 | | | |
| 2 | | 国产设备 | 进口设备 | | 国产设备 | 进口设备 | |
| 3 | 购买成本 | 260000 | 450000 | 销售数量 | 3000 | 5000 | |
| 4 | 安装费 | 2000 | 4000 | 单价 | 90 | 90 | |
| 5 | 使用年限 | 5 | 5 | 单位变动成本 | 21 | 23 | |
| 6 | 资产残值 | 20000 | 40000 | 每年设备折旧 | ¥48,400.00 | ¥82,800.00 | |
| 7 | | | | 年净收益 | | | |
| 8 | | | | | | | |

平均值: ¥65,600.00　计数: 2　求和: ¥131,200.00

图 2-11-10　计算每年设备折旧

3. 计算年净收益

选择 E7:F7 单元格，输入“=E3*(E4-E5)-E6”，按“Ctrl+Enter”组合键，计算两种设备的年净收益，如图 2-11-11 所示。

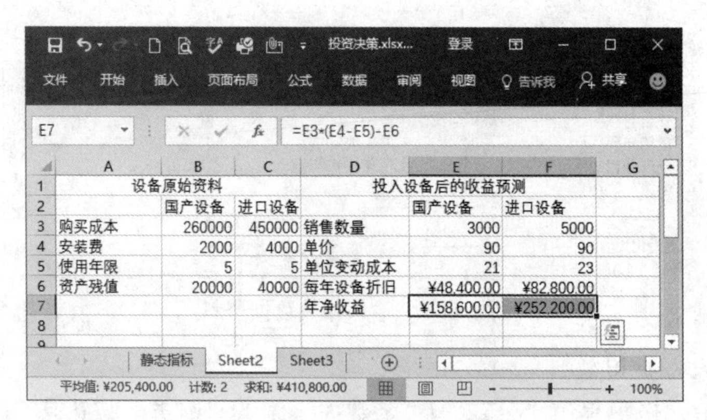

| | A | B | C | D | E | F |
|---|---|---|---|---|---|---|
| 1 | 设备原始资料 | | | 投入设备后的收益预测 | | |
| 2 | | 国产设备 | 进口设备 | | 国产设备 | 进口设备 |
| 3 | 购买成本 | 260000 | 450000 | 销售数量 | 3000 | 5000 |
| 4 | 安装费 | 2000 | 4000 | 单价 | 90 | 90 |
| 5 | 使用年限 | 5 | 5 | 单位变动成本 | 21 | 23 |
| 6 | 资产残值 | 20000 | 40000 | 每年设备折旧 | ¥48,400.00 | ¥82,800.00 |
| 7 | | | | 年净收益 | ¥158,600.00 | ¥252,200.00 |

图 2-11-11 计算年净收益

4. 计算初期投资额

首先，创建收益净现值计算表，如图 2-11-12 所示。然后，选择 B11:C11 单元格，输入“=-(B3+B4)”，按“Ctrl+Enter”组合键，计算两种设备初期的投资额，如图 2-11-13 所示。

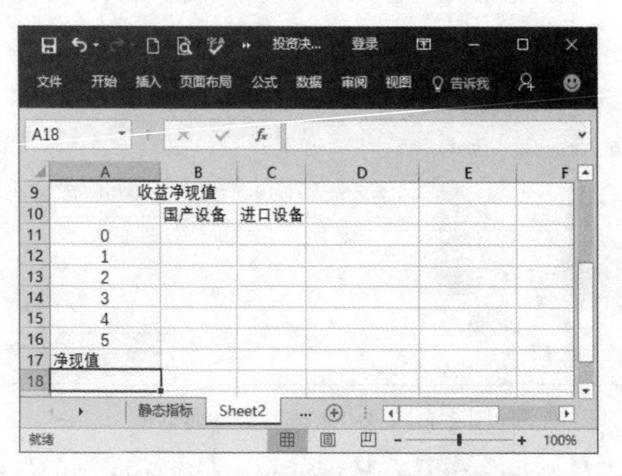

| | A | B | C |
|---|---|---|---|
| 9 | 收益净现值 | | |
| 10 | | 国产设备 | 进口设备 |
| 11 | 0 | | |
| 12 | 1 | | |
| 13 | 2 | | |
| 14 | 3 | | |
| 15 | 4 | | |
| 16 | 5 | | |
| 17 | 净现值 | | |

图 2-11-12 创建收益净现值表

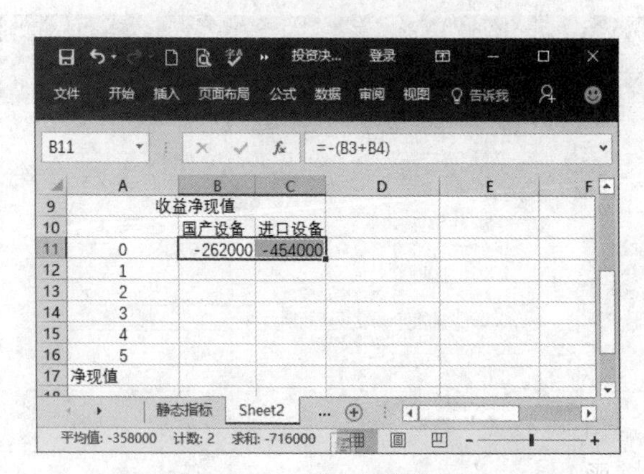

| | A | B | C |
|---|---|---|---|
| 9 | 收益净现值 | | |
| 10 | | 国产设备 | 进口设备 |
| 11 | 0 | -262000 | -454000 |
| 12 | 1 | | |
| 13 | 2 | | |
| 14 | 3 | | |
| 15 | 4 | | |
| 16 | 5 | | |
| 17 | 净现值 | | |

图 2-11-13 计算初期投资额

5. 计算第 1 年至第 5 年的收益值

选择 B12:C16 单元格区域，输入“=E$7”，按“Ctrl+Enter”组合键，分别计算两种设备第 1 年到第 5 年的收益值，如图 2-11-14 所示。

B12　=E$7

| | A | B | C | D | E | F |
|---|---|---|---|---|---|---|
| 9 | | 收益净现值 | | | | |
| 10 | | 国产设备 | 进口设备 | | | |
| 11 | 0 | -262000 | -454000 | | | |
| 12 | 1 | ¥158,600.00 | ¥252,200.00 | | | |
| 13 | 2 | ¥158,600.00 | ¥252,200.00 | | | |
| 14 | 3 | ¥158,600.00 | ¥252,200.00 | | | |
| 15 | 4 | ¥158,600.00 | ¥252,200.00 | | | |
| 16 | 5 | ¥158,600.00 | ¥252,200.00 | | | |
| 17 | 净现值 | | | | | |

平均值: ¥205,400.00　计数: 10　求和: ¥2,054,000.00

图 2-11-14　计算 5 年的收益值

6. 计算净现值

首先，在 A19:C19 单元格依次输入“贴现率”、“10%”、“最优方案”，选择 B17:C17 单元格，输入“=NPV($B$19,B12:B16)+B11”，按“Ctrl+Enter”组合键，分别计算两种设备收益净现值，如图 2-11-15 所示。

图 2-11-15　计算净现值

7. 确定最优方案

选择 D19 单元格，单击“公式”/“函数库”组的“逻辑”按钮，在弹出的下拉列表中选择“IF”函数，打开“函数参数”对话框，输入如图 2-11-16 所示参数。

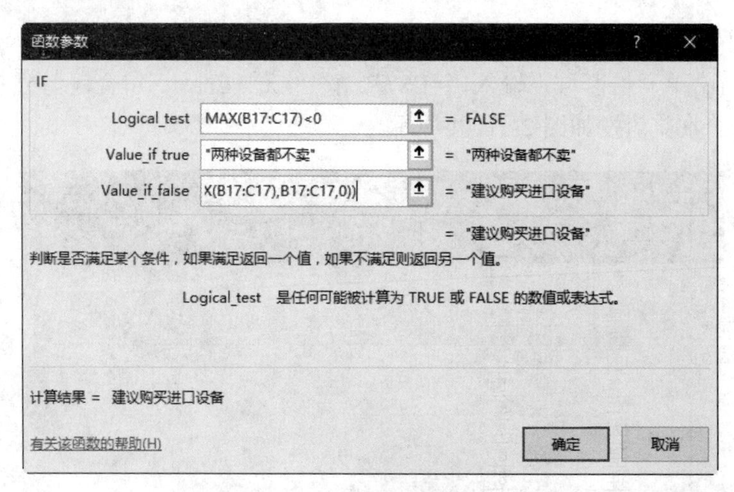


图 2-11-16 “函数参数”对话框

单击“确定”按钮，显示当贴现率为 10%时的最佳投资方案，结果如图 2-11-17 所示。

D19 =IF(MAX(B17:C17)<0,"两种设备都不卖","建议购买"&INDEX(B10:C10,1,MATCH(MAX(B17:C17),B17:C17,0)))

| | A | B | C | D |
|---|---|---|---|---|
| 9 | | 收益净现值 | | |
| 10 | | 国产设备 | 进口设备 | |
| 11 | 0 | -262000 | -454000 | |
| 12 | 1 | ¥158,600.00 | ¥252,200.00 | |
| 13 | 2 | ¥158,600.00 | ¥252,200.00 | |
| 14 | 3 | ¥158,600.00 | ¥252,200.00 | |
| 15 | 4 | ¥158,600.00 | ¥252,200.00 | |
| 16 | 5 | ¥158,600.00 | ¥252,200.00 | |
| 17 | 净现值 | ¥339,218.78 | ¥502,036.42 | |
| 18 | | | | |
| 19 | 贴现率 | 10% | 最优方案 | 建议购买进口设备 |

图 2-11-17 确定最优方案

# 任务 3 现值指数法评估投资方案

## 相关知识

现值指数即获利指数，是指投资方案未来现金净流量现值与原始投资额现值的比值。即：

现金指数=现金净流量现值÷原始投资额现值

现值指数法是以现值指数作为评估方案优劣的一种方法。若现值指数大于 1，则贴现后现金流入大于贴现后现金流出，项目投资的报酬率大于预定的贴现率，项目可行，且现值指数越大方案越优；若现值指数小于 1，则贴现后现金流入小于贴现后现金流出，项目投资的报酬率小于预定的贴现率，项目不可行。

当有多个方案进行比较时，则按现值指数最大的作为最优。

## 实例描述

某公司为进行的某项投资提供了 4 种可能性的方案，这些方案的初期投资均设为同一个值，其方案资料如图 2-11-18 所示。请根据 4 种方案每年不同的收益，用现值指数法评估出最优方案。

| 现值指数法投资分析表 | | | | | |
|---|---|---|---|---|---|
| 单位 | 万元 | 贴现率 | | 10% | |
| 方案 | 方案A | 方案B | 方案C | 方案D | 选择方案 |
| 一年前的初期投资 | -25,000 | -25,000 | -25,000 | -25,000 | |
| 第一年的收益 | 5,800 | 6,500 | 6,000 | 7,000 | |
| 第二年的收益 | 6,200 | 6,900 | 6,350 | 7,280 | |
| 第三年的收益 | 7,300 | 7,200 | 7,100 | 7,350 | |
| 第四年的收益 | 8,000 | 7,600 | 7,900 | 7,600 | |
| 第五年的收益 | 8,500 | 8,900 | 8,400 | 8,100 | |
| 现值指数 | | | | | |

图 2-11-18　投资的 4 种可能性方案

## 操作步骤

1. 输入基础数据

启动 Excel，在空白工作表中输入 4 种可能性方案的基础数据，如图 2-11-19 所示。

| | A | B | C | D | E | F |
|---|---|---|---|---|---|---|
| 1 | 现值指数法投资分析表 | | | | | |
| 2 | 单位 | 万元 | 贴现率 | | 10% | |
| 3 | 方案 | 方案A | 方案B | 方案C | 方案D | 选择方案 |
| 4 | 一年前的初期投资 | -25000 | -25000 | -25000 | -25000 | |
| 5 | 第一年的收益 | 5800 | 6500 | 6000 | 7000 | |
| 6 | 第二年的收益 | 6200 | 6900 | 6350 | 7280 | |
| 7 | 第三年的收益 | 7300 | 7200 | 7100 | 7350 | |
| 8 | 第四年的收益 | 8000 | 7600 | 7900 | 7600 | |
| 9 | 第五年的收益 | 8500 | 8900 | 8400 | 8100 | |
| 10 | 现值指数 | | | | | |

图 2-11-19　输入基础数据

2. 计算方案 A 的现值指数

选择 B10 单元格，单击“公式”/“函数库”组的“财务”按钮，在弹出的下拉列表中选择“NPV”函数，打开“函数参数”对话框，输入如图 2-11-20 所示参数。

单击“确定”按钮，单击编辑栏，接着输入“/-B4”，单击“输入”按钮✔，计算方案 A 的现值指数，如图 2-11-21 所示。

3. 计算其他方案现值指数

拖动 B10 单元格右下角填充柄，向右复制公式，计算其他方案的现值指数，如图 2-11-22 所示。

函数参数

NPV

Rate $E$2 = 0.1

Value1 B5:B9 = {5800;6200;7300;8000;8500}

Value2 = 数值

= 26623.23115

基于一系列将来的收(正值)支(负值)现金流和一贴现率，返回一项投资的净现值

Value1: value1,value2,... 代表支出和收入的 1 到 254 个参数，时间均匀分布并出现在每期末尾

计算结果 = 26623.23115

有关该函数的帮助(H)　确定　取消

图 2-11-20 “函数参数”对话框

B10 =NPV($E$2,B5:B9)/-B4

| | A | B | C | D | E | F |
|---|---|---|---|---|---|---|
| 1 | 现值指数法投资分析表 | | | | | |
| 2 | 单位 | 万元 | 贴现率 | | 10% | |
| 3 | 方案 | 方案A | 方案B | 方案C | 方案D | 选择方案 |
| 4 | 一年前的初期投资 | -25000 | -25000 | -25000 | -25000 | |
| 5 | 第一年的收益 | 5800 | 6500 | 6000 | 7000 | |
| 6 | 第二年的收益 | 6200 | 6900 | 6350 | 7280 | |
| 7 | 第三年的收益 | 7300 | 7200 | 7100 | 7350 | |
| 8 | 第四年的收益 | 8000 | 7600 | 7900 | 7600 | |
| 9 | 第五年的收益 | 8500 | 8900 | 8400 | 8100 | |
| 10 | 现值指数 | 1.06 | | | | |
| 11 | | | | | | |

静态指标　净现值法　Shee…

就绪

图 2-11-21 计算方案 A 现值指数

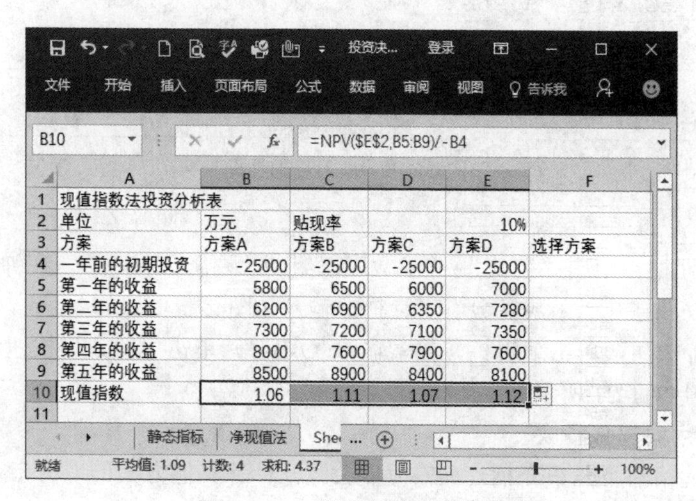

B10 =NPV($E$2,B5:B9)/-B4

| | A | B | C | D | E | F |
|---|---|---|---|---|---|---|
| 1 | 现值指数法投资分析表 | | | | | |
| 2 | 单位 | 万元 | 贴现率 | | 10% | |
| 3 | 方案 | 方案A | 方案B | 方案C | 方案D | 选择方案 |
| 4 | 一年前的初期投资 | -25000 | -25000 | -25000 | -25000 | |
| 5 | 第一年的收益 | 5800 | 6500 | 6000 | 7000 | |
| 6 | 第二年的收益 | 6200 | 6900 | 6350 | 7280 | |
| 7 | 第三年的收益 | 7300 | 7200 | 7100 | 7350 | |
| 8 | 第四年的收益 | 8000 | 7600 | 7900 | 7600 | |
| 9 | 第五年的收益 | 8500 | 8900 | 8400 | 8100 | |
| 10 | 现值指数 | 1.06 | 1.11 | 1.07 | 1.12 | |
| 11 | | | | | | |

就绪　平均值: 1.09　计数: 4　求和: 4.37

图 2-11-22 计算其他现值指数

4. 评估最优方案

选择 F4 单元格，输入“=INDEX(B3:E9,1,MATCH(MAX(B10:E10),B10:E10,0))&"最优"”，按“Enter”键，评估最优方案为“方案 D”，如图 2-11-23 所示。

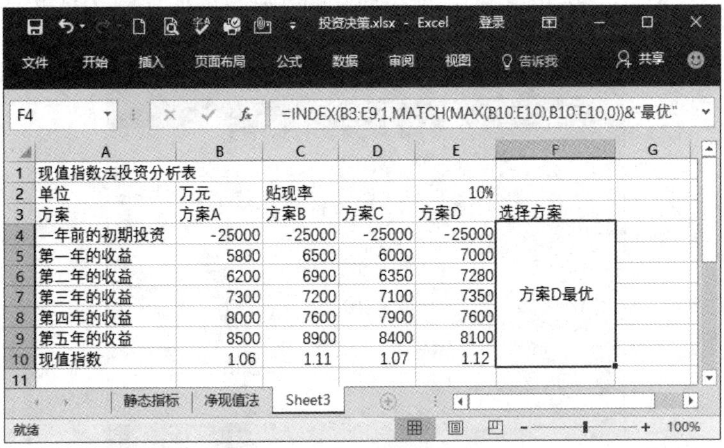

F4　=INDEX(B3:E9,1,MATCH(MAX(B10:E10),B10:E10,0))&"最优"

| | A | B | C | D | E | F |
|---|---|---|---|---|---|---|
| 1 | 现值指数法投资分析表 | | | | | |
| 2 | 单位 | 万元 | 贴现率 | | 10% | |
| 3 | 方案 | 方案A | 方案B | 方案C | 方案D | 选择方案 |
| 4 | 一年前的初期投资 | -25000 | -25000 | -25000 | -25000 | 方案D最优 |
| 5 | 第一年的收益 | 5800 | 6500 | 6000 | 7000 | |
| 6 | 第二年的收益 | 6200 | 6900 | 6350 | 7280 | |
| 7 | 第三年的收益 | 7300 | 7200 | 7100 | 7350 | |
| 8 | 第四年的收益 | 8000 | 7600 | 7900 | 7600 | |
| 9 | 第五年的收益 | 8500 | 8900 | 8400 | 8100 | |
| 10 | 现值指数 | 1.06 | 1.11 | 1.07 | 1.12 | |

图 2-11-23　评估最优方案

结论：方案 A~方案 D 的现值指数均大于 1，因此，这 4 种方案均可行，而方案 D 的现值指数最大，所以，方案 D 为最优方案。

# 任务 4　利润率指标法评估投资方案

## 相关知识

利润率指标法是指未来的现金流量现值除以初值投资金额，即未来每期的营运收入之和除以初期建构成本。

## 实例描述

某公司企划部为公司的某项投资提供了 4 种企划案，这些方案的初期投资均设为同一个值，其方案资料如图 2-11-24 所示。请根据 4 种企划案每年不同的净收入，用利润率指标法评估出最优企划案。

利润率指标法投资评估分析表

| 单位： | 万元 | 资金成本 | | 20% |
|---|---|---|---|---|
| 时间 | 企划A | 企划B | 企划C | 企划D |
| 初期投资 | -100 | -100 | -100 | -100 |
| 第1年净收入 | 45 | 56 | 78 | 74 |
| 第2年净收入 | 32 | 74 | 45 | 85 |
| 第3年净收入 | 46 | 65 | 68 | 47 |
| 第4年净收入 | 55 | 84 | 55 | 85 |
| 第5年净收入 | 67 | 75 | 49 | 62 |
| 第6年净收入 | 89 | 66 | 98 | 31 |
| 利润率指标法 | | | | |

图 2-11-24　企划案资料

## 操作步骤

1．输入基础数据

启动 Excel，在空白工作表中输入 4 种企划案的基础数据，如图 2-11-25 所示。

| | A | B | C | D | E | F |
|---|---|---|---|---|---|---|
| 1 | 利润率指标法投资评估分析表 | | | | | |
| 2 | 单位： | 万元 | 资金成本 | | 20% | |
| 3 | 时间 | 企划A | 企划B | 企划C | 企划D | |
| 4 | 初期投资 | -100 | -100 | -100 | -100 | |
| 5 | 第1年净收入 | 45 | 56 | 78 | 74 | |
| 6 | 第2年净收入 | 32 | 74 | 45 | 85 | |
| 7 | 第3年净收入 | 46 | 65 | 68 | 47 | |
| 8 | 第4年净收入 | 55 | 84 | 55 | 85 | |
| 9 | 第5年净收入 | 67 | 75 | 49 | 62 | |
| 10 | 第6年净收入 | 89 | 66 | 98 | 31 | |
| 11 | 利润率指标法 | | | | | |

图 2-11-25　输入基础数据

2．计算企划案 A 的利润率

选择 B11 单元格，单击“公式”/“函数库”组的“财务”按钮，在弹出的下拉列表中选择“NPV”函数，打开“函数参数”对话框，输入如图 2-11-26 所示参数。

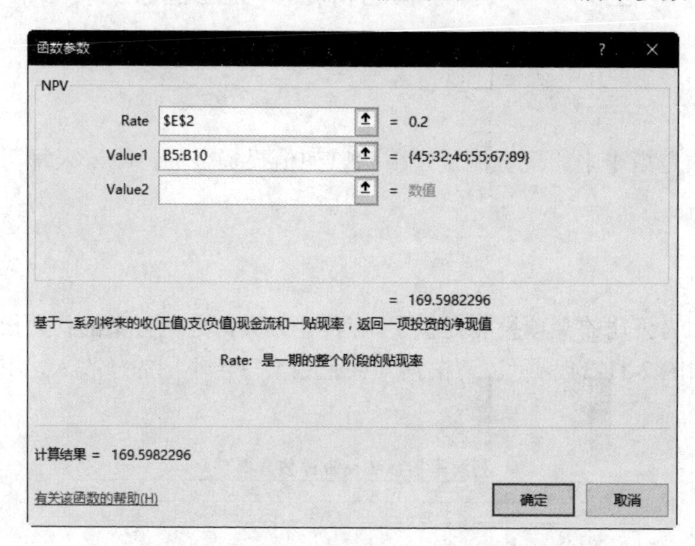


图 2-11-26　“函数参数”对话框

单击“确定”按钮，单击编辑栏，接着输入“/-B4”，单击“输入”按钮✓，计算企划案 A 的利润率，如图 2-11-27 所示。

3．计算其他企划案利润率

拖动 B11 单元格右下角填充柄，向右复制公式，计算其他企划案的利润率，如图 2-11-28 所示。

B11　=NPV($E$2,B5:B10)/-B4

| | A | B | C | D | E | F |
|---|---|---|---|---|---|---|
| 2 | 单位： | 万元 | 资金成本 | | 20% | |
| 3 | 时间 | 企划A | 企划B | 企划C | 企划D | |
| 4 | 初期投资 | -100 | -100 | -100 | -100 | |
| 5 | 第1年净收入 | 45 | 56 | 78 | 74 | |
| 6 | 第2年净收入 | 32 | 74 | 45 | 85 | |
| 7 | 第3年净收入 | 46 | 65 | 68 | 47 | |
| 8 | 第4年净收入 | 55 | 84 | 55 | 85 | |
| 9 | 第5年净收入 | 67 | 75 | 49 | 62 | |
| 10 | 第6年净收入 | 89 | 66 | 98 | 31 | |
| 11 | 利润率指标法 | 169.60% | | | | |
| 12 | | | | | | |

图 2-11-27　计算企划案 A 利润率

B11　=NPV($E$2,B5:B10)/-B4

| | A | B | C | D | E | F |
|---|---|---|---|---|---|---|
| 2 | 单位： | 万元 | 资金成本 | | 20% | |
| 3 | 时间 | 企划A | 企划B | 企划C | 企划D | |
| 4 | 初期投资 | -100 | -100 | -100 | -100 | |
| 5 | 第1年净收入 | 45 | 56 | 78 | 74 | |
| 6 | 第2年净收入 | 32 | 74 | 45 | 85 | |
| 7 | 第3年净收入 | 46 | 65 | 68 | 47 | |
| 8 | 第4年净收入 | 55 | 84 | 55 | 85 | |
| 9 | 第5年净收入 | 67 | 75 | 49 | 62 | |
| 10 | 第6年净收入 | 89 | 66 | 98 | 31 | |
| 11 | 利润率指标法 | 169.60% | 228.42% | 214.64% | 224.18% | |
| 12 | | | | | | |

平均值: 209.21%　计数: 4　求和: 836.84%

图 2-11-28　计算其他企划案利润率

4. 评估最优企划案

选择 F4 单元格，输入“=INDEX(B3:E10,1,MATCH(MAX(B11:E11),B11:E11,0))&"最优"”，按“Enter”键，评估最优企划为“企划 B”，如图 2-11-29 所示。

F4　=INDEX(B3:E10,1,MATCH(MAX(B11:E11),B11:E11,0))&"最优"

| | A | B | C | D | E | F | G | H |
|---|---|---|---|---|---|---|---|---|
| 2 | 单位： | 万元 | 资金成本 | | 20% | | | |
| 3 | 时间 | 企划A | 企划B | 企划C | 企划D | | | |
| 4 | 初期投资 | -100 | -100 | -100 | -100 | 企划B最优 | | |
| 5 | 第1年净收入 | 45 | 56 | 78 | 74 | | | |
| 6 | 第2年净收入 | 32 | 74 | 45 | 85 | | | |
| 7 | 第3年净收入 | 46 | 65 | 68 | 47 | | | |
| 8 | 第4年净收入 | 55 | 84 | 55 | 85 | | | |
| 9 | 第5年净收入 | 67 | 75 | 49 | 62 | | | |
| 10 | 第6年净收入 | 89 | 66 | 98 | 31 | | | |
| 11 | 利润率指标法 | 169.60% | 228.42% | 214.64% | 224.18% | | | |
| 12 | | | | | | | | |

图 2-11-29　评估最优企划案

结论：企划 A~企划 D 的利润率均大于 100%，因此，这 4 种企划均可行，而企划 B 的利润率最高，所以，企划 B 为最优企划。

### 小试牛刀 1

某公司计划购买原材料扩大生产，需要一次性投资人民币 200 万元，预计年平均净现金流量为 60 万元，该项目的基准投资回收期预计为 5 年，基准投资收益率为 26%，请根据本例所学内容确认该投资项目是否可行。

### 小试牛刀 2

华艺影视为投资某影视节目，提供了 4 种可能性的方案，这些方案的初期投资均设为同一个值，其方案资料如图 2-11-30 所示。请根据 4 种方案每年不同的收益，用现值指数法评估出最优方案。

现值指数法投资分析

| 单位 | 万元 | 贴现率 | | 15% |
|---|---|---|---|---|
| 方案 | 方案A | 方案B | 方案C | 方案D |
| 一年前的初期投资 | -5000000 | -5000000 | -5000000 | -5000000 |
| 第一年的收益 | 5000 | 6500 | 6000 | 7000 |
| 第二年的收益 | 7500 | 6900 | 7500 | 7280 |
| 第三年的收益 | 10000 | 7200 | 8000 | 7560 |
| 第四年的收益 | 125000 | 7600 | 8500 | 7830 |
| 第五年的收益 | 15000 | 8900 | 9500 | 8110 |
| 现值指数 | | | | |

图 2-11-30　4 种可能性方案

# 参考文献

[1] 赵艳莉，耿聪慧．Excel 2010 在会计工作中的应用．北京：中国水利水电出版社，2014．
[2] 恒盛杰资讯．Excel 会计与财务职场实践技法．北京：机械工业出版社，2016．